U0537543

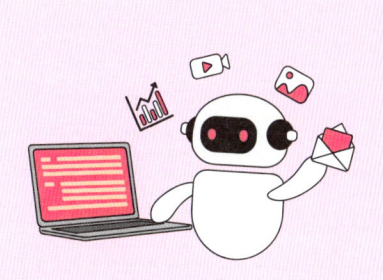

超有料！PLUS
職場第一實用的 AI 工作術

感謝您購買旗標書，
記得到旗標網站
www.flag.com.tw
更多的加值內容等著您…

<請下載 QR Code App 來掃描>

● FB 官方粉絲專頁：旗標知識講堂

● 歡迎訂閱「科技旗刊」電子報：
　flagnewsletter.substack.com

● 旗標「線上購買」專區：您不用出門就可選購旗標書！

● 如您對本書內容有不明瞭或建議改進之處，請連上
　旗標網站，點選首頁的 聯絡我們 專區。

　若需線上即時詢問問題，可點選旗標官方粉絲專頁
　留言詢問，小編客服隨時待命，盡速回覆。

　若是寄信聯絡旗標客服email，我們收到您的訊息後，
　將由專業客服人員為您解答。

　我們所提供的售後服務範圍僅限於書籍本身或內
　容表達不清楚的地方，至於軟硬體的問題，請直接
　連絡廠商。

學生團體　　訂購專線：(02)2396-3257 轉 362
　　　　　　傳真專線：(02)2321-2545

經銷商　　　服務專線：(02)2396-3257 轉 331
　　　　　　將派專人拜訪
　　　　　　傳真專線：(02)2321-2545

國家圖書館出版品預行編目資料

超有料 Plus！職場第一實用的 AI 工作術 - 用對 AI 工具、
自動化 Agent，讓生產力全面進化！/施威銘研究室 著. --
第二版 -- 臺北市：旗標科技股份有限公司，
2025.09　面；　公分

ISBN 978-986-312-848-9(平裝)

1.CST: 人工智慧　　　2.CST: 職場成功法

312.835　　　　　　　　　　　　　　114011560

作　　者／施威銘研究室

發 行 所／旗標科技股份有限公司
　　　　　台北市杭州南路一段15-1號19樓

電　　話／(02)2396-3257(代表號)

傳　　真／(02)2321-2545

劃撥帳號／1332727-9

帳　　戶／旗標科技股份有限公司

監　　督／陳彥發

執行企劃／張根誠

執行編輯／張根誠、林佳怡、黃馨儀

美術編輯／林美麗

封面設計／陳憶萱

校　　對／張根誠、林佳怡、黃馨儀

新台幣售價：599 元

西元 2025 年 9 月 第二版

行政院新聞局核准登記-局版台業字第 4512 號

ISBN 978-986-312-848-9

Copyright © 2025 Flag Technology Co., Ltd.
All rights reserved.

本著作未經授權不得將全部或局部內容以任何形
式重製、轉載、變更、散佈或以其他任何形式、
基於任何目的加以利用。

本書內容中所提及的公司名稱及產品名稱及引用
之商標或網頁，均為其所屬公司所有，特此聲明。

序

資料整理╱會議、訪談記錄抄寫╱上網抓資料╱閱讀、資料蒐集╱收發信╱做簡報╱翻譯╱客服╱合約處理╱資料分析╱畫圖解╱做網頁╱寫程式╱設計文宣圖像╱修圖╱寫文案╱SEO 行銷╱擬節目講稿╱生成字幕╱翻譯字幕╱擬動畫腳本╱做廣宣影片...

自從 ChatGPT 問世以來，愈來愈多人試著用 AI 解決各種職場工作。能開始用 AI 很好，但 ChatGPT 等 AI 聊天機器人終究只能解決部分工作，也不是每次都能順順利利，不夠熟的話就是將就著用，或者問到一半放棄白花時間...因此，光開始用 AI 還不夠，==知道怎麼正確用 AI 更重要！==

☑ 30 大 AI 工具的職場應用技，讓生產力全面進化！

AI 持續進化，除了 ChatGPT 外，還有超級多 AI 工具問世，但要如何活用種種工具，絕對是一項大挑戰。市面上雖然有不少 AI 職場、AI 工具書，但不少只教工具介面操作，範例也不夠職場面，很容易用到最後不知道這些 AI 要用在哪裡而晾在一旁...

放心，本書就是為此而生的！本書的精神很簡單：凡工作上遇到 AI 可以幫上忙的地方，書中都會教你==用最快速、省事的 AI 工具==來解決，不用自己摸索半天！每一個 AI 進化技保證讓您用了讚嘆不已，驚呼「這豈不是比傳統做法或我的 AI 用法快 N 倍！！！」。==上述這些您知道後一定想學、但一定不希望老闆、同事們知道您會 (噓~~ 😊) 的 AI 職場進化技盡在本書！==

最後，請切記！AI 這麼熱，有在用 AI 已經不稀奇了，==懂得正確用 AI 才是勝出的關鍵==。用的對，效率就能瞬間飆升；用的不對，再厲害的 AI 也可能讓你徒勞無功！請以本書做為起點，一起迎接 AI 帶來的職場大變革吧！

書附檔案下載

　　為減少您演練時手動輸入的不便，我們將絕大多數的提示語 prompt 整理成文字檔，您可以直接複製內容，再貼到各個生成式 AI 平台上使用，同時也提供操作書中部分範例所需的檔案 (少數檔案有隱私爭議不便提供，還請見諒)。請連至以下網址下載，依照網頁指示輸入關鍵字即可取得檔案：

https://www.flag.com.tw/bk/st/F5153

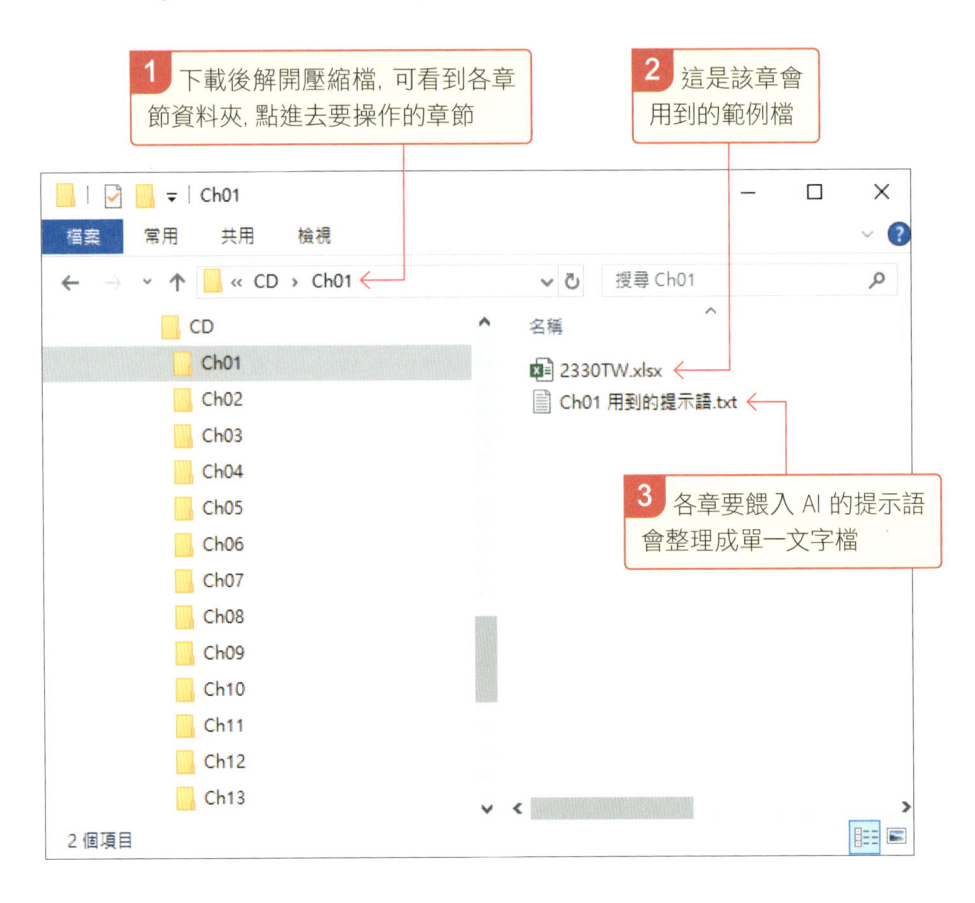

1 下載後解開壓縮檔，可看到各章節資料夾，點進去要操作的章節

2 這是該章會用到的範例檔

3 各章要餵入 AI 的提示語會整理成單一文字檔

☑ 操作 AI 工具的注意事項

本書的目標是讓讀者可以「**零花費**」上手學習大多數的 AI 工具，雖然滿多 AI 工具都有付費機制，但本書會儘量挑選**免費額度高**、**免費試用天數長**的工具，用來應付本書的範例多半綽綽有餘。若遇到實在得付費的情況，也會在內文建議其他的替代方案 (詳見各章內容)。

此外，目前生成式 AI 盛行，在使用上也延伸了不少問題，以本書**第 3、4 篇**會穿插使用的 **AI 生圖技巧**為例，目前國內尚無共識該如何使用生成式繪圖，也還沒有明確法律規範。在此提出幾點給各位讀者參考：

- **依照國外判例，生成的圖片沒有版權**：目前經濟部智慧財產局指出，AI 生成繪圖是否擁有著作權取決於 AI 在創作中的角色。如果 AI 僅是輔助工具，由人類輸入指令、調整修改，且作品是人類原創展現，那該作品就會受到著作權保障；但如果作品大多由 AI 獨立創作，非出自於人類意識或人類參與程度極低，那就不會受到著作權保障。

- **用 AI 生成的影像，請勿標示為自己的作品**：AI 繪圖無法完全確定資料來源，圖庫可能會包含到世界各地繪者的創作；在這樣的情形下，如果拿 AI 生成圖宣稱是自己的作品，就可能侵害到繪者的智慧財產權，讓創作族群感到冒犯。為避免誤解甚至衍生爭議，請還是不要將 AI 生成圖標示為個人作品。

- **若是再製作品，也建議標註說明 AI 繪製的部分**：目前有不少設計師、行銷人員會採用 AI 繪圖做為輔助，為了避免事後衍生任何爭議，若作品繪製過程有使用到任何 AI 繪圖服務，建議可以在作品使用工具加註說明。

至於**第 4 篇**我們也會提到如何在職場上活用**音樂 / 影片 AI** 工具，相關商用規定以及免費 / 付費的使用規則我們也會在內文遇到時為您說明，還請多加注意。

目錄

第一篇 辦公室作業神隊友！用 AI 全面優化日常繁重工作

Chapter 1 資料整理 AI　免手工、比程式還快，要整理資料就 call AI！

1-1 用 AI 幫忙處理複雜的表格資料 1-2

1-2 請 AI 從繁雜的 PDF 抓數據、彙整成表格 1-5

1-3 用 AI 代理人 (AI Agent) 全自動抓網頁資料並整理成表格 1-9

Chapter 2 會議、訪談 AI 助理　逐字稿 key-in、待辦事項整理，繁瑣事通通交給 AI

2-1 用 AI 將會議 / 訪談語音檔一鍵轉成逐字稿 2-2

　　登入 CLOVA Note 線上平台 2-2

　　上傳錄音檔, 用 AI 轉成逐字稿 2-4

　　註記發話者, 讓會議 / 訪談記錄更易懂 2-6

共享 CLOVA Note 會議記錄......2-8

登錄常用辭彙, 提升 AI 的辨識率......2-9

2-2 會議 / 訪談的逐字稿很亂？交給 AI 輕鬆整理......2-10

請 NotebookLM 整理紊亂的會議逐字稿......2-11

Chapter 3 閱讀、資料蒐集 AI
網頁、影片、PDF…，用 AI 讀資料、找資料最快！

3-1 讀文件、網頁、PDF… 的得力 AI 助手......3-2

複製文字或局部擷圖給 AI 摘要重點......3-2

利用 AI 快速整理網頁摘要......3-6

3-2 邊對照 PDF 邊向 AI 提問, 效率提升超有感！......3-9

請 AI 擷取重點, 邊對照頁面閱讀超有效率！......3-10

3-3 請 AI 做影片重點摘要......3-14

技巧 (一)：
請 AI 摘錄影片重點, 並做延伸問答......3-15

技巧 (二)：
沒字幕的影片照樣幫你暴力摘要出影片重點......3-17

技巧 (三)：
更方便！邊看 YouTube 影片邊閱讀 AI 整理的影片摘要......3-18

3-4 請 AI 一鍵取得影片字幕逐字稿......3-21

在 YouTube 網站一鍵請 AI 取出字幕檔......3-21

影片沒字幕？AI 幫你突破限制, 輕鬆擷取出逐字稿......3-24

Chapter 4　郵件處理 AI
幫你讀信、擬信、模擬語氣回覆…，用 AI 處理郵件超輕鬆！

- 4-1 超智慧的 AI 回信助手 4-2
  - 用 AI 快速讀信、擬信, 成堆郵件快速處理 OK 4-3
- 4-2 用 Gemini AI 一鍵生成 Email、並統整郵件內容 4-7
  - 申請 Google AI Pro 會員 4-7
  - 用 Gemini AI 一鍵撰寫好 Gmail 信件 4-11
  - Gemini 連動 Google Workspace 超方便！ 4-14

Chapter 5　簡報 AI
選範本、構思大綱、擬講稿、生成插圖…AI 幫你輕鬆搞定！

- 5-1 請 AI 生成符合簡報主題的範本 5-2
- 5-2 請 AI 構思簡報大綱 5-5
  - 生成簡報大綱 5-6
  - 其他構思簡報內容的 prompt 範例 5-8
- 5-3 請 AI 一鍵生成完整的簡報檔 5-10
  - 開啟 Canva AI 的簡報生成功能 5-11
  - 用 Canva AI 一鍵生成簡報檔 5-12
  - 下載 AI 生成的簡報檔 5-14
  - 職場生產力 UP！餵入現成的網頁 / 文字 / PDF / 影片, 參考內容來生成簡報 5-16
- 5-4 請 AI 一鍵生成精美簡報 5-19
  - 到 Gamma 官網註冊免費帳號 5-19
  - 輸入提示語, 請 Gamma AI 一鍵生成精美簡報 5-20
  - 使用全能的 AI 助理編輯簡報內容 5-24

餵入簡報大綱,請 AI 一鍵生成精美簡報 5-27
簡報的分享與下載 5-30

5-5 從查資料到簡報製作,一站式 AI 幫你直接搞定 5-32
先使用 Felo 進行 AI 深度研究 5-32
從生成研究內容到輸出成果,一鍵生成簡報! 5-34
分享簡報內容 5-36

Chapter 6　翻譯 AI　自訂翻譯風格、全文對照翻譯,效率提升百倍的 AI 助手

6-1 提升 AI 聊天機器人翻譯品質的技巧 6-2
切換使用畫布 (Canvas) 模式請 AI 做翻譯 6-3
技巧 (一):在提示語提供背景資訊 6-4
技巧 (二):請 AI 提供翻譯稿的修改建議 6-6
技巧 (三):切換不同版本的翻譯稿 6-9
技巧 (四):設定目標受眾 6-10

6-2 經常請 ChatGPT 翻譯時的便捷技巧 6-12

6-3 AI 幫你做 PDF 原文 / 譯文對照翻譯,快又方便! 6-18
使用沉浸式翻譯工具快速翻譯 PDF / 電子書 6-20

6-4 把 AI 裝進手機,當您的隨身口譯助理! 6-24
AI 就是你的隨身口譯助理! 6-24
開啟 Gemini Live 功能:
仿真人語音對話,隨時都能呼叫出來翻譯! 6-27
語音即時翻譯 6-28

Chapter 7 客服 AI
留言擬稿、產品疑難解答，
AI 讓小編、客服變輕鬆！

7-1 一大堆留言待處理…用 AI 當小編的客服助手！ 7-2
用 AI 快速讀取留言, 並自動擬定回覆內容 7-2

7-2 熟讀產品型錄, 24 小時不打烊的客服 AI 7-6
利用 NotebookLM 建置產品資訊知識庫 7-6
用 NotebookLM 的筆記本共享功能,
讓 AI 客服對外運作 7-9

Chapter 8 合約處理 AI
擬專業條文、白話文解釋，
AI 輕鬆搞定合約大小事！

8-1 請 AI 解釋複雜的法律 / 合約用語 8-2

8-2 請 AI 扮演法務增補條約 8-4

8-3 請 AI 草擬存證信函 8-5

第二篇 資料分析與程式設計 AI 組合技！技術小白、職場老手全適用！

Chapter 9 資料分析、視覺化 AI
自動得出結論，繪製圖表，
AI 讓分析工作變簡單！

9-1 請 AI 當你的資料分析總規劃師 9-2
請 AI 快速梳理資料分析的大方向 9-2
直接餵資料給 AI, 了解資料輪廓 9-4

9-2 各種資料分析、視覺化圖表
繪製工作，都請 AI 自動做！...................9-7
　資料清洗請 AI 自動做最快！......................9-7
　用 AI 快速分析資料得出結論......................9-10

9-3 AI 幫你全自動完成專業
又深入的資料分析報告........................9-14

9-4 報告缺圖缺很大！AI 幫我們把文字
一鍵轉成圖解...................................9-16
　請 AI 自動將文字轉換成圖解內容.................9-16
　取出 AI 所生成的圖解內容........................9-21

Chapter 10 程式設計 AI　幫你寫程式、找 bug、全自動撰寫應用程式

10-1 用 AI 聊天機器人處理程式大小事..............10-2
　技巧 (一)：從無到有生成一段程式................10-2
　技巧 (二)：請 AI 協助改造程式...................10-7
　技巧 (三)：程式看不懂，請 AI 做程式教學.......10-9

10-2 不只小程式，完整的網頁應用程式
都請 AI 操刀....................................10-11
　用 Gemini Canvas 把想法一鍵
　變成互動網頁程式................................10-11
　用 Canva AI 從設計到網頁生成一鍵搞定..........10-13

10-3 雲端 Colab AI：
AI 輔助寫程式超輕鬆！.......................10-15
　Colab AI 初體驗..................................10-16
　請 Colab AI (Gemini) 逐步完成資料視覺化程式....10-18
　AI 生成的程式有錯或結果有錯怎麼辦？..........10-19
　Colab 上的其他 AI 智慧功能.....................10-20

第三篇　廣宣製作、文案、網站行銷的 AI 應用技

Chapter 11　廣宣圖像生成 AI
海報、社群貼文圖片、美編素材…通通請 AI 代勞

- 11-1 用 AI 生圖助手快速獲得設計靈感 11-2
  - 用 ChatGPT 生成圖片－以生成廣宣海報為例 11-3
- 11-2 可商用的 AI 生圖工具 － Adobe Firefly 11-18
  - 簡單認識 Adobe Firefly 11-19
  - 用 AI 快速生成圖片 11-21
  - 善用「圖像工具列」的設定為生成影像增色 11-23
  - 生成影像後的後續作業 11-26
- 11-3 電商小編的救星！隨手拍的照片也能用 AI 變成廣宣圖 11-28
  - 用 AI 自動產生廣宣文案及圖片 11-29
- 11-4 在圖庫中找不到喜歡的設計素材 (icon、插圖…)？用 AI 快速生成！ 11-36
  - 用 Recraft AI 迅速生圖 11-36

Chapter 12　修圖 AI
一秒清雜物、去背景、拓展圖片，輕鬆成為 P 圖大師

- 12-1 用 AI 一秒清除影像上的雜物 12-2
- 12-2 用 AI 幫影像去背並更換背景 12-5
- 12-3 用 AI 任意調整圖片比例、自動填補內容 12-10

Chapter 13　寫文案、SEO 行銷 AI
文案、新聞稿、埋關鍵字、網頁體檢…通通請 AI 操刀！

- 13-1 寫出的文案太枯燥？
請 AI 協助撰寫吸睛的文案 13-3
  - 請 AI 擬定吸睛的文案標題 13-4
  - 請 AI 找出適合的「關鍵字」埋入標題或內文中 . 13-5
  - 用 AI Agent 工具擬定不同風格的文案 13-7

- 13-2 不用費心擬提示語，跟 AI 輕鬆互動
完成 SEO 行銷新聞稿 13-10

- 13-3 利用 AI 工具優化既有網頁內容 13-12
  - 例：用 AI 改善網頁使用者體驗 13-13

第四篇　AI 影音行銷助手

Chapter 14　語音 AI、音樂 AI
語音旁白、Podcast、背景音樂、廣告歌曲，用 AI 生成最 Easy！

- 14-1 講稿自動轉語音，不用花錢找人配旁白 14-2
  - 註冊 ElevenLabs 14-2
  - 用 AI 快速將講稿轉換成語音 14-4

- 14-2 不用擬腳本，商品連結
一鍵轉 Podcast 節目介紹 14-7
  - 商品連結一鍵轉成雙人對話語音 14-8

- 14-3 不想撞曲？幫行銷影片生成
獨一無二的背景音樂 14-10
  - 註冊 Suno 14-11
  - 用 Suno AI 快速生成背景音樂 14-11

14-4 用 AI 生成洗腦廣告歌曲 14-15
AI 智慧化詞曲全創作 14-15
自行輸入歌詞生成歌曲 14-18

Chapter 15 產品影片製作 AI
商品連結轉影片、虛擬人像解說、字幕生成、語言轉換，用 AI 瞬間完成！

15-1 時間不夠用，商品連結用 AI 一鍵轉為簡報影片 15-2
用 NotebookLM 將商品連結轉為影片 15-2

15-2 製作 AI 虛擬代言人的產品介紹影片 15-5
用 HeyGen 生成產品虛擬代言人影片 15-5
讓照片中的人物開口說話 15-7
用 AI 幫影片自動上字幕 15-11

15-3 更有利推廣！用 AI 將影片字幕或音訊轉換成其他語言 15-16
用 AI 轉換影片「字幕」語言 15-16
用 AI 轉換影片「音訊」語言 15-18

Chapter 16 商業動畫 AI
片頭動畫、商用廣告、酷炫電子報，用 AI 做超省力！

16-1 用 AI 設計企業識別片頭 16-2
用 AI 讓 Logo「動」起來 16-2
用 Canva 強化片頭的影音效果 16-6

16-2 用 AI 做一支精彩的商業廣告 16-12
請 AI 撰寫影片腳本 16-12
用 Sora 根據腳本生成動畫 16-14
用 Canva 合併廣告影片與洗腦歌 16-17

16-3 製作酷炫的 AI 魔法電子報 16-19
  用 AI 讓靜態圖片中的人物「動起來」 16-20
  用 Canva 將 MP4 影片轉換成 GIF 動態圖片 16-21
  完成電子報的製作 16-24

Appendix A 本書常用 AI 工具的取得說明

A-1 AI 聊天機器人快速上手 A-2
  註冊各 AI 聊天機器人的帳號 A-2
  AI 聊天機器人的使用示範 A-3

A-2 AI 加持的最強筆記工具 - NotebookLM 中文版 ... A-7
  建立第一個 AI 筆記本 A-7
  NotebookLM AI 筆記本的基本功能 A-9

A-3 Chrome 外掛 AI 工具的安裝步驟 A-14
  開啟 Chrome 外掛來使用 A-16

A-4 GPT 商店的使用介紹 A-18
  開啟 GPT 頁面 A-18
  搜尋想要的 GPT 機器人 A-20
  GPT 機器人的使用介面說明 A-21
  以後如何快速開啟 GPT 機器人來使用 A-21

本書使用 AI 一覽

🤖 AI 聊天機器人 (ChatGPT、Copilot、Gemini…都可以)

幫忙處理複雜的表格資料.. 1-2
整理很亂的會議 / 訪談的逐字稿.. 2-10
閱讀文件、網頁及PDF.. 3-2
摘錄影片重點, 並做延伸問答.. 3-15
構思簡報大綱.. 5-5
設計投影片 layout... 5-8
生成簡報內容的解說例子... 5-8
生成簡報圖片或提供圖表繪製建議..................................... 5-9
提升翻譯品質.. 6-2
協助快速翻譯.. 6-12
解釋複雜的法律 / 合約用語... 8-2
扮演法務製作條約.. 8-4
草擬存證信函.. 8-5
當你的資料分析總規劃師... 9-2
快速梳理資料分析的大方向... 9-2
自動做資料清洗... 9-7
快速分析資料得出結論.. 9-10
快速生成設計靈感、廣宣海報.. 11-3
修改廣宣海報上的錯別字.. 11-5
根據參考圖生成類似風格的新圖....................................... 11-17
協助生成「背景圖」的提示語.. 12-9
擬定吸睛的文案標題... 13-4
找出適合的「關鍵字」埋入標題或內文中........................... 13-5
擬 AI 語音講稿... 14-6
擬「餵給背景音樂生成工具」的英文提示語....................... 14-13
協助撰寫歌詞.. 14-19
生成「影片生成 AI」需要的圖像..................................... 15-8

生成企業 Logo 去背圖像 16-5
　　協助撰寫影片腳本 16-13

NotebookLM
　　從繁雜的 PDF 抓數據、彙整成表格 1-5
　　整理很亂的會議 / 訪談的逐字稿 2-10
　　閱讀文件、網頁及PDF 3-2
　　摘錄影片重點, 並做延伸問答 3-15
　　針對沒字幕的影片暴力摘要出影片重點 3-17
　　擷取出「沒字幕影片」的逐字稿 3-24
　　餵入現成的參考內容來生成簡報 5-16
　　熟讀產品型錄, 24 小時不打烊的客服 7-6
　　建置產品資訊知識庫 7-6
　　商品連結一鍵轉 Podcast 節目介紹 14-7
　　商品連結一鍵轉為簡報影片 15-2

Manus AI 代理人 (AI Agent)
　　全自動抓網頁資料並整理成表格 1-9
　　隨手拍的照片輕鬆秒變廣宣圖 11-28
　　自動產生廣宣文案及圖片 11-29
　　擬定不同風格的文案 13-7
　　撰寫電子報文案 13-8

CLOVA Note
　　將會議 / 訪談語音檔一鍵轉成逐字稿 2-2

Copilot 聊天機器人
　　開啟線上 PDF, 擷取重點, 邊對照頁面閱讀 3-10
　　無限制免費生圖 11-16

ChatPDF
　　讓你邊對照 PDF 邊提問 3-13

Monica
　　邊看 YouTube 影片邊閱讀影片摘要 3-18

17

超智慧的 AI 回信助手 4-2
　　當小編的客服助手 7-2
　　快速讀取留言, 並自動擬定回覆內容 7-2

YouTube & Article Summary
　　一鍵取得影片字幕逐字稿 3-21

Gemini Advanced
　　一鍵生成 Email、並統整郵件內容 4-7
　　連動 Google Workspace 各種服務 4-14

Canva.com
　　生成符合簡報主題的範本 (GPT 機器人) 5-2
　　強化片頭的影音效果 16-6
　　快速剪接 AI 短片 16-8
　　為 AI 片頭加上背景音樂 16-10
　　合併廣告影片與洗腦歌 16-18
　　將 MP4 動畫轉換成 GIF 動態圖片 16-22

Canva AI
　　一鍵生成完整的簡報檔 5-10
　　餵入現成的參考內容來生成簡報 5-16
　　從設計到網頁生成一鍵搞定 10-13

Gamma AI
　　一鍵生成精美簡報 5-19

Felo AI
　　從查資料到簡報製作, 一站式直接搞定 5-32
　　做 AI 搜尋與資料蒐集 5-32

ChatGPT 聊天機器人的 Canvas (畫布) 模式
　　做 AI 翻譯工作 6-3
　　提供 AI 翻譯稿的修改建議 6-6
　　方便切換不同版本的 AI 翻譯稿 6-9
　　一鍵調整翻譯稿的目標受眾 6-10

ChatGPT 聊天機器人的「專案」功能
建立專屬 AI 翻譯資料夾 6-16
上傳翻譯樣章、翻譯詞彙對照表提升翻譯品質 6-16

沉浸式翻譯 (Chrome 瀏覽器外掛)
做 PDF 原文 / 譯文對照翻譯 6-18

Gemini 手機 App 的 Live 功能
當您的隨身口譯助理 6-24

GPT 機器人 (自行打造 GPT)
熟讀產品型錄, 24 小時不打烊的客服 7-13

Deep Research (ChatGPT、Gemini…等都有提供)
全自動完成專業又深入的資料分析報告 9-14

Napkin AI
自動將文字轉換成圖解內容 9-16

Gemini 聊天機器人的 Canvas (畫布) 模式
從無到有生成一段程式 10-2
協助改造程式 10-7
幫我們做程式教學 10-9
一鍵製作出完整的網頁應用程式 10-11

雲端 Colab AI (Gemini)
雲端輔助寫 Python 程式 10-15

Adobe Express
用 AI 修圖功能快速搞定錯字問題 11-8

Adobe Firefly
可商用的 AI 生圖工具 11-18
一秒清除影像上的雜物 12-12
幫影像去背並更換背景 12-15
調整片比例後自動生成填補內容 12-10

Recraft AI
快速生成喜歡的設計素材 (icon、插圖...) 11-36

SEO 行銷文案、新聞稿撰寫機器人 (GPT 機器人)
行銷文案、新聞稿撰寫 13-10

Search Intent Optimization Tools (GPT 機器人)
優化既有的網頁內容 13-12

ElevenLabs
講稿自動轉語音 14-2

Suno
幫行銷影片生成獨一無二的背景音樂 14-10

HeyGen
生成產品虛擬代言人影片 15-5
讓照片中的人物開口說話 15-7
轉換影片「音訊」語言 15-18

FlexClip
幫影片自動上字幕 15-11
轉換影片「字幕」語言 15-16

Veo
讓 Logo「動」起來 16-2
讓靜態圖片中的人物「動起來」 16-21

Sora
根據腳本生成動畫 16-15

PART

01

辦公室作業神隊友！
用 AI 全面優化日常繁重工作

1

CHAPTER

資料整理 AI

免手工、比程式還快，
要整理資料就 call AI！

1-1 用 AI 幫忙處理複雜的表格資料
1-2 請 AI 從繁雜的 PDF 抓數據、彙整成表格
1-3 用 AI 代理人 (AI Agent) 全自動抓網頁資料並整理成表格

表格、數據資料的整理是職場上再尋常不過的工作，AI 當道，或許滿多人早就嘗試用 AI 工具試著幫忙做整理工作，卻可能遇到輸出格式不齊、內容不完整…的問題，得再花時間手動修補，結果就是沒省下什麼時間…

其實資料整理是相當能展示 AI 威力的工作之一，只要用對工具和方法，輕鬆取代複製／貼上…的機械性工作不說，AI 還能幫我們從繁雜的文件快速篩選重點、甚至還能自動上網抓資料整理好給我們。當然，前提是你一定要用對工具才行，我們也希望透過本章，帶你快速體驗**選對 AI**、**用對 AI**所帶來的好處！

1-1 用 AI 幫忙處理複雜的表格資料

使用 AI：AI 聊天機器人
(ChatGPT、Copilot、Gemini…都可以)

快速看個範例。如下圖所示，假設有一大筆資料通通匯整在同一個工作表內，我們希望這些資料能依不同「月份」，切割存於不同的「2021/7」、「2021/8」…工作表內：

▶ 目前各月份全混在同一個表格內，想要把各月份存放到不同的工作表, 怎麼做比較快呢？

像這樣瑣碎的 Excel 整理工作，難度不高，就是得一直重覆做！在 AI 問世之前，您或許早就悶著頭就開始複製、開新工作表貼上、複製、開新工作表貼上…但萬一資料很多呢 (本例已經不少了！)，即便您想加速，可能也一時不知如何下手。

現在，相信不少人會想到「該用 AI 來處理」(若還沒養成習慣，以後有這種「不知如何下手」的問題都請想到 AI！)，但該用哪種 AI 工具呢？依經驗，打開瀏覽器就可以直接使用的 **AI 聊天機器人**會是多數人 (包括本書) 最常用到的職場工作解決助手！有一個重要因素是**免費**。因此，與其花時間摸索其它工具，筆者建議優先用 AI 聊天機器人試著整理會比較有效率。

接著就來試試吧！本例打算直接把 Excel 檔直接丟給 AI，必須找個支援上傳 .xlsx 檔的 AI 聊天機器人才行，這裡就以 ChatGPT 來操作 (本書滿多情況下都會用 ChatGPT 來示範，若你實在沒聽過 ChatGPT、Copilot、Gemini…這些響叮噹的 AI 聊天機器人大名，請先參考**附錄 A-1 節** (在本書最後面) 快速了解一下)。

1 首先備妥我們希望 AI 聊天機器人處理的檔案，直接拖曳到對話框，然後告知希望 AI 幫我們如何處理：

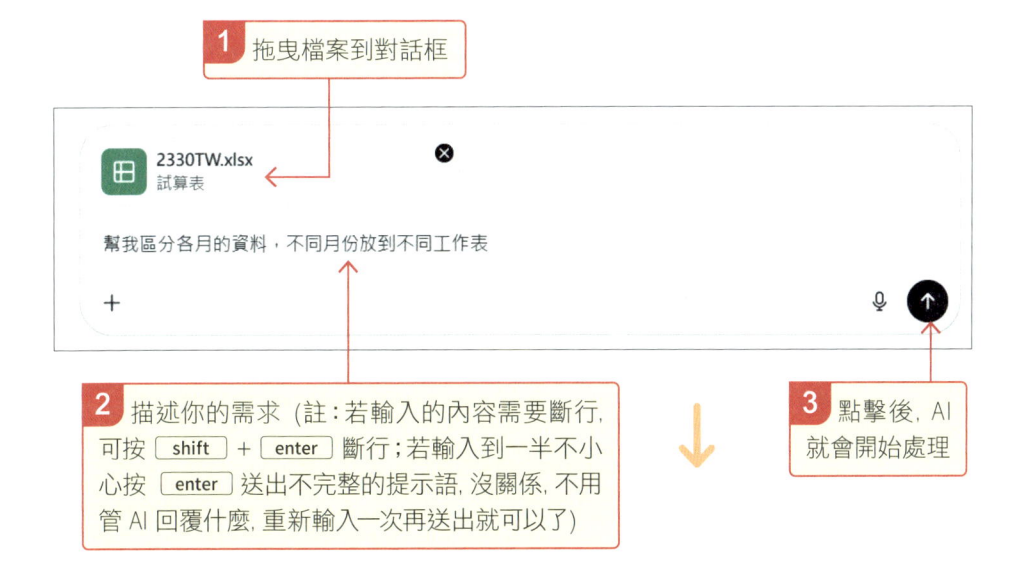

1 拖曳檔案到對話框

2330TW.xlsx
試算表

幫我區分各月的資料，不同月份放到不同工作表

2 描述你的需求 (註：若輸入的內容需要斷行，可按 [shift] + [enter] 斷行；若輸入到一半不小心按 [enter] 送出不完整的提示語，沒關係，不用管 AI 回覆什麼，重新輸入一次再送出就可以了)

3 點擊後，AI 就會開始處理

第 1 章　資料整理 AI － 免手工、比程式還快，要整理資料就 call AI！

1-3

2 接著要做的事就是「等」,看到下圖最下面一行,嘿嘿～處理好了！若一切順利,本例所使用的 ChatGPT 可能三兩下就能解決問題,甚至提供處理後的 Excel 檔案讓我們下載 (如果沒有,也可以跟它繼續聊,試著請它提供):

1 很多程式語言都有針對試算表檔案設計方便的處理套件,而 AI 聊天機器人滿擅長撰寫程式,這是本例筆者選用 AI 聊天機器人來解決問題的原因。我們可以省下大把學程式、寫程式的時間

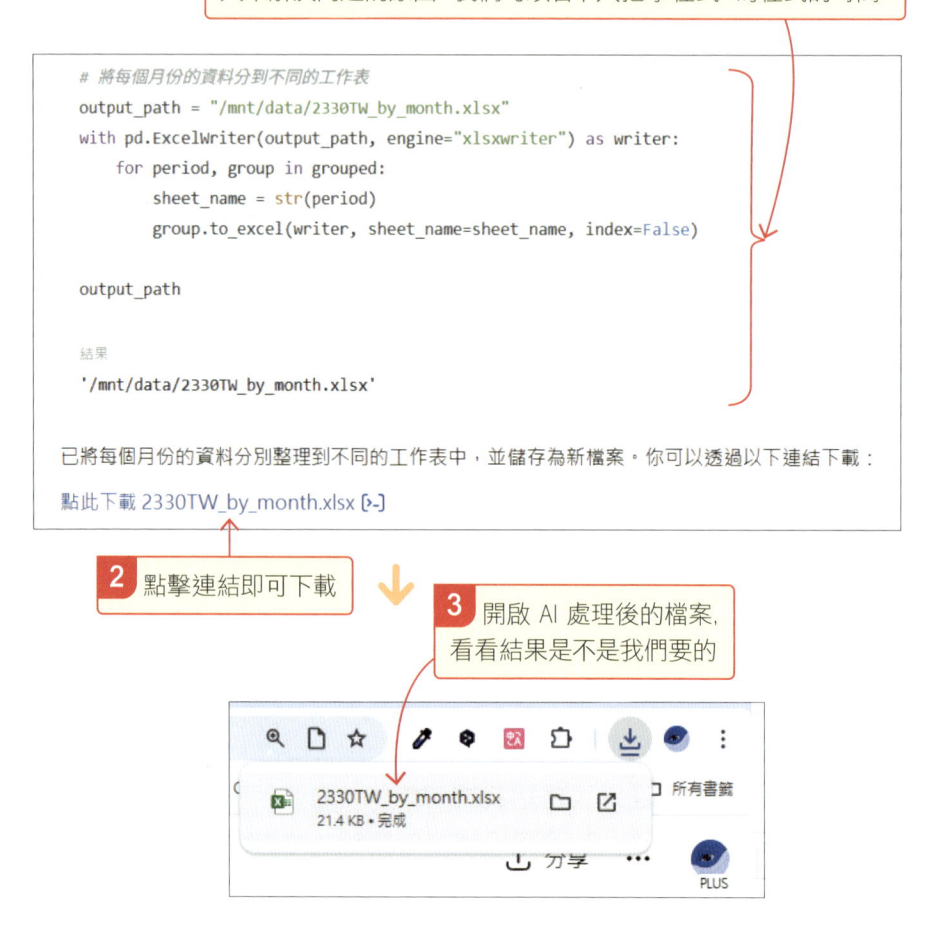

```
# 將每個月份的資料分到不同的工作表
output_path = "/mnt/data/2330TW_by_month.xlsx"
with pd.ExcelWriter(output_path, engine="xlsxwriter") as writer:
    for period, group in grouped:
        sheet_name = str(period)
        group.to_excel(writer, sheet_name=sheet_name, index=False)

output_path
```

結果

'/mnt/data/2330TW_by_month.xlsx'

已將每個月份的資料分別整理到不同的工作表中,並儲存為新檔案。你可以透過以下連結下載:

點此下載 2330TW_by_month.xlsx [↓]

2 點擊連結即可下載

3 開啟 AI 處理後的檔案,看看結果是不是我們要的

開啟處理後的檔案,可以看到各月的資料都自動分到不同的工作表囉:

	A	B	C	D	E	F	G	H
1	Date	Open	High	Low	Close	Adj Close	Volume	
2	2021-07-07 00:00:00	590	594	588	594	582.5336	16966158	
3	2021-07-08 00:00:00	595	595	588	588	576.6494	21140426	
4	2021-07-09 00:00:00	582	585	580	584	572.7266	29029415	
5	2021-07-12 00:00:00	595	597	590	593	581.5529	31304547	
6	2021-07-13 00:00:00	600	608	599	607	595.2826	52540315	
7	2021-07-14 00:00:00	613	615	608	613	601.1668	38418875	
8	2021-07-15 00:00:00	613	614	608	614	602.1474	22012834	
9	2021-07-16 00:00:00	591	595	588	589	577.6301	57970545	
10	2021-07-19 00:00:00	583	584	578	582	570.7652	40644341	
11	2021-07-20 00:00:00	579	584	579	581	569.7845	15354333	
12	2021-07-21 00:00:00	586	586	580	585	573.7073	25828732	
13	2021-07-22 00:00:00	589	594	587	591	579.5916	26058172	
14	2021-07-23 00:00:00	592	592	583	585	573.7073	15271451	
15	2021-07-26 00:00:00	591	591	580	580	568.8038	21619179	
16	2021-07-27 00:00:00	581	584	580	580	568.8038	17785992	
17	2021-07-28 00:00:00	576	579	573	579	567.8231	36158305	
18	2021-07-29 00:00:00	585	585	577	583	571.7459	23224896	
19	2021-07-30 00:00:00	581	582	578	580	568.8038	18999281	
20								

| 2021-07 | 2021-08 | 2021-09 | 2021-10 | 2021-11 | 2021-12 |

開啟處理後的檔案, 各月的資料都分割到不同的工作表了。以往光新增這麼多空白工作表, 煩都煩死了, 現在用 AI 輕鬆搞定!

1-2 請 AI 從繁雜的 PDF 抓數據、彙整成表格

使用 AI ▶ NotebookLM

　　有時候資料整理工作是需要從 A 文件中擷取出重點, 再整理成 B 表格, 再謄到 C 報告上....過程相當繁雜。老話一句, 請多思考這些繁瑣的爬梳、整理工作該怎麼用 AI 來做?本節我們就示範請 AI 全自動挖掘 PDF 文件裡面的產品數據, 並整理好表格給我們。底下準備改用 **NotebookLM** 這個 Google 的 AI 工具來示範 (若沒用過請參考**附錄 A-2 節**熟悉一下):

> **TIP** 像本例這樣整理自己手邊資料的任務, 以往多半也是用 AI 聊天機器人來處理, 但現階段用 NotebookLM 最合適!它比起一般 AI 聊天機器人更能降低產生虛構內容的風險, 省卻我們事後反覆查驗的時間。本書凡是根據某項東西 (資料、網址、影片...) 想要做整理、分析, 都會第一時間想到「用 NotebookLM!」

① 首先請開啟 NotebookLM 工具 (https://notebooklm.google.com) 來使用：

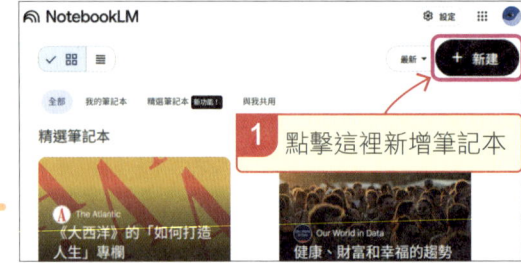

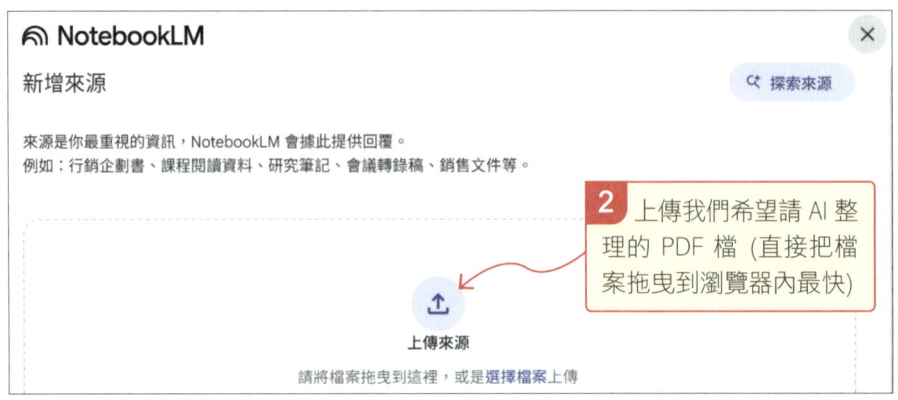

1 點擊這裡新增筆記本

2 上傳我們希望請 AI 整理的 PDF 檔 (直接把檔案拖曳到瀏覽器內最快)

② 假設本例是上傳如下的產品型錄 PDF：

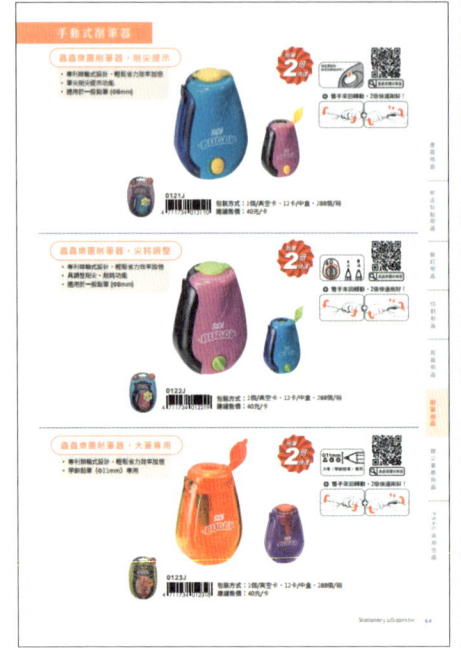

當我們把這份 PDF 提供給 NotebookLM，看是要做資料整理或者行銷建議都可以，這裡我們借重它來整理資料：

> 我想要做特別促銷活動，幫我整理出 50 元以下的產品，以表格呈現

本書出現這個人物框就表示「輸入提示語給 AI」。而書附下載檔也可以找到人物所說的提示語文字檔，省卻您手動 key 字的麻煩

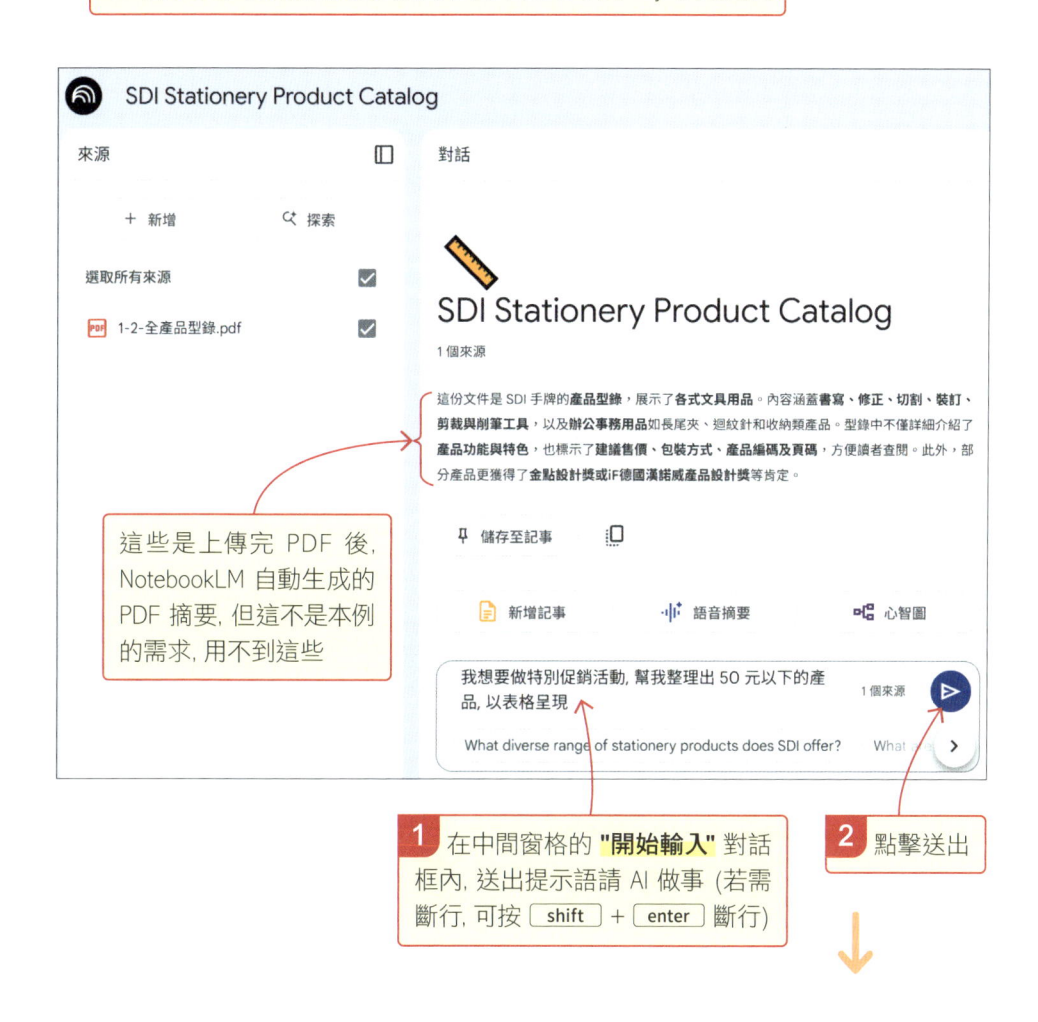

這些是上傳完 PDF 後，NotebookLM 自動生成的 PDF 摘要，但這不是本例的需求，用不到這些

1 在中間窗格的 **"開始輸入"** 對話框內，送出提示語請 AI 做事 (若需斷行，可按 `shift` + `enter` 斷行)

2 點擊送出

第 1 章　資料整理 AI ─ 免手工、比程式還快，要整理資料就 call AI！

1-7

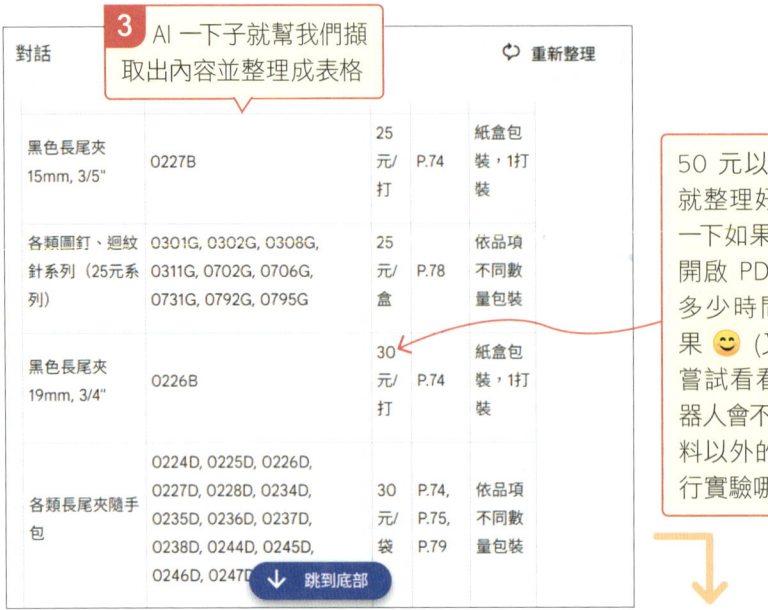

3 AI 一下子就幫我們擷取出內容並整理成表格

對話				↻ 重新整理
黑色長尾夾 15mm, 3/5"	0227B	25元/打	P.74	紙盒包裝,1打裝
各類圖釘、迴紋針系列 (25元系列)	0301G, 0302G, 0308G, 0311G, 0702G, 0706G, 0731G, 0792G, 0795G	25元/盒	P.78	依品項不同數量包裝
黑色長尾夾 19mm, 3/4"	0226B	30元/打	P.74	紙盒包裝,1打裝
各類長尾夾隨手包	0224D, 0225D, 0226D, 0227D, 0228D, 0234D, 0235D, 0236D, 0237D, 0238D, 0244D, 0245D, 0246D, 0247D	30元/袋	P.74, P.75, P.79	依品項不同數量包裝

↓ 跳到底部

50 元以下的產品瞬間就整理好！您可以思考一下如果沒有用 AI, 從開啟 PDF 起算你會花多少時間得到這個結果 😊 (又或者, 你可以嘗試看看用 AI 聊天機器人會不會生成來源資料以外的內容, 可以自行實驗哪個好用)

4 本例原本 AI 將不同類別的產品區分成不同表格, 筆者進一步下提示語 "請把上述資訊全彙整到同一個表格", 方便貼到 Excel (經測試, NotebookLM 主要的功用是進行問答, 不像其他 AI 聊天機器人可以寫程式處理存檔事宜)

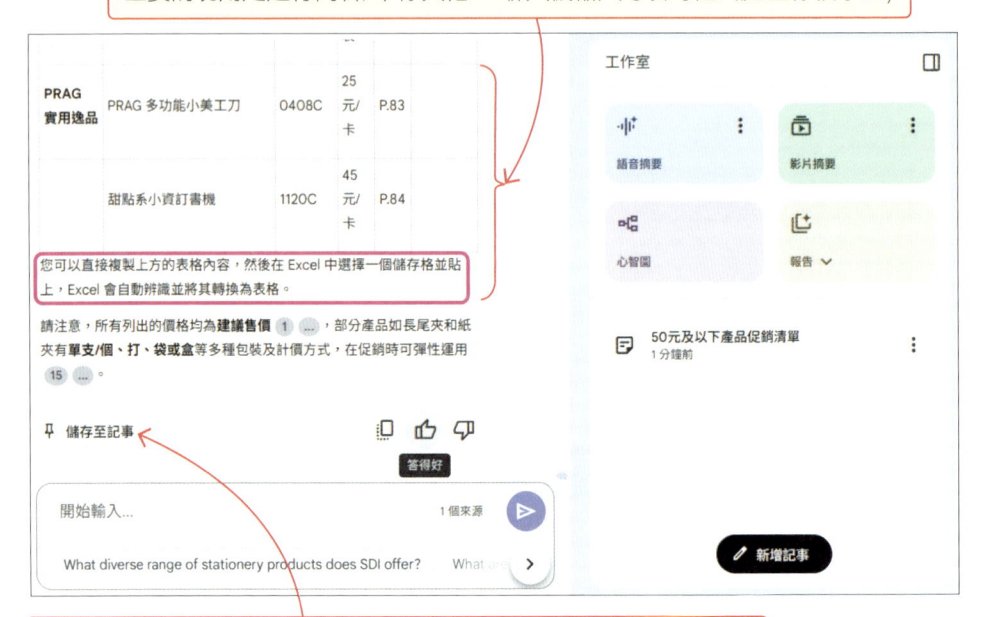

| PRAG 實用逸品 | PRAG 多功能小美工刀 | 0408C | 25元/卡 | P.83 |
| | 甜點系小資訂書機 | 1120C | 45元/卡 | P.84 |

您可以直接複製上方的表格內容, 然後在 Excel 中選擇一個儲存格並貼上, Excel 會自動辨識並將其轉換為表格。

請注意, 所有列出的價格均為**建議售價** ① ..., 部分產品如長尾夾和紙夾有**單支/個、打、袋或盒**等多種包裝及計價方式, 在促銷時可彈性運用 ⑮ ... 。

📌 儲存至記事   答得好

開始輸入...   1 個來源
What diverse range of stationery products does SDI offer?

工作室
語音摘要   影片摘要
心智圖   報告
50元及以下產品促銷清單 1分鐘前
✏ 新增記事

5 也可以點擊此鈕, 將 AI 整理好的內容存下來變成**記事**, 方便日後運用 (若對 NotebookLM 的操作不太熟, 可以參考附錄 A-2 節的說明)

1-8

1-3 用 AI 代理人 (AI Agent) 全自動抓網頁資料並整理成表格

使用 AI　Manus AI

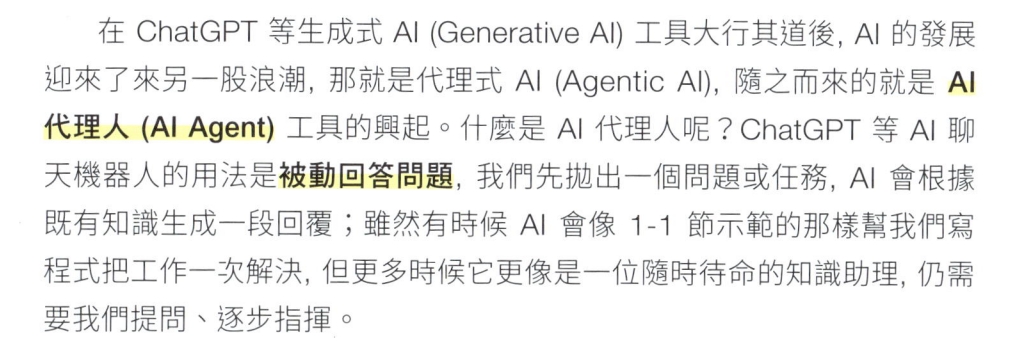

在 ChatGPT 等生成式 AI (Generative AI) 工具大行其道後，AI 的發展迎來了來另一股浪潮，那就是代理式 AI (Agentic AI)，隨之而來的就是 **AI 代理人 (AI Agent)** 工具的興起。什麼是 AI 代理人呢？ChatGPT 等 AI 聊天機器人的用法是**被動回答問題**，我們先拋出一個問題或任務，AI 會根據既有知識生成一段回覆；雖然有時候 AI 會像 1-1 節示範的那樣幫我們寫程式把工作一次解決，但更多時候它更像是一位隨時待命的知識助理，仍需要我們提問、逐步指揮。

相比之下，AI 代理人則不只是被動應答，而是能夠**自動規劃工作、調用工具、執行工作、並持續修正、迭代直到達成任務**。換句話說，AI Agent 不只是「陪我們聊聊而已」，是真正能幫我們把任務完成的超級智慧助手。

職場生產力 UP

舉例來說，如果要彙整網頁資料，AI 聊天機器人可能需要我們一步步要求它查詢、整理，遇到錯誤時也需要不斷引導它下一步；但 AI Agent 則能自己上網抓資料、過濾來源、分析內容、遇到錯誤時也會自行找解法，最後整理出一份表格交到你面前。更強調行動力，正是 AI 代理人成為新一波 AI 應用浪潮的關鍵。

依筆者經驗，這種彙整網頁資料的需求用 AI 聊天機器人來做效果不太好，滿多時間會在「瞎聊」。因此本例打算改用 **Manus** (https://manus.im/home) 這個 AI 代理人工具來試試 (Manus 有付費機制，但每月會贈送的免費額度，用來處理本節的工作綽綽有餘)：

1 假設現在的工作是**連上產品網頁複製網頁資料，並整理成表格**。這種涉及網路爬蟲的整理工作，若丟給 ChatGPT 等 AI 聊天機器人做，不容易一步到位，因為過程中當 AI 遇到問題時，我們常需要參與判斷，甚至提供下一步的指引 (但若對技術不熟，談不上提供指引，整件事就容易卡關)。像這類 AI 聊天機器人不易完成的工作，筆者就習慣丟給 AI 代理人嘗試看看，筆者比較將它視為結果導向，絕大多數情況下，我們不太需要介入，只需看 AI 做出來的結果是不是我們要的而已。

1 先連到 **Manus** (https://manus.im/home) 網站，註冊一個會員後登入。可以用 Google 帳戶登入，每日登入可領取免費使用點數

2 Manus 的介面就跟 ChatGPT 等 AI 聊天機器人一樣，直接在對話框中輸入提示語，本例是想要整理排行榜的資料

3 點擊這裡執行

2 接著，就看 AI 表現了！雖然 AI 代理人有「允許我們中途介入」的設計，但一般來說，若該工作涉及的技術比較深，我們能做的也有限，最省事的就是通通交給 AI 發揮了：

1 AI 代理人接收到任務, 準備開始「上工」, 左邊這裡會列出一連串 AI 正在做的事 (也藉此觀摩 AI 代理人做事的思路)

2 像本例的上網抓資料任務, AI 代理人通常會在視窗右側開啟一個「虛擬電腦」畫面, 可以看到 AI 模擬真人一步步開始操作 (上網開瀏覽器→連上網頁→分析網頁內容…), 相當擬人

4 AI 告訴我們可以隨時中斷它的工作, 重新提供資訊再執行

3 這裡可以看到整體進度及耗時

5 像本例的工作, AI 代理人多半是寫程式來處理

6 若任務複雜導致「碰壁」, 會看到 AI 代理人不斷嘗試解決問題, 絲毫不用我們費心 😊

7 當然, 若看到 AI 卡關卡很久, 而你又明確從虛擬電腦看出端倪, 可以點擊這裡中斷

第 1 章 資料整理 AI — 免手工、比程式還快, 要整理資料就 call AI!

1-11

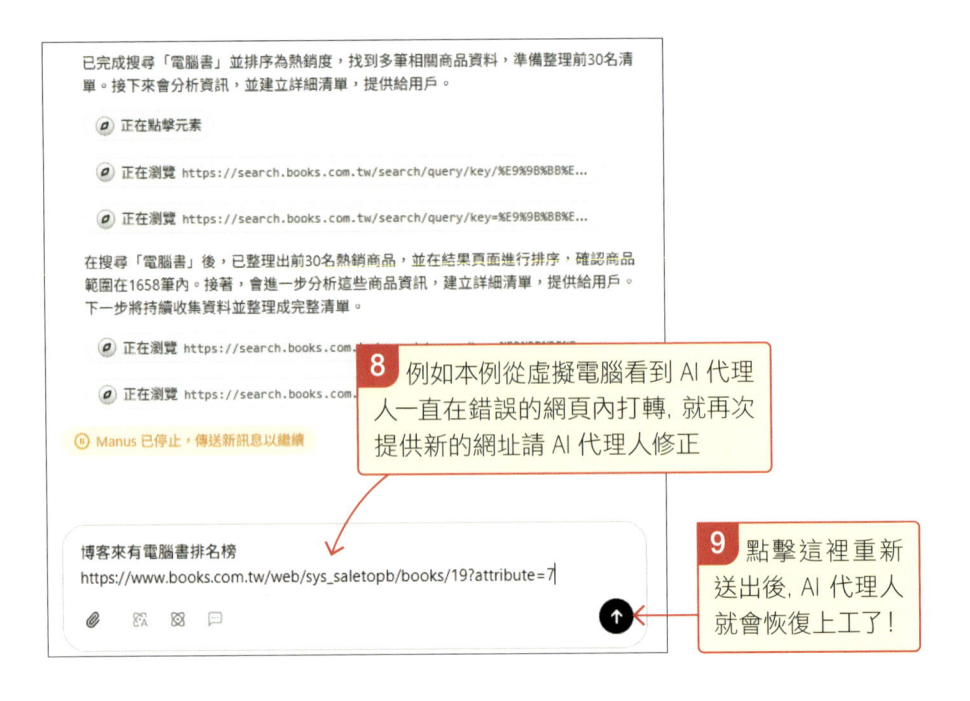

已完成搜尋「電腦書」並排序為熱銷度，找到多筆相關商品資料，準備整理前30名清單。接下來會分析資訊，並建立詳細清單，提供給用戶。

- 正在點擊元素
- 正在瀏覽 https://search.books.com.tw/search/query/key=%E9%9B%BB%E...
- 正在瀏覽 https://search.books.com.tw/search/query/key=%E9%9B%BB%E...

在搜尋「電腦書」後，已整理出前30名熱銷商品，並在結果頁面進行排序，確認商品範圍在1658筆內。接著，會進一步分析這些商品資訊，建立詳細清單，提供給用戶。下一步將持續收集資料並整理成完整清單。

- 正在瀏覽 https://search.books.com.tw...
- 正在瀏覽 https://search.books.com.tw...

Manus 已停止，傳送新訊息以繼續

博客來有電腦書排名榜
https://www.books.com.tw/web/sys_saletopb/books/19?attribute=7

8 例如本例從虛擬電腦看到 AI 代理人一直在錯誤的網頁內打轉，就再次提供新的網址請 AI 代理人修正

9 點擊這裡重新送出後，AI 代理人就會恢復上工了！

3 當看到如下圖 AI 的回應，就表示任務完成了！本例花費了 15 分鐘，AI 代理人不辱使命完成任務！

1 左側窗格可看到所有 AI 代理人的工作歷程，這裡最終整理了檔案給我們

3 若想知道 AI 過程中寫了哪些程式，可以點擊這裡檢視並下載

2 本例我們要的檔案會顯示在右側窗格，點擊這裡就可以將檔案下載回來了

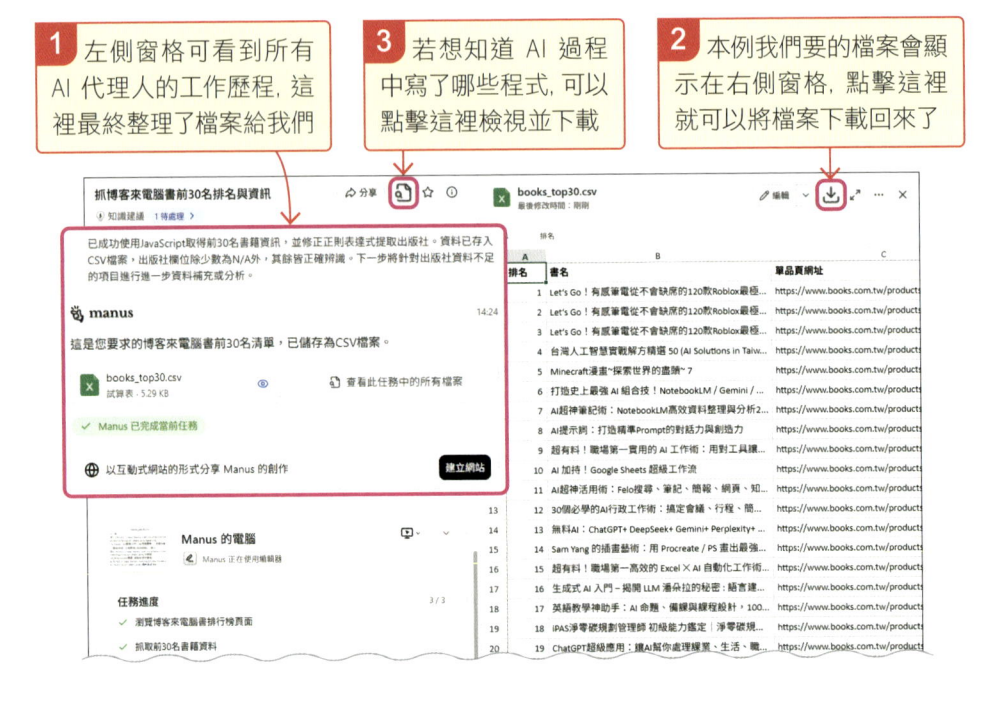

1-12

4 最後提醒讀者，Manus AI 雖然是付費工具，但每天都有提供 300 個點數可以使用，若點數不夠，任務進行到一半會暫時中斷 (有點數後可以恢復進行)。讀者也可以隨時如下進行查看：

1 在 Manus 主畫面中，點擊右上角的頭像

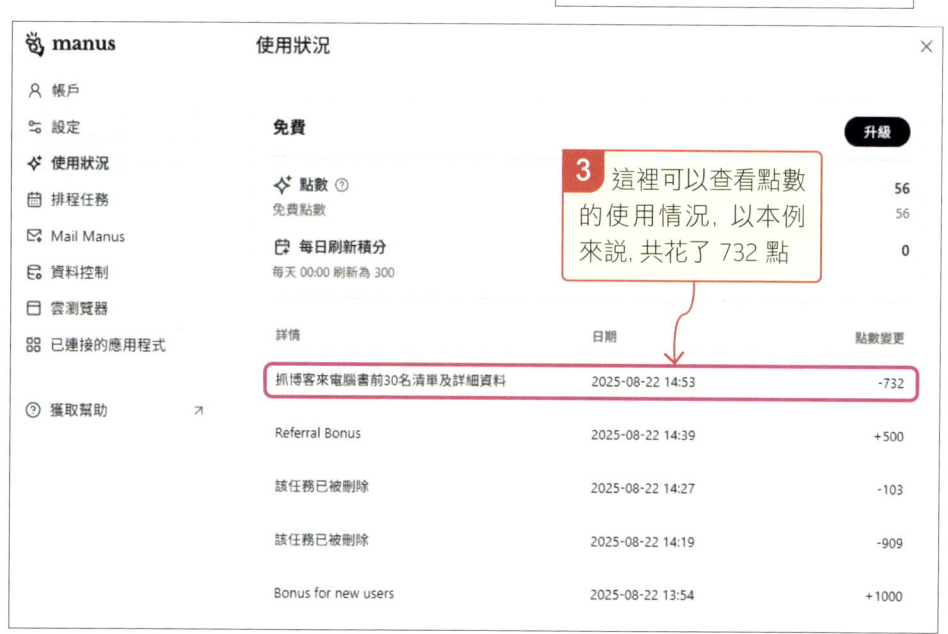

🔔　📱 App　✧ 56　升級

Tristan Chang
@gmail.com

免費　　　　　　　　　升級

✧ 點數 ⓘ　　　　　　　56 ›

💡 知識

👤 帳戶

⚙ 設定

🏠 首頁　　　　　　　　↗

❓ 獲取幫助　　　　　　↗

[→ 登出

2 這裡可以知道目前剩餘點數，點擊進去可以查看詳情

🖐 manus　　使用狀況　　　　　　　　　　　　　　　　×

👤 帳戶
⚙ 設定
✧ 使用狀況　　免費　　　　　　　　　　　　　　　　　　升級
📋 排程任務
✉ Mail Manus　　✧ 點數 ⓘ　　　　　　　　　　　　　　　　56
🗂 資料控制　　　　免費點數　　　　　　　　　　　　　　　　56
☁ 雲瀏覽器　　📅 每日刷新積分
📱 已連接的應用程式　　每天 00:00 刷新為 300　　　　　　　　　　　0

❓ 獲取幫助　↗

3 這裡可以查看點數的使用情況，以本例來說，共花了 732 點

詳情	日期	點數變更
抓博客來電腦書前30名清單及詳細資料	2025-08-22 14:53	-732
Referral Bonus	2025-08-22 14:39	+500
該任務已被刪除	2025-08-22 14:27	-103
該任務已被刪除	2025-08-22 14:19	-909
Bonus for new users	2025-08-22 13:54	+1000

第 1 章　資料整理 AI ─ 免手工、比程式還快，要整理資料就 call AI！

1-13

本節最後的結果看起來滿美好的，但依筆者經驗，AI 代理人可不是每次都能那麼順利完全任務，滿多時候它會陷入一種「不斷 run run run...」的狀態，永遠在嘗試、卻遲遲交不出我們要的結果。筆者常會猶豫：到底要不要中斷？還是再等等看？針對這點筆者有兩個小建議：

- **觀察進度：** 若你從 AI 代理人的工作歷程看出它已經重複嘗試同樣的動作很久，通常代表它真的卡關了。這時可以嘗試中斷，重新提供更精準的指令或補充資訊 (如前面，AI 連錯網址了，最好即時修正不要讓它再浪費時間下去)。

- **降低任務的複雜度：** 以本例來說，AI 代理人在「獲取產品網址」時思考最久、嘗試最多次，若實在卡很久，可以告訴 AI 不需要某某資訊了，抓其他資料就好，跳過後卡關的癥結點後搞不好就 OK 了。

當然，目前 AI 代理人的技術還在不斷發展 (連 ChatGPT 也有推出**代理程式模式**功能)，可以想見，未來其技術會愈來愈精進，而現階段筆者是習慣用它解決一些「**跟 AI 聊天機器人聊很久，但始終解決不了**」的工作(畢竟它也不是完全免費的)，有時會收到奇效喔 (後續章節針對 Manus AI 工具還會有一些示範)！

小結

在這一章裡，我們針對 3 種資料整理需求示範了 3 種不同的 AI 工具，這 3 種工具各有其強項。AI 這麼熱，有在用 AI 已經不稀奇了，**懂得正確用 AI 才是勝出的關鍵**。用的對，效率就能瞬間提升；用的不對，再厲害的 AI 也可能讓你徒勞無功！

2

CHAPTER

會議、訪談 AI 助理

逐字稿 key-in、待辦事項整理，
繁瑣事通通交給 AI

2-1　用 AI 將會議／訪談語音檔一鍵轉成逐字稿

2-2　會議／訪談的逐字稿很亂？交給 AI 輕鬆整理

本章繼續來介紹職場上跟會議相關的資料整理工作。大小會議不斷早已是職場常態，**整理開會 (或訪談) 記錄**也是挺耗時的差事，負責記錄的人要嘛過程中拚命記，若會議／訪談時間很長，為了不遺漏重要訊息，多數情況可能會錄音起來，但事後的錄音檔整理也是不小的工程…

有了 AI 後這些繁瑣的工作再也不是問題囉！當我們手邊有會議 (或訪談) 的錄音／影片檔時，可以**用 AI 一秒生成逐字稿**，當然，若逐字稿過於冗長 (甚至是混亂...)，事後的整理、重點提取工作也可以交給 AI 繼續做。善用 AI，讓你再也不為記錄、整理工作煩心！

2-1 用 AI 將會議／訪談語音檔一鍵轉成逐字稿

使用 AI CLOVA Note

如果您經常需要處理**「語音轉文字」**這樣的工作，在此要推薦 **CLOVA Note** 這個 AI 工具，這是 LINE 的母公司 Naver 所開發的免費工具，只要有 LINE 帳號就能使用。它的辨識速度極快，可以在 30 秒內將 3 小時的錄音轉換成中文，而跟其他同性質的 AI 工具比起來，它最厲害的是可以**分辨出不同的說話者**，使文字記錄讀起來更清楚。用 CLOVA Note 來幫助整理會議和訪談記錄，從此跟「邊聽邊 key 字」的辛苦抄寫工作說掰掰吧！

☑ 登入 CLOVA Note 線上平台

CLOVA Note 是個線上服務工具，只要用 **LINE ID** 就可以登入使用。每次最多可以處理 180 分鐘的錄音檔，應付多數的會議／訪談時間綽綽有餘，而每個月的免費使用上限是 300 分鐘，相當夠用了。

CLOVA Note 的用法很簡單，首先連到官網 (**https://clovanote.naver.com**)，CLOVA Note 的網頁是韓文／英文介面，您也可以使用瀏覽器的**翻譯**功能將網頁翻成中文。為了方便讀者閱讀，以下部分畫面會使用中譯後的結果。

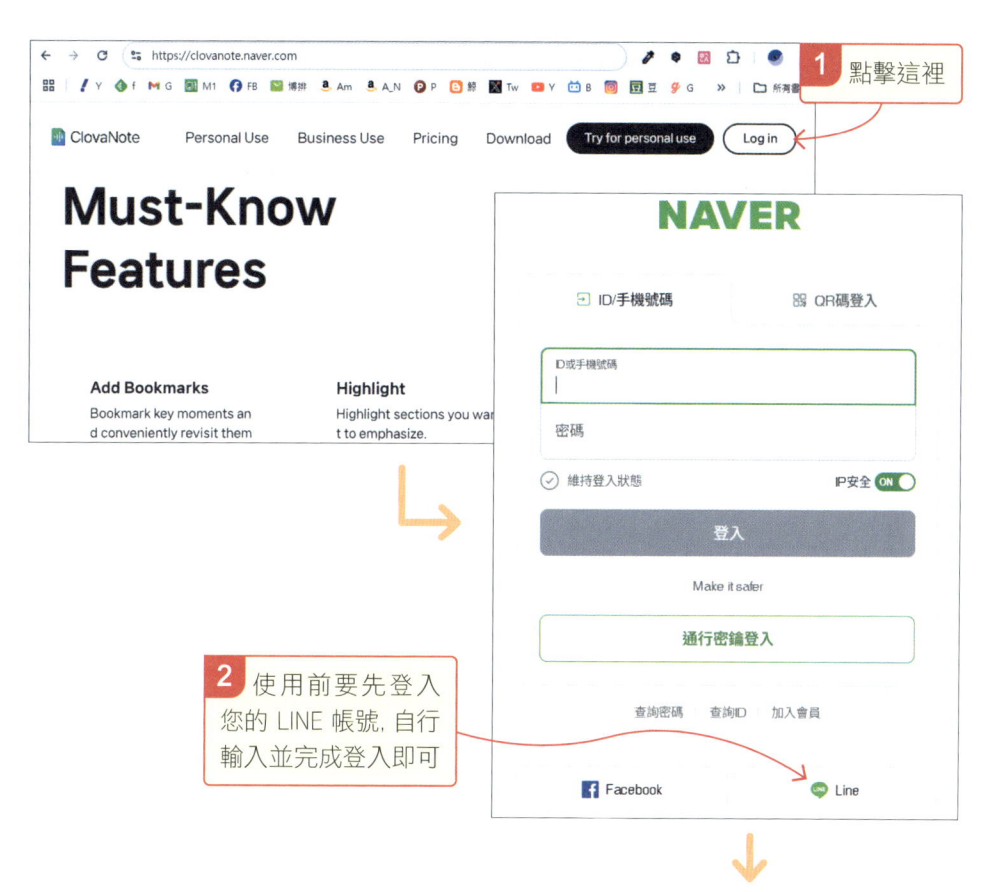

1 點擊這裡

2 使用前要先登入您的 LINE 帳號，自行輸入並完成登入即可

TIP 如果您不確定 LINE 的帳號跟密碼，可以打開手機 LINE 的右上角**設定**區，點擊**我的帳號 / 電子郵件帳號**來查看帳號：

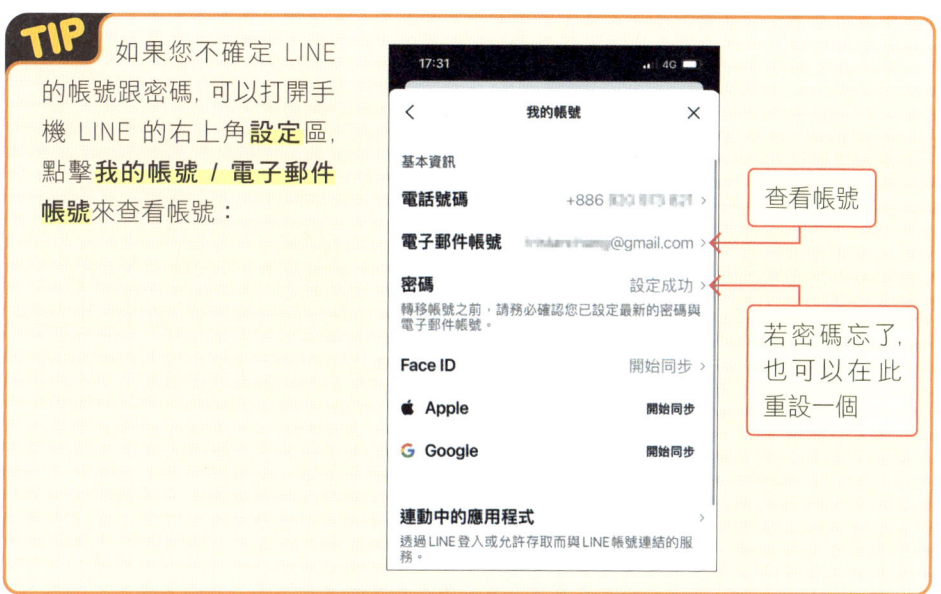

查看帳號

若密碼忘了，也可以在此重設一個

第 2 章　會議、訪談 AI 助理──逐字稿 key-in、待辦事項整理，繁瑣事通通交給 AI

2-3

登入後就可看到 ClovaNote 主畫面，若需要，可以用瀏覽器的翻譯功能把網頁翻成中文

☑ 上傳錄音檔，用 AI 轉成逐字稿

登入網站後，以下是上傳錄音檔並轉成文字的操作示範：

1 點擊左上角的**建立新筆記**

這是中譯後的網頁畫面

2-4

錄製或上傳檔案以建立成績單。

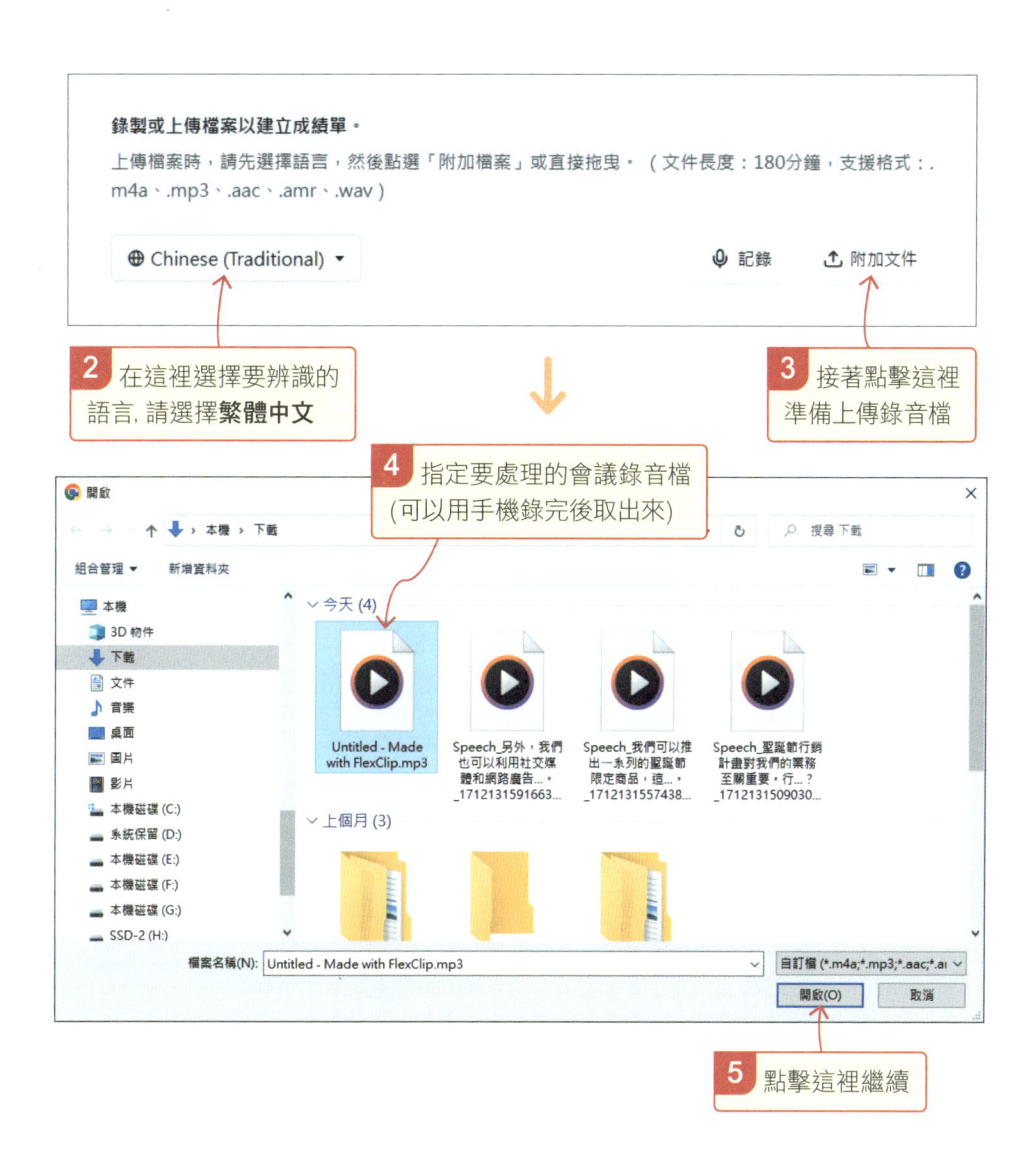

上傳檔案時，請先選擇語言，然後點選「附加檔案」或直接拖曳。（文件長度：180分鐘，支援格式：.m4a、.mp3、.aac、.amr、.wav）

🌐 Chinese (Traditional) ▼　　　　　🎤 記錄　　⬆ 附加文件

2 在這裡選擇要辨識的語言，請選擇**繁體中文**

3 接著點擊這裡準備上傳錄音檔

4 指定要處理的會議錄音檔(可以用手機錄完後取出來)

5 點擊這裡繼續

接著靜待上傳、AI 做逐字稿摘錄工作即可：

轉換中

新筆記
轉錄... 0%

第 2 章　會議、訪談 AI 助理 — 逐字稿 key-in、待辦事項整理，繁瑣事通通交給 AI

2-5

7 依不同說話者, AI 會自動標記為 "參與者 1", "參與者 2"… 等

8 如果需要修改文字內容, 點擊這裡後就可以修改文字稿

6 完成了, 在畫面中央會列出轉錄後的會議逐字稿, 點擊文字就可以重聽

可以在這一區播放原始錄音, 若需要, 可以邊聽邊修改文字稿

> **TIP** 當然, 會議過程通常都是你一言我一語, 偶爾還會偏離主題, 因此從錄音檔轉出來的逐字稿極可能不會像上圖那麼「乾淨」, 當內容很亂時雖然可以自行整理, 但**別忘了我們有 AI 啊！**下一節我們會示範這種情況該如何處理。

☑ 註記發話者, 讓會議 / 訪談記錄更易懂

　　點擊每個參加者可以自訂名稱, 例如, 副總、同事某某某…等, 可以更清楚識別誰在講話。

2-6

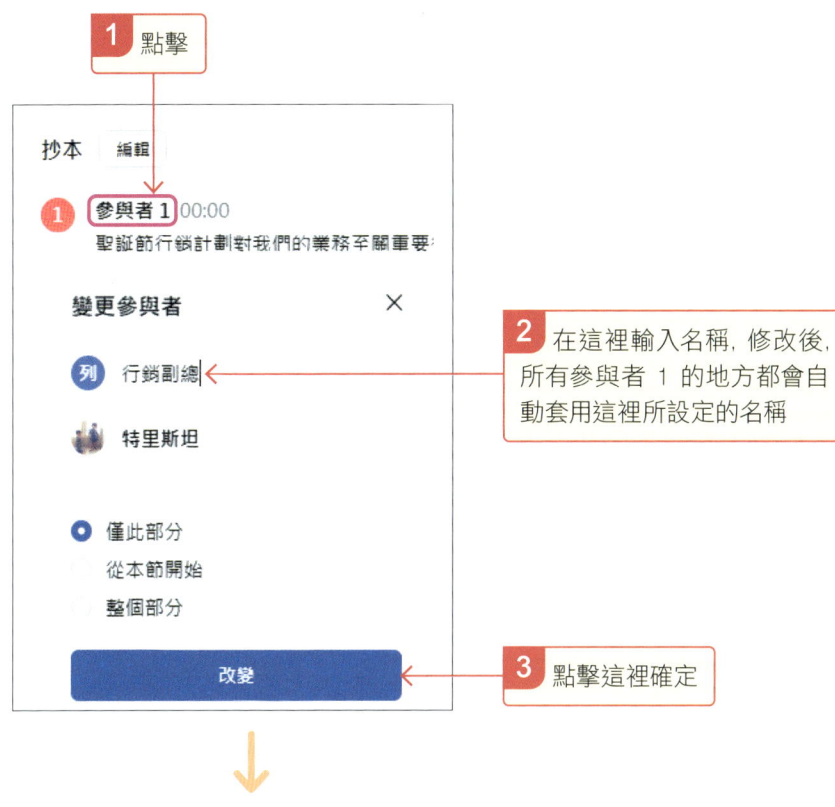

1 點擊

抄本　編輯

① **參與者 1** 00:00
聖誕節行銷計劃對我們的業務至關重要

變更參與者 ✕

列　行銷副總|

　特里斯坦

● 僅此部分
○ 從本節開始
○ 整個部分

改變

2 在這裡輸入名稱，修改後，所有參與者 1 的地方都會自動套用這裡所設定的名稱

3 點擊這裡確定

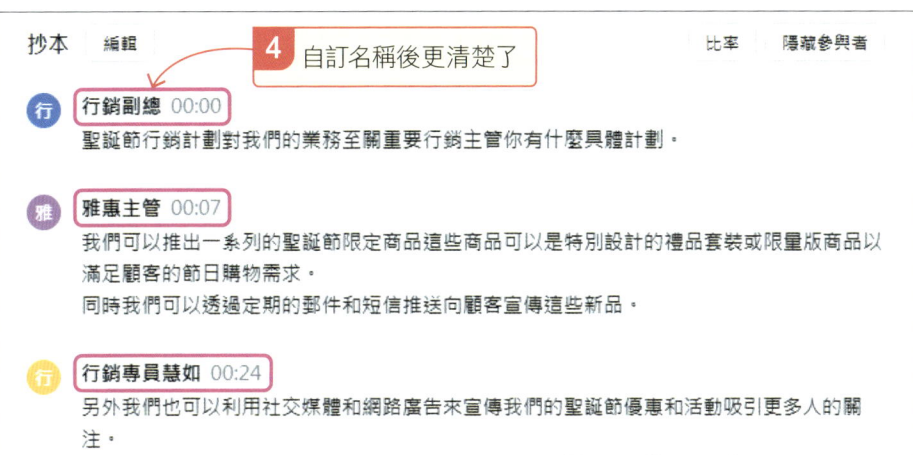

↓

抄本　編輯　　　　　　　　　　　　　　比率　隱藏參與者

4 自訂名稱後更清楚了

行 **行銷副總** 00:00
聖誕節行銷計劃對我們的業務至關重要行銷主管你有什麼具體計劃。

雅 **雅惠主管** 00:07
我們可以推出一系列的聖誕節限定商品這些商品可以是特別設計的禮品套裝或限量版商品以滿足顧客的節日購物需求。
同時我們可以透過定期的郵件和短信推送向顧客宣傳這些新品。

行 **行銷專員慧如** 00:24
另外我們也可以利用社交媒體和網路廣告來宣傳我們的聖誕節優惠和活動吸引更多人的關注。
我們可以舉辦與一個線上的聖誕節抽獎活動讓顧客參與並分享到他們的社交媒牌上增加我們的品牌曝光。

☑ 共享 CLOVA Note 會議記錄

編輯完成後,你可以從畫面右上角的 **分享 (Share)** 按鈕將逐字稿分享給需要了解細節的相關人,或者因會議撞期無法參加的同事,這可是比一般簡易的記錄更如臨會議現場。若會議內容很多讀起來花時間,逐字稿也方便同事們再利用 AI 來擷取重點 (下一節會介紹怎麼做):

1 點擊此圖示

2 將此連結複製下來就可以分享出去了

3 這裡可以設置密碼、讀取權限…等

若您需要將會議記錄以文字形式保存下來,也可透過右上角的 **下載 (Download)** ⬇ 圖示來進行:

1 點擊此圖示

2 點擊這裡下載會議記錄

2-8

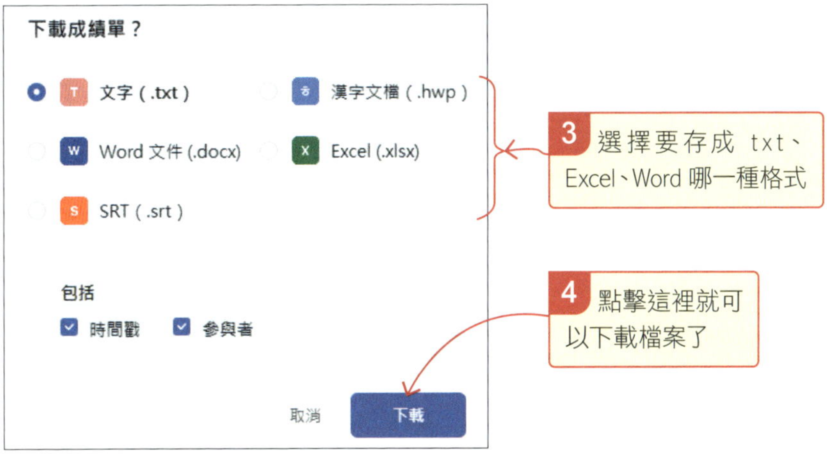
下載成績單？
文字 (.txt)
漢字文檔 (.hwp)
Word 文件 (.docx)
Excel (.xlsx)
SRT (.srt)
包括
時間戳
參與者
取消
下載
3 選擇要存成 txt、Excel、Word 哪一種格式
4 點擊這裡就可以下載檔案了

登錄常用辭彙，提升 AI 的辨識率

最後還有一個地方一定不要忘了。CLOVA Note 裡面可以登錄一些 "**常用詞彙**"，您可以將公司會議中常出現的專業術語和常用詞加入，試著增加 AI 的語音辨識率。像**人名**、**公司名**、**產品名**這些常在會議中出現的詞，一定要登錄進去，最多可以新增 200 個詞彙：

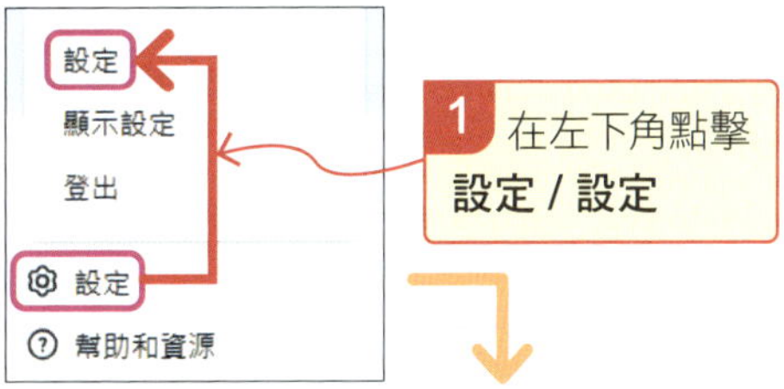
設定
顯示設定
登出
設定
幫助和資源
1 在左下角點擊 設定 / 設定

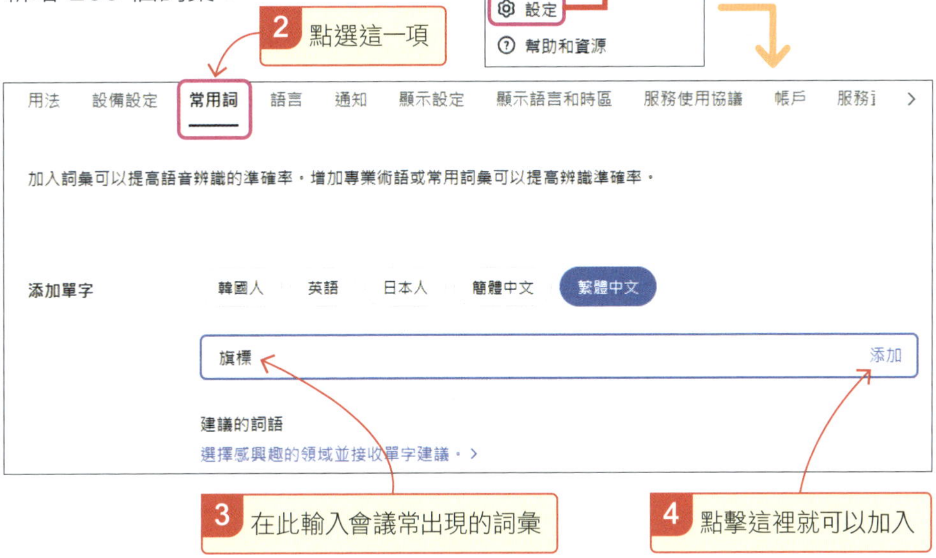
2 點選這一項
用法
設備設定
常用詞
語言
通知
顯示設定
顯示語言和時區
服務使用協議
帳戶
加入詞彙可以提高語音辨識的準確率。增加專業術語或常用詞彙可以提高辨識準確率。
添加單字
韓國人
英語
日本人
簡體中文
繁體中文
旗標
添加
建議的詞語
選擇感興趣的領域並接收單字建議。
3 在此輸入會議常出現的詞彙
4 點擊這裡就可以加入

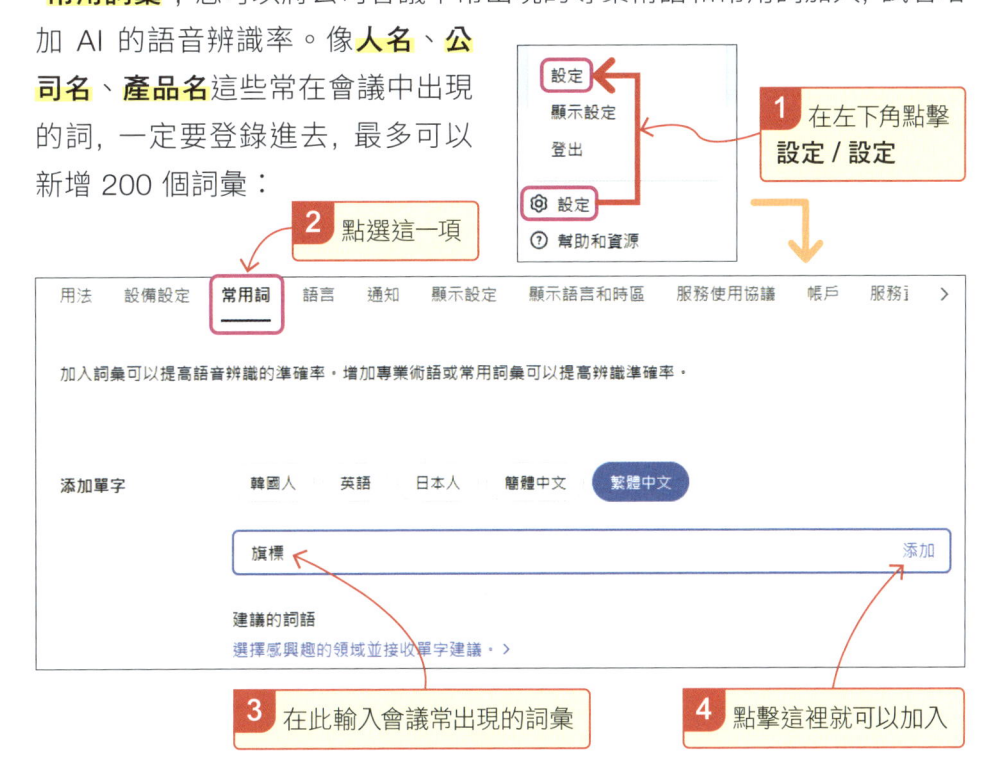

> **職場生產力 UP**
>
> 本節是用會議 / 訪談的「**錄音**」檔來示範,如果你手邊的是「**影片**」檔,當然也可以利用 AI 擷取出說話的文字稿 (前提是**影片內的說話聲要夠清楚**),這種自行錄製的影片當然多半沒有字幕檔,此時可以如後續第 3 章的示範,以 NotebookLM 工具來分析影片、擷取文字,有相關需求的話請見該章的說明。

2-2 會議 / 訪談的逐字稿很亂? 交給 AI 輕鬆整理

使用 AI NotebooksLM、AI 聊天機器人
(ChatGPT、Copilot、Gemini…都可以)

在漫長的會議中,難免發言會偏離會議主軸,而且免不了的,發言者們說話時一定會穿插很多贅字,這都很正常!但這些都**勢必影響 AI 的辨識率**,結果就是雖然我們得到了一份會議 / 訪談逐字稿,但內容實在亂的不得了,一點動手編輯的念頭都沒有…

```
公司 2.txt - 記事本
檔案(F) 編輯(E) 格式(O) 檢視(V) 說明

參加者 7  48:10
那你如果不要用那個眼睛了腿才可以啊就是一樣可以就是造造你最簡單的做完全的寫法也可以。
甚至說他拍好那個神奇的動作你也可以自己一個一個可以他只是說因為,他這些模組都有這種。
非常沒去可是心法所以你只要寫一兩層次就可以搞定很多事情本就自己做的動作

參加者 7  49:25
然後那因為他會把這一對資料設定給那個包後面的內組變數。
那在拍成裡麵團可以這樣設雖他不把每個人取出來的這一對跟變數的那一對相對應的位置。

參加者 7  49:52
是敲幾個字就可以做很多用其他的人家敲很多字才能做的事。
但就會被人是如果你不熟悉那個兩法的話就會覺得奇怪他看了繩子在洗手。

參加者 2  50:16
加上那個第一個方法他只把它轉成一個蟹是生剖然後。
第二個圍度是握德英仔的那個那個戰略舉震嚇對。
可是他那個窩音得子到底是什麼只是看不太懂。

參加者 2  50:37
第一個方第一個方法他不是打短的那個謝為真跟臥的應得。

參加者 2  50:55
那一萬一萬個我跟第一個方法是累死。  只是它是用素質。
```

▲ 以筆者用 CLOVA Note 抓取的這份逐字稿為例,看得出來是一場 AI 技術討論會議嗎…(筆者誠實的說「不行」,而且有點想棄用這份逐字稿…)

但，老話一句，**別忘了我們有 AI 啊**！ChatGPT、Copilot、Gemini⋯這些聊天機器人都是分析語意的高手，而第一章介紹的 **NotebookLM** 更是筆者**遇到資料整理需求**的首選 AI 工具。當您遇到前一頁的情況時，不妨將逐字稿內容全數餵入 NotebookLM 整理看看，結果可能會出乎您想像喔！

職場生產力 UP

又或者，在漫長的會議中，時不時會穿插一些重要的**待辦事項**，如果會議記錄還算簡短，要整理待辦事項非常簡單，但萬一會議冗長，或是 AI 抓下來的逐字稿超級亂，在密密麻麻的文字中要如何快速整理出待辦事項呢？一樣，交給 NotebookLM 這些 AI 工具試試吧！

☑ 請 NotebookLM 整理紊亂的會議逐字稿

其實 NotebookLM 也支援分析錄音檔，何不直接上傳會議錄音檔請它直接整理摘要？這麼做也行，但 NotebookLM 還無法區分會議中的各個發話人，如果您有此需求，就必須先用 Clova Note 區分好各發話人的逐字稿，若覺得內容還是很亂，此時就可以匯入 NotebookLM 繼續整理：

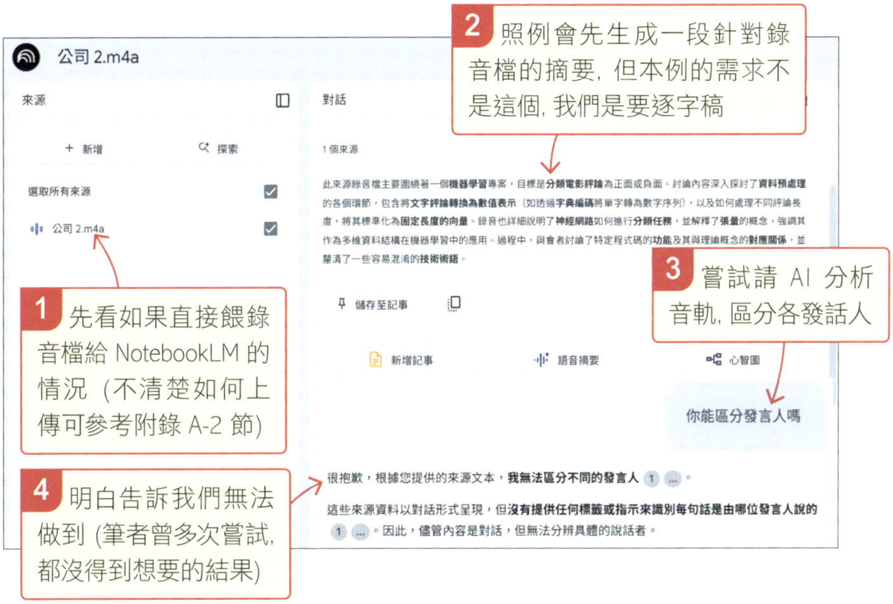
公司 2.m4a
來源
＋ 新增
探索
選取所有來源
公司 2.m4a
對話
1 個來源
此來源錄音檔主要圍繞著一個機器學習專案，目標是分類電影評論為正面或負面。討論內容深入探討了資料預處理的各個環節，包含將文字評論轉換為數值表示（如透過字典編碼將單字轉為數字序列），以及如何處理不同評論長度，將其標準化為固定長度的向量。錄音也詳細說明了神經網路如何進行分類任務，並解釋了張量的概念，強調其作為多維資料結構在機器學習中的應用。過程中，與會者討論了特定程式碼的功能及其與理論概念的對應關係，並釐清了一些容易混淆的技術術語。
儲存至記事
新增記事
語音摘要
心智圖
你能區分發言人嗎
很抱歉，根據您提供的來源文本，我無法區分不同的發言人 1 ...。
這些來源資料以對話形式呈現，但沒有提供任何標籤或指示來識別每句話是由哪位發言人說的 1 ...。因此，儘管內容是對話，但無法分辨具體的說話者。
1 先看如果直接餵錄音檔給 NotebookLM 的情況（不清楚如何上傳可參考附錄 A-2 節）
2 照例會先生成一段針對錄音檔的摘要，但本例的需求不是這個，我們是要逐字稿
3 嘗試請 AI 分析音軌，區分各發話人
4 明白告訴我們無法做到（筆者曾多次嘗試，都沒得到想要的結果）

因此，本例是試著用 NotebookLM 整理「**看起來不太能用 (但有區分發言者)**」的 ClovaNote 會議逐字稿，請 NotebookLM 做最後整理，看看能否整理出像樣一點的內容：

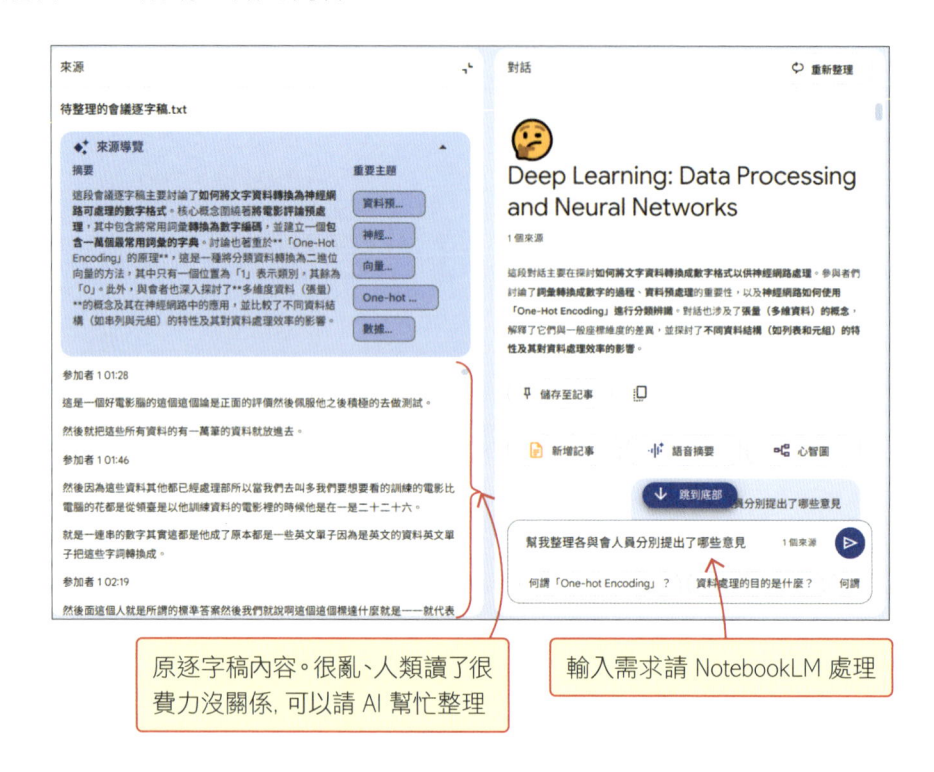

原逐字稿內容。很亂、人類讀了很費力沒關係，可以請 AI 幫忙整理

輸入需求請 NotebookLM 處理

本例 NotebookLM 處理的結果如下：

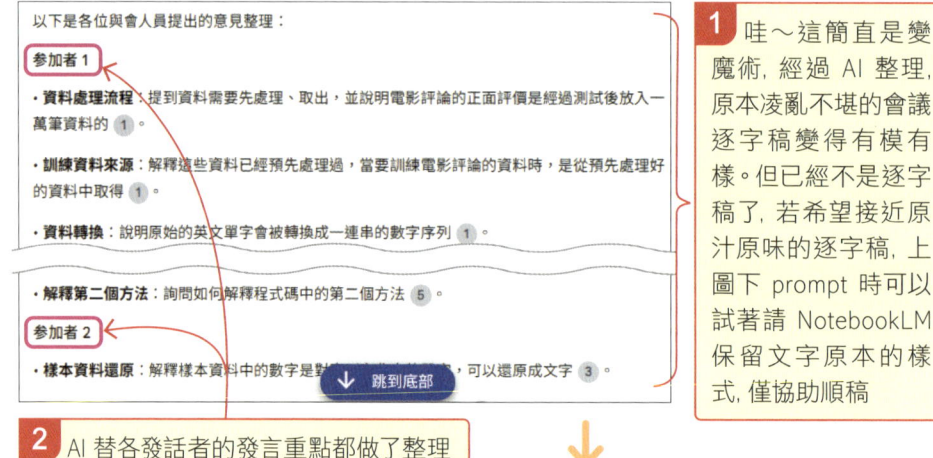

① 哇～這簡直是變魔術，經過 AI 整理，原本凌亂不堪的會議逐字稿變得有模有樣。但已經不是逐字稿了，若希望接近原汁原味的逐字稿，上圖下 prompt 時可以試著請 NotebookLM 保留文字原本的樣式，僅協助順稿

② AI 替各發話者的發言重點都做了整理

2-12

> 根據會議逐字稿與對話紀錄，**以下是本次會議的重點整理與結論：**
>
> **會議主要討論範疇**
>
> 本次會議主要圍繞**資料處理流程、神經網路的資料輸入與輸出、張量的概念**、One-Hot Encoding、以及**程式碼實作細節**進行討論與釐清。
>
> **核心概念與結論**
>
> 1. **資料預處理與轉換**
>   - **電影評論資料**：會議中討論的資料是電影評論，其中正向評價的資料已計一萬筆 ①
>   - **詞彙數位化**：原始英文單字會被轉換成一連串的數字序列 ①，這是透過詞彙對應到數字來完成的 ② ③
>   - **常用詞彙篩選**：只選取前一萬個最常出現的字詞進行處理 ① ③。超出此範圍的詞彙會被轉換為問號，表示不在常用詞彙中 ③。

③ 筆者也請 AI 整理出該會議的結論，結果如圖所示

每一條結論的後面都會附上來源，點擊各數字就可以查看是根據逐字稿何處整理來的

④ 也可以請 AI 試著整理出待辦事項

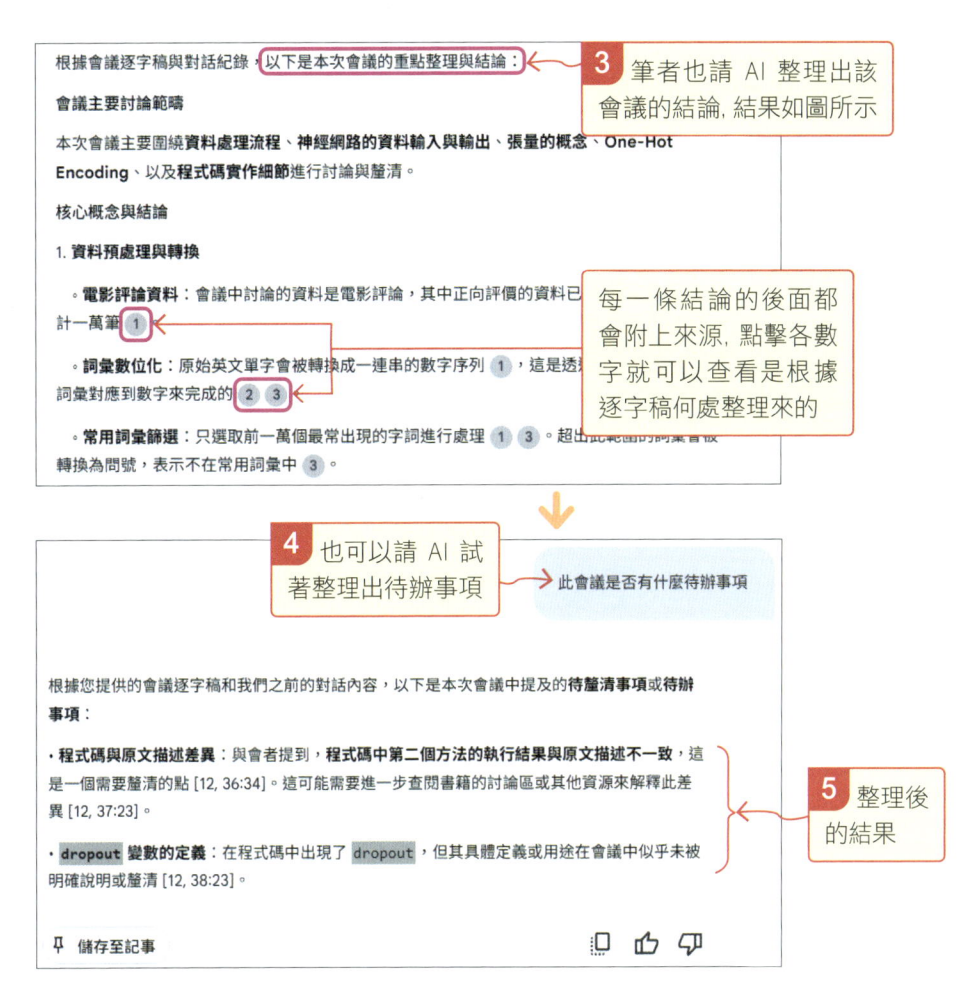

> 此會議是否有什麼待辦事項

> 根據您提供的會議逐字稿和我們之前的對話內容，以下是本次會議中提及的**待釐清事項**或**待辦事項**：
>
> - **程式碼與原文描述差異**：與會者提到，**程式碼中第二個方法的執行結果與原文描述不一致**，這是一個需要釐清的點 [12, 36:34]。這可能需要進一步查閱書籍的討論區或其他資源來解釋此差異 [12, 37:23]。
> - **dropout 變數的定義**：在程式碼中出現了 dropout，但其具體定義或用途在會議中似乎未被明確說明或釐清 [12, 38:23]。

⑤ 整理後的結果

　　看到這裡應該非常佩服 AI 吧！果然就是**人類看不懂的, AI 搞不好看得懂** (而且讀很快)！但請切記，內容看起來很像樣沒錯，但也不能排除 AI 虛構的可能性喔！即便本例是用 NotebookLM 這個「相對可靠 (會附來源)」的 AI 工具，但要用的話，還是要細心驗證內容，總歸一句, AI 生成的內容不能照單全收！

職場生產力 UP

無論如何，從提升職場生產力的角度來看，本例 NotebookLM 提供了極大的幫助，因此當您準備進行繁瑣的整理工夫 (甚至準備棄用逐字稿) 前，可以試著先利用 NotebookLM (優先) 或其他 AI 聊天機器人一鍵整理看看喔！

第 2 章　會議、訪談 AI 助理 — 逐字稿 key-in、待辦事項整理，繁瑣事通通交給 AI

2-13

MEMO

3
CHAPTER

閱讀、資料蒐集 AI

網頁、影片、PDF⋯，
用 AI 讀資料、找資料最快！

3-1　讀文件、網頁、PDF...的得力 AI 助手
3-2　邊對照 PDF 邊向 AI 提問，效率提升超有感！
3-3　請 AI 做影片重點摘要
3-4　請 AI 一鍵取得影片字幕逐字稿

1-2 節提到工作中經常需要從一大堆資料中獲取資訊，例如做市場研究需要反覆爬文找出消費趨勢、提案準備過程需要從大量報告和研究資料中提取關鍵數據。而遇到的資料類型絕對不單只有 1-2 節所示範的 PDF 檔，一定是五花八門，網頁、影片、報告、研究資料、PDF...應有盡有，各種資料都需要花費大量時間來爬梳、整理，耗費的精力相當可觀...

本章就繼續來看如何選用合適的 AI 工具來處理各式各樣的**資料閱讀、蒐集工作**，讓這些任務自動化完成，成為您職場上的得力助手！

3-1 讀文件、網頁、PDF... 的得力 AI 助手

使用 AI NotebookLM (優先)、AI 聊天機器人、
(ChatGPT、Copilot、Gemini、Claude... 都可以)

閱讀資料的得力助手首推 Google 的 **NotebookLM** AI 筆記工具，退而求其次，用 ChatGPT、Copilot...等 AI 聊天機器人也行，不論想處理哪類型的資料，把內容餵給 AI 先獲得初步概況最快！

我們以閱讀 Google 在 2020 年發表的〈Conformer〉語言辨識模型論文內容來做示範。這類專業的內容往往很難「啃」，把資料交給 AI 消化內容後，我們可以快速了解概況，也可以再跟 AI 互動、發問，整體閱讀效率會提高非常多。

☑ 複製文字或局部擷圖給 AI 摘要重點

先從**想知道某特定範圍的文件重點**來看吧！如果您在閱讀資料時，對其中幾段話不理解，或者想針對某些段落摘要出重點，直接把相關文字複製、或擷圖下來，請 AI 幫忙解讀就行了。

底下以 **NotebookLM** (https://notebooklm.google.com) 來示範，您要使用 ChatGPT 等 AI 聊天機器人也行 (若還不熟悉 NotebookLM 的使用方式，請先參考**附錄 A-2 節**熟悉一下)：

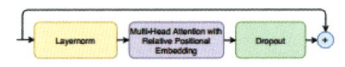

1 首先將想了解的文字複製下來

2 若文字無法複製，將該區擷圖下來也可以。讀者可用各種手段擷圖、用手機拍也行（AI 很強讀得出來的！）。只不過，若用截圖方式就只能餵給 AI 聊天機器人分析，因為 NotebookLM 現階段還不支援以圖片做為分析內容

3 以摘要某段文字為例，開啟 NotebookLM 後，點擊此項

第 3 章　閱讀、資料蒐集 AI—網頁、影片、PDF⋯，用 AI 讀資料、找資料最快！

3-3

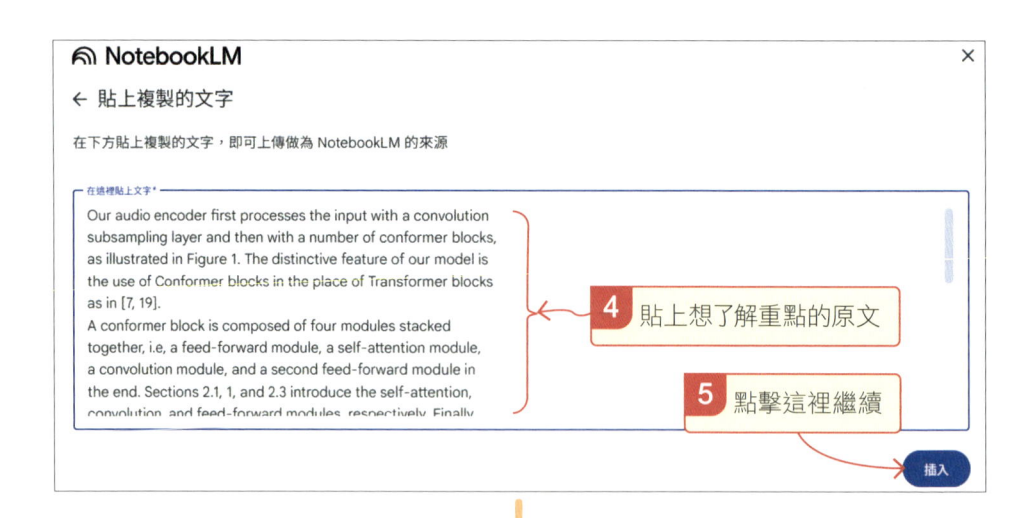

NotebookLM

← 貼上複製的文字

在下方貼上複製的文字，即可上傳做為 NotebookLM 的來源

在這裡貼上文字＊

Our audio encoder first processes the input with a convolution subsampling layer and then with a number of conformer blocks, as illustrated in Figure 1. The distinctive feature of our model is the use of Conformer blocks in the place of Transformer blocks as in [7, 19].
A conformer block is composed of four modules stacked together, i.e, a feed-forward module, a self-attention module, a convolution module, and a second feed-forward module in the end. Sections 2.1, 1, and 2.3 introduce the self-attention, convolution, and feed-forward modules, respectively. Finally

4 貼上想了解重點的原文

5 點擊這裡繼續

[插入]

↓

Ch03-Conformer: Revolutionizing Speech Recognition with Hybrid Networks

來源
- ＋ 新增　🔍 探索
- 選取所有來源 ☑
- 📄 聲碼器編碼與注意力機制 ☑

對話

Ch03-Conformer: Revolutionizing Speech Recognition with Hybrid Networks

1 個來源

這份來源資料介紹了 **Conformer**，這是一種為**自動語音辨識 (ASR)** 設計的新型神經網路架構。它結合了 **Transformer** 模型處理全域互動的能力，以及**卷積神經網路 (CNN)** 捕捉局部特徵的效率。透過這種整合，Conformer 在 **LibriSpeech 資料集**上實現了卓越的準確性，其**錯誤率 (WER)** 優於先前的模型，同時在某些配置下參數更少。該研究還深入探討了 Conformer 區塊 的不同組成部分，例如其**自注意力機制**和**卷積模組**，以了解它們對整體效能的影響。

📌 儲存至記事

> 當我們貼完文字後，什麼都還沒問，NotebookLM 就自動產生摘要，讓我們快速了解重點了

職場生產力 UP

上圖看到的自動摘要是 NotebookLM 匯完資料後一定會產生的，然而 NotebookLM 是一個互動 AI 筆記工具，我們可以透過更深入的提問來認識資料。例如可以從以下方向跟 NotebookLM 提問：

- **針對特定名詞進行深度問答**：「Conformer 的相對位置編碼有什麼特點？」、「這段技術相較於傳統 Transformer 有哪些改進？」
- **匯入多個來源時，可以比較各來源的觀點**：「Conformer 與 CNN-RNN 結構在語音辨識上有何不同？」
- **請 AI 用更簡單的方式解說**：「幫我用更口語的方式解釋這一段」

就是這樣！以往可能需要花費大量的精力來閱讀資料，特別在面對複雜技術文件時，光是翻譯、理解字句就要花不少時間，現在利用 AI 可以快速獲取重點，省下許多寶貴時間。

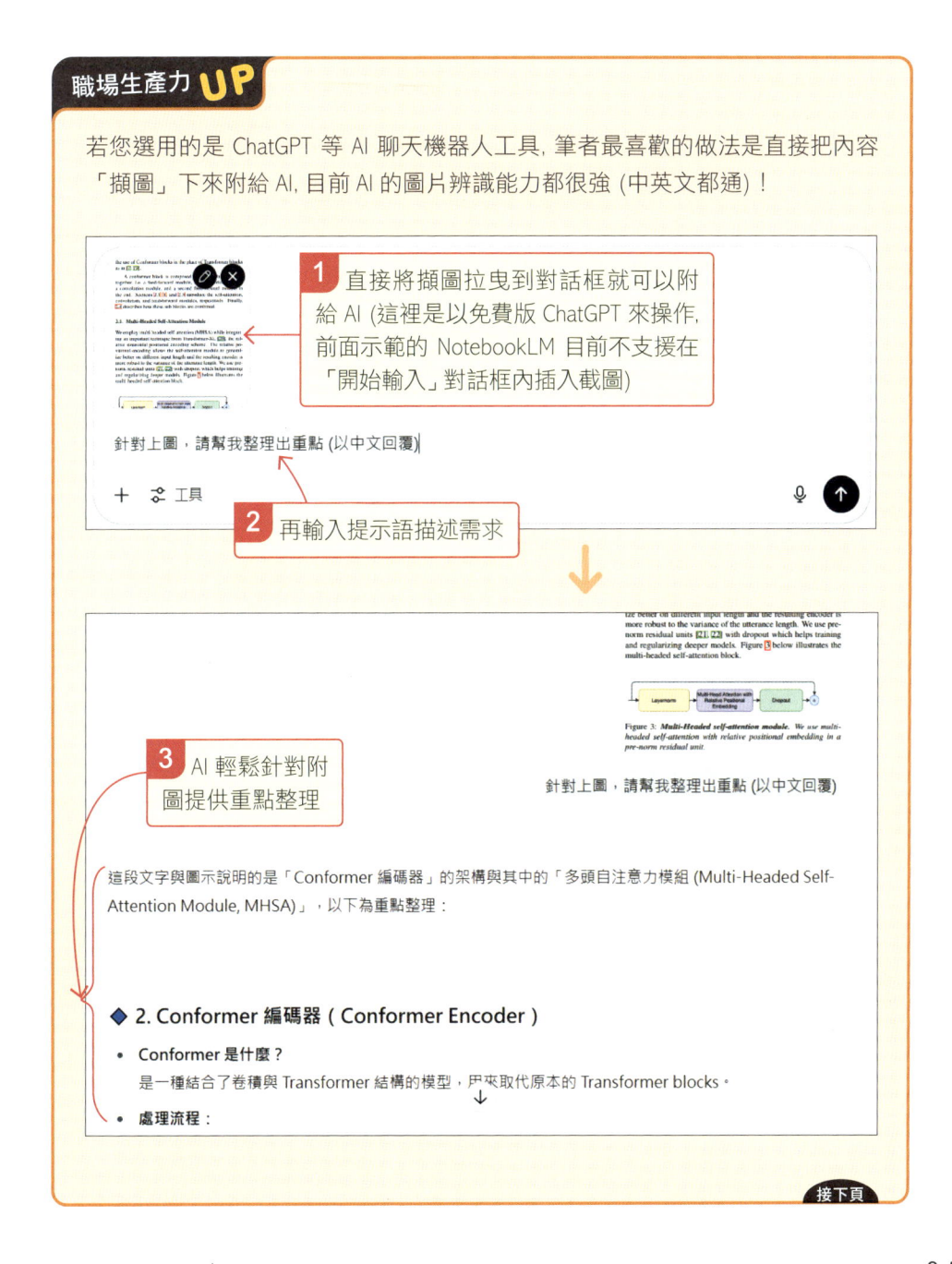

職場生產力 UP

若您選用的是 ChatGPT 等 AI 聊天機器人工具，筆者最喜歡的做法是直接把內容「擷圖」下來附給 AI，目前 AI 的圖片辨識能力都很強 (中英文都通)！

1 直接將擷圖拉曳到對話框就可以附給 AI (這裡是以免費版 ChatGPT 來操作，前面示範的 NotebookLM 目前不支援在「開始輸入」對話框內插入截圖)

針對上圖，請幫我整理出重點 (以中文回覆)

2 再輸入提示語描述需求

3 AI 輕鬆針對附圖提供重點整理

針對上圖，請幫我整理出重點 (以中文回覆)

這段文字與圖示說明的是「Conformer 編碼器」的架構與其中的「多頭自注意力模組 (Multi-Headed Self-Attention Module, MHSA)」，以下為重點整理：

◆ **2. Conformer 編碼器（Conformer Encoder）**

- **Conformer 是什麼？**
  是一種結合了卷積與 Transformer 結構的模型，用來取代原本的 Transformer blocks。
- **處理流程：**

接下頁

第 3 章　閱讀、資料蒐集 AI — 網頁、影片、PDF…，用 AI 讀資料、找資料最快！

3-5

現階段無論是 ChatGPT、Copilot、Gemini...等都可以接收圖檔來做判讀,讀者要用哪個 AI 聊天機器人來操作都可以。不過提醒讀者,免費版的 ChatGPT 用戶雖然可以使用圖檔上傳功能,但仍會有用量的限制,當您對話到一半時,瀏覽器畫面可能會出現無法繼續使用的訊息:

> 點擊這裡可以關閉通知訊息,雖然可以繼續以舊模型來對話,但就無法上傳檔案

升級至 ChatGPT Plus 以附加更多檔案或再試一次 於明天的 下午2:23 後。

這是什麼意思

> 通知我們進階功能的使用達到上限,得升級到 Plus 會員 (此例的上傳圖檔就算進階功能),並告知大約何時會開放使用

最後,當您遇到使用上述的使用限制通知時,可以先嘗試重新整理網頁,依筆者測試有時可以繼續使用。若真的被限用了,沒關係免費的 AI 聊天機器人多的是,當然,要付費升級成 ChatGPT Plus 版會員也行。

☑ 利用 AI 快速整理網頁摘要

　　AI 工具多半都支援**連網**功能,如果您要閱讀的是網頁、線上 PDF...等,我們只需將網址貼給 AI,就可以迅速得到 AI 整理出的文章內容,立即掌握核心要點。底下是以 NotebookLM 來示範:

(網址)
用中文幫我整理出這份研究一定要知道的三個重點

> 若用 AI 聊天機器人,提示語內記得附網址給 AI (用 NotebookLM 就不用)

> 本例希望請 NotebookLM 幫我們更有條理地做重點摘要,在下圖中輸入此提示語

▶ 3-6

1 開啟 NotebookLM 後，在**新增**筆記來源時，點擊**網站**這一項，並貼上要請 AI 分析的線上 PDF 網址

匯入的網址

Ch03-Conformer: Revolutionizing Speech Recognition with Hybrid Networks

https://arxiv.org/pdf/2005.08100

2005.08100v1.pdf

2 若 PDF 檔已經存放在電腦內，點擊**新增**後，直接拉曳 PDF 到瀏覽器完成上傳，也可以新增做為 NotebookLM 的來源資料

Ch03-Conformer: Revolutionizing Speech Recognition with Hybrid Networks

2 個來源

這份來源資料介紹了 Conformer，這是一種為**自動語音辨識** (ASR) 設計的新型神經網路架構。它結合了 Transformer 模型處理全域互動的能力，以及**卷積神經網絡** (CNN) 捕捉局部特徵的效率。透過這種整合，Conformer 在 LibriSpeech **資料集**上實現了卓越的準確性，其**錯誤率** (WER) 優於先前的模型，同時在某些配置下參數更少。該研究還深入探討了 Conformer **區塊**的不同組成部分，例如其**自我注意力機制**和**卷積模組**，以了解它們對整體效能的影響。

3 在「開始輸入」對話框內輸入提示語

用中文幫我整理出這份研究一定要知道的三個重點

用中文幫我整理出這份研究一定要知道的三個重點

這份研究《Conformer: Convolution-augmented Transformer for Speech Recognition》有三個一定要知道的重點：

- **結合Transformer與CNN的優勢來改進語音識別模型** ①
  - Transformer模型擅長捕捉基於內容的**全域互動** (global interactions) ① ②。
  - 卷積神經網絡 (CNN) 能有效利用**局部特徵** (local features) ① ②。
  - 然而，兩者單獨使用都有局限性，Transformer在提取精細的局部特徵模式方面較弱，而 CNN需要更多層或參數才能捕捉全域資訊 ②。
  - 這項研究提出Conformer，旨在結合兩者優點，以更高效的參數方式建模音訊序列的局部和全域依賴性 ① ③。
- **創新的Conformer區塊架構** ④ ⑤
  - Conformer模型的核心是其獨特的Conformer區塊 ⑤。
  - 這個區塊採用了受Macaron-Net啟發的「馬卡龍式」(macaron-like) 結構 ⑤。
  - 它由兩個半步殘差連接的前饋神經網路層 (Feed Forward Modules) 包夾著多頭自注意力模

4 成功了，AI 順利讀取網頁內容並摘要出重點，這比自己花時間爬文快多了！

第 3 章　閱讀、資料蒐集 AI — 網頁、影片、PDF⋯，用 AI 讀資料、找資料最快！

3-7

此外，用 NotebookLM 的好處是可以使用裡面方便的**工作室**功能，例如想針對專有名詞進一步瞭解，可以點擊「**報告 / 研讀指南**」功能，省下用 prompt 跟 NotebookLM 互動對話的操作：

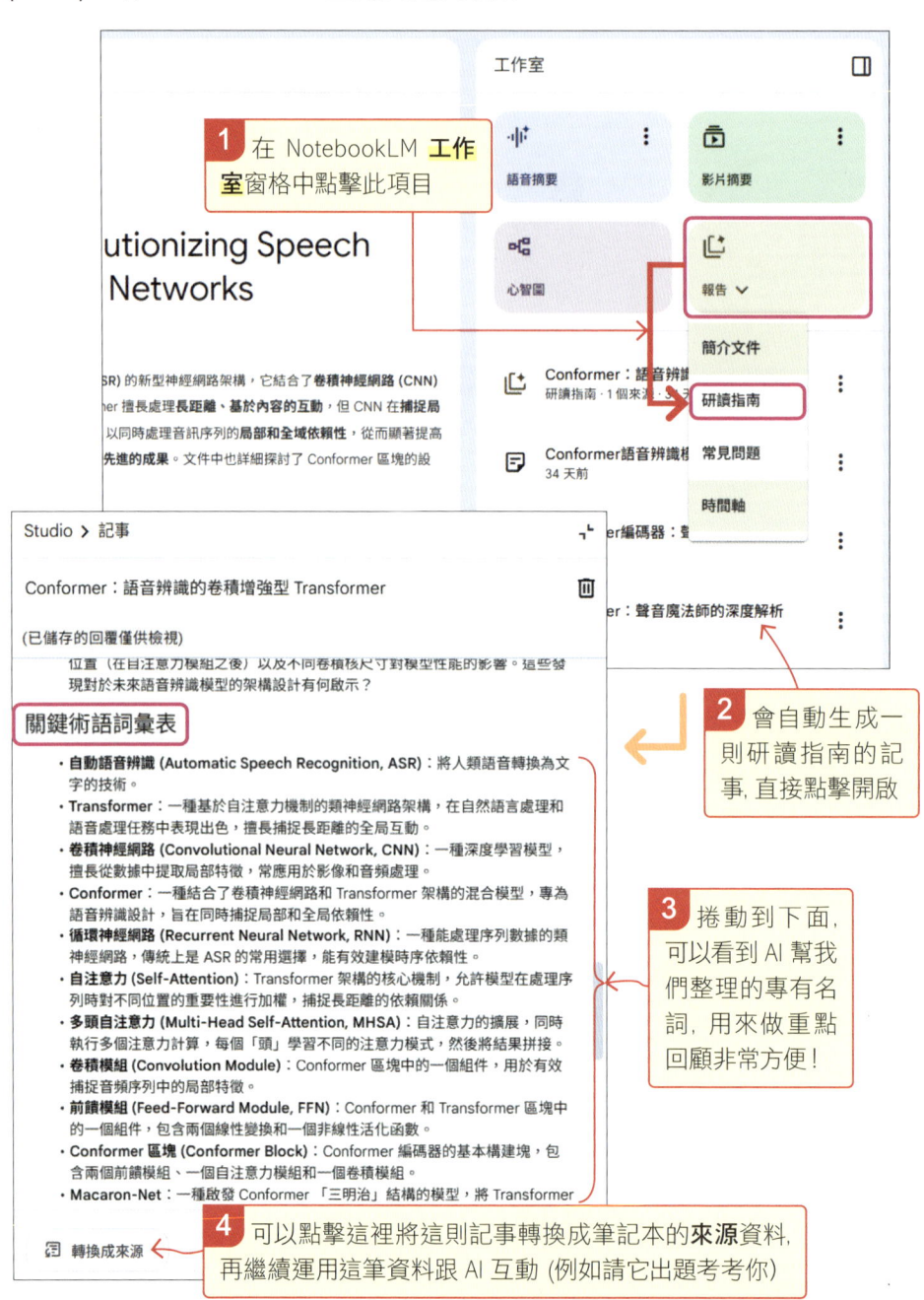

① 在 NotebookLM **工作室**窗格中點擊此項目

② 會自動生成一則研讀指南的記事，直接點擊開啟

③ 捲動到下面，可以看到 AI 幫我們整理的專有名詞，用來做重點回顧非常方便！

④ 可以點擊這裡將這則記事轉換成筆記本的**來源**資料，再繼續運用這筆資料跟 AI 互動 (例如請它出題考考你)

3-8

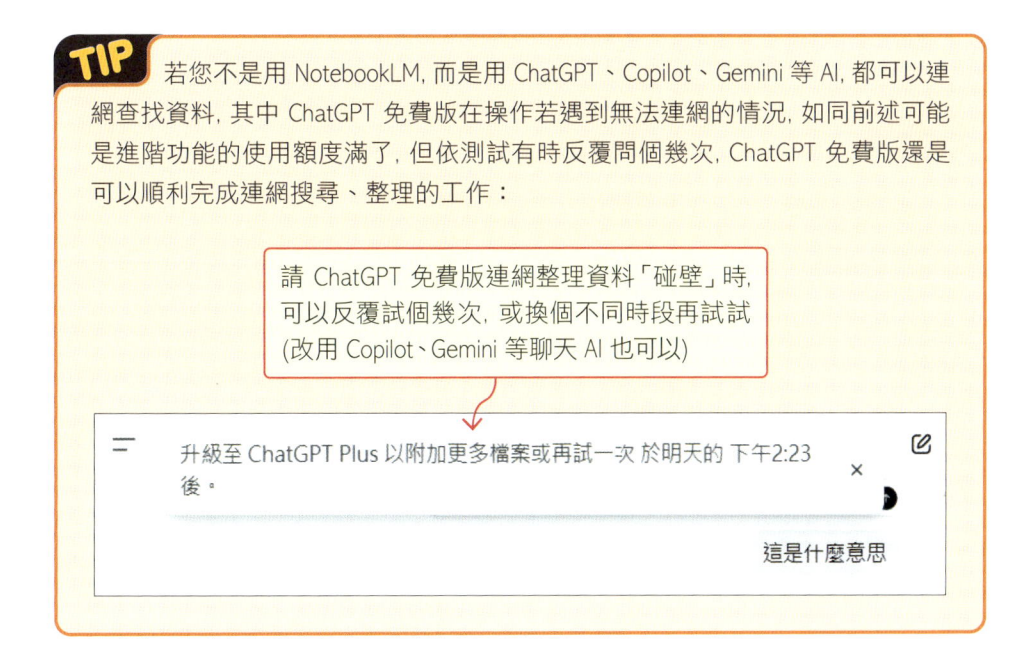

> **TIP** 若您不是用 NotebookLM，而是用 ChatGPT、Copilot、Gemini 等 AI，都可以連網查找資料，其中 ChatGPT 免費版在操作若遇到無法連網的情況，如同前述可能是進階功能的使用額度滿了，但依測試有時反覆問個幾次，ChatGPT 免費版還是可以順利完成連網搜尋、整理的工作：

(請 ChatGPT 免費版連網整理資料「碰壁」時，可以反覆試個幾次，或換個不同時段再試試 (改用 Copilot、Gemini 等聊天 AI 也可以))

> 升級至 ChatGPT Plus 以附加更多檔案或再試一次 於明天的 下午2:23 後。
>
> 這是什麼意思

3-2 邊對照 PDF 邊向 AI 提問，效率提升超有感！

PDF 在職場上算是超常見的文件格式，市場分析師、法律顧問、研究人員…等，都面臨著高效處理大量文件的挑戰。依照前一節的技巧傳 PDF 網址給 NotebookLM、或者上傳 PDF 檔案給 AI 聊天機器人摘要重點固然可行，但當想檢視 PDF 原稿時，總是得在 PDF 頁面、AI 工具的使用視窗兩者間來回切換，對照起來並不是太方便。

如果您希望**一邊閱讀 PDF 原始內容、一邊跟 AI 即問即答**，提升 PDF 的閱讀效率，本節就教你怎麼做！

☑ 請 AI 擷取重點，邊對照頁面閱讀超有效率！

使用 AI ▶ Copilot 聊天機器人

　　如同前述，其實很多 AI 工具都能幫我們閱讀 PDF 文件、做摘要，如果您想處理的是線上 PDF，筆者試用後覺得「**Edge 瀏覽器搭配 Copilot 聊天機器人**」的做法很值得推薦，因為可以在同一個瀏覽器頁次內完成「**閱讀 + 問 AI**」的工作，不必在各工具、瀏覽器頁次間來回切換。

2 你也看到了，左半邊的原始內容會呈現密密麻麻的純文字，原本的 PDF 排版、圖片都不見了，想要做對照沒那麼方便

1 筆者很常用的 PDF AI 輔助工具 - NotebookLM，點擊出處圓圈後可以在左邊查看原始內容

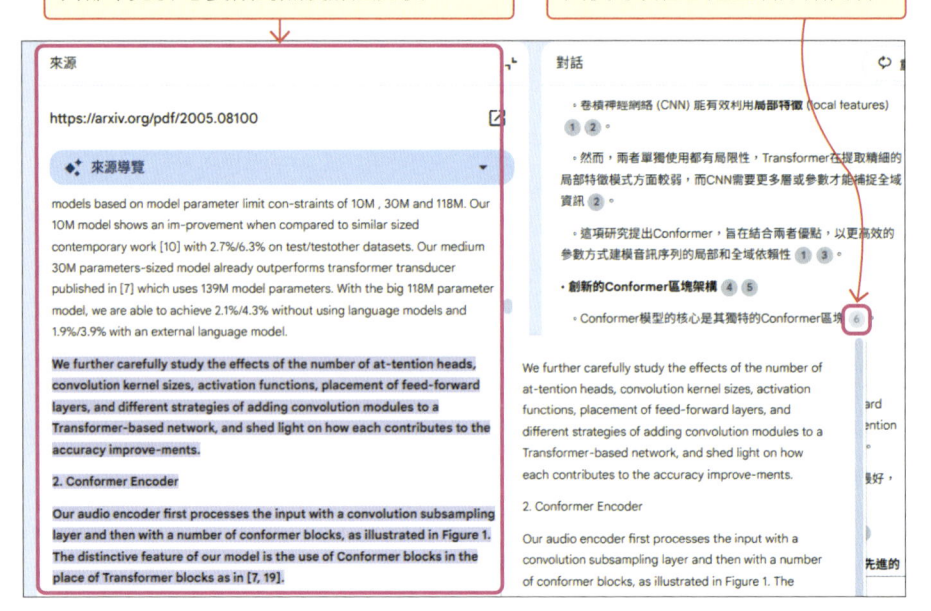

　　來看一下本節介紹的 Edge + Copilot 方便在哪吧！我們同樣以閱讀 Google 在 2020 年發表的〈**Conformer**〉語言辨識模型的線上 PDF 論文為例來做示範。

1 首先直接在 Edge 開啟論文網址 https://arxiv.org/pdf/2005.08100.pdf，接著點擊 Edget 瀏覽器右上角的 🌀 圖示，所開啟的 Copilot 窗格會自動判斷出這是一個網頁文件，並提示我們可以進行哪些處理：

▶ 3-10

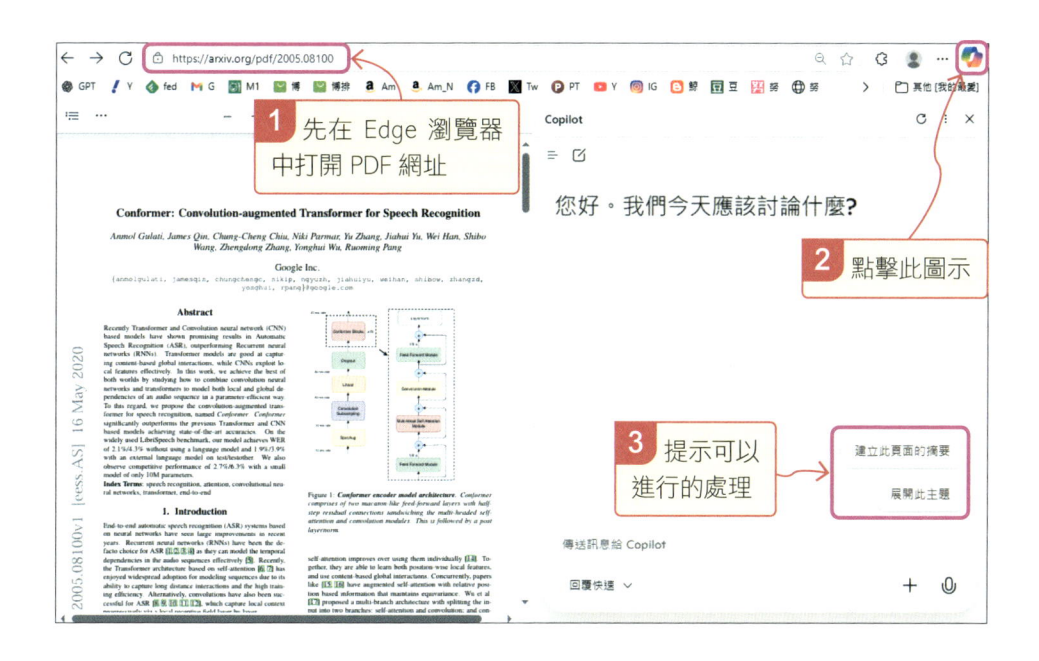

1 先在 Edge 瀏覽器中打開 PDF 網址

2 點擊此圖示

3 提示可以進行的處理

1 要在側邊欄請 Copilotat 做摘要很簡單，上圖的建議提示語中通常會有**建立此頁面的摘要**，直接點擊即可。如果沒有出現，也可以在底下的對話框手動輸入 " 請摘要 PDF " 之類的提示語請 AI 做：

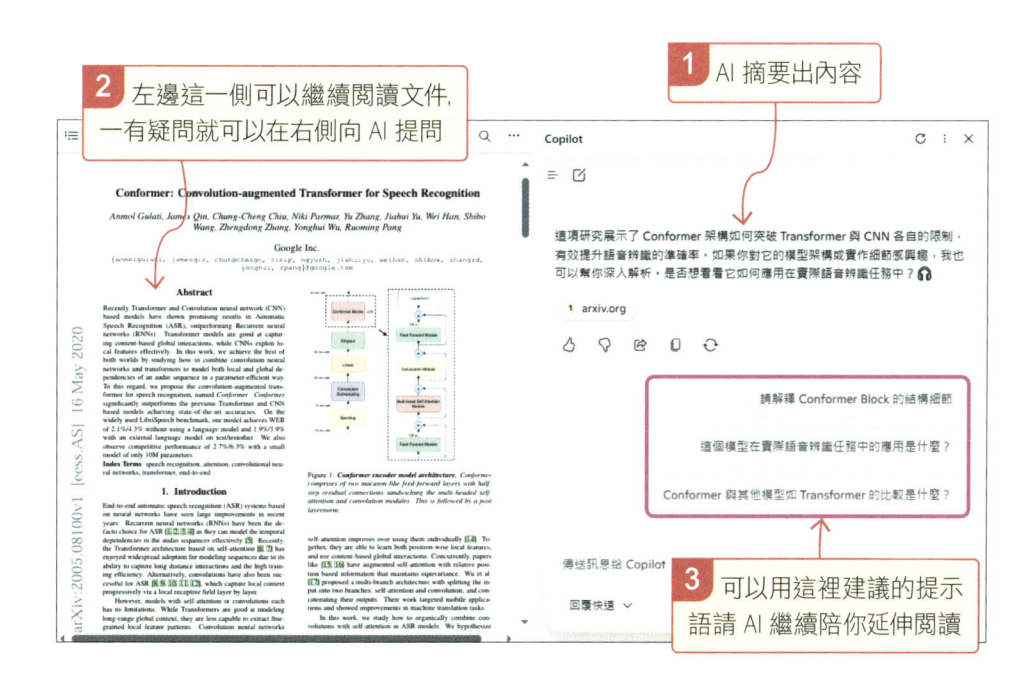

1 AI 摘要出內容

2 左邊這一側可以繼續閱讀文件，一有疑問就可以在右側向 AI 提問

3 可以用這裡建議的提示語請 AI 繼續陪你延伸閱讀

第 3 章 閱讀、資料蒐集 AI — 網頁、影片、PDF…，用 AI 讀資料、找資料最快！

3-11

3 本例繼續下提示語來詢問：

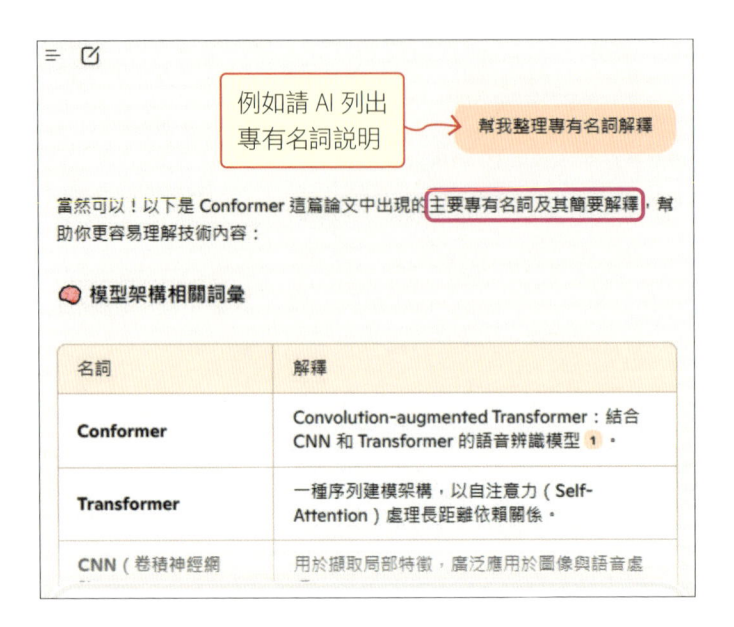

> 例如請 AI 列出專有名詞說明 → 幫我整理專有名詞解釋

當然可以！以下是 Conformer 這篇論文中出現的**主要專有名詞及其簡要解釋**，幫助你更容易理解技術內容：

🧠 **模型架構相關詞彙**

名詞	解釋
Conformer	Convolution-augmented Transformer：結合 CNN 和 Transformer 的語音辨識模型 [1]。
Transformer	一種序列建模架構，以自注意力（Self-Attention）處理長距離依賴關係。
CNN（卷積神經網	用於擷取局部特徵，廣泛應用於圖像與語音處

4 當然，也可以**問一些延伸問題**，例如作者的相關背景，Copilot 會上網搜尋相關資訊回覆給我們：

> 例：請 Copilot 查詢論文作者的背景 → 簡介 anmol gulati 這位作者

Anmol Gulati 是一位在語音辨識領域具有高度影響力的研究員，目前任職於 **Google DeepMind** [1]。他是多篇重要論文的共同作者，其中最知名的作品之一就是提出 **Conformer** 架構的論文——這是一種結合卷積與 Transformer 的語音辨識模型 [2]。

👤 **專業背景與研究領域**

- 研究領域：自動語音辨識（ASR）、串流語音模型、Transformer 架構、語音分離與理解。
- 代表作品：
  - *Conformer: Convolution-augmented Transformer for Speech Recognition*（2020）
  - *ContextNet: Improving CNNs for ASR with Global Context*
  - *BigSSL: Exploring Large-Scale Semi-Supervised Learning for ASR*
  - *FastEmit: Low-latency Streaming ASR with Sequence-level Emission Regularization*

職場生產力 UP

前面我們介紹了如何開啟線上 PDF 文件，並利用 AI 工具進行重點提取和分析。當然，日常工作中也會有大量儲存在電腦內的 PDF 文件需要閱讀，例如合約協議、研究資料...等，這時最方便好用的無疑就是前面一再用到的 NotebookLM 了，可以多多使用。

然而，若你非常希望以「左右方便對照」的方式請 AI 協助讀電腦上的 PDF 檔，我們額外推薦您使用 **ChatPDF** 這個 AI 工具 (https://www.chatpdf.com)，用法很簡單，一切的操作就是在 chatpdf.com 網站進行，開啟該網站後，直接把電腦內要處理的 PDF 拖曳到瀏覽器內就可以了，匯入後的畫面如下所示：

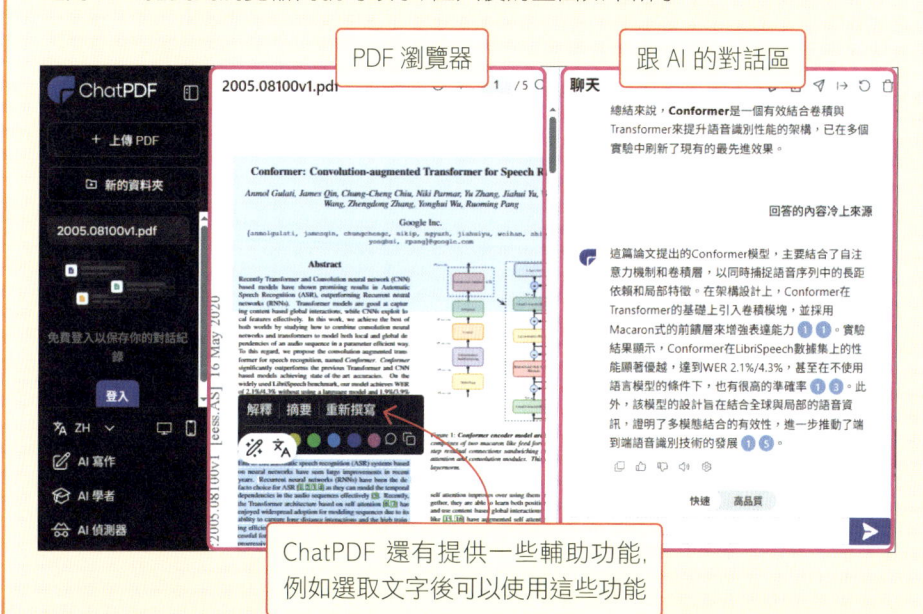

PDF 瀏覽器　　　　　跟 AI 的對話區

ChatPDF 還有提供一些輔助功能，例如選取文字後可以使用這些功能

此外，提醒您 ChatPDF 處理的 PDF **不能是圖片格式**，最簡單的判別方法就是在 PDF 檔上面，如果能夠複製貼上文字，它就可以上傳到 ChatPDF 和 AI 互動。如果不能複製貼上就是圖片格式的 PDF。

　　最後，提醒讀者，除了 NotebookLM 稍微可以放心外，不管是 AI 聊天機器人或者 ChatPDF 這類 PDF AI 工具，它們所回答的內容不保證一定完全正確，還是有可能生成虛構或錯誤的訊息。老話一句，在用 AI 時，建議將其回答作為參考，若需要追求嚴謹的場合，一定要靠自己好好反覆驗證，以確保資訊的正確。

第 3 章　閱讀、資料蒐集 AI─網頁、影片、PDF...，用 AI 讀資料、找資料最快！

3-3 請 AI 做影片重點摘要

使用AI NotebookLM、Monica

在職場上，**影片**也是傳遞資訊的重要方式，例如，企業會利用影片進行產品介紹、市場推廣和做員工培訓，甚至內部會議中也常常使用影片直觀地呈現各種績效成果。隨著影片內容爆炸式的增長，我們需要能快速抓取影片重點的 AI 工具。

> **職場生產力 UP**
>
> 對於一些技術性影片或演講影片來說，這類工具尤其實用，它能幫助我們迅速掌握要點，不必花費大量時間看完整部內容。凡以下情況都很適合使用這類 AI 工具：
>
> - **技術培訓**：在工作中，可能經常需要觀看各類技術培訓影片。我們可以請 AI 快速獲取影片中的關鍵技術點和操作流程，提升學習效率。
> - **會議記錄影片**：將會議錄影上傳至 YouTube，再請 AI 幫我們提取重點，快速生成會議摘要。
> - **市場分析**：在進行市場調查時，經常需要觀看競品介紹或行業報告影片。可以請 AI 快速總結影片內容，幫助我們迅速了解市場動態。
> - **個人學習**：無論是學習新技能還是了解行業趨勢，AI 可以幫我們快速從影片中獲取資訊，吸收的比別人快。

然而**擷取影片重點**的 AI 工具多的不得了，用法也各有不同，有些工具與影片平台完全整合、操作方便，有些甚至連**無字幕**的影片都能摘要出重點。無論您的需求是什麼，都可以隨著本節的介紹找到合適的工具，在各種工作情境無往不利！

> **TIP** 後續主要是針對 **YouTube** 上面的影片教您如何利用 AI 工具擷取影片重點，因為很多 AI 工具都是據此設計的。如果您的影片是存放在自己的電腦上，最快的做法就是**將它們傳到 YouTube 上**，這樣就方便使用各種 AI 工具來操作了。

☑ 技巧 (一)：請 AI 摘錄影片重點，並做延伸問答

使用 AI ▶ NotebookLM、AI 聊天機器人

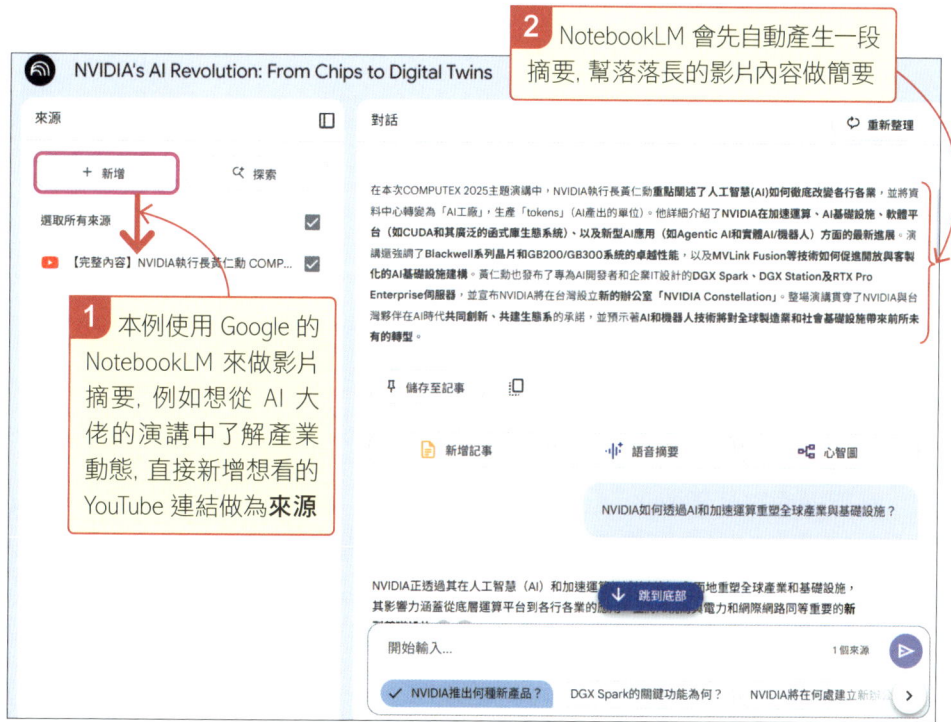

NotebookLM 和 ChatGPT、Copilot 等 AI 聊天機器人都具備**上網查找資料**的能力 (免費版亦可)，如果您用慣這些工具，最快的做法就是將影片的連結丟給它們試著做摘要，這類整理需求筆者通常會優先使用 **NotebookLM**：

1 本例使用 Google 的 NotebookLM 來做影片摘要，例如想從 AI 大佬的演講中了解產業動態，直接新增想看的 YouTube 連結做為**來源**

2 NotebookLM 會先自動產生一段摘要，幫落落長的影片內容做簡要

3-15

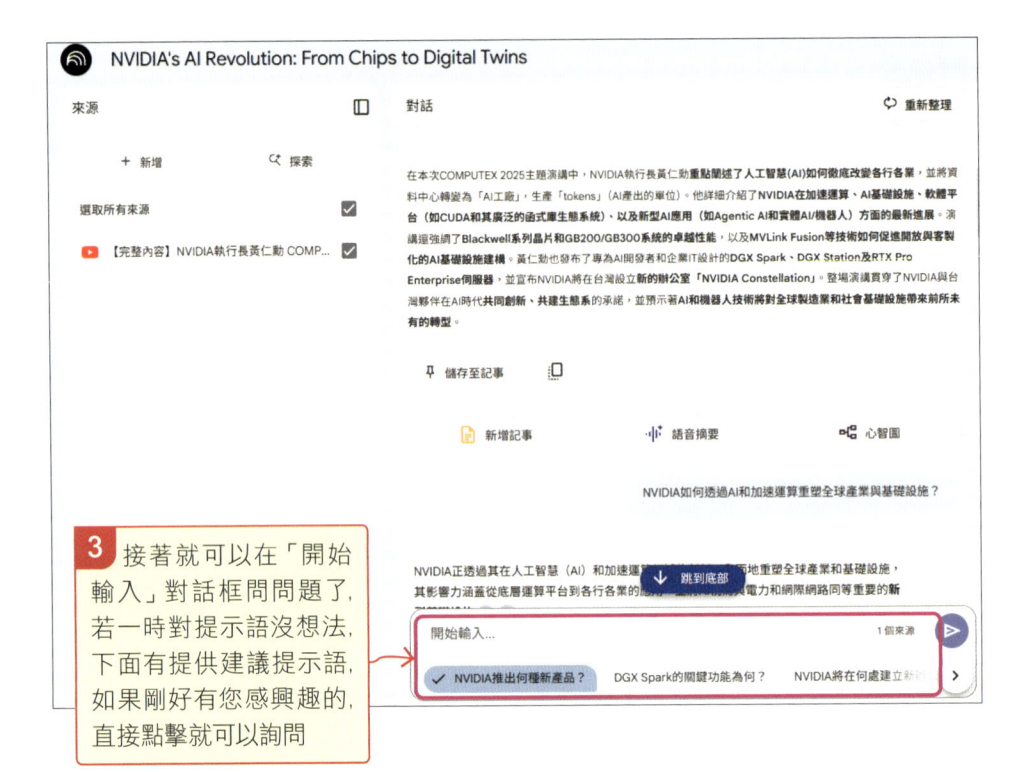

3 接著就可以在「開始輸入」對話框問問題了，若一時對提示語沒想法，下面有提供建議提示語，如果剛好有您感興趣的，直接點擊就可以詢問

職場生產力 UP

針對請 NotebookLM 摘要影片，很多人可能會覺得「**看完摘要 = 我看完這個影片了**」，但這樣也未免太粗略，建議可以多多發問，深化對影片內容的理解。底下是一些建議發問方向：

- **影片內容細節**：如果摘要中某個專業名詞不夠了解，可以進一步詢問更詳細的解釋或例子。
- **相關資源推薦**：推薦與影片主題相關的書籍、文章或其他資源。
- **應用場景**：詢問如何在特定的應用場景中使用影片中的知識和方法。

例如，若某影片內容涉及**專案管理**的理論，可以繼續發問：

- "有哪些推薦的工具可以實作影片中提到的專案管理方法？"
- "在什麼樣類型的專案中，影片中的方法最為有效？"

總之，請多加利用可以跟 AI 互動對談的優點喔！

☑ 技巧 (二)：沒字幕的影片照樣幫你暴力摘要出影片重點

使用 AI NotebookLM

依經驗，如果您是用 ChatGPT 等 AI 聊天機器人做影片摘要，可能不會一帆風順，多數的聊天機器人雖然可以讀取網址，但經過測試，並不是每次能夠成功，回答「無法處理」的情況還不少：

> 在 ChatGPT 下提示語請 AI 總結影片重點

> ChatGPT) 直接回答無法讀取影片, 原因沒有多說…

無法順利成功的原因多半是**該影片並沒有提供字幕檔**(製作時就被嵌入影片內的字幕**不算**，該類影片仍會被視為無字幕)，其實有沒有字幕檔，從 YouTube 的影片資訊就可以得知：

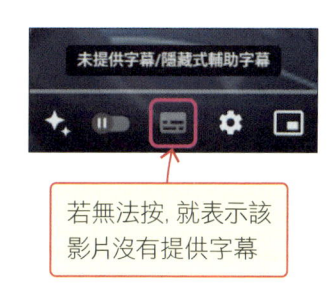

> 若無法按, 就表示該影片沒有提供字幕

遇到這種情況時，最簡單的做法就是回歸使用 **NotebookLM** 來摘要 YouTube 影片，它能直接分析影片的音訊內容，輕鬆整理出摘要給我們：

3-17

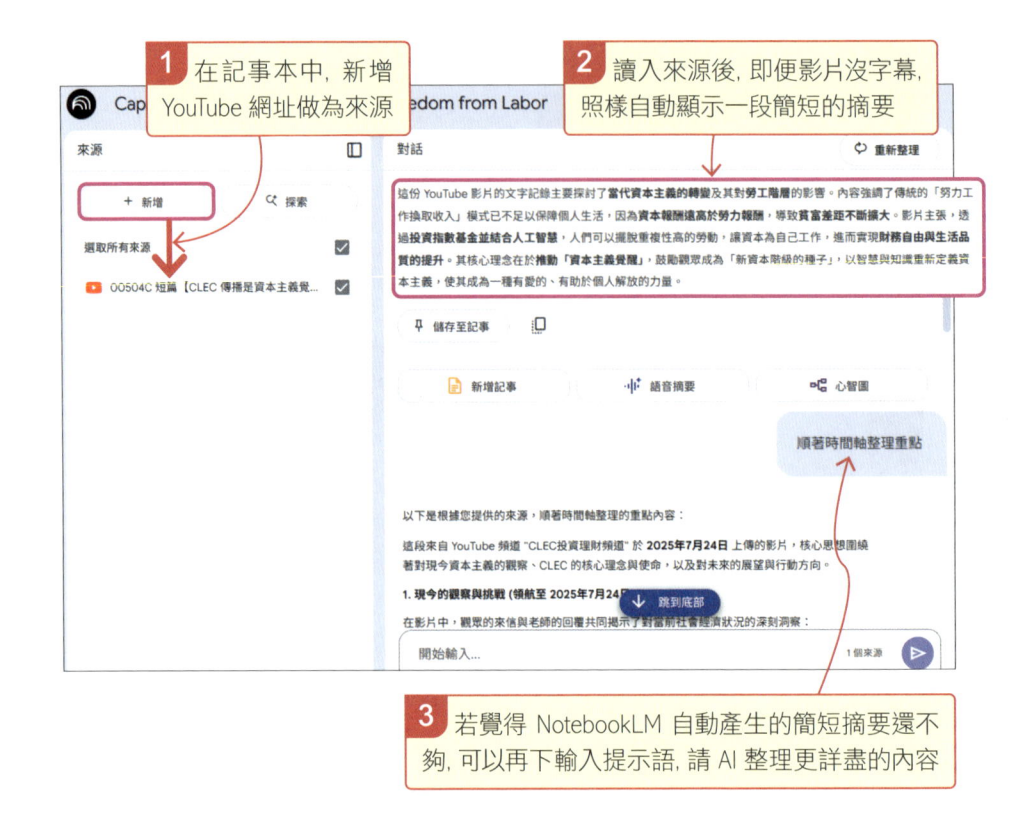

① 在記事本中，新增 YouTube 網址做為來源

② 讀入來源後，即便影片沒字幕，照樣自動顯示一段簡短的摘要

③ 若覺得 NotebookLM 自動產生的簡短摘要還不夠，可以再下輸入提示語，請 AI 整理更詳盡的內容

☑ 技巧 (三)：更方便！邊看 YouTube 影片邊閱讀 AI 整理的影片摘要

使用 AI Monica AI

　　Monica 是一個功能強大的 Chrome 瀏覽器外掛，舉凡閱讀、寫作、翻譯、PDF 做摘要，各種功能應有盡有。請先參考**附錄 A-3 節**的介紹，了解如何到 Chrome 線上商店安裝，並熟悉此 AI 外掛的使用方式。

　　Monica 外掛其中一個好用的功能是 YouTbe 影片旁邊就可以看到**影片摘要**的按鈕，用它做摘要比任何 AI 工具都來得快，也方便邊閱讀摘要邊切換瀏覽影片內容：

即便是時長不長的影片,總希望可以快速知道重點,細節再慢慢看

影片摘要 & 大綱
支援最先進的模型,幫助你快速洞察理解影片內容

生成摘要

生成播客

1 當我們安裝好 Monica 後,在每個 YouTube 影片右側就可以看到此按鈕,直接點擊就可以請 AI 幫我們抓重點,夠方便吧!

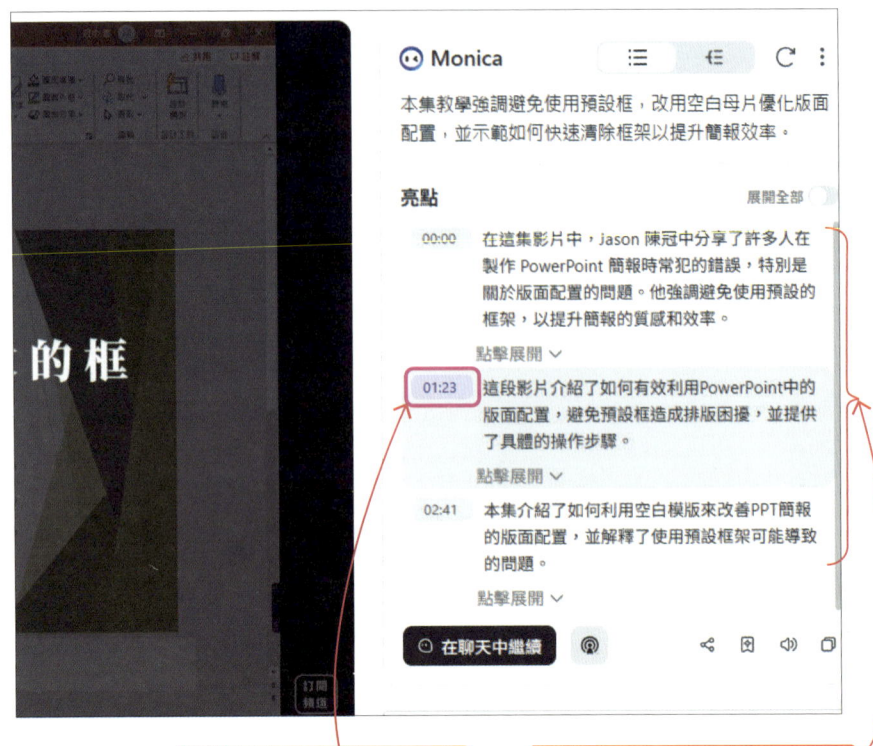

3 還會提供關鍵時間戳，點擊時間後，可以直接跳轉觀看這一段影片內容

2 AI 摘要出來的重點，比 ChatGPT 方便的是大大省卻了在不同工具間切換的麻煩

萬一，您點擊**生成摘要**按鈕後，等超久還是沒有結果，同樣可能是影片本身沒有字幕所導致，這時一樣推薦用前面介紹的 NotebookLM 來處理：

依筆者經驗, 若等了超過 3 分鐘還是沒有動靜, 甚至顯示 error, 這時就建議改用其他工具囉！

3-4 請 AI 一鍵取得影片字幕逐字稿

使用 AI ▶ YouTube & Article Summary (Chrome 外掛)、NotebookLM

如果您除了擷取影片重點摘要外,同時想**取得影片的逐字稿**,例如參加線上培訓課程時,擁有完整的字幕逐字稿可以讓我們整理課程內容,方便事後與同事分享重點。又或者,觀看會議錄影時,逐字稿可以作為詳細的會議參考,便於回顧和跟進討論內容,可以參考本節的技巧來取得。

> **TIP** 提醒讀者,如果您想取得逐字稿的影片已經在 YouTube 上,底下直接操作就可以,如果還沒有,請先把該影片上傳到自己的 YouTube 頻道。不管這些上傳到 YouTube 的影片本身有沒有帶字幕,都可用本節介紹的工具輕鬆擷取出影片逐字稿。

☑ 在 YouTube 網站一鍵請 AI 取出字幕檔

使用 AI ▶ YouTube & Article Summary (Chrome 外掛)

在 YouTube 影片有字幕的前提下 (就是影片上的字幕鈕可以按),這裡要介紹一款 Chrome 瀏覽器外掛 - **YouTube & Article Summary**,它也可以幫我們總結 YouTube 影片內容,更棒的是,它還可以幫我們**抓出影片字幕的逐字稿**。請先參考附錄 A-3 節的說明開啟 Chrome 線上商店安裝此外掛:

> YouTube Summary with ChatGPT & Claude 〔從 Chrome 中移除〕
> ↑ 先在 Chrome 瀏覽器安裝好這個 Chrome 外掛

安裝後, 會在 YouTube 的影片頁面出現 **Transcript & Summary** 窗格, 使用方法很簡單, 如下：

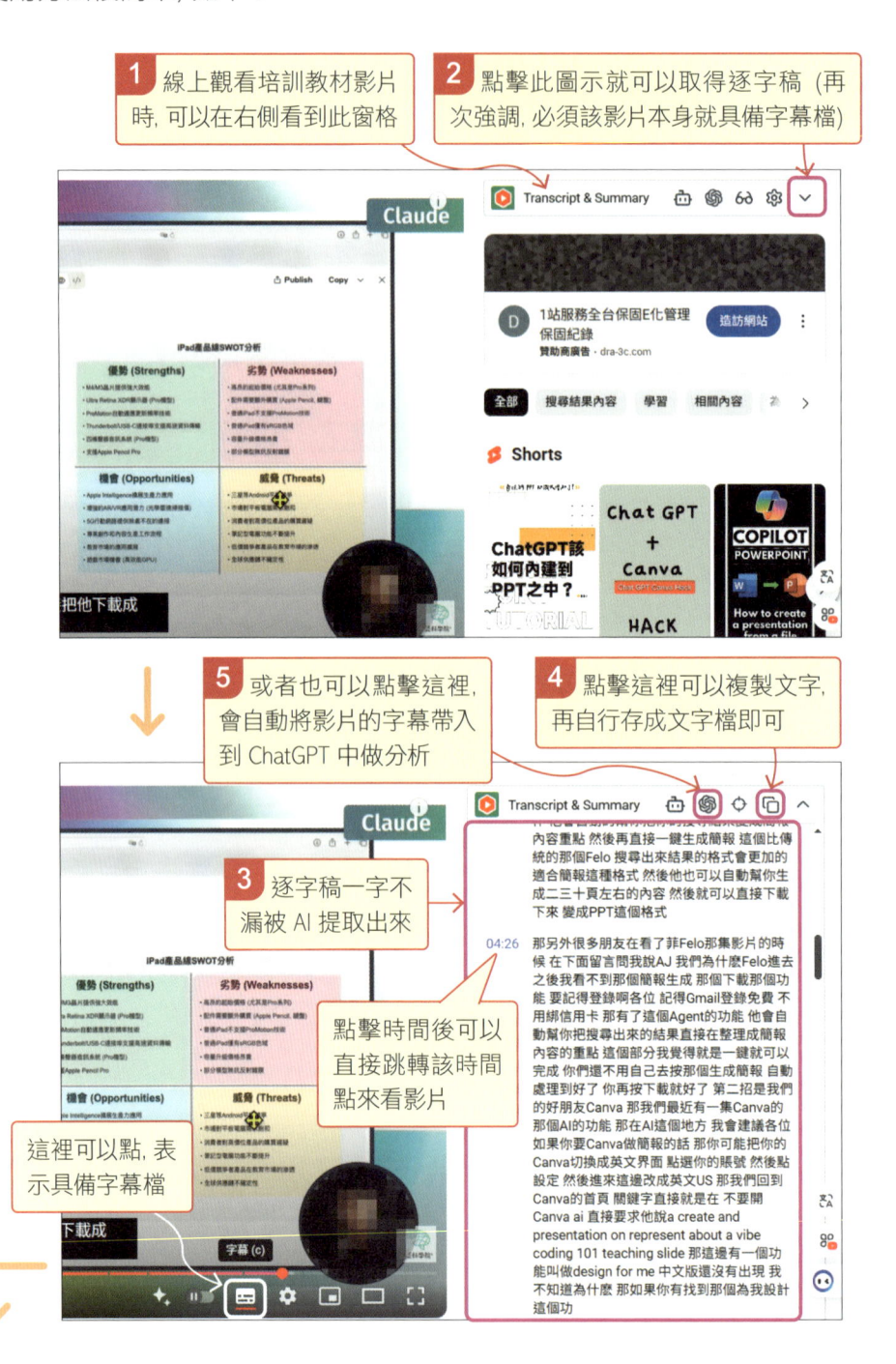

①線上觀看培訓教材影片時, 可以在右側看到此窗格

②點擊此圖示就可以取得逐字稿 (再次強調, 必須該影片本身就具備字幕檔)

⑤或者也可以點擊這裡, 會自動將影片的字幕帶入到 ChatGPT 中做分析

④點擊這裡可以複製文字, 再自行存成文字檔即可

③逐字稿一字不漏被 AI 提取出來

點擊時間後可以直接跳轉該時間點來看影片

這裡可以點, 表示具備字幕檔

3-22

> 一樣AI嘗試新排版 (11:58) Logo icon 都有出來 做的非常的好 所以這個是伽馬最新推出的這個視覺效果匯入 非常的好用而且沒有頁數⋯⋯ 薦給各位再來下一招 比如說 我們有一個二十幾頁的資料長這樣⋯ the enterprise 就 open AI"

❻ ChatGPT 會根據時間點提供重點，讓我們省了不少時間

Here's a summary of the YouTube video transcript "(68) 2025年最強 AI 簡報製作大全！10 招 AI 技巧教你快速製作精美簡報..." in **7 bullet points with timestamps**：

- 00:00 – 介紹影片主題與結構：介紹 10 招 AI 簡報製作技巧，處理從沒想法、缺內容、缺簡報到缺美化的四種常見情境。
- 01:06 – 主持人 AJ 宣布 NVIDIA 黃仁勳將與泛科學院合作，舉辦 5/19 線上直播觀影會，並送出 RTX 5090 親簽顯卡抽獎活動。
- 02:14 – 感謝頻道會員及其福利：會員每月可獲得 NT$990 AI 課程折扣券；隨後進入實戰教學。
- 03:21 – 第一招：**Felo Agent** 快速生成簡報內容與 PPT，例子中用粽子比較主題，由 AI 搜尋素材、自動整理重點並一鍵生成簡報下載。

職場生產力 UP

有了字幕逐字稿以及摘要整理後，後續要怎麼用就很彈性了，例如可以根據整理出來的逐字稿，進一步請 AI 組織分段，為每個關鍵點建立獨立的簡報頁面，像是以下的做法：

1. 請 AI 幫助您提取每個段落的關鍵資訊，每部分對應簡報中的一個頁面：

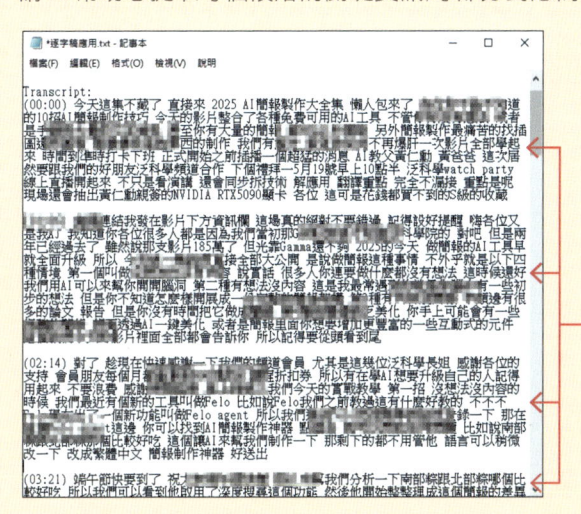

前面取得的逐字稿，會清楚分好段落，還會標示時間，這樣就方便告知 AI 段落了（例如：02:14 那一段）

2. 當 AI 摘要出各段落的重點後，後續的簡報稿、簡報設計、美化，則可以交給 **AI 簡報工具**來做，這部份可以參考第 5 章的介紹。

總之，請務必善用 AI 的力量，把大量時間和精力省下來，專注於創造更有價值的工作。

第 3 章　閱讀、資料蒐集 AI — 網頁、影片、PDF⋯，用 AI 讀資料、找資料最快！

3-23

☑ 影片沒字幕？AI 幫你突破限制，輕鬆擷取出逐字稿

使用 AI｜NotebookLM

當然，若 YouTube 影片本身沒有提供字幕，**YouTube & Article Summary** 工具就無法抓取**影片逐字稿**了，點擊右圖的 ⌃ 後會顯示抓不到的訊息：

沒有逐字稿可用

怎麼辦呢？當然不是就此放棄，因為多數自製影片檔多是沒有字幕的類型呢！放心，**NotebookLM** 可以輕鬆解決這個難題。

3-1 節我們已經示範過即便是**無字幕**的 YouTube 影片，NotebookLM 也能利用幫我們摘要出影片重點，只要再下一點指示語給 NotebookLM，就可以請它將影片的音訊轉換為逐字稿：

1 先匯入 YouTube 影片網址做為來源

2 匯入後，一開始只會看到自動產生的簡短摘要

3 在「開始輸入」對話框中提出需求（只輸入 "逐字稿" 三字也可以）

3-24

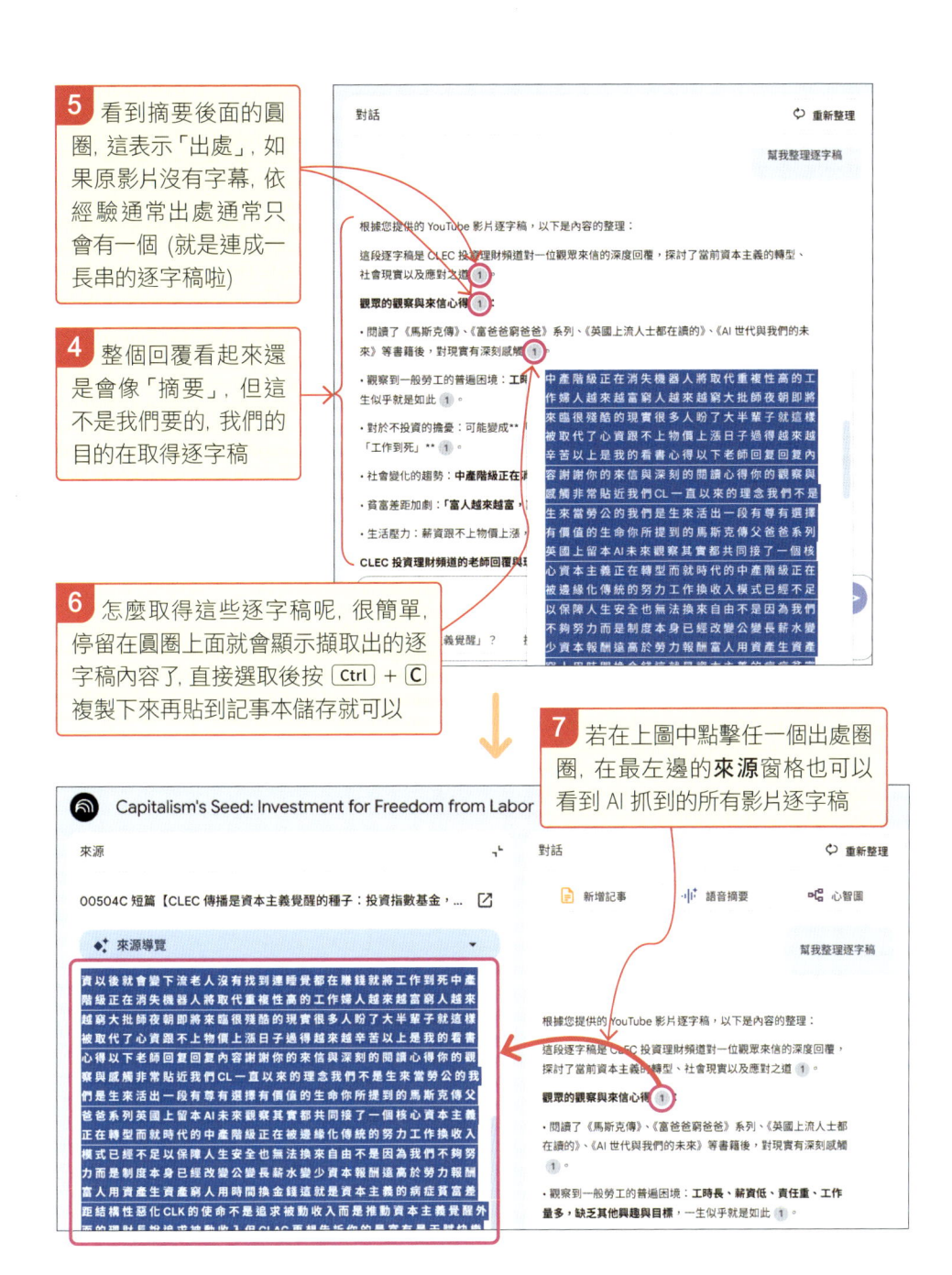

5 看到摘要後面的圓圈，這表示「出處」，如果原影片沒有字幕，依經驗通常出處通常只會有一個 (就是連成一長串的逐字稿啦)

4 整個回覆看起來還是會像「摘要」，但這不是我們要的，我們的目的在取得逐字稿

6 怎麼取得這些逐字稿呢，很簡單，停留在圓圈上面就會顯示擷取出的逐字稿內容了，直接選取後按 Ctrl + C 複製下來再貼到記事本儲存就可以

7 若在上圖中點擊任一個出處圈圈，在最左邊的**來源**窗格也可以看到 AI 抓到的所有影片逐字稿

　　當然，如果您已經很習慣用 NotebookLM 這個 AI 工具，也可以用它來抓「有字幕 YouTube 影片」的逐字稿，結果如下頁圖所示，可以看到相比上圖，AI 擷取出的摘要出處就會有所區別，逐字稿整理的也好讀的多：

3-25

4 但這裡同時可看到所有全文逐字稿內容讓我們複製囉！

1 摘要出自於不同逐字稿來源，例如滑鼠若移到圓圈 ③ 上面，就只會顯示圓圈 ③ 那一段出處的逐字稿，方便我們單複製這一段的逐字稿

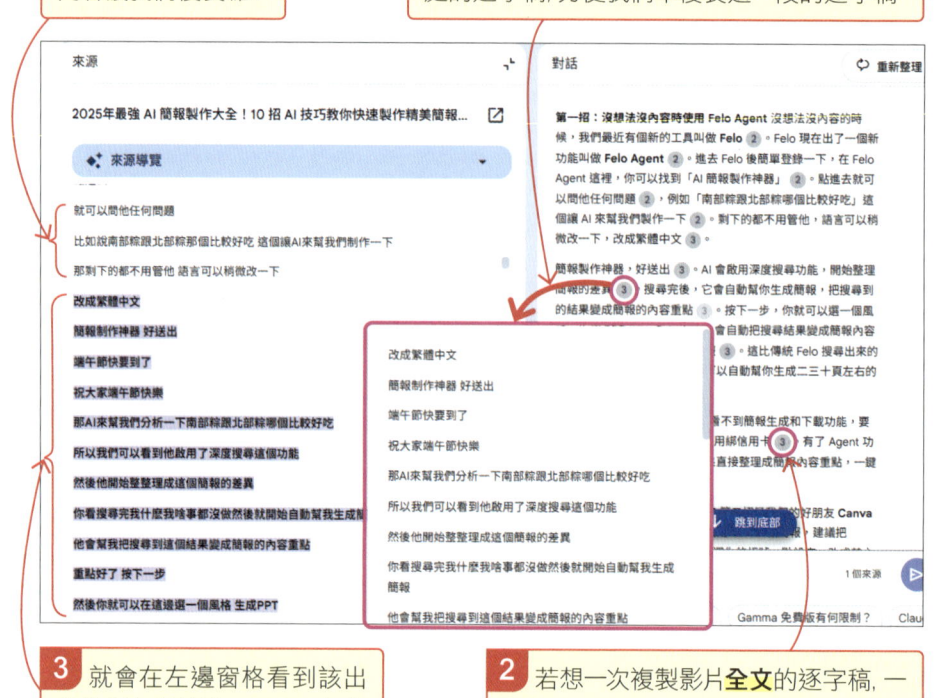

3 就會在左邊窗格看到該出處的所在段落被 highlight 起來

2 若想一次複製影片**全文**的逐字稿，一樣在中間窗格中點擊任一個出處圈圈

上面已經說明完取得影片逐字稿的做法，讀者可能覺得「**哇，這逐字稿文字密密麻麻的怎麼用**」，不要忘了文字處理正是 AI 聊天機器人的強項，如果您還是覺得不好讀，我們可以將上圖的文字通通複製下來貼給 ChatGPT 等 AI 聊天器人整理，看是要做內容整理或者重點摘要，都可以試試喔！

這是嘗試用 NotebookLM 來處理所得到的回覆。像這樣的文字整理工作，並非 NotebookLM 的設計初衷，因此改用 ChatGPT 這些 AI 聊天機器人較合適

3-26

> ChatGPT 整理前

幫我整理的好閱讀一點

老師您好想與您分享近期的看書心得加上一直看您的影片我看了馬斯克傳父爸爸有錢人為什麼越來越有錢？英國上游人士都在讀的AI世代與我們的未來真的又讓我大開眼界一般人每天到底從早忙到晚在忙什麼？公時長心資低責任重工作量多好像也沒什麼其他興趣與目標這好像就是一般勞工的一生不投資以後就會變下流老人沒有找到連睡覺都在賺錢就將工作到死中產階級正在消失機器人將取代重複性高的工作婦人越來越富窮人越來越窮大批師夜朝即將來臨很殘酷的現實很多人盼了大半輩子就這樣被取代了心資跟不上物價上[↓]子過得越來越辛苦以上是我的看書心得以下老師回复回复內容謝謝你的來信與深刻的閱讀心得你

> ChatGPT 整理後，明顯好讀多了
> (用人工分段會分到累死！)

我幫你整理成更好閱讀的版本，分段並保留原意：

老師您好：

最近想跟您分享我的讀書心得，也一直在看您的影片。
我讀了《馬斯克傳》、《富爸爸窮爸爸》、《有錢人為什麼越來越有錢？》以及《AI世代與我們的未來》。
這些書讓我再次大開眼界。

一般人每天從早忙到晚，到底在忙什麼？
工時長、薪資低、責任重、工作量多，似乎沒有其他興趣與目標。
這好像就是一個普通勞工的一生。
不投資，以後就會變成「下流老人」；
如果沒有找到「連睡覺都在賺錢」的方法，就只能一直工作到死。

↓

我看到的現實：

> **TIP** 但提醒讀者，即便文字看起來很流暢，但 AI 聊天機器人本來就擅長做這件事，不能完全排除有「虛構」資訊的可能性，使用上還是要多加留意喔！

第 3 章 閱讀、資料蒐集 AI — 網頁、影片、PDF…，用 AI 讀資料、找資料最快！

3-27

MEMO

4

CHAPTER

郵件處理 AI

幫你讀信、擬信、模擬語氣回覆…，
用 AI 處理郵件超輕鬆！

4-1　超智慧的 AI 回信助手
4-2　用 Gemini AI 一鍵生成 Email、
　　　並統整郵件內容

郵件處理可說是除了回 LINE 以外，每天再例行不過的公事，無論是回覆客戶、安排會議、跟同事討論案子...等，收信、寫信佔用了我們大量工作時間，一封處理完又來一封，「啊我光收信什麼正事都沒做...」，不少人應該深有同感！

別再傻傻地人工一封封處理了！理解文意、文字表達可是 AI 的強項，本章就來介紹幾款好用的郵件處理 AI 工具，可以幫我們**快速分析郵件內容**、**提取關鍵資訊**，甚至能夠根據不同的情境**生成適當的草稿**。無論是例行的業務聯絡，還是突發的緊急狀況，AI 都能輕鬆應對，讓你從繁重的郵件處理工作徹底解脫！

4-1 超智慧的 AI 回信助手

使用 AI Monica AI

這裡要使用的 **Monica AI** 在前一章「**請 AI 摘要影片重點**」就出現過，這是一款功能強大的 Chrome 瀏覽器外掛。基本上，Monica 就像一個以 ChatGPT、Claude...等 AI 聊天機器人為基礎所打造出來的 AI 使用介面，雖然滿多功能有使用限制 (付費才能用)，不過其中的**寫作助手**功能每天有不少免費額度 (一天可以跟 AI 對話 40 則訊息)，而且 Monica AI 經過良好調校，您甚至不用傷腦筋該怎麼下提示語，直接甚至點點它設計的各種按鈕就可以了。

以很多人都有在用的收發 Email 為例，Monica 就提供了 **AI 回覆**功能，能幫我們快速閱讀郵件內容，一秒做出摘要，擬草稿信的話也能請 AI 代勞，這樣就大大節省了處理郵件的時間，可以專注在更重要的工作。

☑ 用 AI 快速讀信、擬信, 成堆郵件快速處理 OK

> **Monica**: ChatGPT AI助手 | DeepSeek, GPT-4o, Claude 3.5, o1 及更多模型
>
> ✓ monica.im　♡ 精選商品　4.9 ★ (2.8萬 個評分)　< 分享
>
> 擴充功能　工具　3,000,000 使用者

▲ 請先參考附錄 A-3 節的介紹, 安裝好 Monica AI, 並熟悉此外掛的使用方式

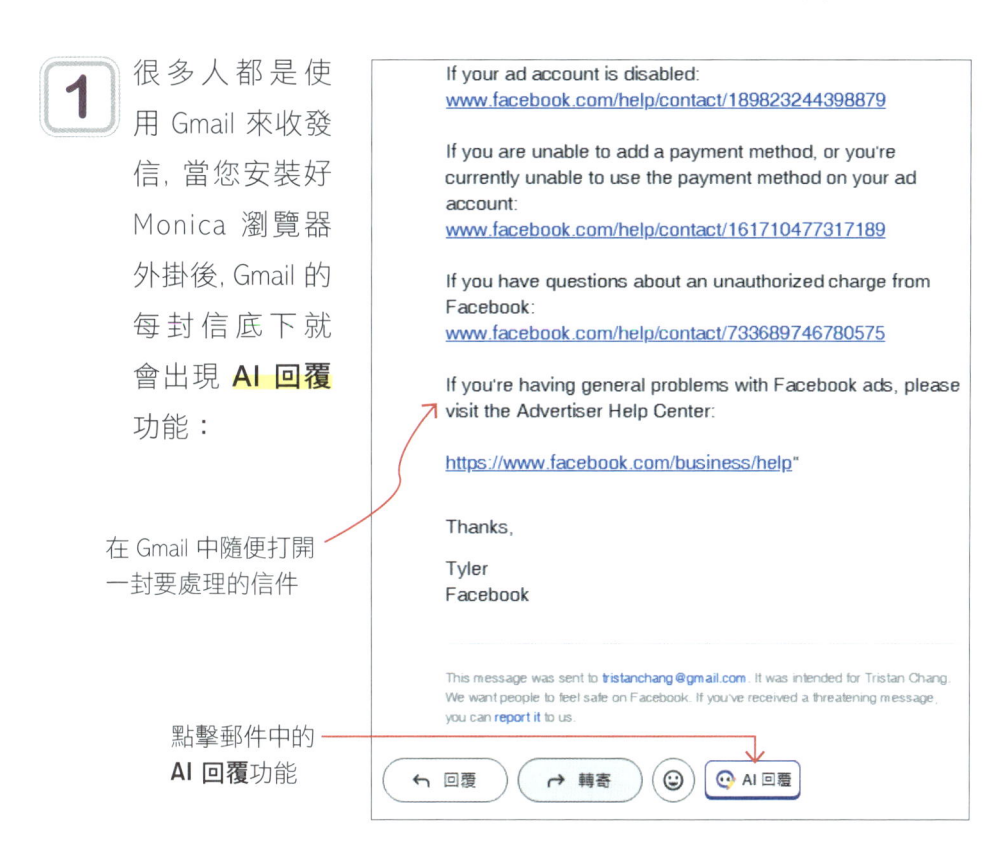

1 很多人都是使用 Gmail 來收發信, 當您安裝好 Monica 瀏覽器外掛後, Gmail 的每封信底下就會出現 **AI 回覆** 功能:

在 Gmail 中隨便打開一封要處理的信件

點擊郵件中的 **AI 回覆** 功能

> **TIP** 若沒有出現, 表示 Chrome 外掛還沒安裝妥當, 請參考附錄 A-3 節再檢查一下。此外, 若您平常習慣在電腦上用 Outlook 來收信, Monica AI 也有桌面版的工具, 只要連到 https://monica.im/desktop 下載 Windows 版本來安裝, 開啟 Outlook 後, 同樣可以看到此 AI 回覆功能。

第 4 章　郵件處理 AI — 幫你讀信、擬信、模擬語氣回覆…, 用 AI 處理郵件超輕鬆!

4-3

2 點擊後會出現 **AI 回覆** 小視窗,這是幫我們讀信、寫信的絕佳幫手:

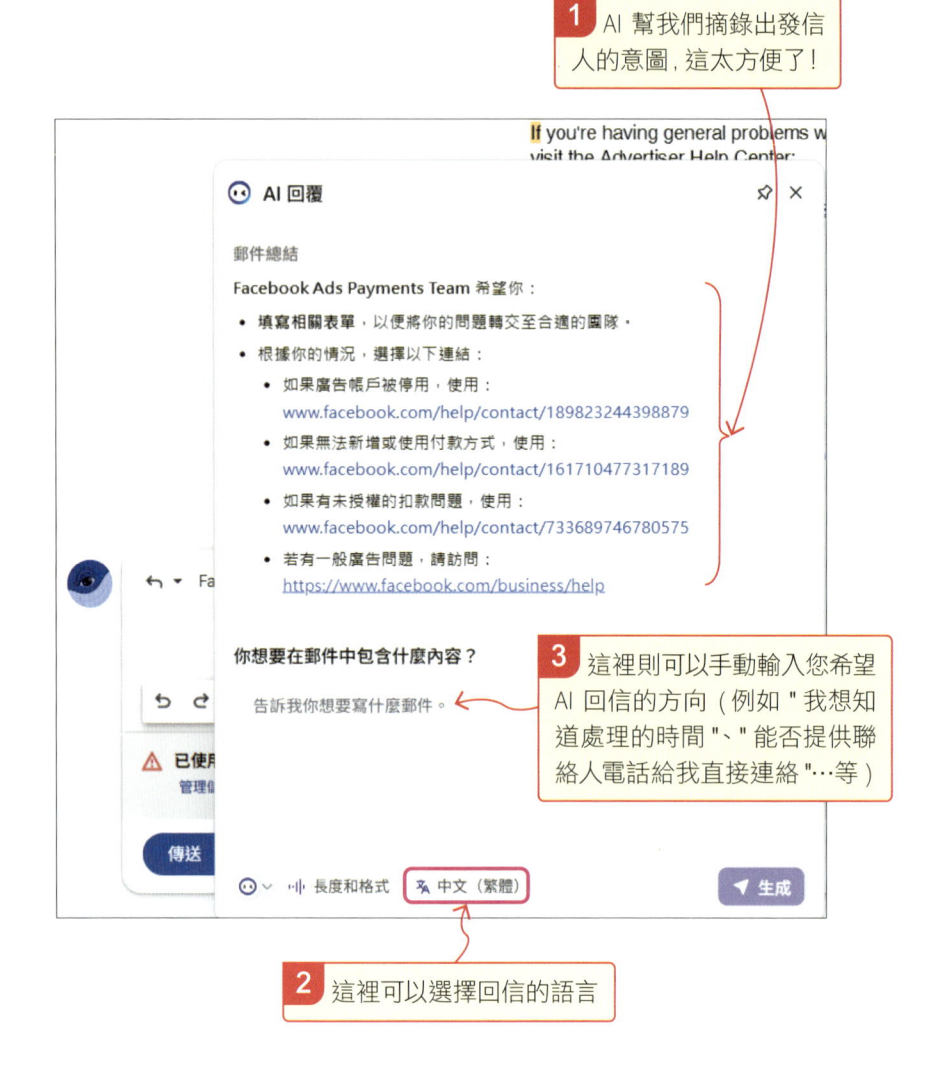

1 AI 幫我們摘錄出發信人的意圖,這太方便了!

AI 回覆

郵件總結

Facebook Ads Payments Team 希望你:
- 填寫相關表單,以便將你的問題轉交至合適的團隊。
- 根據你的情況,選擇以下連結:
  - 如果廣告帳戶被停用,使用:
    www.facebook.com/help/contact/189823244398879
  - 如果無法新增或使用付款方式,使用:
    www.facebook.com/help/contact/161710477317189
  - 如果有未授權的扣款問題,使用:
    www.facebook.com/help/contact/733689746780575
  - 若有一般廣告問題,請訪問:
    https://www.facebook.com/business/help

你想要在郵件中包含什麼內容?

告訴我你想要什麼郵件。

3 這裡則可以手動輸入您希望 AI 回信的方向(例如 " 我想知道處理的時間 "、" 能否提供聯絡人電話給我直接連絡 "…等)

長度和格式 中文(繁體) 生成

2 這裡可以選擇回信的語言

3 在前一步設好回覆方向後,Monica 就會幫我們進一步擬出草稿,超級方便!而且,在正式置入郵件前還可以做一些修改。各種擬信操作只要如下點擊 Monica 設計好的按鈕即可,相當便捷:

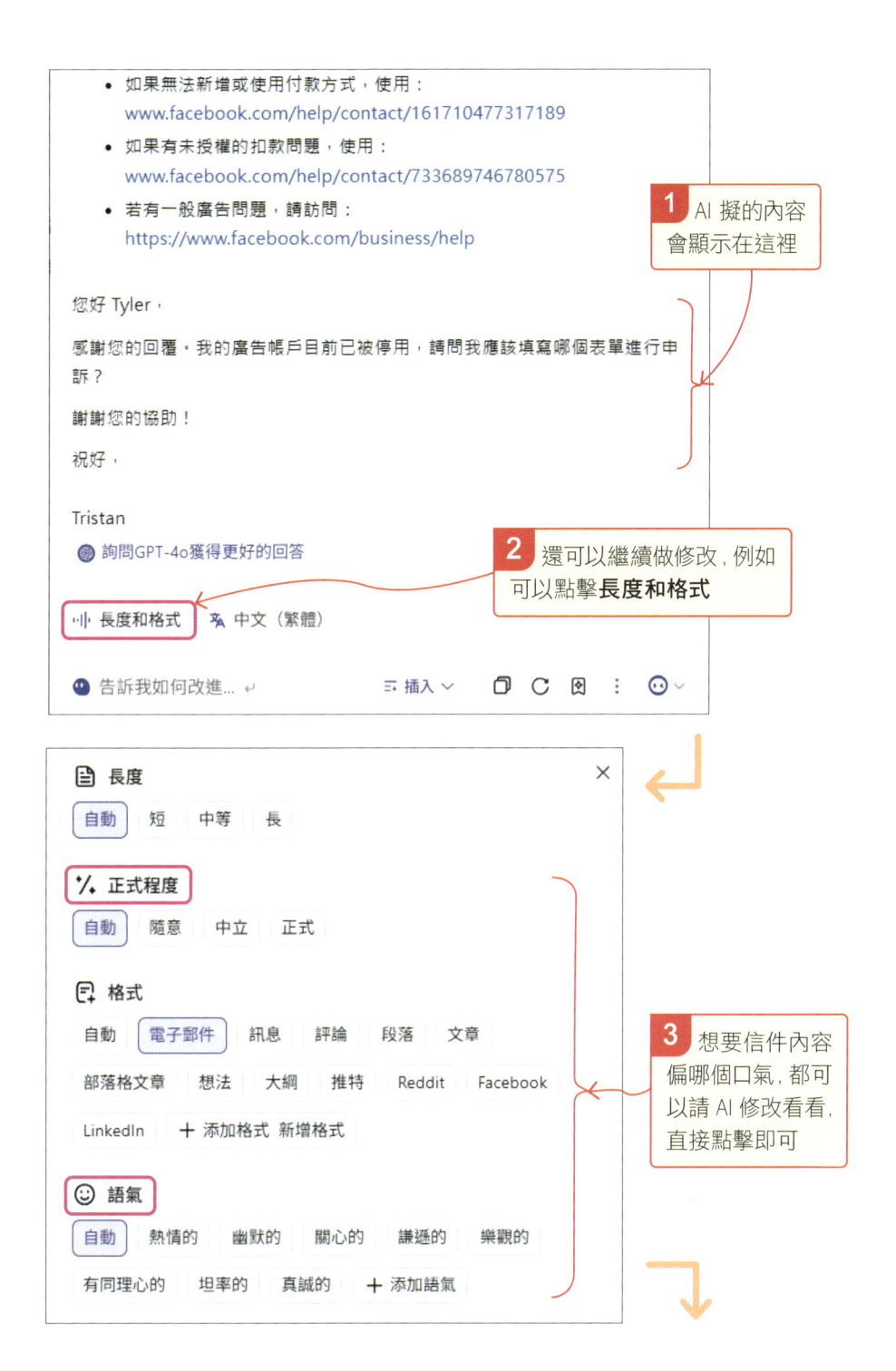

- 如果無法新增或使用付款方式，使用：
  www.facebook.com/help/contact/161710477317189
- 如果有未授權的扣款問題，使用：
  www.facebook.com/help/contact/733689746780575
- 若有一般廣告問題，請訪問：
  https://www.facebook.com/business/help

您好 Tyler，

感謝您的回覆。我的廣告帳戶目前已被停用，請問我應該填寫哪個表單進行申訴？

謝謝您的協助！

祝好，

Tristan

詢問GPT-4o獲得更好的回答

長度和格式　中文（繁體）

告訴我如何改進…　插入

1 AI 擬的內容會顯示在這裡

2 還可以繼續做修改，例如可以點擊**長度和格式**

長度
自動　短　中等　長

正式程度
自動　隨意　中立　正式

格式
自動　電子郵件　訊息　評論　段落　文章
部落格文章　想法　大綱　推特　Reddit　Facebook
LinkedIn　＋ 添加格式 新增格式

語氣
自動　熱情的　幽默的　關心的　謙遜的　樂觀的
有同理心的　坦率的　真誠的　＋ 添加語氣

3 想要信件內容偏哪個口氣，都可以請 AI 修改看看，直接點擊即可

第 4 章　郵件處理 AI―幫你讀信、擬信、模擬語氣回覆…，用 AI 處理郵件超輕鬆！

4-5

- 如果無法新增或使用付款方式，使用：
  www.facebook.com/help/contact/161710477317189
- 如果有未授權的扣款問題，使用：
  www.facebook.com/help/contact/733689746780575
- 若有一般廣告問題，請訪問：
  https://www.facebook.com/business/help

- 重新表達
- 加入統計數據
- 增加細節
- 加入幽默
- 使其禮貌
- 移除行話
- 更具資訊性

〈 告訴我如何改進…

4 點擊底下的「告訴我如何改進」還有一些潤飾內容的選項，以後寫信輕鬆多了！

〈 增加細節

您好 Tyler，感謝您的回覆。我的廣告帳戶目前已被停用，請問我應該填寫哪個表單進行申訴？謝謝您的協助！祝好，Tristan

您好 Tyler，

感謝您的回覆。我的廣告帳戶目前已被停用，這對於我們目前正在進行的行銷活動影響甚大，因此希望能盡快解決此問題。請問我應該填寫哪個表單進行申訴？此外，若有其他需要提供的資料或步驟，也請您告知，以便我能完整配合處理。

謝謝您的協助！

祝好，

Tristan

詢問GPT-4o獲得更好的回答

長度和格式   中文（繁體）

告訴我如何改進…   插入   2/2

5 例如這是點擊**增加細節**的結果，AI 會把內容寫得再詳盡一點

6 最後點擊**插入**就可以把擬信的內容插入郵件草稿中，想再小修小改隨您，完成後就可以寄出了

如何, 很方便吧！在擬 Email 時, 總會在委婉一點、直接一點…間猶豫不決, 時間往往就這樣溜走了, 此時就可以請 AI 快速幫我們**一鍵擬信**。以上操作的背後其實就是提交一些提示語 (prompt) 給背後的 AI 聊天機器人來生成文字, 只差在 Monica AI 將介面設計的非常容易操作, 就算 AI 擬出來的信還需要手工修改, 也已經幫我們省下了大把時間！

4-2 用 Gemini AI 一鍵生成 Email、並統整郵件內容

使用 AI Gemini (Google AI Pro 升級帳戶、免費帳戶都可以)

前一節介紹了 Monica 這個好用的 AI 工具幫我們處理郵件, 本節來介紹另一個方便工具 - **Gemini**。Gemini 是 Google 所開發的 AI 聊天機器人, 而除了在官網 (gemini.google.com) 與 Gemini AI 對話互動外, Gemini 最棒的是已經**與 Gmail、Google 文件等服務完全整合**, 在操作 Gmail 等各種 Google 服務時, 隨時可看到 Gemini 的身影, 若您平常很倚賴 Google 服務, 有了 **Gemini** 加持更可提升不少方便性。

> **TIP 註**：請注意, 跟 Google 服務的相關整合功能最完美的做法就是付費成為 Google AI Pro 帳戶的會員, 目前 Google 提供了**長達 1 個月的免費試用期**可以盡情試用, 如果您工作上經常使用 Gmail 來處理信件, 一定要試試這個 AI 工具。當然, 免費帳戶也有替代的做法, 本節都會做說明。

☑ 申請 Google AI Pro 會員

首先我們先來升級 Google AI Pro 的服務, 目前提供了 1 個月的免費試用期：

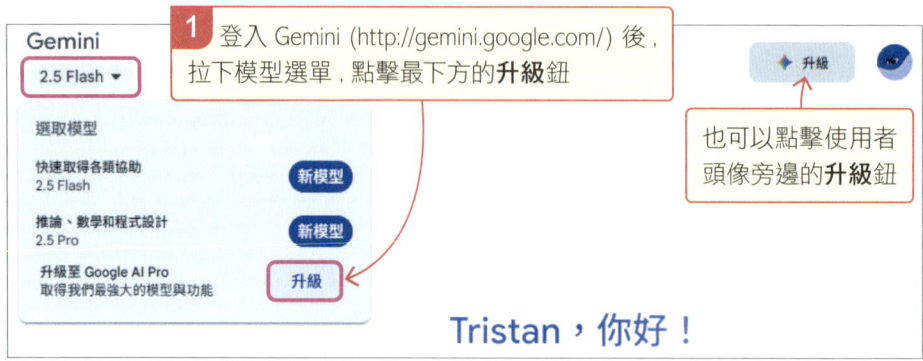

1 登入 Gemini (http://gemini.google.com/) 後，拉下模型選單，點擊最下方的**升級**鈕

也可以點擊使用者頭像旁邊的**升級**鈕

接著就會來到 Google AI 的訂閱畫面，此處會列出付費升級優惠內容

2 請點擊此項繼續

3 自行瀏覽授權聲明，然後點擊這裡同意

4-8

Google Play

Google AI Pro (2 TB)
Google One

即將收取的費用

| 將於 今天開始收費 | 1 個月免費試用期 |
| 將於 2025年8月28日開始收費 | $650.00/月 |

> 請留意這裡提到的免費試用期限

透過 Play 訂閱

- 隨時可在 Google Play 的「訂閱」頁面取消訂閱
- 如果在 2025年8月28日前取消訂閱，則無需付費
- 我們會在試用期結束前 7 天傳送通知提醒你

台灣大哥大 Taiwan Mobile (原台灣之星)
無法使用

繼續

> **4** 點擊這裡繼續，接著就是一連串的申請畫面，依畫面指示來操作即可（過程中需要填寫信用卡相關資訊）

你已解鎖 Gemini Pro 和更多福利

Google AI Pro 方案福利

Google AI Pro 福利

✓ 使用 Google 最強模型的實用功能和進階版功能
✓ 使用 Veo 2 製作高畫質影片
✓ 可運用 Gemini 的更多功能，包括 Deep Research
✓ NotebookLM Pro 的語音摘要和來源數量增為 5 倍
✓ 體驗 Gemini 版 Gmail、Google 文件和 Vids 等服務
✓ 享有額外儲存空間和更多進階版福利

> **5** 最後來到此畫面表示訂閱成功

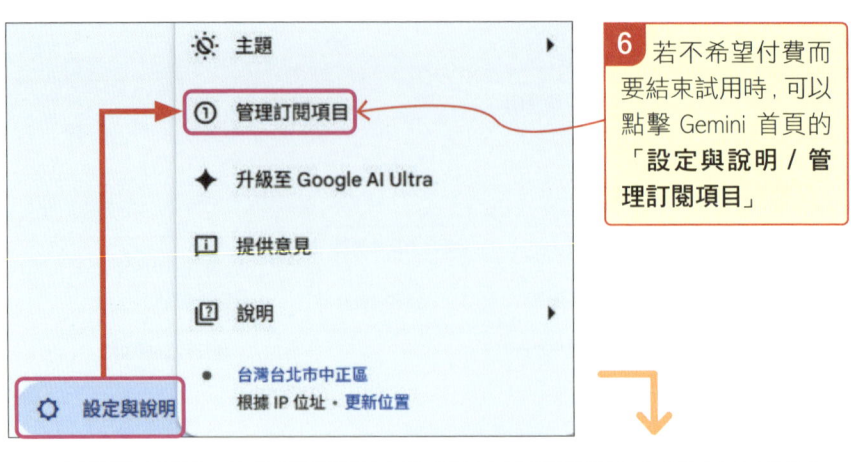

6 若不希望付費而要結束試用時，可以點擊 Gemini 首頁的「**設定與說明 / 管理訂閱項目**」

- 主題
- ① 管理訂閱項目
- ✦ 升級至 Google AI Ultra
- 提供意見
- 說明
- 台灣台北市中正區 根據 IP 位址・更新位置
- ⚙ 設定與說明

Google One 設定

- 管理電子郵件接收設定
- 管理家庭群組設定
- 變更付款方式
- 變更會員方案
- ☒ 取消會員方案

7 點擊這一區

8 點擊這裡 → 取消

取消會員方案

付款與訂閱

付款方式　訂閱項目　預算和訂單記錄

9 找到這一項來取消，如果有訂閱其他 Google 服務，請留意這裡不要選錯

已啟用

Google One
Google AI Pro (2 TB)　　下次付款日期：2025年8月28日，金額：$650.00　**管理**

10 點擊要取消項目後方的**管理**

4-10

[圖示:Google One 訂閱頁面,顯示 Google AI Pro (2 TB) 下次付款日期:2025年8月28日,金額:$650.00,主要付款方式 Visa-0002,備用付款方式 無]

11 點擊這裡,後續依畫面指示操作,就可以取消了

> **TIP** 取消訂閱的程序有點惱人,會持續詢問好幾次才會真的取消訂閱,請依畫面指定的步驟確實操作,確定看到成功取消的畫面才算數喔!

☑ 用 Gemini AI 一鍵撰寫好 Gmail 信件

完成上述前置工作後,爾後在 Gmail 想要找出重要訊息,但在面對滿坑滿谷的信件時不知道如何下手,就可以呼叫 Gemini 快速查找信件中的內容,並進一步提供重要資訊、整理信件摘要、給出回覆建議,甚至可以根據信件分類統整出表格內容。

底下我們就以**跟社群網路詢問廣告進度**為例,示範如何用 Gemini 一鍵生成信件。相關 AI 寫信功能跟 Gmail 整合的很不錯喔!

1 首先,當您開啟 Gmail,在頭像的左邊就會看到**向 Gemini 提問**功能:

點擊此圖示

2 接著瀏覽器右邊就會出現 Gemini 對談窗格,我們來示範 AI 輔助寫信功能。直接在下方的對話框描述大致的信件內容即可,建議還是簡單區分出**主旨**及**內容**兩部份,當然此時內容就可以寫簡略一點,完整的內容交給 AI 來寫即可:

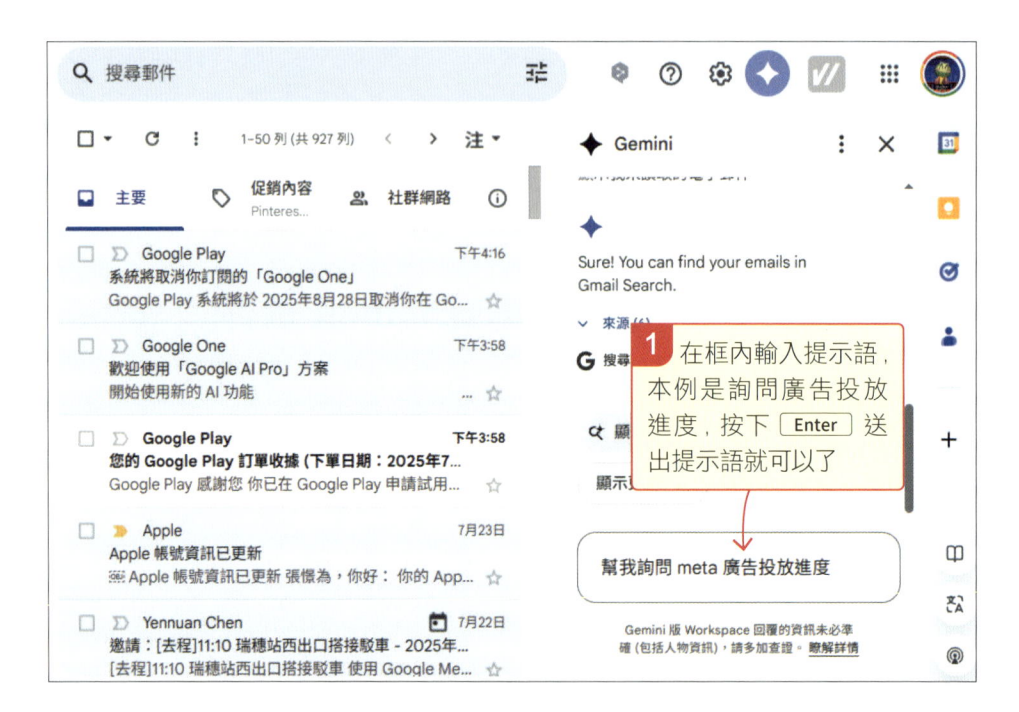

在框內輸入提示語,本例是詢問廣告投放進度,按下 Enter 送出提示語就可以了

4-12

2 Gemini 所生成的擬信會顯示在這裡

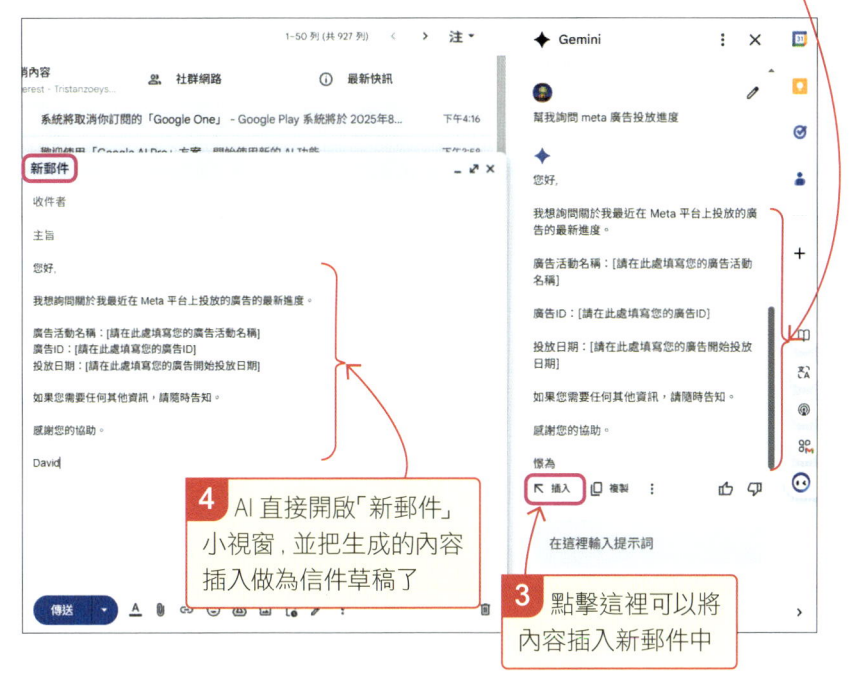

4 AI 直接開啟「新郵件」小視窗，並把生成的內容插入做為信件草稿了

3 點擊這裡可以將內容插入新郵件中

3 除了寫信之外，也可以用 Gemini 幫忙過濾、整理 Gmail 郵件：

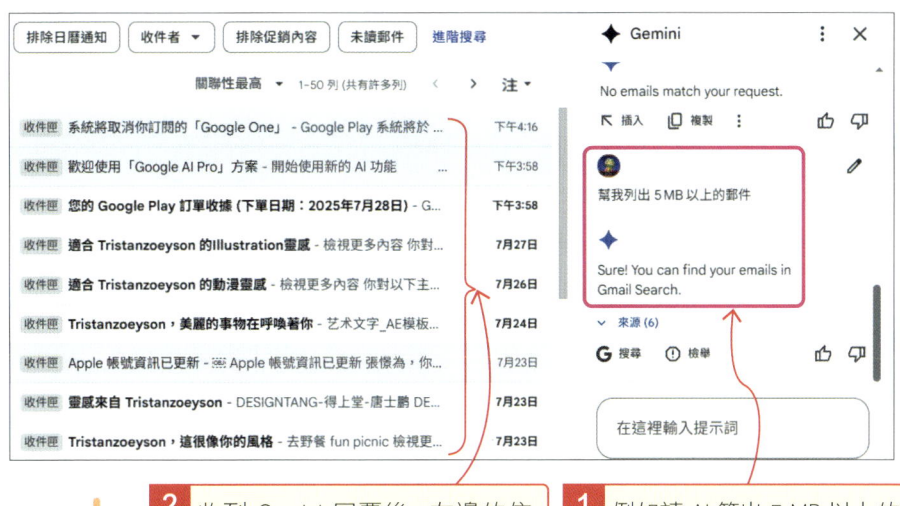

2 收到 Gemini 回覆後，左邊的信件匣就會篩選出符合條件的郵件了

1 例如請 AI 篩出 5 MB 以上的大型郵件，輸入提示語並送出

第 4 章　郵件處理 AI － 幫你讀信、擬信、模擬語氣回覆⋯，用 AI 處理郵件超輕鬆！

4-13

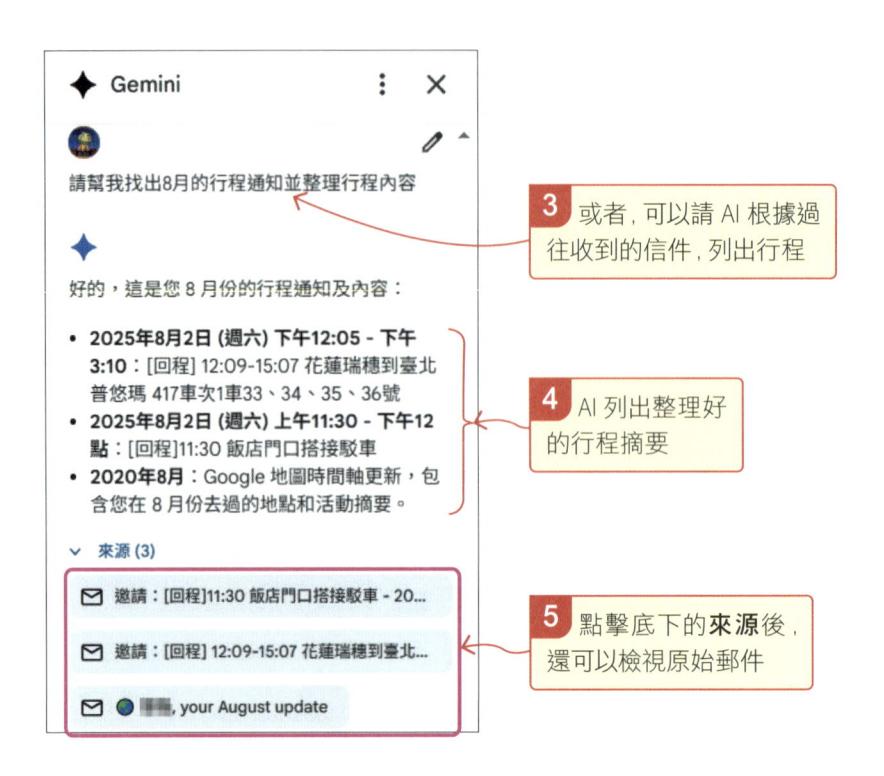

3 或者，可以請 AI 根據過往收到的信件，列出行程

4 AI 列出整理好的行程摘要

5 點擊底下的 **來源** 後，還可以檢視原始郵件

　　以上「<mark>輸入提示語 → 得到回覆</mark>」的用法雖然跟在 Gemini 網站 (https://gemini.google.com/) 跟 AI 聊天機器人互動大同小異，但是直接整合進 Google 服務的 Gemini 在操作上更為便捷，省下了很多在 Gmail 摸索各項功能的時間，整體來說更接近工作時的 AI 小幫手。

☑ Gemini 連動 Google Workspace 超方便！

　　Google 將整合了 Gmail、Google 文件、Google 雲端硬碟的服務稱為 <mark>Google Workspace</mark>，前面我們示範的就是在 Gmail 中「直接」呼叫 Gemini 提升工作效率。

　　如果您沒有升級到 Google AI Pro 帳戶 (或者免費試用一個月到期了)，就完全無法用嗎？別擔心，我們還是可以透過 Gemini 網站「間接」呼叫 Workspace 的服務來用。底下同樣以 跟 Gmail 聯動來示範：

① 開啟 Gemini 網站 (https://gemini.google.com) 後,我們可以在對話框中輸入 **@Gmail** 來連結應用程式,並指定特定信件來統整:

> 僅輸入 @ 也行,接著就會顯示可以連結的服務,點擊 **Gmail** 即可,這樣就等於手動輸入好 @Gmail 了

② 接著輸入提示語:

@Gmail 幫我整理今年度 meta 的廣告支出費用,用表格呈現

1 接著 Gemini AI 就會開始工作,快速統整出我們要的資訊

好的,Tristan Chang,我已為您整理了今年度(2024年)Meta 廣告支出的費用,並以表格呈現如下。請注意,部分費用涉及帳號被盜用及退款事宜,相關細節請參考原始郵件。

2024 年度 Meta 廣告支出費用

| 日期範圍 | 帳單金額 (NT$) | 備註 |

匯出到試算表

↓

第 4 章 郵件處理 AI—幫你讀信、擬信、模擬語氣回覆⋯,用 AI 處理郵件超輕鬆!

4-15

2 本例最後還提供此功能按鈕，點擊後就可以 Gemini 整理的內容匯出到 Google 試算表 (https://docs.google.com/spreadsheets)

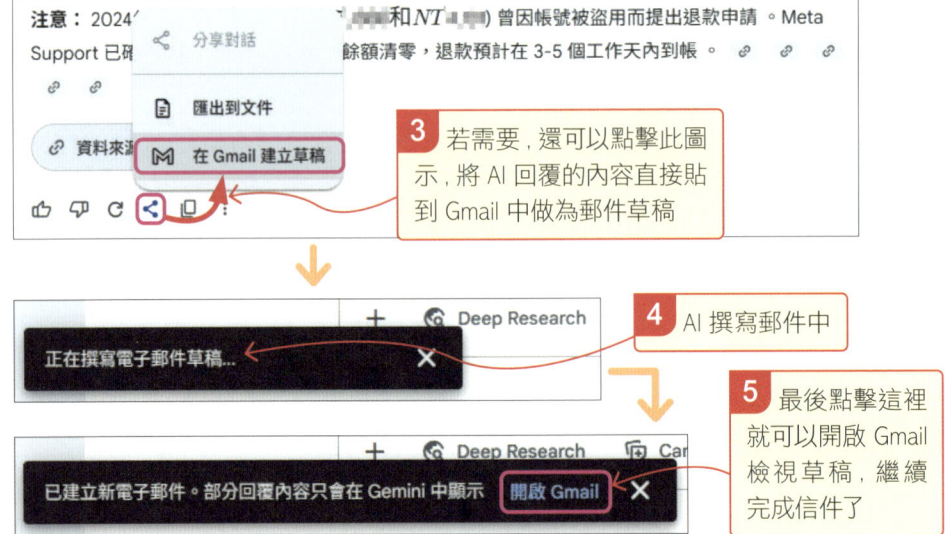

點擊**資料來源**後，可以在右側得知 AI 生成的內容是從哪些郵件整理出來的

3 若需要，還可以點擊此圖示，將 AI 回覆的內容直接貼到 Gmail 中做為郵件草稿

4 AI 撰寫郵件中

5 最後點擊這裡就可以開啟 Gmail 檢視草稿，繼續完成信件了

> **TIP** 或者，可以在 Gemini 繼續提需求請 AI 撰寫信件，等通通完成後再匯出到 Gmail，這樣更省時間！

4-16

5
CHAPTER

簡報 AI

選範本、構思大綱、擬講稿、
生成插圖…AI 幫你輕鬆搞定！

- 5-1　請 AI 生成符合簡報主題的範本
- 5-2　請 AI 構思簡報大綱
- 5-3　請 AI 一鍵生成完整的簡報檔
- 5-4　請 AI 一鍵生成精美簡報
- 5-5　從查資料到簡報製作, 一站式 AI 幫你直接搞定

傳統上，製作一份完整的**簡報**需要投入大量的時間和精力，從選定範本、擬定簡報大綱、製作每一張投影片、插圖/圖表的選擇、到實際簡報時所需的講稿...等，每一個步驟都需要費時規劃。現在，我們可以利用 AI 工具來加速這個過程。在 AI 的幫忙下，不管您在哪個簡報環節有需求，AI 工具都能快速提供參考素材，協助我們高效率完成簡報製作。

5-1 請 AI 生成符合簡報主題的範本

使用 AI Canva (GPT 機器人)

製作簡報時，可能光是**挑選簡報範本**就花了不少時間，怎麼挑就是沒有跟主題匹配的佈景主題，其實可以把這件事交給 AI 輕鬆解決：

以「AI 對職場工作的影響」簡報主題為例，挑來挑去沒有中意的範本，時間都浪費掉了

本例是專注在「挑範本」的需求，如果你希望連內容都請 AI 協助構思，可以直接跳到 5-10 頁開始的最後 3 小節閱讀！

這裡我們要使用 **Canva** 這個 AI 工具來幫忙。Canva (www.canva.com) 是一個強大的設計平台，能讓使用者輕鬆創作各種圖像、簡報、海報等視覺內容。更棒的是，它也有在 ChatGPT 的 **GPT 商店**上架，讓我們能透過聊天互動直接取得 Canva 的豐富資源，不用再到 Canva 網站摸索：

1 參考附錄 A-4 節的說明，開啟 GPT 商店 (**註**：ChatGPT 免費版用戶會有免費額度上限)

2 搜尋找到 Canva 機器人後，請點擊開啟它

3 直接點擊**開始聊天**

第 5 章　簡報 AI — 選範本、構思大綱、擬講稿、生成插圖⋯AI 幫你輕鬆搞定！

5-3

底下就來看怎麼下提示語給 Canva 機器人：

請幫我製作有關「AI 工具對職場工作的影響」的**投影片範本**，以繁體中文回應

請幫我製作有關「AI 工具對職場工作的影響」的投影片範本，以繁體中文回應

1 提交需求

Canva 想與 chatgpt-plugin.canva.com 交談
[確認] [拒絕]
⚠ 只允許你信任的網站。

2 若需要提供權限直接點擊**確認**

3 Canva 機器人會提供符合主題的樣式，本例看得出來都跟我們準備簡報的主題匹配多了。如果有中意的直接點擊即可

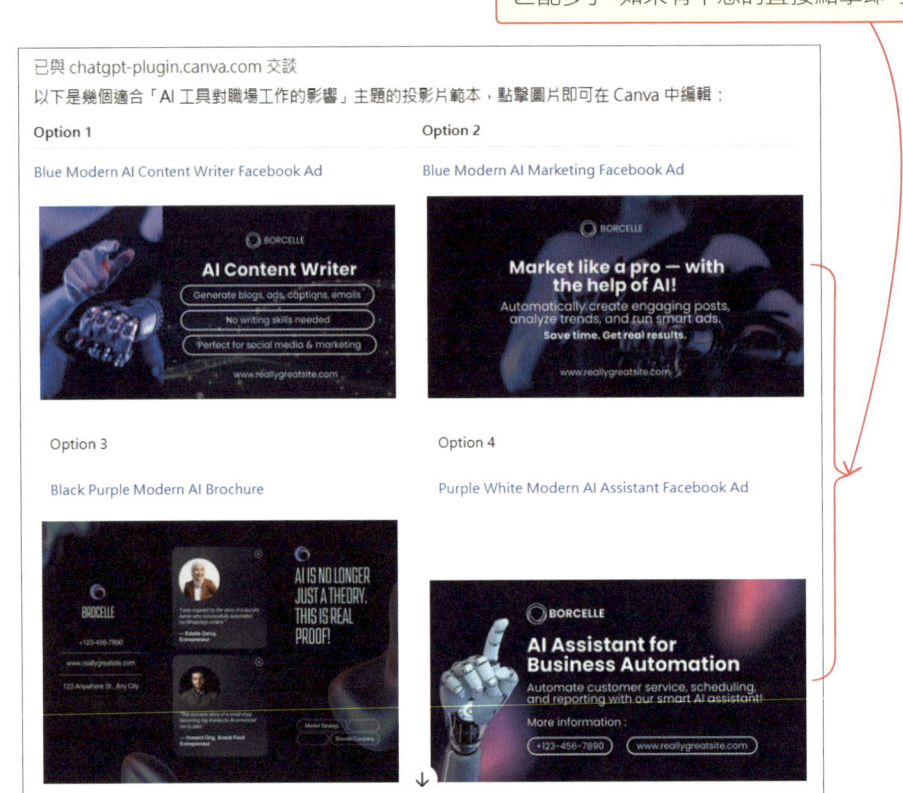

已與 chatgpt-plugin.canva.com 交談
以下是幾個適合「AI 工具對職場工作的影響」主題的投影片範本，點擊圖片即可在 Canva 中編輯：

Option 1
Blue Modern AI Content Writer Facebook Ad

Option 2
Blue Modern AI Marketing Facebook Ad

Option 3
Black Purple Modern AI Brochure

Option 4
Purple White Modern AI Assistant Facebook Ad

▶ 5-4

點擊範本後，如下圖所示，接著會開啟 Canva 網站 (www.canva.com) 讓我們繼續修改這份簡報。在這裡，Canva 提供了豐富的模板和設計工具，讓我們可以輕鬆編輯和建立專業的簡報內容，就跟在 **Powerpoint** 裡面操作一樣直覺：

可以自行編輯簡報內容

TIP 由於本書著重在 AI 生成功能，手動製作簡報不是這裡的重點，就不對 Canva 的簡報設計平台著墨太多，有興趣的可再自行研究。

5-2 請 AI 構思簡報大綱

使用AI AI 聊天機器人 (ChatGPT、Copilot、Gemini…都可以)

請 AI 生成簡報範本只是牛刀小試，為了節省時間，我們當然也可以請 AI 來幫忙**構思簡報大綱**。當文思枯竭、對簡報內容沒什麼想法時，我們可以請 AI 快速生成點子，組織出結構化的內容，三兩下就整理出邏輯清晰、層次分明的簡報大綱！

5-5

✅ 生成簡報大綱

由於簡報大綱屬於文字類的內容，最佳的 AI 工具非 ChatGPT、Copilot 等 AI 聊天機器人莫屬，底下示範如何請 AI 聊天機器人快速生成簡報大綱：

> 請以 [AI 工具對職場工作的幫助] 為主題設計一份簡報，**條列式列出大綱與內容**，至少七個要點，各要點切割成投影片

1 提供提示語

請以 [AI 工具對職場工作的幫助] 為主題設計一份簡報，條列式列出大綱與內容，至少七個要點，各要點切割成投影片

以下是一份以「AI 工具對職場工作的幫助」為主題的簡報大綱設計，條列出七個主要要點，並切割成投影片呈現，每張投影片附重點內容。整體語氣採職場專業、易於理解且能立即應用。

投影片 1：封面
標題：AI 工具對職場工作的幫助
副標題：提升效率 × 降低成本 × 創造價值
元素：
- 背景圖可用 AI 圖示 + 辦公室工作情境
- 公司名稱 / 日期 / 講者資訊

投影片 2：AI 工具崛起的背景
重點內容：
- AI 技術快速成熟並普及於各產業
- 雲端運算與大數據為基礎，加速落地應用
- 企業面臨數位轉型壓力，尋求新工具提升效能

2 每張投影片可以放什麼內容 AI 都構思好了

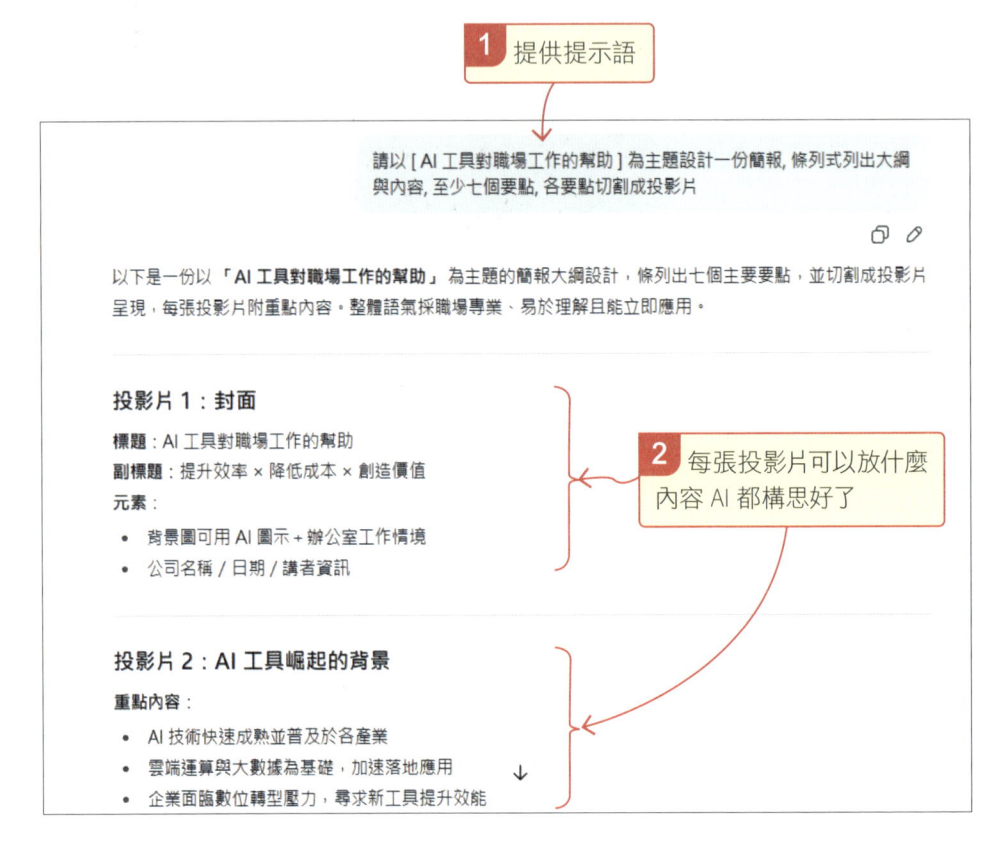

簡報檔的製作是小事，最怕就是沒想法，如上面的做法以 AI 生成簡報大綱，可以瞬間提供您一些靈感，讓您更有條理地展開工作。

職場生產力 UP

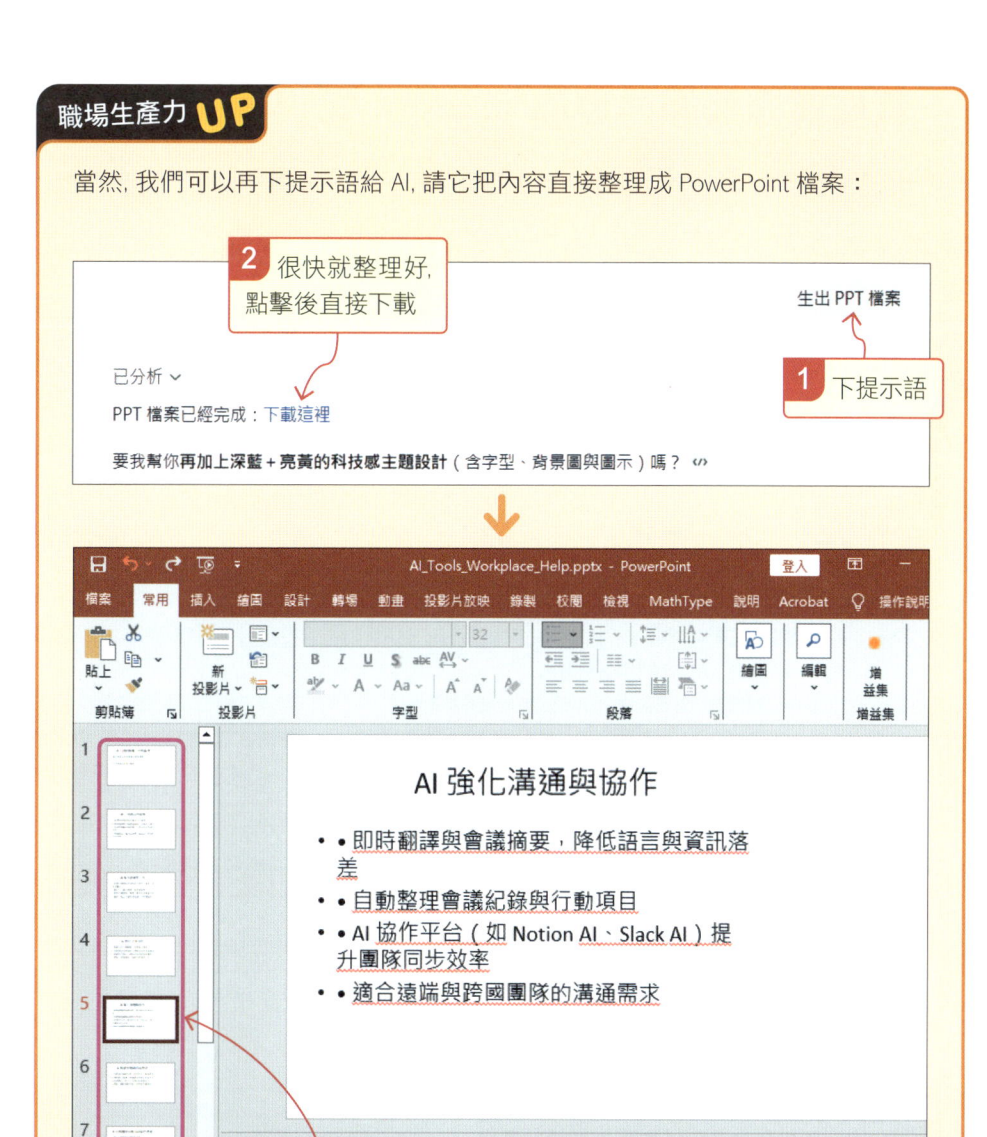

當然，我們可以再下提示語給 AI，請它把內容直接整理成 PowerPoint 檔案：

> 2 很快就整理好，點擊後直接下載
>
> 生出 PPT 檔案
>
> 已分析
>
> PPT 檔案已經完成：下載這裡
>
> 1 下提示語
>
> 要我幫你再加上深藍＋亮黃的科技感主題設計（含字型、背景圖與圖示）嗎？

（PowerPoint 畫面：AI 強化溝通與協作
- 即時翻譯與會議摘要，降低語言與資訊落差
- 自動整理會議紀錄與行動項目
- AI 協作平台（如 Notion AI、Slack AI）提升團隊同步效率
- 適合遠端與跨國團隊的溝通需求）

3 一下子就把生成的內容整理成多張投影片，實在太省事了！

目前投影片內容都只有文字，有點陽春，當然可以試著請 AI 聊天機器人生成一些圖片來搭配，但針對此需求筆者建議使用後續介紹的其他 AI 工具來完成，比較容易得到精美的簡報圖片內容。

第 5 章 簡報 AI — 選範本、構思大綱、擬講稿、生成插圖⋯AI 幫你輕鬆搞定！

5-7

✅ 其他構思簡報內容的 prompt 範例

如果 AI 生成出來的投影片文字內容有點粗略，也可以請 AI **充實更多細節**，當然，在提示語 (prompt) 方面就要指示的更明確了，可以朝底下方向來進行。

例：請 AI 設計投影片 layout

> 請為「AI 在醫療領域的應用」**規劃投影片的 layout**，要包含圖片、圖表和文字說明。

```
投影片 1：封面
  • 標題：AI 在醫療領域的應用
  • 副標題：智慧醫療 × 精準醫療 × 病患體驗升級
  • 圖片建議：醫療團隊與 AI 圖示融合的背景圖（醫院＋科技線條）
  • 元素：公司名稱 / 日期 / 講者

投影片 2：AI 與醫療現況概述
  • 文字：
      • 醫療數據爆炸成長，需要更高效的分析與決策
      • AI 技術已滲透診斷、治療、行政等領域
  • 圖片：全球醫療 AI 市場成長曲線示意圖
  • 圖表：市場規模預測折線圖（2020-2030）

投影片 3：AI 在疾病診斷的應用
  • 文字：
      • 影像辨識：AI 可快速分析 X 光、MRI、CT 影像
```

（AI 對於簡報的 layout，哪邊可以擺什麼內容描述的更清楚）

例：請 AI 加入更具體的例子

> 請生成一張投影片內容，描述 'AI 工具在金融服務中的應用'，並**包含兩個具體案例**。

```
AI 在金融服務的角色
• 應用 AI 進行資料分析與決策輔助,提升服務效率與準確性
• 協助金融機構降低風險、改善客戶體驗並創造新商業模式
• 常見領域:投資顧問、詐欺偵測、信用評估、客戶服務


案例 1:智慧投資顧問(Robo-Advisor)
• 背景:年輕投資人小林剛踏入股市,對投資標的與資產配置不熟悉
• AI 應用:金融機構的 AI 顧問分析小林的風險偏好、收入狀況及市場即時數據,自動生成多元投資組合建議
• 效果:
   • 實時監控市場變化,自動調整投資組合
   • 小林能隨時透過手機查看績效報告,理財門檻大幅降低
   • 3 個月內投資報酬率穩定成長,比傳統基金高出 15%


案例 2:詐欺交易偵測
• 背景:某大型銀行發現客戶帳戶被盜刷情況頻繁,傳統人工審查反應太慢
• AI 應用:導入 AI 模型分析交易行為,包括交易時間、地點、金額與歷史模式,秒級判斷異常交易
• 效果:
   • 95% 可疑交易能即時被攔截並通知客戶確認 ↓
   • 每年降低詐欺損失約新台幣 2 億元
```

▲ 簡報中有實例比較不枯燥, 這部分可以請 AI 發想

> **TIP** 當然, AI 生成的範例多半會是虛構的, 但至少提供了方向, 我們可以順著方向再去蒐集真實案例來套就快多了 (也可以試著請 AI 再生成, 但務必小心查證)。

例:請 AI 生成圖片或提供圖表繪製建議

> 請為 'AI 在客服系統的應用' 投影片**提供一張相關的圖表**, 展示 AI 客服系統如何提高客戶滿意度。

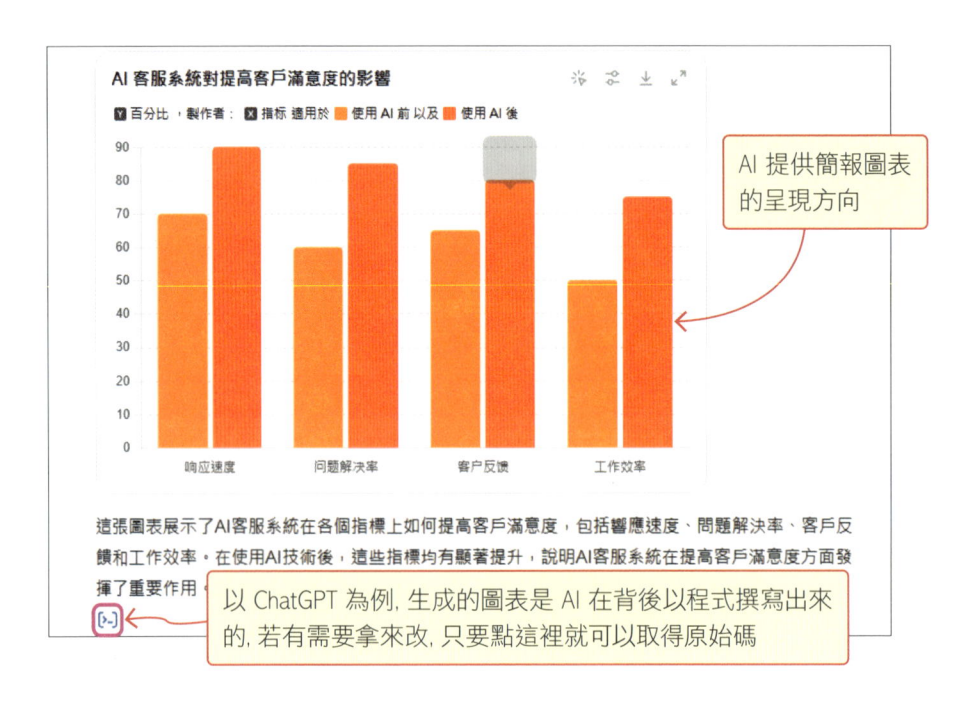

圖表說明(圖片中):
AI 客服系統對提高客戶滿意度的影響
（Y 百分比，製作者：X 指標 適用於 使用AI前以及 使用AI後）

指標：響應速度、問題解決率、客戶反饋、工作效率

> AI 提供簡報圖表的呈現方向

這張圖表展示了AI客服系統在各個指標上如何提高客戶滿意度，包括響應速度、問題解決率、客戶反饋和工作效率。在使用AI技術後，這些指標均有顯著提升，說明AI客服系統在提高客戶滿意度方面發揮了重要作用。

> 以 ChatGPT 為例，生成的圖表是 AI 在背後以程式撰寫出來的，若有需要拿來改，只要點這裡就可以取得原始碼

　　本節示範用 AI 生成**簡報大綱**，進而構思**內容**、準備**素材**，已經在簡報的各環節幫了我們不少忙。如果您希望進一步請 AI 生成**完整的 PowerPoint 簡報檔**，可以參考後續 3 節的說明，我們會教您利用專為簡報所設計的 AI 工具更高效地完成簡報製作。

5-3 請 AI 一鍵生成完整的簡報檔

使用 AI ▶ Canva AI

　　5-1 節介紹的 **Canva** (http://www.canva.com) 除了是一款方便的文宣設計、簡報範本提供工具外，它其實也有提供超方便的 **Canva AI** 功能，可以用來生成完整的簡報檔！Canva AI 整合了自然語言處理和影像生成技術，只要用文字描述簡報主題，它就能自動幫我們生成對應的投影片模板，**有圖又有文**，完成度極高。雖然內容不見得完全滿足所需，但至少提供了方向，有需要再修改即可，絕對可以大大節省時間和精力。

☑ 開啟 Canva AI 的簡報生成功能

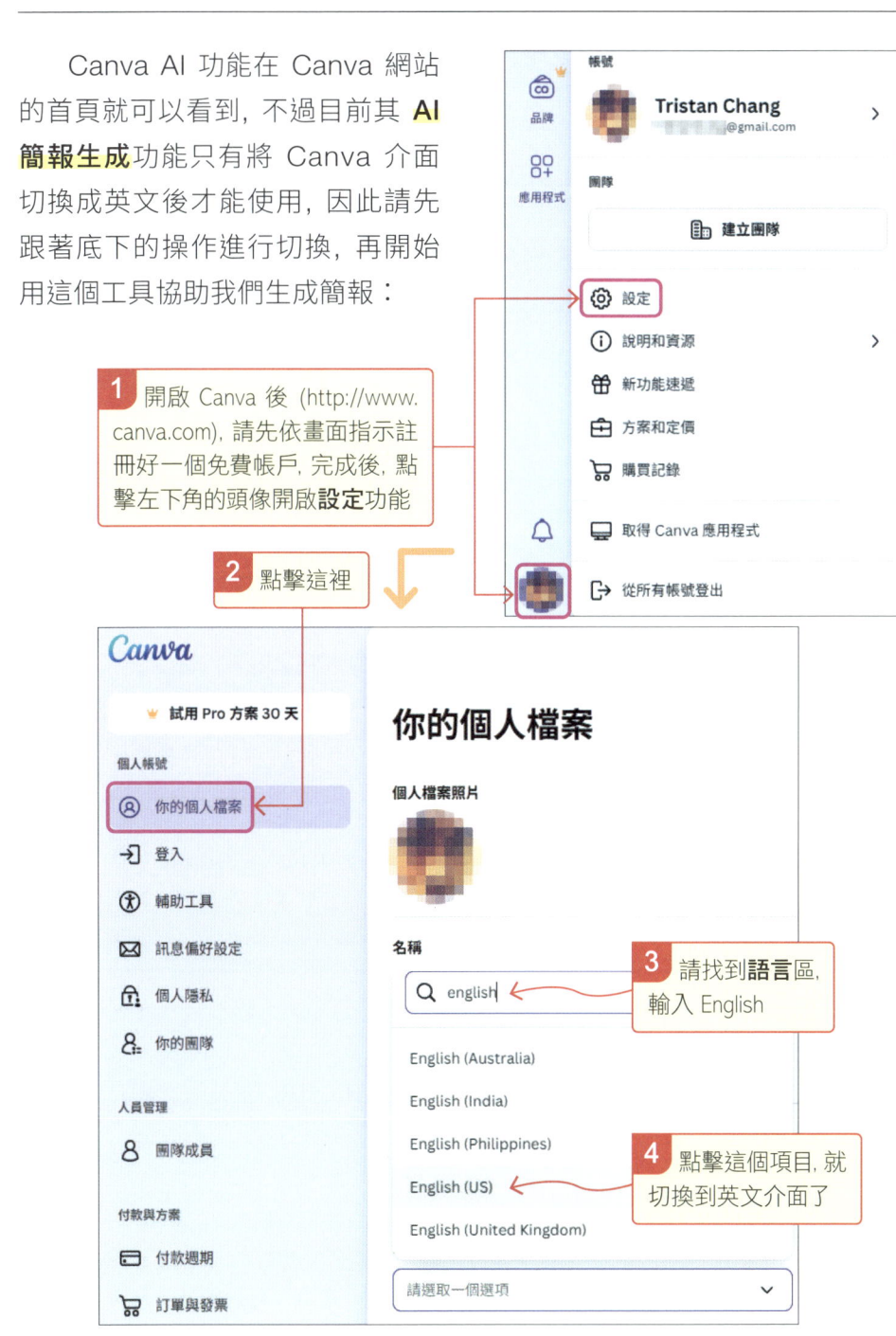

　　Canva AI 功能在 Canva 網站的首頁就可以看到，不過目前其 **AI 簡報生成**功能只有將 Canva 介面切換成英文後才能使用，因此請先跟著底下的操作進行切換，再開始用這個工具協助我們生成簡報：

1 開啟 Canva 後 (http://www.canva.com)，請先依畫面指示註冊好一個免費帳戶，完成後，點擊左下角的頭像開啟**設定**功能

2 點擊這裡

3 請找到**語言**區，輸入 English

4 點擊這個項目，就切換到英文介面了

第 5 章　簡報 AI — 選範本、構思大綱、擬講稿、生成插圖⋯AI 幫你輕鬆搞定！

5-11

☑ 用 Canva AI 一鍵生成簡報檔

底下就來看 Canva AI 的簡報生成做法，最簡單就直接下一句 prompt 說明簡報主題：

> (製作「AI 對職場效率的影響」的投影片)
> Create a presentation on 'The Impact of AI on Workplace Efficiency'

現階段只能用英文跟 Canva AI 聊，因此可先用 AI 聊天機器人把您的需求翻成英文 (若對此操作不熟，可參考下一章的**翻譯 AI** 章節)

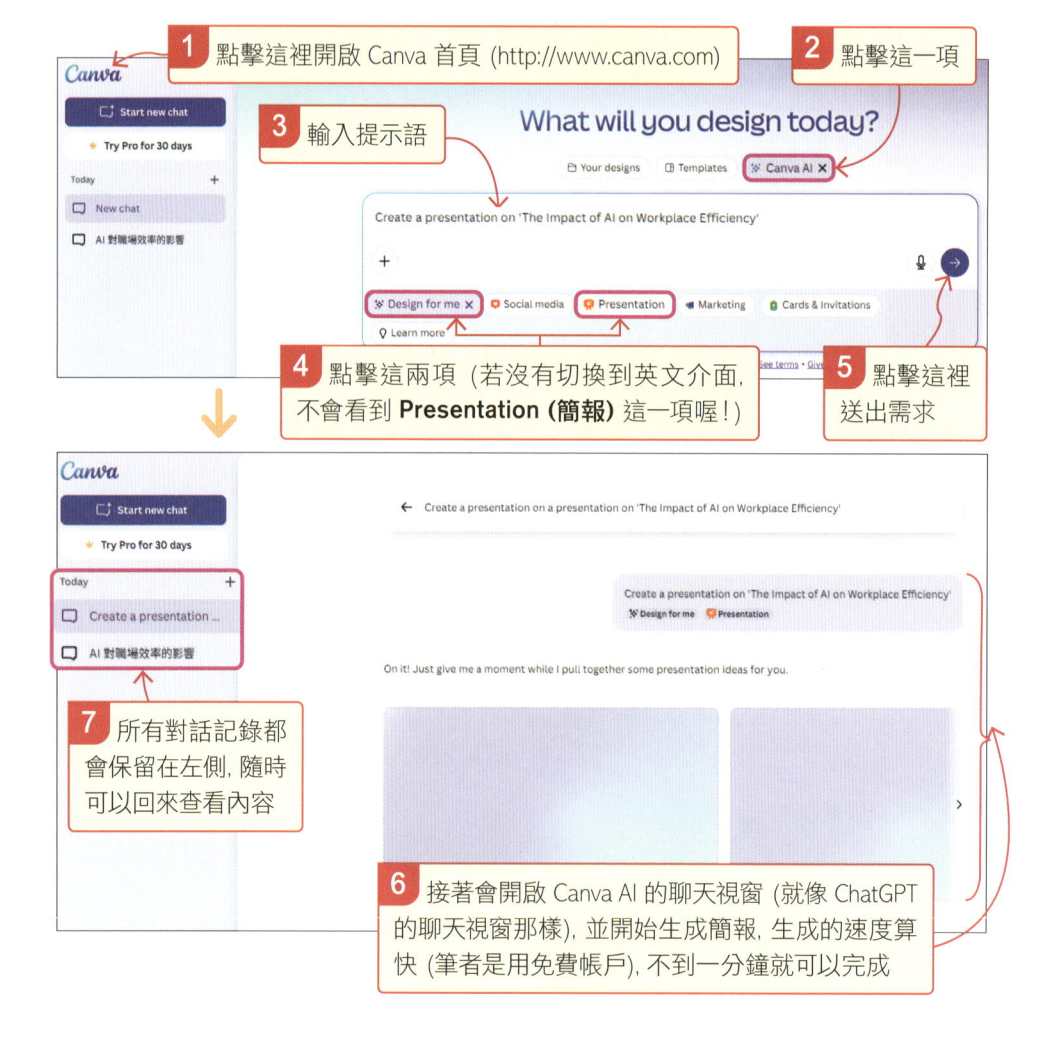

1 點擊這裡開啟 Canva 首頁 (http://www.canva.com)

2 點擊這一項

3 輸入提示語

4 點擊這兩項 (若沒有切換到英文介面，不會看到 **Presentation (簡報)** 這一項喔！)

5 點擊這裡送出需求

7 所有對話記錄都會保留在左側，隨時可以回來查看內容

6 接著會開啟 Canva AI 的聊天視窗 (就像 ChatGPT 的聊天視窗那樣)，並開始生成簡報，生成的速度算快 (筆者是用免費帳戶)，不到一分鐘就可以完成

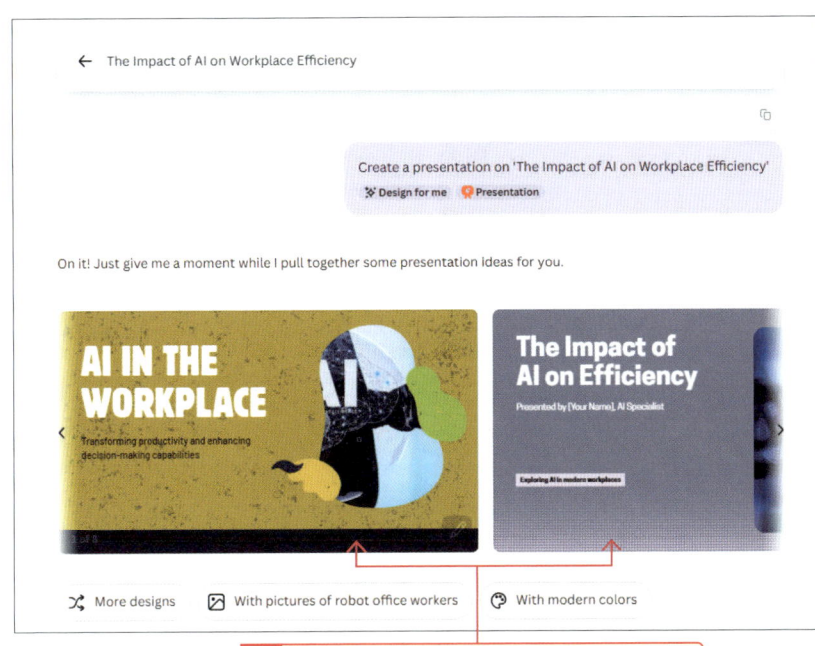

8 Canva AI 一次會生成好幾組給我們挑選, 先左右滑動看哪個範本比較合您的意

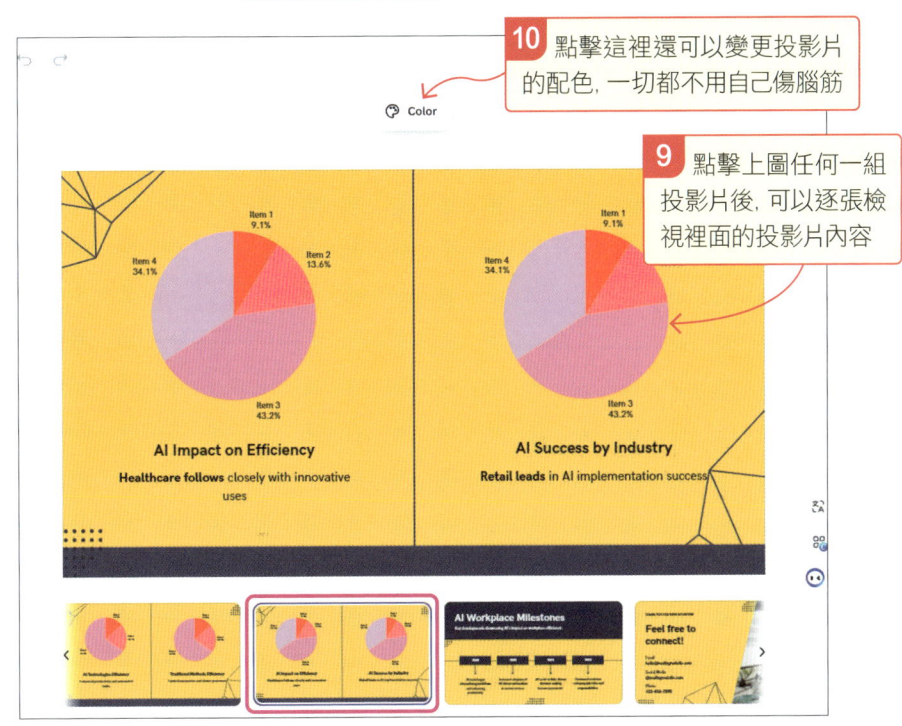

10 點擊這裡還可以變更投影片的配色, 一切都不用自己傷腦筋

9 點擊上圖任何一組投影片後, 可以逐張檢視裡面的投影片內容

第 5 章　簡報 AI — 選範本、構思大綱、擬講稿、生成插圖⋯AI 幫你輕鬆搞定！

5-13

本例 AI 生成的部分頁面如下，已經建構出很多內容可以參考了：

（若需要翻譯，可以複製文字下來再丟給 AI 聊天機器人處理）

☑ 下載 AI 生成的簡報檔

請 Canva AI 生成簡報參考內容後，頁面上會提供 **Use Canva Editor** 的連結，點擊後就會開啟 Canva 的編輯器讓我們檢視、編輯簡報內容並進行下載：

1. 點擊此連結

2 接著會詢問您是否要開啟桌面端的 Canva 工具來編輯簡報，本例筆者一律都是點擊這裡，表示用瀏覽器操作 Canva 所有功能

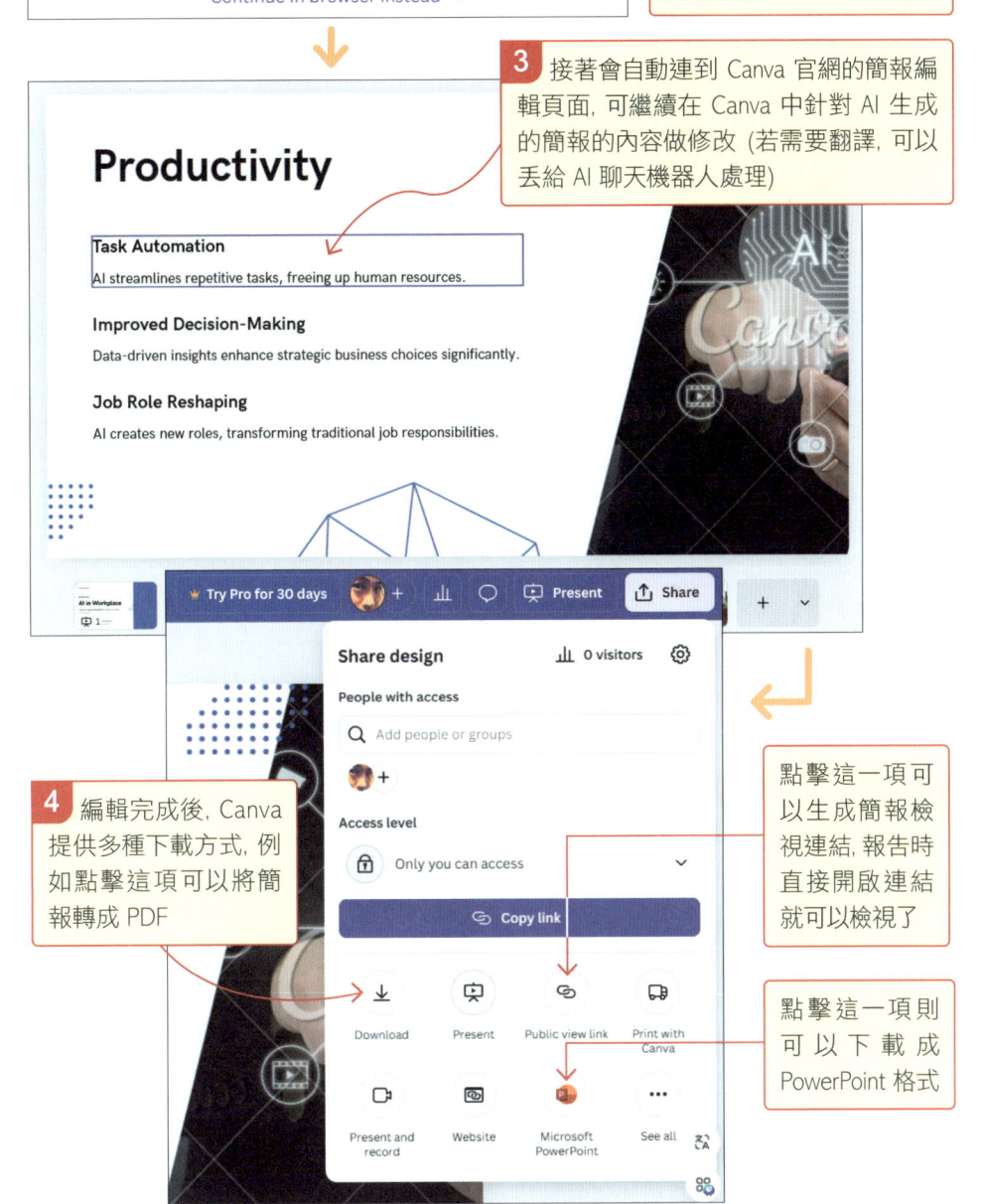

3 接著會自動連到 Canva 官網的簡報編輯頁面，可繼續在 Canva 中針對 AI 生成的簡報的內容做修改 (若需要翻譯，可以丟給 AI 聊天機器人處理)

4 編輯完成後，Canva 提供多種下載方式，例如點擊這項可以將簡報轉成 PDF

點擊這一項可以生成簡報檢視連結，報告時直接開啟連結就可以檢視了

點擊這一項則可以下載成 PowerPoint 格式

第 5 章　簡報 AI — 選範本、構思大綱、擬講稿、生成插圖…AI 幫你輕鬆搞定！

5-15

> **TIP** 附帶一提，若讀者事後想回到 Canva AI 的聊天介面，請 AI 調整投影片的內容，如下操作即可 (請記得先切換到英文介面)：
>
> **1** 點擊這裡開啟 Canva 主畫面
>
> **2** 點擊 Canva AI 項目
>
> **3** 左側就可以看到過往的聊天記錄，點擊任一個進去後就可以繼續跟 Canva AI 溝通了

雖然 Canva AI 的簡報生成功能目前僅支援英文介面，生成的簡報內容也是英文內容，但它產出的簡報遠比一般 AI 聊天機器人生成的內容來得更精緻，這當然要歸功於 Canva 長期在設計領域的深耕。本節示範的功能完全免費，對於想節省製作時間、又希望簡報有設計感的使用者來說，Canva AI 絕對是值得一試的高效工具。

☑ 職場生產力 UP！餵入現成的網頁 / 文字 / PDF / 影片，參考內容來生成簡報

使用 AI NotebookLM、Canva AI

讀者可能有疑問，如果我手邊已經有一些資料，能不能餵給 Canva AI 參考來生成簡報呢？依筆者的測試，當然可以，但為了確保「好心」的 AI 不會生成超出範圍的資料，筆者強烈建議讀者先用之前介紹過的 **NotebookLM** 把網頁 / 文字 / PDF / 影片⋯等來源資料整理一遍，再提供給 Canva AI 來生成簡報：

底下是筆者嘗試請 NotebookLM + Canva AI **針對某線上教學影片來生成製作簡報**的例子：

畫面一：NotebookLM 摘要介面

1 例如我們想先餵影片網址給 NotebookLM 做為來源做摘要

2 請 NotebookLM 幫忙整理投影片大綱，比較不用擔心有虛構的內容

> 幫我整理成投影片，每張投影片 3 個要點就好

好的，這是一份將來源資訊整理成的投影片大綱，每張投影片包含3個重點：

投影片 1: AI的起源與圖靈測試
- AI (Artificial Intelligence)，即人工智慧，是人類長...

畫面二：翻譯成英文

3 待會 Canva AI 生成簡報時所需要的英文提示語，也可以請 NotebookLM 直接幫我們生成

> 幫我把投影片內容翻成英文

好的，這份投影片內容已為您翻譯成英文，每張投影片仍維持3個重點：

Slide 1: The Origin of AI & The Turing Test

- **AI (Artificial Intelligence)** is a dream technology that humanity has pursued for a long time ①.

- In 1950, the genius polymath scientist Alan Turing first posed the question "Can machines think?" in his paper *Computing Machinery and Intelligence*, thus initiating the new field of AI ①.

- The **Turing Test** is an "imitation game" where if an interrogator C cannot distinguish between machine A and human B during a conversation, machine A is declared to be a thinking machine ①.

生成好的英文提示語內容，一鍵複製下來，待會就會用到

第 5 章　簡報 AI — 選範本、構思大綱、擬講稿、生成插圖…AI 幫你輕鬆搞定！

5-17

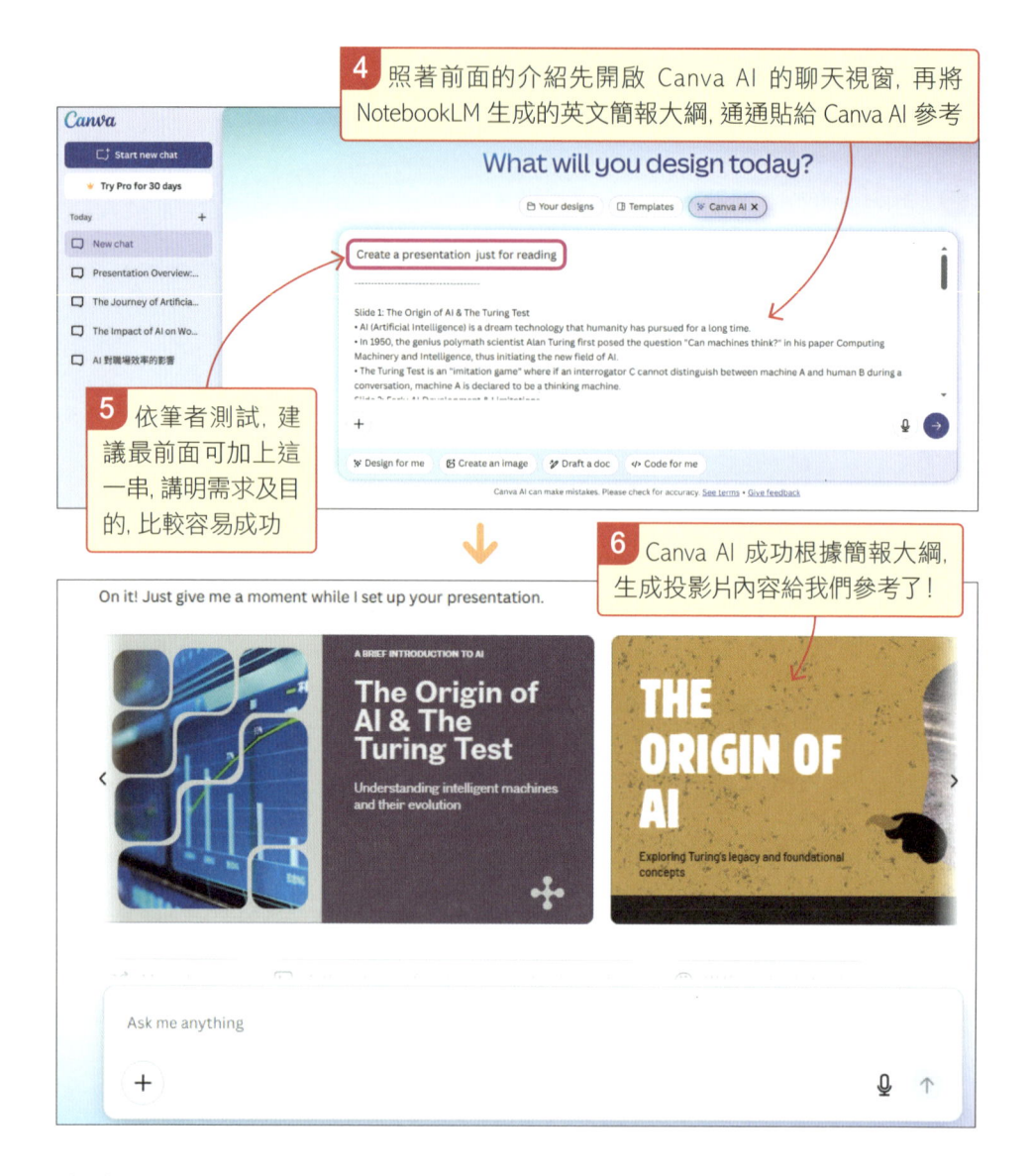

4 照著前面的介紹先開啟 Canva AI 的聊天視窗，再將 NotebookLM 生成的英文簡報大綱，通通貼給 Canva AI 參考

5 依筆者測試，建議最前面可加上這一串，講明需求及目的，比較容易成功

6 Canva AI 成功根據簡報大綱，生成投影片內容給我們參考了！

小結

　　回顧這一節的內容，我們利用 Canva AI 工具幫我們一鍵生成完整的簡報檔，看起來完成度還可以，為了避免「**文不對題**」的問題，後半段特別搬出 NotebookLM 做前期的簡報資料整理工作。但還是請讀者牢記，AI 所提供的終究只是簡報的參考方向，所生成的文字內容還是需要您做最後的審核，<mark>不可看都不看就照用</mark>，最終的內容還是需要您親自修改好。

5-18

下一節還會介紹 Gamma 這個 AI 簡報工具，其強項是提供更多樣化的模板和設計選項，而且一站就可以完成所有簡報製作工作！

5-4　請 AI 一鍵生成精美簡報

使用 AI Gamma AI

從無到有製作出資訊清晰、視覺美觀的簡報，確實是一項不小的挑戰，Gamma 是一款在社群爆紅的免費 AI 簡報生成工具，相比前一節介紹的 Canva AI，Gamma 的精美設計功能可說是不遑多讓，可以自動生成專業、美觀的簡報模板以及簡報內容，也是不可錯過的好用 AI 簡報工具。

☑ 到 Gamma 官網註冊免費帳號

首先，請連到 Gamma 官網 (https://gamma.app/zh-TW) 申請一個帳號來使用：

1 點擊這裡，後續依畫面指示用 Google 帳戶來註冊最快

↓

5-19

> 2 若過程中出現一些用途調查，依畫面指示一步步完成即可

☑ 輸入提示語，請 Gamma AI 一鍵生成精美簡報

不論是想在部門會議中做報告，還是準備重要的業務提案，若一開始什麼頭緒都沒有，最快的做法就是**直接輸入提示語給 AI**，請它生成簡報範本給您來個腦力激盪！這是最有效率的起手式，只需幾個步驟即可完成：

1. **蒐集靈感與資料**：在簡報製作初期，最重要的是先廣泛收集相關的資料與靈感。您可以使用各種工具，如網絡搜索、專業書籍、同行的案例研究等。這樣可以幫助您了解目前市場上的趨勢和最佳實踐。

2. **確定目標與聽眾**：了解您的簡報目標和受眾非常重要。是要向上級報告項目進度，還是向客戶展示產品功能？了解受眾的需求和期望，可以幫助您有針對性地準備內容。

3. **製作大綱**：在收集到足夠的資料後，開始製作簡報的大綱。大綱應該包括主要議題、每個議題下的關鍵點以及預計的結論。這能幫助您在後續製作過程中保持條理清晰。

4. **選擇合適的模板**：選擇一個美觀且符合您簡報風格的模板。這能夠提高簡報的視覺效果，使受眾更容易理解和接受您的信息。

> 以往都要照這樣的步驟規規矩矩做簡報，在 AI 時代有更好的做法

請連到 Gamma 的首頁 (https://gamma.app/zh-TW)，照以下步驟進行操作：

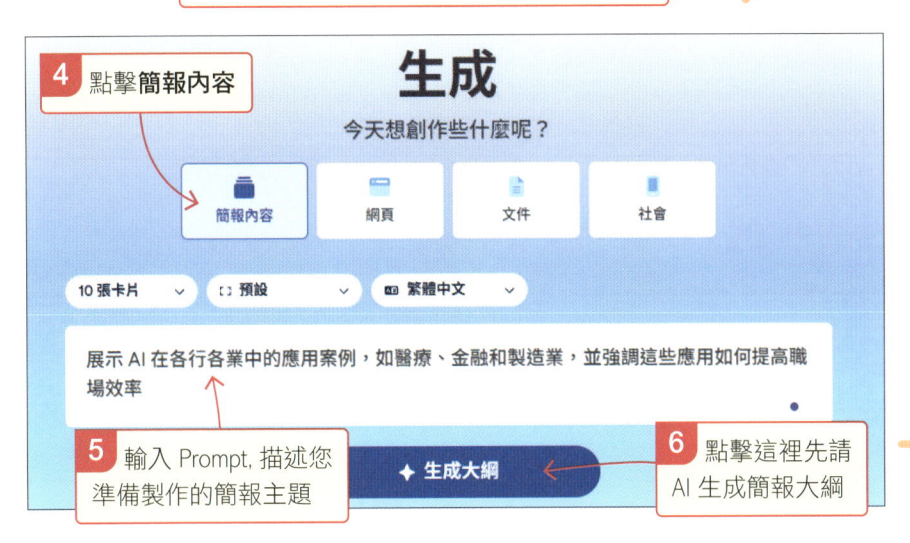

1 登入 Gamma AI 後，點擊 **Gammas**，爾後在這裡可以檢視所有文件

2 點擊**新建 AI**

3 點擊這一項，一行提示語就可以生成簡報

4 點擊**簡報內容**

5 輸入 Prompt，描述您準備製作的簡報主題

6 點擊這裡先請 AI 生成簡報大綱

第 5 章　簡報 AI — 選範本、構思大綱、擬講稿、生成插圖…AI 幫你輕鬆搞定！

5-21

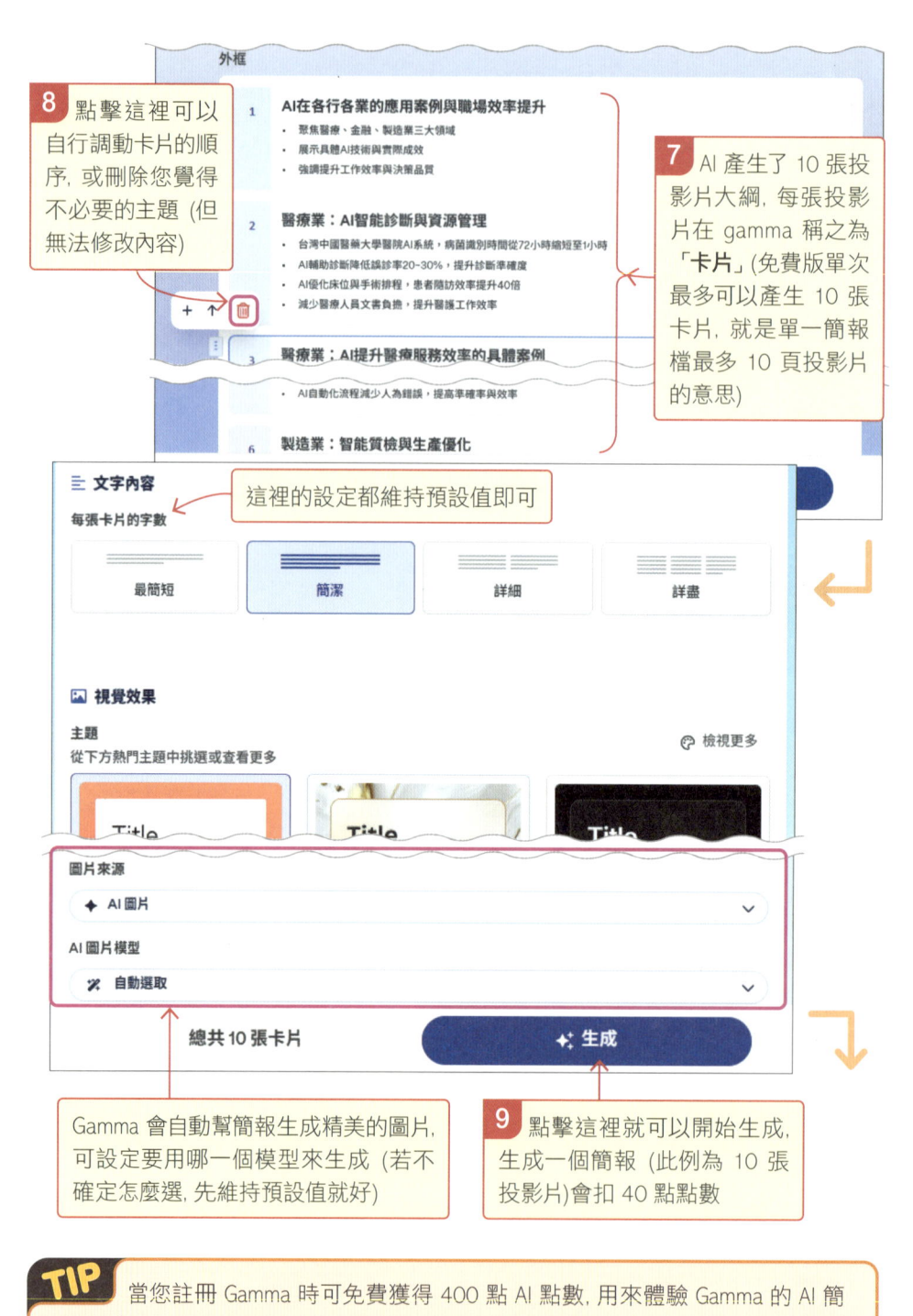

外框
1　**AI在各行各業的應用案例與職場效率提升**
• 聚焦醫療、金融、製造業三大領域
• 展示具體AI技術與實際成效
• 強調提升工作效率與決策品質
2　**醫療業：AI智能診斷與資源管理**
• 台灣中國醫藥大學醫院AI系統，病菌識別時間從72小時縮短至1小時
• AI輔助診斷降低誤診率20-30%，提升診斷準確度
• AI優化床位與手術排程，患者隨訪效率提升40倍
• 減少醫療人員文書負擔，提升醫護工作效率
3　**醫療業：AI提升醫療服務效率的具體案例**
• AI自動化流程減少人為錯誤，提高準確率與效率
6　**製造業：智能質檢與生產優化**

8 點擊這裡可以自行調動卡片的順序, 或刪除您覺得不必要的主題 (但無法修改內容)

7 AI 產生了 10 張投影片大綱, 每張投影片在 gamma 稱之為「**卡片**」(免費版單次最多可以產生 10 張卡片, 就是單一簡報檔最多 10 頁投影片的意思)

文字內容

每張卡片的字數

| 最簡短 | 簡潔 | 詳細 | 詳盡 |

這裡的設定都維持預設值即可

🖼 視覺效果

主題
從下方熱門主題中挑選或查看更多　　　　　　　　　　　　⊙ 檢視更多

| Title | Title | Title |

圖片來源
◆ AI 圖片　　　　　　　　　　　　　　　　　　　　　　　　∨

AI 圖片模型
✧ 自動選取　　　　　　　　　　　　　　　　　　　　　　　∨

總共 10 張卡片　　　　　✦ 生成

Gamma 會自動幫簡報生成精美的圖片, 可設定要用哪一個模型來生成 (若不確定怎麼選, 先維持預設值就好)

9 點擊這裡就可以開始生成, 生成一個簡報 (此例為 10 張投影片)會扣 40 點點數

> **TIP**　當您註冊 Gamma 時可免費獲得 400 點 AI 點數, 用來體驗 Gamma 的 AI 簡報生成品質非常足夠了。

▶ 5-22

不用一分鐘 Gamma 就會生成好簡報檔了，接著，會在 Gamma 的簡報編輯畫面開啟所生成的內容，讓您從內容生成到編輯都可以在單一平台一次完成，十分方便：

從圖片、標題、到講稿，全是 AI 幫我們生成的

在編輯畫面中可利用編輯功能直接調整簡報內容

若想要變更簡報佈景，直接點擊此項目

就可以在畫面右邊挑選想要的佈景主題了

從生成的結果可以明顯看到，不管是搭配的圖片品質，或者簡報細節元素，Gamma 生成的內容的確非常精美：

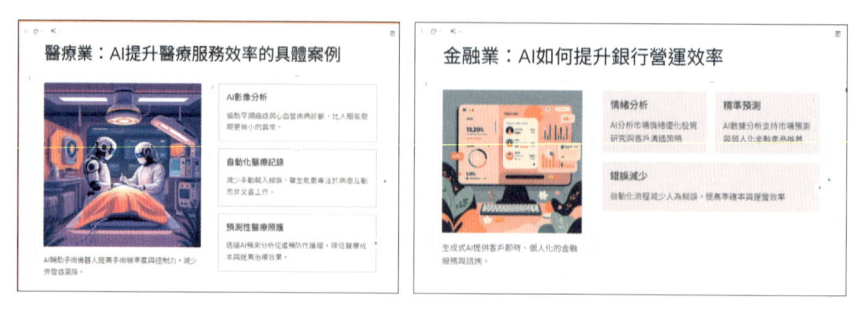

▲ 輕鬆生成精美的簡報

☑ 使用全能的 AI 助理編輯簡報內容

在 Gamma 的**簡報編輯畫面**中，相關的版面配置、置入圖表…功能都和一般簡報編輯軟體大同小異，在此就不著墨太多，倒是裡面有些特別的 AI 功能可以好好利用。例如，當中的 **AI 編輯**功能就很值得一試：

每張投影片左上角都有**使用 AI 編輯**的圖示，請點擊此圖示

接著會開啟跟 AI 對話的**小視窗**，如下頁所示，這裡就像跟 ChatGPT 等 AI 機器人聊天一樣，只不過話題都是聚焦在**如何修改簡報內容** (等於就是你的簡報修改助理啦！)

1 AI 小助理對話框，可以輸入文字跟 AI 聊，請它修改簡報，例如，可以請 AI 針對投影片的文字加入一些表情符號

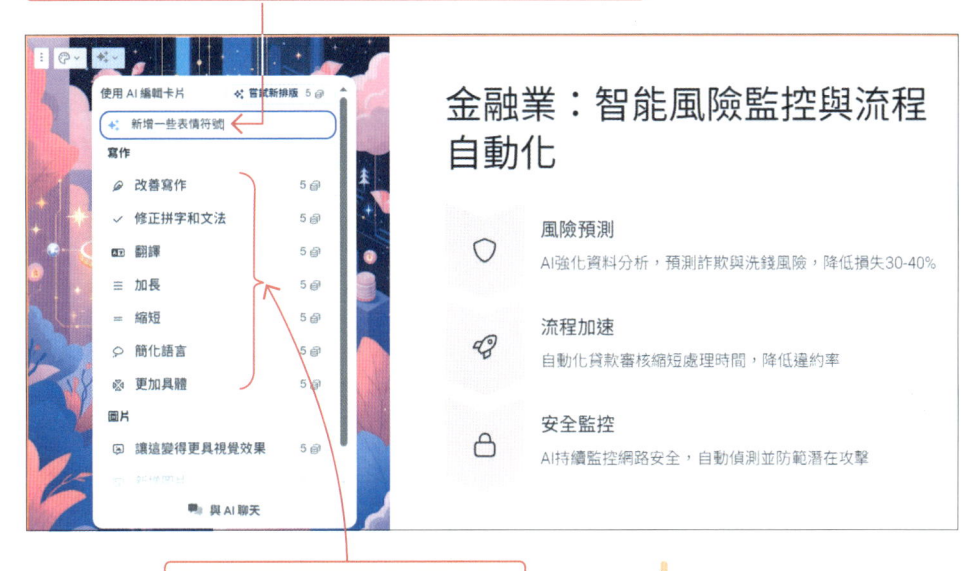

這裡貼心地提供一些對話範本，直接點擊就可以請 AI 做事

2 直接會幫我們修改完畢 (本例是一鍵請 AI 加上圖示讓內容不要那麼乾)

第 5 章　簡報 AI — 選範本、構思大綱、擬講稿、生成插圖…AI 幫你輕鬆搞定！

5-25

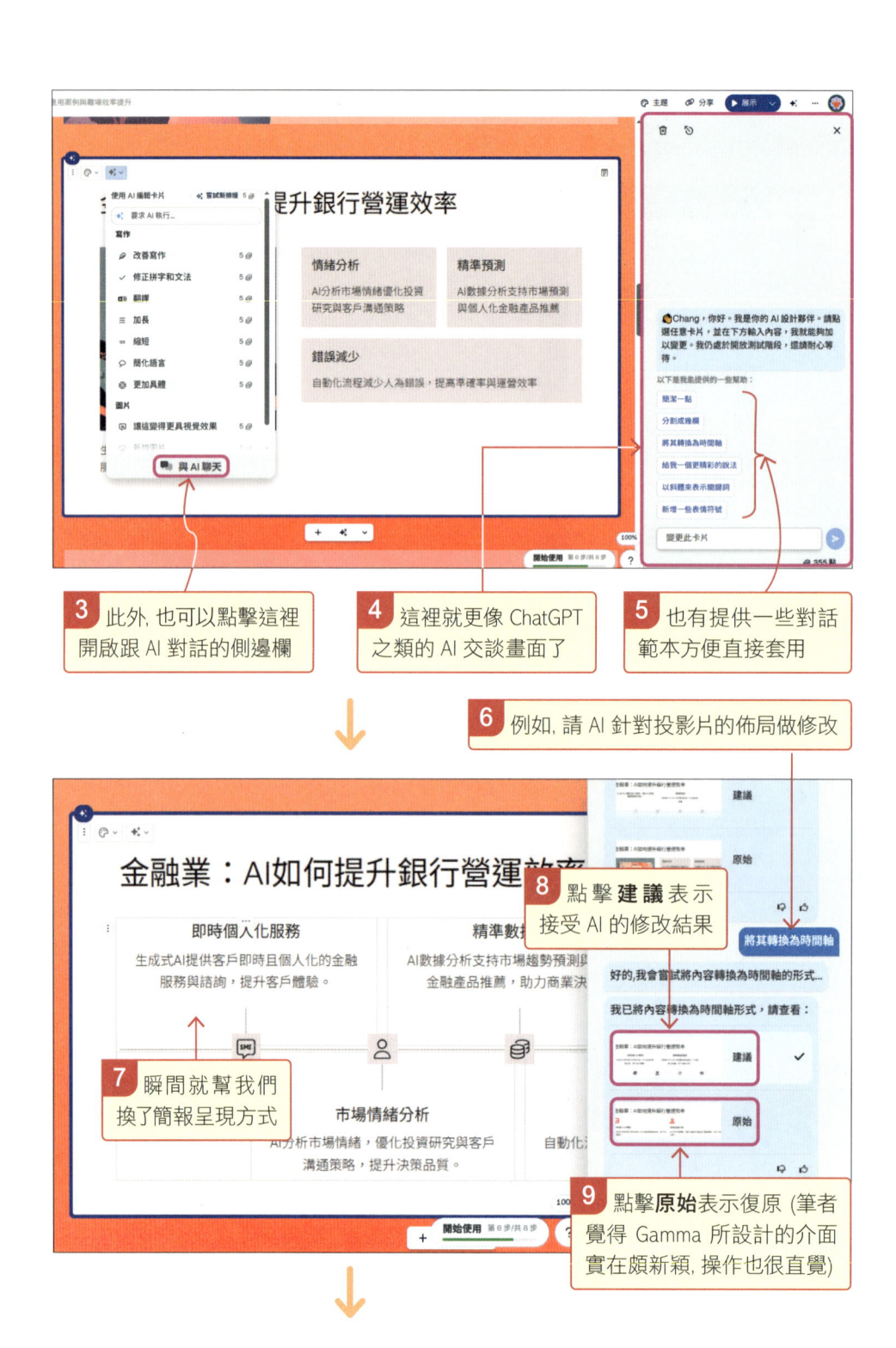

3 此外, 也可以點擊這裡開啟跟 AI 對話的側邊欄

4 這裡就更像 ChatGPT 之類的 AI 交談畫面了

5 也有提供一些對話範本方便直接套用

6 例如, 請 AI 針對投影片的佈局做修改

7 瞬間就幫我們換了簡報呈現方式

8 點擊 **建議** 表示接受 AI 的修改結果

9 點擊**原始**表示復原 (筆者覺得 Gamma 所設計的介面實在頗新穎, 操作也很直覺)

5-26

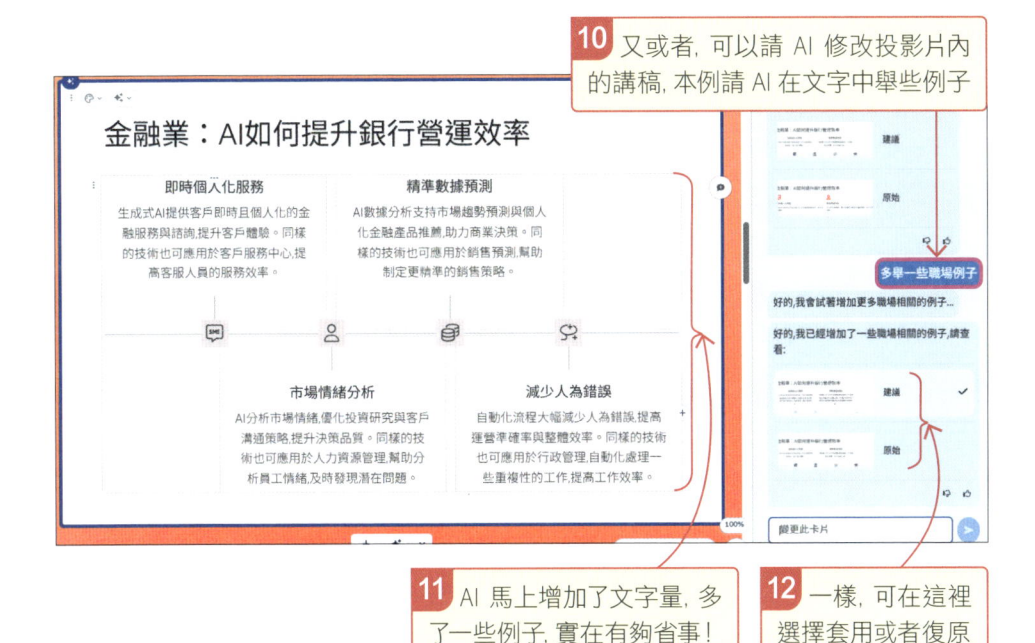

10 又或者，可以請 AI 修改投影片內的講稿，本例請 AI 在文字中舉些例子

11 AI 馬上增加了文字量，多了一些例子，實在有夠省事！

12 一樣，可在這裡選擇套用或者復原

☑ 餵入簡報大綱，請 AI 一鍵生成精美簡報

前面介紹的是**單憑一個想法就生成簡報內容**，如果您本身已經構思好簡報大綱，不論是自己辛苦規劃來的，或者利用前面介紹過的 AI 工具生成後再修改而來，都可以利用 Gamma 將這些內容轉化為**精美的完整簡報**：

1 當點擊首頁的**新建 AI** 後，在此畫面改選這一項

第 5 章　簡報 AI — 選範本、構思大綱、擬講稿、生成插圖…AI 幫你輕鬆搞定！

5-27

2 確認點擊此項

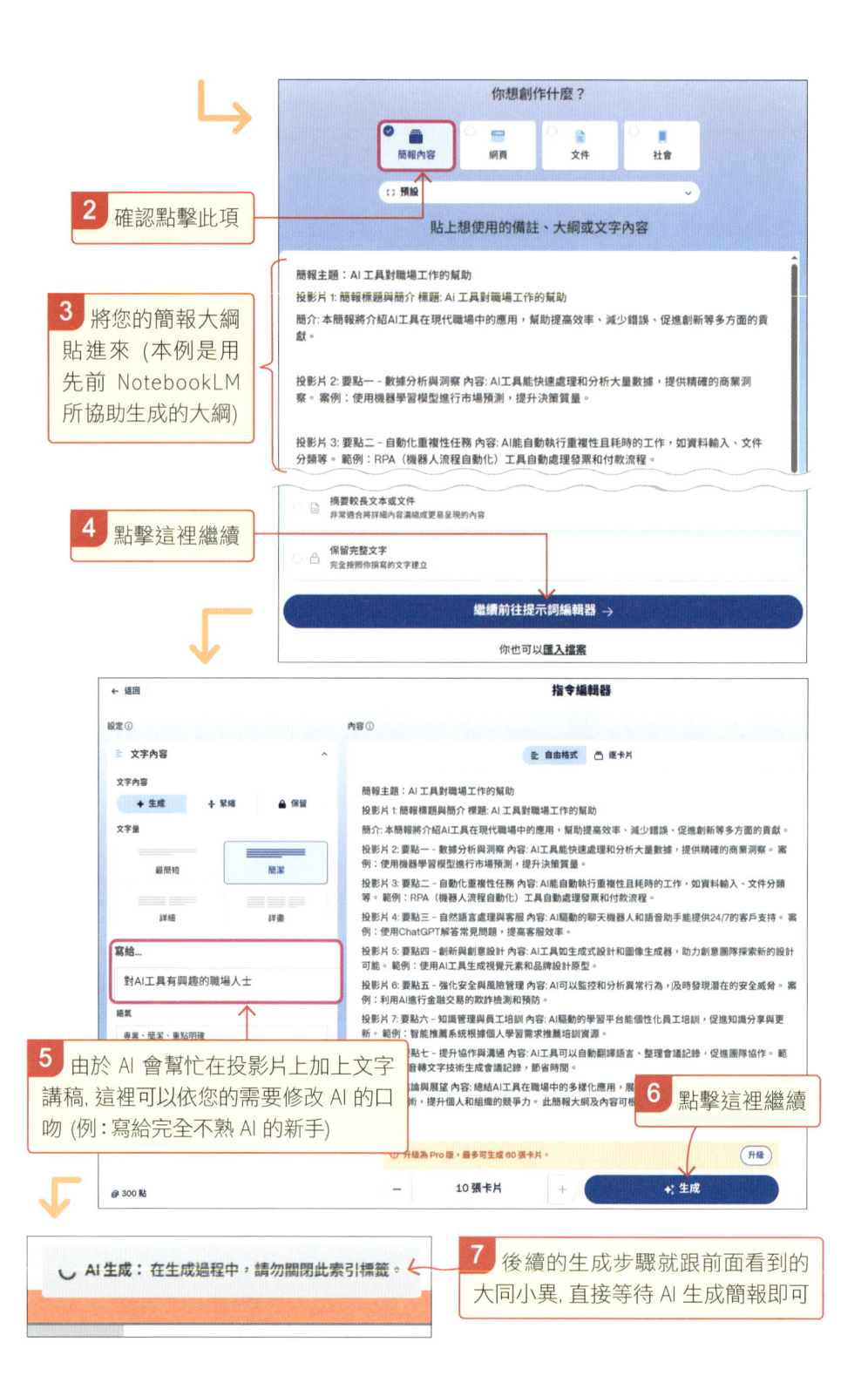

3 將您的簡報大綱貼進來 (本例是用先前 NotebookLM 所協助生成的大綱)

4 點擊這裡繼續

5 由於 AI 會幫忙在投影片上加上文字講稿，這裡可以依您的需要修改 AI 的口吻 (例：寫給完全不熟 AI 的新手)

6 點擊這裡繼續

7 後續的生成步驟就跟前面看到的大同小異，直接等待 AI 生成簡報即可

5-28

我們來看 AI 幫我們的簡報大綱做了哪些「加工」：

> 投影片 4：要點三 - 自然語言處理與客服
> 內容：
> AI驅動的聊天機器人和語音助手能提供24/7的客戶支持。
> 案例：使用ChatGPT解答常見問題，提高客服效率。

（生成前）

自然語言處理與客服

24/7全天候服務
AI聊天機器人不受時間限制，隨時回應客戶需求，確保服務連續性

多語言支援
即時翻譯功能打破語言障礙，擴展全球市場觸及範圍

人機協作
處理常見問題的同時，將複雜案例轉給人工客服，創造無縫體驗

案例：某科技公司導入ChatGPT解答常見問題，客服效率提升60%，客戶滿意度提高25%。

（生成後）

還多生成了講稿給我們參考

> 投影片 7：要點六 - 知識管理與員工培訓
> 內容：
> AI驅動的學習平台能個性化員工培訓，促進知識分享與更新。
> 範例：智能推薦系統根據個人學習需求推薦培訓資源。

（生成前）

知識管理與員工培訓

個性化學習路徑
根據員工現有技能和職業目標，量身定制培訓內容

智能知識庫
自動整理企業知識，提供精準搜索與推薦功能

技能缺口分析
識別團隊能力差距，預測未來所需技能

（生成後）

原先陽春的內容三兩下就轉化成精美的簡報，這樣應該明顯感受到 AI 的威力了吧！

☑ 簡報的分享與下載

完成簡報後，您可以輕鬆**分享或下載回電腦**，方便在各種場合中使用。Gamma AI 提供多種分享和下載選項，可以滿足各種需求：

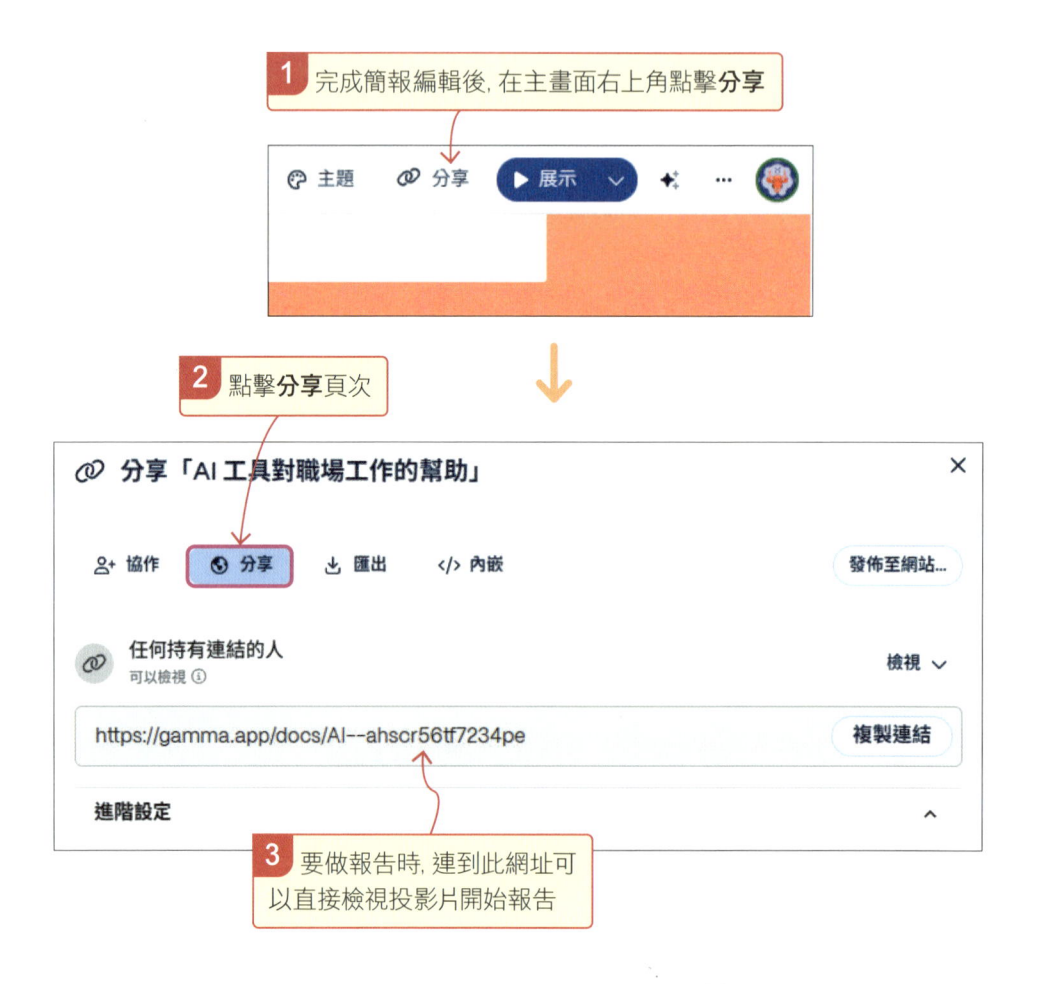

1 完成簡報編輯後，在主畫面右上角點擊**分享**

2 點擊**分享**頁次

3 要做報告時，連到此網址可以直接檢視投影片開始報告

當然，Gamma 也支援最多人用的 PowerPoint 格式：

點擊**匯出**頁次

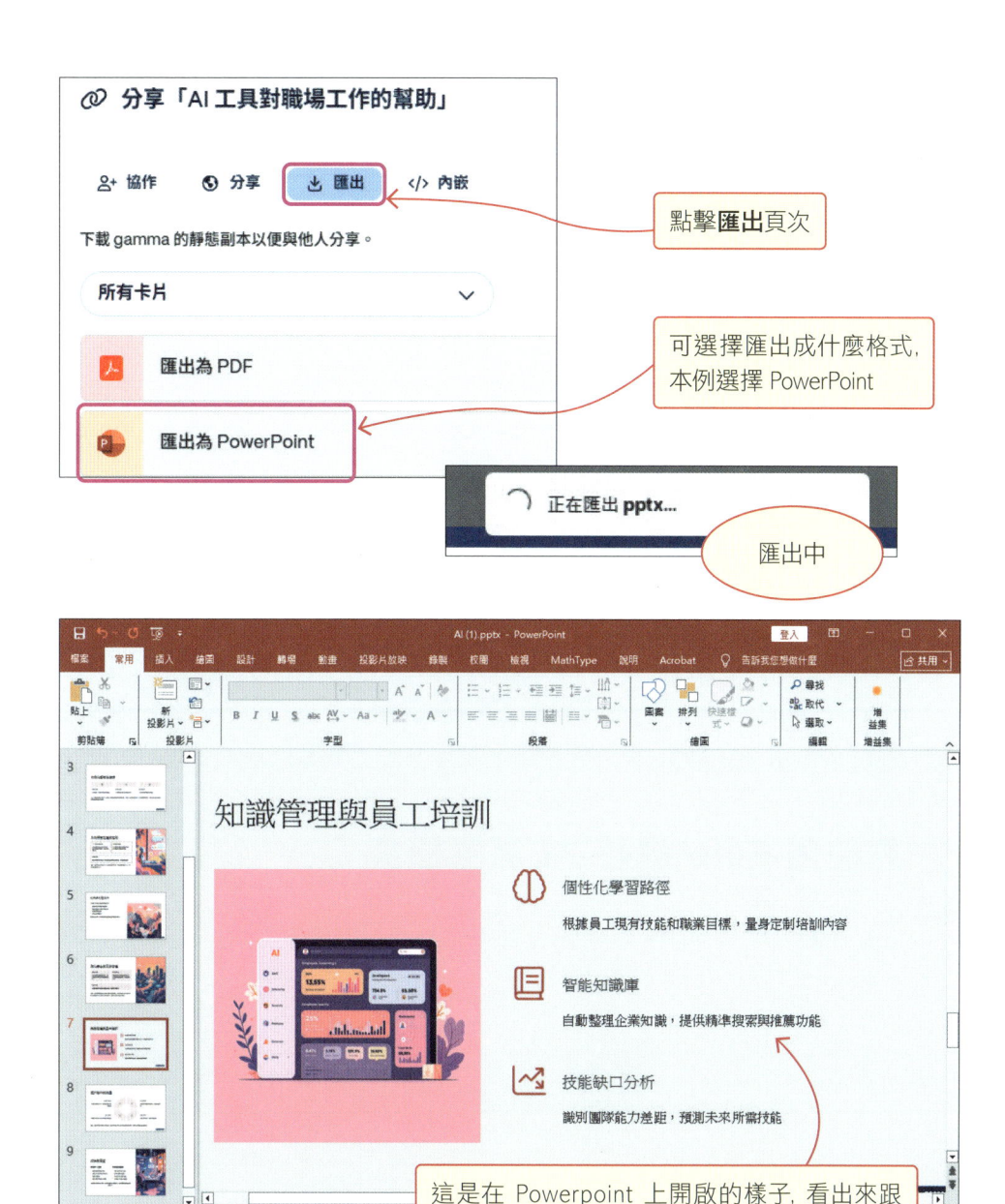

可選擇匯出成什麼格式，本例選擇 PowerPoint

匯出中

這是在 Powerpoint 上開啟的樣子，看出來跟 Powerpoint 的相容性不錯，簡報格式都沒有跑掉

　　經過體驗，Gamma 實在是**職場工作者製作簡報的絕佳利器**，其獨特的 AI 簡報功能提供了前所未有的方便性，筆者強烈推薦您務必親自試用種種 AI 功能，相信一旦用過 Gamma，您再也回不去傳統的簡報製作方式了！

第 5 章　簡報 AI — 選範本、構思大綱、擬講稿、生成插圖…AI 幫你輕鬆搞定！

5-31

5-5 從查資料到簡報製作，一站式 AI 幫你直接搞定

使用 AI ▶ Felo AI

看完方便的 Gamma 簡報製作工具後，本章最後額外介紹一個近期十分火熱的 AI 工具：**Felo** (https://felo.a)。

Felo 跟著名的 Perplexity (https://www.perplexity.ai) 一樣是功能強大的 AI 搜尋引擎，但其功能更豐富。就簡報製作這個需求而言，Felo 就像是「**ChatGPT + Perplexity + Gamma 簡報工具**」的綜合體。我們可以先在 Felo 網站請 AI 蒐集資料、生成出我們想要的內容後，再請它幫我們**把文字形式的對話內容轉成精美的簡報內容**，整體流程一氣呵成。

Felo 非常適合需要「**查完資料需要產出報告**」的工作，無論是做簡報、寫提案、還是快速整理資訊，都是能讓生產力瞬間 UP 的好工具！

☑ 先使用 Felo 進行 AI 深度研究

首先我們先開啟 Felo 網站針對某主題做 AI 搜尋與資料蒐集，大致的操作流程如下：

> **1** 連到 Felo 網站 (https://felo.ai) 後，記得先在網頁右上角登入 (可以用 Google 帳戶登入，每日登入可領取 200 個免費點數)

⚡ 收到免費點數
歡迎使用 Felo！每日登錄可領取 200 免費點數！
使用 Felo 各項功能時會消耗點數 (・ω・) ノ

5-32

第 5 章 簡報 AI — 選範本、構思大綱、擬講稿、生成插圖…AI 幫你輕鬆搞定！

2 點擊左上方**新增討論串**，準備請 AI 進行資料蒐集、整理任務

3 輸入您想研究的主題 (例如：AI 在醫療產業的應用)

4 點擊這裡請 AI 開始生成內容

　　Felo 的搜尋功能結合了 AI 問答與資料彙整特性，除了具備 ChatGPT「**深度研究 (deep research)**」模式那樣的上網搜尋、分析大量資料、推理、資訊整理能力外，它所完成的報告也更視覺化：

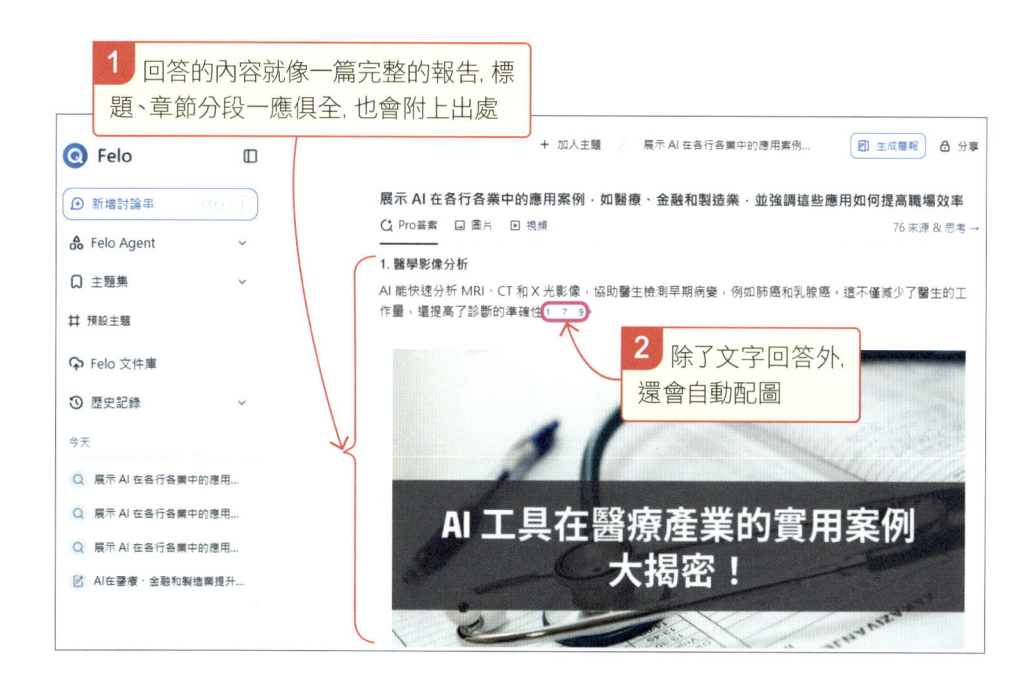

1 回答的內容就像一篇完整的報告，標題、章節分段一應俱全，也會附上出處

2 除了文字回答外，還會自動配圖

5-33

☑ 從生成研究內容到輸出成果，一鍵生成簡報！

如果您生成好報告的下一步跟本例一樣是製作簡報的話，一定不能錯過前一頁下圖右上角的一鍵**生成簡報**功能 生成簡報 。這部份其實跟 Gamma 的簡報產生器大同小異，我們快速帶您熟悉一下流程：

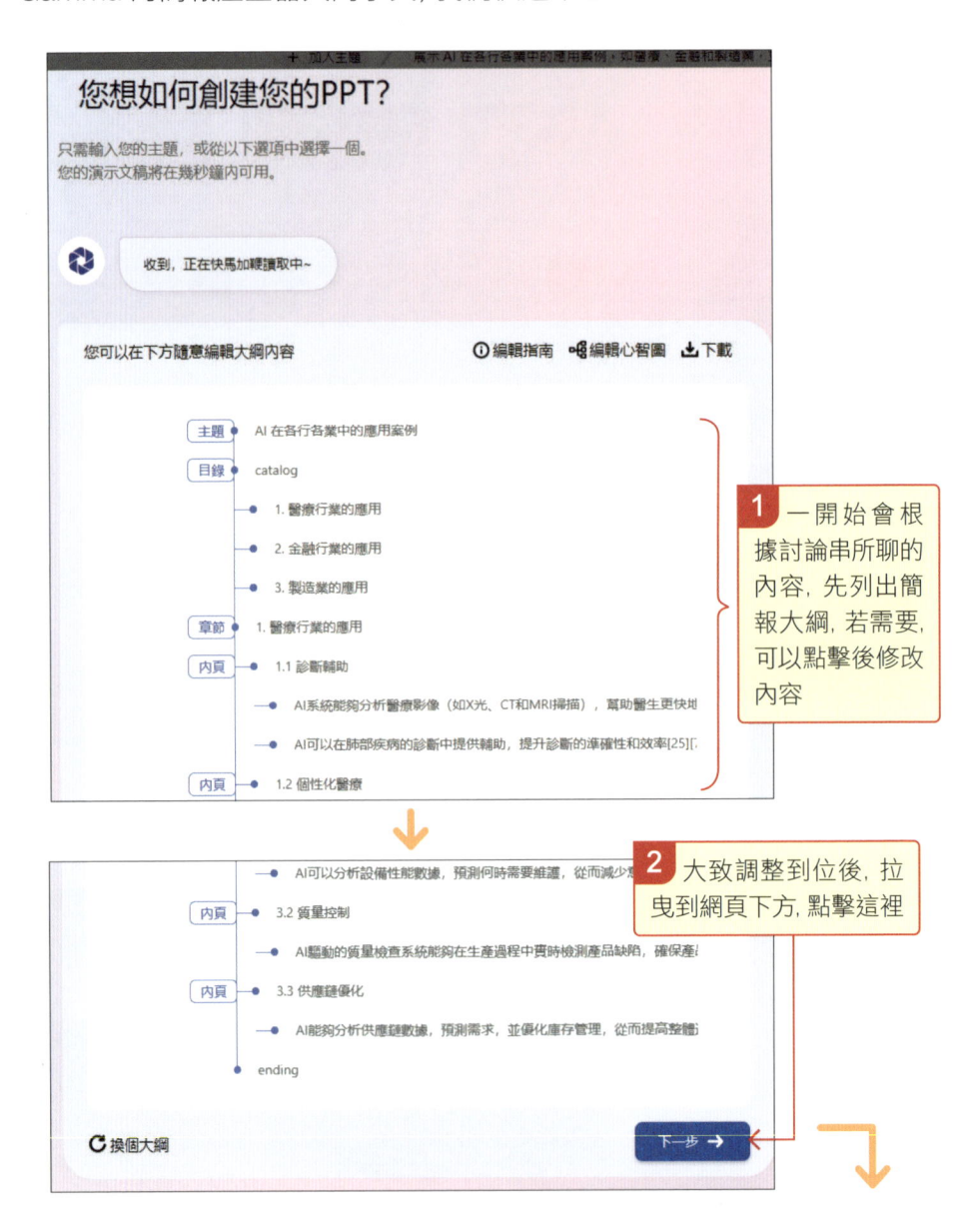

1. 一開始會根據討論串所聊的內容，先列出簡報大綱，若需要，可以點擊後修改內容

2. 大致調整到位後，拉曳到網頁下方，點擊這裡

5-34

3 挑選您想要的簡報佈景主題

4 最後點擊這裡就會開始生成了 → 生成PPT →

版, 開始創建 PPT

熱門推薦　歷史模板　企業模板

設計風格　全部風格　Minimalist　Professional　Aesthetic　Cartoon　Creative　Fun　Digital

主題顏色：

PPT預覽

請耐心等待正在渲染模版中……

製作中

PPT預覽

PPT製作已完成！

下載　✕

文件類型

PPT

文字可編輯

下載

去編輯　下載

5 當 AI 製作好簡報後, 可點擊**下載**存為 PowerPoint 檔案使用

第 5 章　簡報 AI — 選範本、構思大綱、擬講稿、生成插圖…AI 幫你輕鬆搞定！

5-35

☑ 分享簡報內容

完成製作後，Felo 還會**自動把簡報插入原本的討論串**中，整體看下來，更像一篇完整報告了：

2 Felo 也支援我們把簡報內容匯出到 Canva 編輯，若需要，點擊這裡後，再點擊**在 Canva 中編輯**項目即可

3 點擊這裡可以取得這份完整報告 (包含簡報) 的瀏覽連結，方便將整份內容發送給他人瀏覽

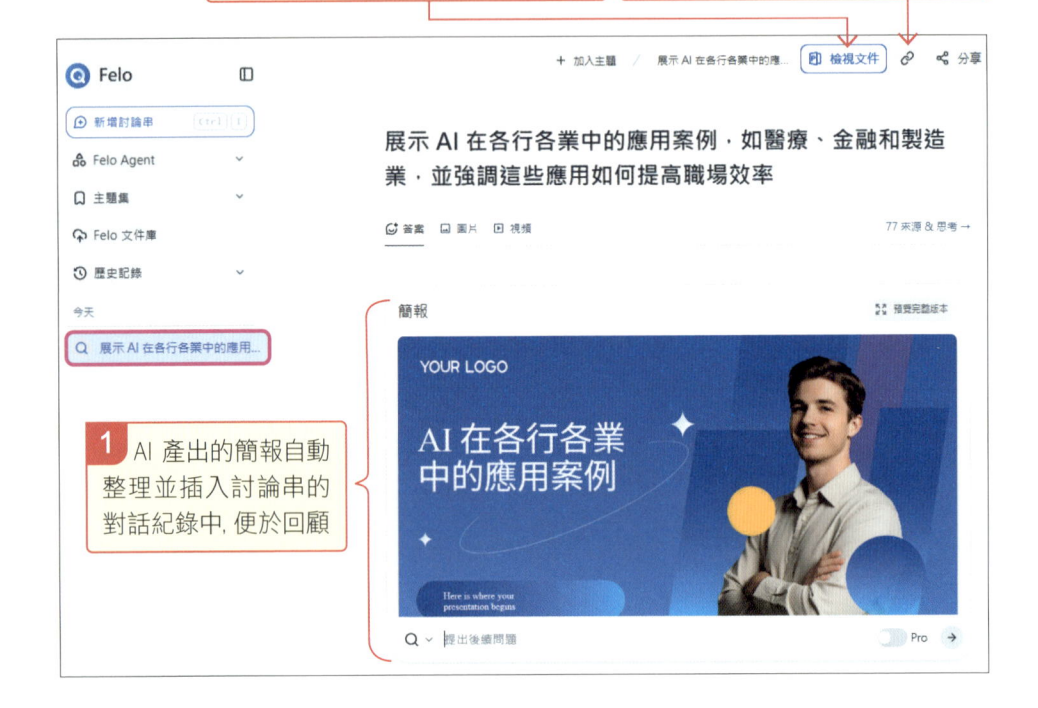

1 AI 產出的簡報自動整理並插入討論串的對話紀錄中，便於回顧

有了 Felo AI，從提問到內容研究，再到簡報製作、成果分享，整個工作流程通通在一個平台內完成，實在非常便利！

> **TIP** 最後提一下，雖然 Felo 的功能強大，但其**免費額度相對有限**，不像 Gamma 有較多免費使用額度，本例從輸入提示語到最後得到簡報成品，共耗費了 150 點數。若有需要可評估是否升級成付費方案。

6

CHAPTER

翻譯 AI

自訂翻譯風格、全文對照翻譯，
效率提升百倍的 AI 助手

- 6-1　提升 AI 聊天機器人翻譯品質的技巧
- 6-2　經常請 ChatGPT 翻譯時的便捷技巧
- 6-3　AI 幫你做 PDF 原文 / 譯文對照翻譯, 快又方便！
- 6-4　把 AI 裝進手機, 當您的隨身口譯助理！

請機器協助翻譯早就盛行一段時間了，最著名的當然就是 **Google 翻譯**，而在 ChatGPT、Copilot…等 AI 聊天機器人問世後，機器 (AI) 翻譯出來的品質更是大大提升。請 AI 翻譯的提示語 (prompt) 看似一句簡單的 "幫我翻成中文" 就可完成，然而 AI 翻譯其實有很多細部的用法，也有很多比「花時間複製、貼上請 AI 翻譯」方便一百倍的翻譯工具可以使用，若您工作上經常需要處理翻譯工作，千萬不可錯過本章的介紹。

6-1 提升 AI 聊天機器人翻譯品質的技巧

使用 AI AI 聊天機器人 (ChatGPT、Copilot、Gemini、Claude…都可以)

你可能會好奇，市面上早就有 Google 翻譯、微軟翻譯、DeepL 等翻譯工具，為什麼還要用 AI 聊天機器人來翻譯呢？以往的翻譯軟體的用法非常簡單，我們只需提供原文就可以得到翻譯結果，但相對的，針對翻譯結果能再做的調整非常有限：

▲ 使用 Google 翻譯，就算翻譯結果不滿意，也…不能怎樣…

用 ChatGPT 等 AI 聊天機器人就不一樣囉！AI 聊天機器人和那些翻譯軟體最大的不同就在於**可跟 AI 互動來做客製化**，例如我們可以根據需求

請 AI 調整方向，例如調整語氣和文字風格、考慮詞義中的文化內涵和地區差異等，這些都是一般翻譯工具無法做到的：

```
break a leg 翻成中文

「break a leg」直譯是「摔斷一條腿」，但實際上它是一句英文慣用語，通常在表演、比賽或重要場合前用來祝福別人「好運」或「有好表現」。

比較貼近的中文翻譯有：
• 祝你演出成功
• 祝你大獲全勝
• 祝你旗開得勝
• 祝你好運（帶點幽默感）

這句話源於劇場圈的迷信，因為直接說「Good luck」被認為會帶來壞運，所以改用反話「break a leg」來表達祝福。
```

用 AI 聊天機器人翻譯前頁那句，結果理想很多！

用 AI 聊天機器人翻譯很簡單，只要提供要翻的文字並指定想要翻成的語言，AI 就會如上圖提供結果。但建議讀者翻譯前多交代一些提示語，或做一些前置設定，例如輸出形式、語調、翻譯情境等 (例如請 AI 先直譯再意譯，方法等一下就會提到)，相關技巧請參考以下內容。

☑ 切換使用畫布 (Canvas) 模式請 AI 做翻譯

ChatGPT 等 AI 聊天機器人最擅長的就是長篇大論，要做翻譯、草擬各種文章交給它就對了。不過如果你想翻譯的文章內容比較長，又常需要改來改去，就算 AI 聊天機器人不嫌麻煩，但你自己一定會因為生成太多版本，搞到自己都亂掉。

為此很多 AI 聊天機器人 (例如 ChatGPT、Gemini) 都有推出**畫布**模式，或稱 **Canvas** 模式 (**編**：名稱很像第 5 章介紹的那個 Canva AI，但兩者是不同的工具喔！)。簡單來說畫布模式就是提供了一個**文章編輯環境**，方便你局部修改 AI 所生成的內容，也可以在不同版本之間切換並進行微調，用這些功能請 AI 幫忙做翻譯會更有效率。

底下我們以 ChatGPT 的畫布模式來示範，目前已開放所有用戶使用，你可以在建立新對話的時候啟用**畫布**模式，之後要求 ChatGPT 翻譯文字時，就會生成一個**畫布區塊**方便我們調整翻譯內容：

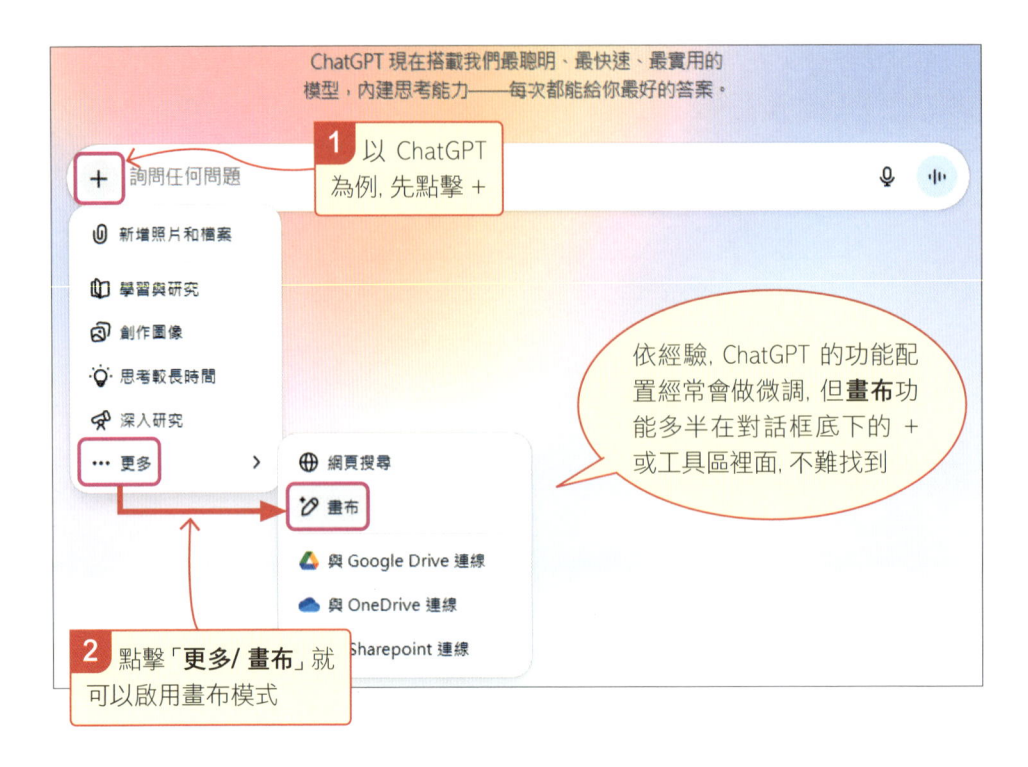

ChatGPT 現在搭載我們最聰明、最快速、最實用的
模型，內建思考能力——每次都能給你最好的答案。

1 以 ChatGPT 為例，先點擊 ＋

＋ 詢問任何問題

- 新增照片和檔案
- 學習與研究
- 創作圖像
- 思考較長時間
- 深入研究
- 更多 >
  - 網頁搜尋
  - 畫布
  - 與 Google Drive 連線
  - 與 OneDrive 連線
  - 與 Sharepoint 連線

依經驗，ChatGPT 的功能配置經常會做微調，但**畫布**功能多半在對話框底下的 ＋ 或工具區裡面，不難找到

2 點擊「更多/ 畫布」就可以啟用畫布模式

底下我們示範幾個在畫布模式下請 AI 幫忙做翻譯的技巧。

☑ 技巧 (一)：在提示語提供背景資訊

AI 聊天機器的優勢之一是能夠在生成翻譯時準確考慮到文字的上下文，也會考慮到文字在特定環境下的意涵。翻譯時可以提供 AI 像底下這樣的背景資訊：

> 以市場營銷專家的角度，將以下內容翻譯成中文，使用適當的行銷術語而不是直譯。
> (貼上翻譯內容或夾檔)

> 將以下內容翻譯成中文。這段內容討論了一個新產品的推出策略，需要使用適當的市場分析用語。
> (貼上翻譯內容或夾檔)

▶ 6-4

1 例如這是一份海外總部提供的產品行銷文案，想請 AI 翻譯，直接輸入提示語並貼上原文

> 請將以下內容翻譯成中文，並使用適當的行銷術語，而不是直譯
> ----------------------------------
> Unlock the Power of Efficient Communication with Our New Stationery Products
> In today's fast-paced business environment, efficient communication is the key to success. Our new range of stationery products is designed to help you streamline your workflow and enhance productivity. Whether you're in the office or working remotely, our products ensure that your communication is clear, concise, and professional.
> Key Features:
> Premium Quality: Made from high-quality materials to ensure durability and a professional look.
> Eco-Friendly: Our products are made from recycled materials, making them an environmentally friendly choice.

2 記得如前面的說明，開啟**畫布**模式

3 點擊這裡送出

5 點擊這裡也可以展開畫布區塊

4 ChatGPT 會用**畫布區塊**來生成內容，點擊後就可以展開（下一張圖就會說明什麼是畫布區塊）。

Stationery Marketing

解鎖高效溝通力，從全新文具系列開始！

在競爭激烈、節奏飛快的商務時代，高效溝通就是成功的關鍵。我們全新推出的文具系列，專為幫助您優化工作流程、提升效率而打造。無論您是在辦公室，還是遠端工作，我們的產品都能確保您的溝通清晰、精準且專業。

產品亮點：

頂級品質：嚴選高規格材質，兼具耐用性與專業質感，展現您的不凡品味。**環保理念**：採用回收材質製成，為地球永續盡一份心力。**多元設計**：從隨手筆記到正式商務書信，各種場合皆能完美應用。**智慧科技**：內建智慧功能，輕鬆將手寫筆記同步至數位裝置，讓資訊管理更流暢。

已將內容轉換為更具吸引力的中文行銷文案，突顯產品價值與行動號召，讓讀者更容易被吸引並採取行動。

6 我們先看一下 AI 翻的內容，跟下圖的 Google 翻譯比起來，文案像是進一步潤飾過的

> 優質：採用優質材料製成，經久耐用，外觀專業。環保：我們的產品採用再生材料製成，是環保之選。

第 6 章 翻譯 AI — 自訂翻譯風格、全文對照翻譯，效率提升百倍的 AI 助手

6-5

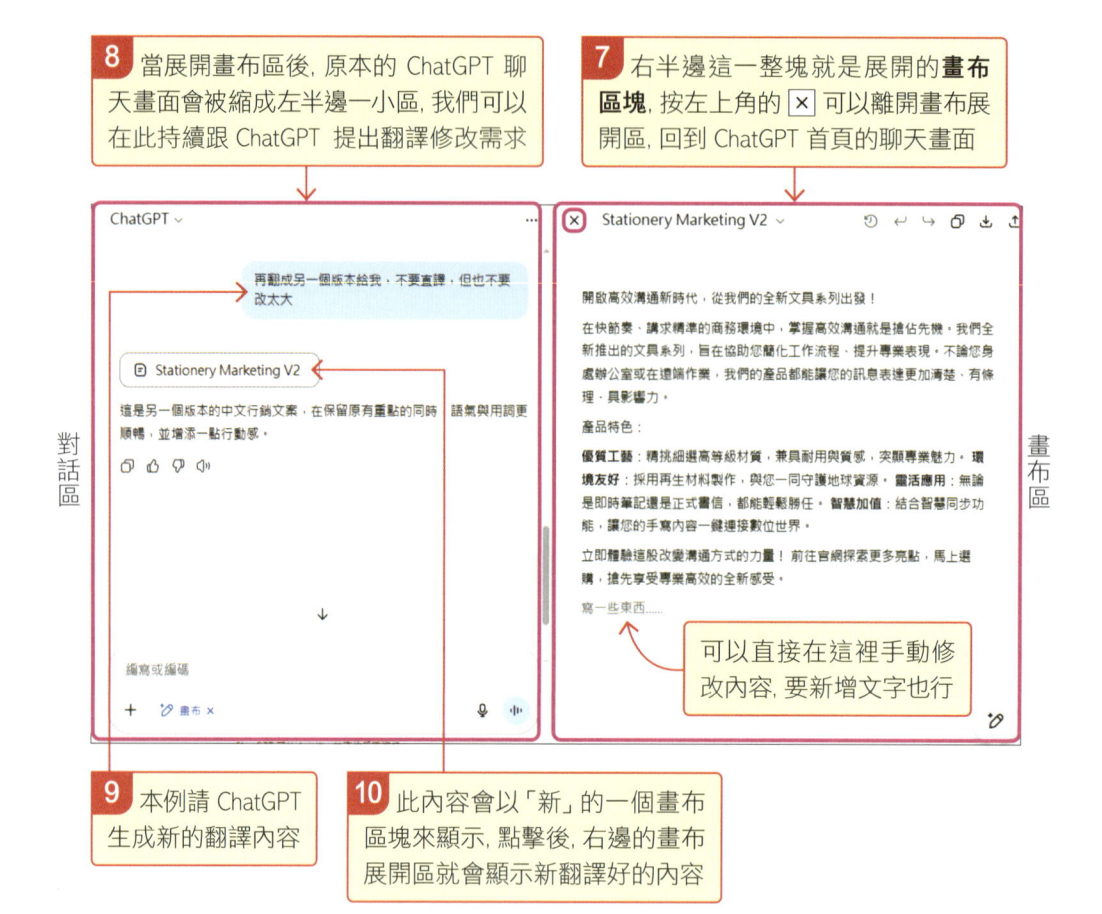

8 當展開畫布區後，原本的 ChatGPT 聊天畫面會被縮成左半邊一小區，我們可以在此持續跟 ChatGPT 提出翻譯修改需求

7 右半邊這一整塊就是展開的**畫布區塊**，按左上角的 ⊗ 可以離開畫布展開區，回到 ChatGPT 首頁的聊天畫面

對話區

ChatGPT ∨

再翻成另一個版本給我，不要直譯，但也不要改太大

📄 Stationery Marketing V2

這是另一個版本的中文行銷文案，在保留原有重點的同時順暢，並增添一點行動感。　　　　　語氣與用詞調

畫布區

Stationery Marketing V2

開啟高效溝通新時代，從我們的全新文具系列出發！

在快節奏、講求精準的商務環境中，掌握高效溝通就是搶佔先機，我們全新推出的文具系列，旨在協助您簡化工作流程、提升專業表現。不論您身處辦公室或在遠端作業，我們的產品都能讓您的訊息表達更加清楚、有條理、具影響力。

產品特色：

優質工藝：精挑細選高等級材質，兼具耐用與質感，突顯專業魅力。**環境友好**：採用再生材料製作，與您一同守護地球資源。**靈活應用**：無論是即時筆記還是正式書信，都能輕鬆勝任。**智慧加值**：結合智慧同步功能，讓您的手寫內容一鍵連接數位世界。

立即體驗這股改變溝通方式的力量！前往官網探索更多亮點，馬上選購，搶先享受專業高效的全新感受。

寫一些東西

可以直接在這裡手動修改內容，要新增文字也行

9 本例請 ChatGPT 生成新的翻譯內容

10 此內容會以「新」的一個畫布區塊來顯示，點擊後，右邊的畫布展開區就會顯示新翻譯好的內容

　　展開畫布區塊 (即上圖右半區) 後才能體會到這個模式的獨到之處，在上圖右半區內，除了可以直接編輯 ChatGPT 生成的內容，同時還可以繼續請 ChatGPT 修改內容，這也是 OpenAI 所強調此模式獨有的人機協同創作。更不用說，畫布模式內建了一些好用的功能，對翻譯工作很有幫助喔！我們繼續來看。

☑ 技巧 (二)：請 AI 提供翻譯稿的修改建議

　　原文內容翻譯好了，自己看是沒問題，但不知道客戶或是你的受眾是否買單，這個時候最好尋求其他人的潤稿建議，要是找不到人問，就讓 AI 給你最中肯的意見吧！

第 6 章 翻譯 AI — 自訂翻譯風格、全文對照翻譯，效率提升百倍的 AI 助手

解鎖高效溝通力，從全新文具系列開始！

在競爭激烈、節奏飛快的商務時代，高效溝通就是成功的關鍵。我們全新推出的文具系列，專為幫助您優化工作流程、提升效率而打造。無論您是在辦公室，還是遠端工作，我們的產品都能確保您的溝通清晰、精準且專業。

產品亮點：

頂級品質：嚴選高規格材質，兼具耐用性與專業質感，展現您的不凡品味。**環保理念**：採用回收材質製成，為地球永續盡一份心力。**多元設計**：從隨手筆記到正式商務書信，各種場合皆能完美應用。**智慧科技**：內建智慧功能，輕鬆將手寫筆記同步至數位裝置，讓資訊管理更流暢。

立即體驗我們的創新文具，將您的溝通力全面升級！立刻造訪我們的官網，探索更多驚喜並搶先訂購！

1 點擊此圖示後，會顯示 ⬆ 圖示，再次點擊即可送出，請 AI 提供「全篇」翻譯稿的修改建議

> **TIP 請注意！** 這時候 AI 是把翻譯稿當成一篇獨立的文章來看待，可能會生成超出原文所敘述的修改建議，沒關係，這些建議還是可以看看，不一定要照用。

3 點選任一則建議後，所對應的文案部分會用深色顯示

2 右邊會列出 AI 的建議，本例共有 3 則

釋放高效溝通的力量──全新文具系列隆重登場！

在瞬息萬變的商業環境中，掌握高效溝通，就是掌握成功的關鍵。我們全新推出的文具系列，專為優化工作流程、提升生產力而設計。不論您是在辦公室還是遠端工作，都能確保您的溝通精準、專業、到位。

亮點特色：

◆ **頂級質感**：嚴選高品質材質，兼具耐用性與專業外觀，讓每一次使用都展現品味。◆ **綠色環保**：採用再生材質製造，友善環境的同時，展現企業永續理念。◆ **多元應用**：從會議筆記到正式公文，靈活滿足各種書寫與溝通需求。◆ **智慧加值**：內建智慧功能，輕鬆將手寫筆記同步至數位裝置，無縫銜接紙本與雲端。

立即體驗全新文具的魅力，讓您的溝通層次全面升級。前往我們的官方網站了解更多資訊，並即刻下單，開啟高效新篇章！

ChatGPT：開頭可考慮增加一句引人入勝的情境描述或問題，吸引用戶代入使用場景。 申請

ChatGPT：亮點特色的描述可速度補充更具體的應用範例，例如實際情境或使用者故事，讓特點更鮮活。

ChatGPT：結尾的行動呼籲可再強化緊迫感，例如加上限時優惠或搶先體驗的話句，提升轉換率。

4 覺得 AI 說的有道理，就點擊此鈕 (編：申請是指 Apply，應該譯成「套用」才對)

6-7

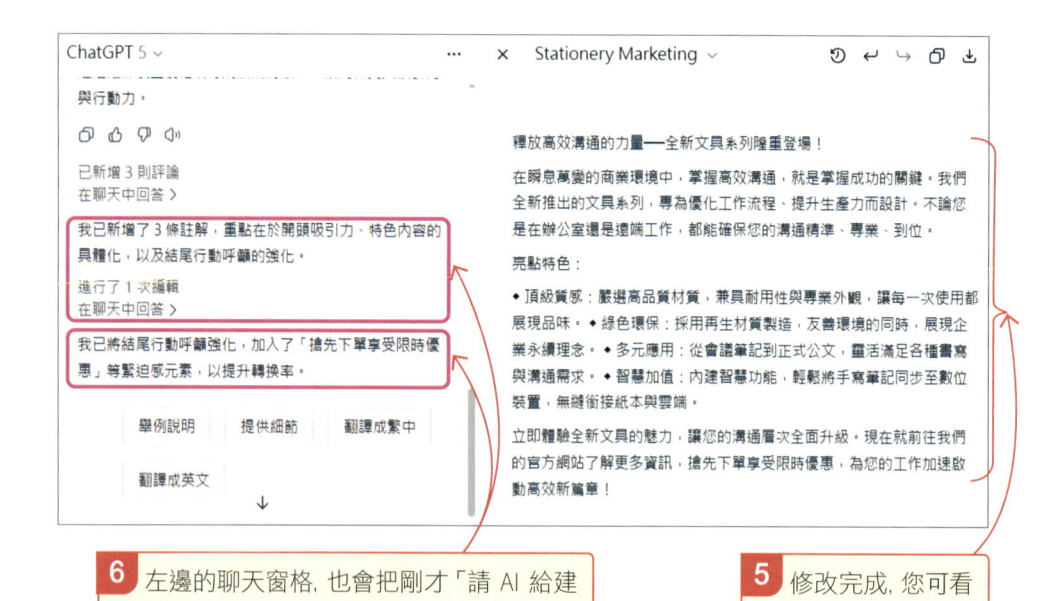

ChatGPT 5 — Stationery Marketing

與行動力。

已新增 3 則評論
在聊天中回答

我已新增了 3 條註解，重點在於開頭吸引力、特色內容的具體化，以及結尾行動呼籲的強化。

進行了 1 次編輯
在聊天中回答

我已將結尾行動呼籲強化，加入了「搶先下單享受限時優惠」等緊迫感元素，以提升轉換率。

舉例說明　提供細節　翻譯成繁中

翻譯成英文

釋放高效溝通的力量——全新文具系列隆重登場！

在瞬息萬變的商業環境中，掌握高效溝通，就是掌握成功的關鍵。我們全新推出的文具系列，專為優化工作流程、提升生產力而設計。不論您是在辦公室還是遠端工作，都能確保您的溝通精準、專業、到位。

亮點特色：

◆ 頂級質感：嚴選高品質材質，兼具耐用性與專業外觀，讓每一次使用都展現品味。 ◆ 綠色環保：採用再生材質製造，友善環境的同時，展現企業永續理念。 ◆ 多元應用：從會議筆記到正式公文，靈活滿足各種書寫與溝通需求。 ◆ 智慧加值：內建智慧功能，輕鬆將手寫筆記同步至數位裝置，無縫銜接紙本與雲端。

立即體驗全新文具的魅力，讓您的溝通層次全面升級。現在就前往我們的官方網站了解更多資訊，搶先下單享受限時優惠，為您的工作加速啟動高效新篇章！

6 左邊的聊天窗格，也會把剛才「請 AI 給建議」、「套用 AI 的建議」的對話依序記錄下來

5 修改完成，您可看結果是不是比較好！

　　如果只是對翻譯稿的局部內容有所疑問或想法，也可以直接選取，讓 AI 對症下藥：

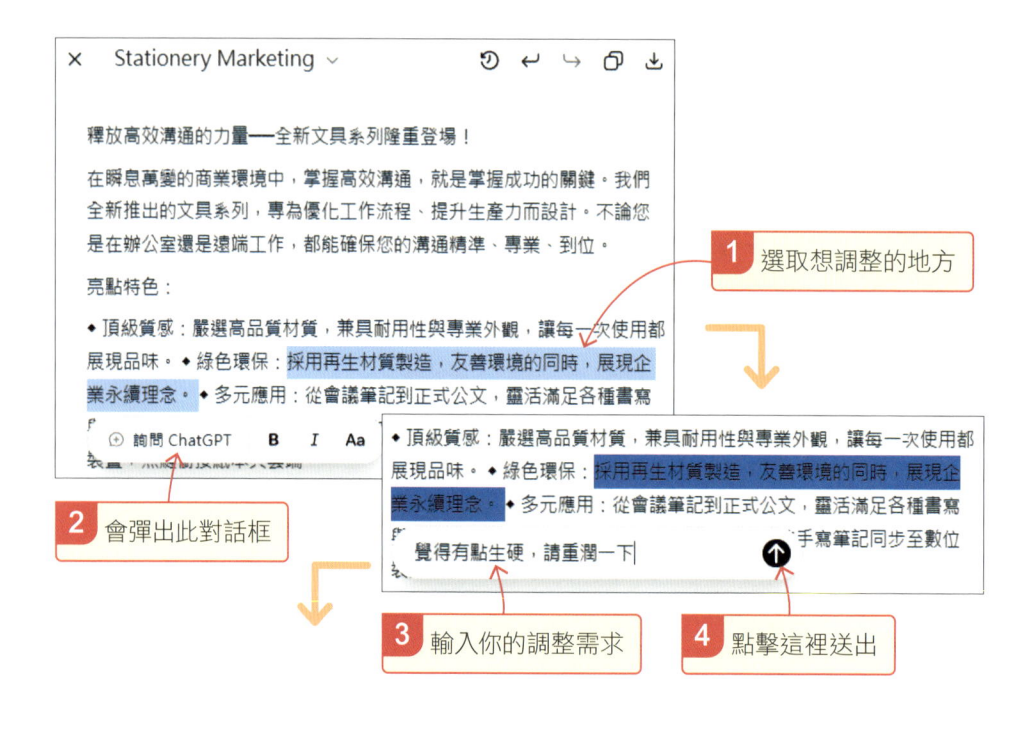

Stationery Marketing

釋放高效溝通的力量——全新文具系列隆重登場！

在瞬息萬變的商業環境中，掌握高效溝通，就是掌握成功的關鍵。我們全新推出的文具系列，專為優化工作流程、提升生產力而設計。不論您是在辦公室還是遠端工作，都能確保您的溝通精準、專業、到位。

亮點特色：

◆ 頂級質感：嚴選高品質材質，兼具耐用性與專業外觀，讓每一次使用都展現品味。 ◆ 綠色環保：**採用再生材質製造，友善環境的同時，展現企業永續理念。** ◆ 多元應用：從會議筆記到正式公文，靈活滿足各種書寫

詢問 ChatGPT　B　I　Aa

1 選取想調整的地方

◆ 頂級質感：嚴選高品質材質，兼具耐用性與專業外觀，讓每一次使用都展現品味。 ◆ 綠色環保：**採用再生材質製造，友善環境的同時，展現企業永續理念。** ◆ 多元應用：從會議筆記到正式公文，靈活滿足各種書寫　手寫筆記同步至數位

覺得有點生硬，請重潤一下　⬆

2 會彈出此對話框

3 輸入你的調整需求

4 點擊這裡送出

6-8

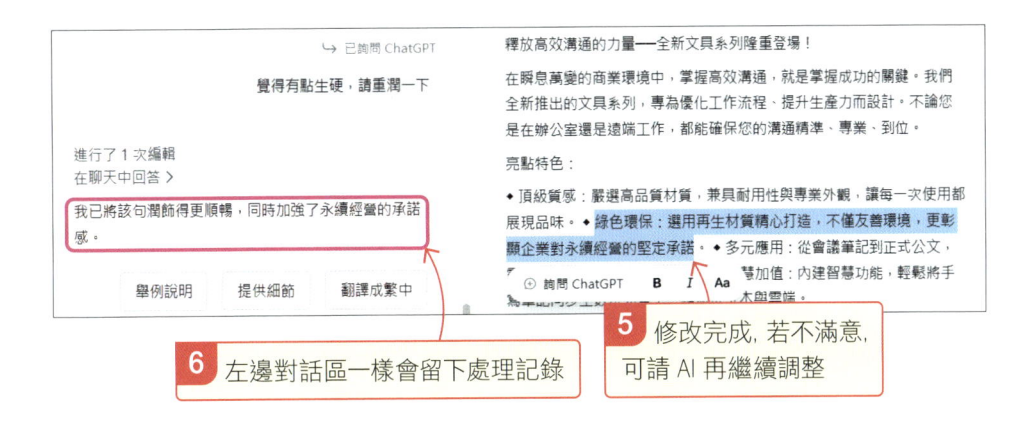

↳ 已詢問 ChatGPT

覺得有點生硬，請重潤一下

進行了 1 次編輯
在聊天中回答 >

我已將該句潤飾得更順暢，同時加強了永續經營的承諾感。

舉例說明　提供細節　翻譯成繁中

6 左邊對話區一樣會留下處理記錄

釋放高效溝通的力量——全新文具系列隆重登場！

在瞬息萬變的商業環境中，掌握高效溝通，就是掌握成功的關鍵。我們全新推出的文具系列，專為優化工作流程、提升生產力而設計。不論您是在辦公室還是遠端工作，都能確保您的溝通精準、專業、到位。

亮點特色：

◆ 頂級質感：嚴選高品質材質，兼具耐用性與專業外觀，讓每一次使用都展現品味。◆ 綠色環保：選用再生材質精心打造，不僅友善環境，更彰顯企業對永續經營的堅定承諾。◆ 多元應用：從會議筆記到正式公文，慧加值：內建智慧功能，輕鬆將手

↳ 詢問 ChatGPT　B I Aa

5 修改完成, 若不滿意, 可請 AI 再繼續調整

☑ 技巧 (三)：切換不同版本的翻譯稿

有做過翻譯就知道，翻譯稿的內容改來改去可說是家常便飯，雖然 ChatGPT 不會喊辛苦，但一直生成會出現很多版本，很容易把自己搞到一團亂。還好畫布模式也提供了「**版本切換**」功能，可以輕鬆掌握各版本的差異，方便你可以集各版本之大成。

編：依經驗這裡的小功能常換位置，有時會藏在某功能底下，但應該都能在右上角這一區找到

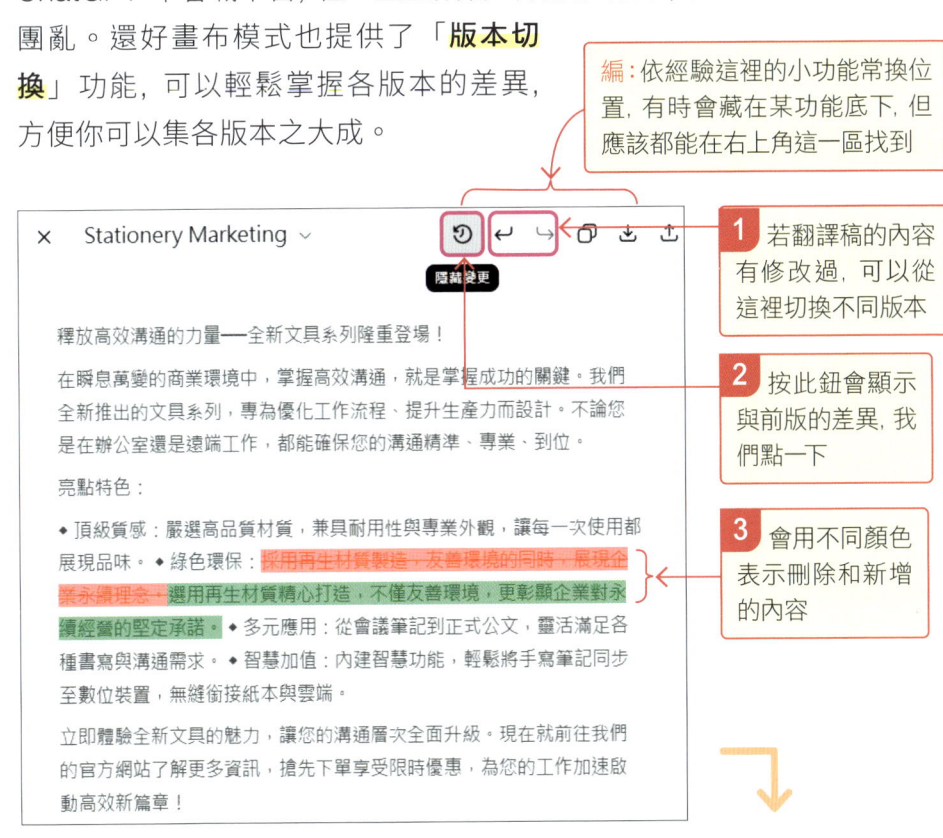

✕　Stationery Marketing ⌄　⟲　↵　↳　▭　⤓　⤒
　　　　　　　　　　　　隱藏變更

釋放高效溝通的力量——全新文具系列隆重登場！

在瞬息萬變的商業環境中，掌握高效溝通，就是掌握成功的關鍵。我們全新推出的文具系列，專為優化工作流程、提升生產力而設計。不論您是在辦公室還是遠端工作，都能確保您的溝通精準、專業、到位。

亮點特色：

◆ 頂級質感：嚴選高品質材質，兼具耐用性與專業外觀，讓每一次使用都展現品味。◆ 綠色環保：~~採用再生材質製造，友善環境的同時，展現企業永續理念~~ 選用再生材質精心打造，不僅友善環境，更彰顯企業對永續經營的堅定承諾。◆ 多元應用：從會議筆記到正式公文，靈活滿足各種書寫與溝通需求。◆ 智慧加值：內建智慧功能，輕鬆將手寫筆記同步至數位裝置，無縫銜接紙本與雲端。

立即體驗全新文具的魅力，讓您的溝通層次全面升級。現在就前往我們的官方網站了解更多資訊，搶先下單享受限時優惠，為您的工作加速啟動高效新篇章！

1 若翻譯稿的內容有修改過, 可以從這裡切換不同版本

2 按此鈕會顯示與前版的差異, 我們點一下

3 會用不同顏色表示刪除和新增的內容

[畫面截圖：Stationery Marketing 文稿顯示舊版本檢視畫面，含「還原此版本」與「返回到最新的版本」按鈕]

4 在檢視某個舊版本時，點擊此鈕可以還原到之前的版本

點擊這裡則可按此可關閉畫面，保留最新的版本

> **TIP** 上圖左鈕雖操作上是「還原」到之前的版本，但實際上的動作比較像是：複製舊版本的內容來用，所以是產生一個新版本，可以避免有任何內容在版本切換過程中流失。

☑ 技巧 (四)：設定目標受眾

　　翻譯文章時經常需要考慮要寫給誰看，也就是會去斟酌文稿的深淺程度。ChatGPT 的畫布模式就提供了「**指定文章受眾教育程度**」功能可以改寫翻譯稿的內容深度，幾秒鐘就可以將整篇翻譯稿改寫成截然不同的面貌：

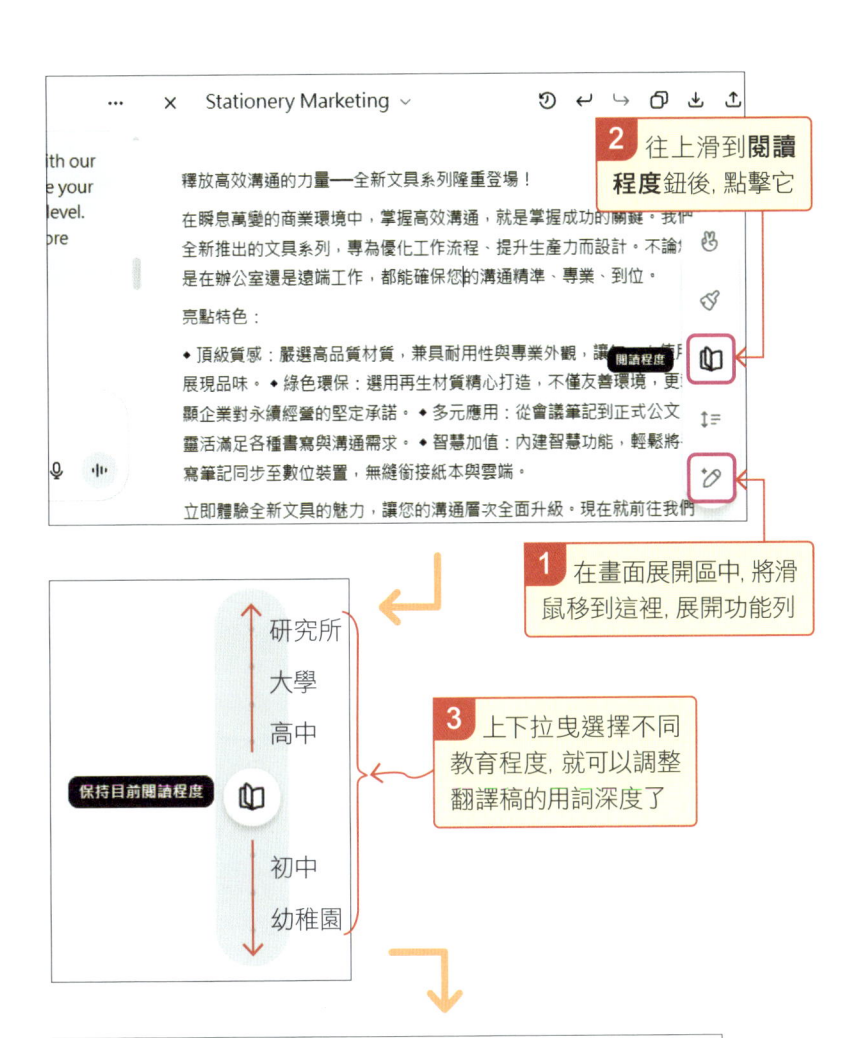

第 6 章 翻譯 AI — 自訂翻譯風格、全文對照翻譯，效率提升百倍的 AI 助手

2 往上滑到**閱讀程度**鈕後，點擊它

1 在畫面展開區中，將滑鼠移到這裡，展開功能列

3 上下拉曳選擇不同教育程度，就可以調整翻譯稿的用詞深度了

開啟高效溝通新紀元──全新高端文具系列隆重上市！

在當代知識經濟與跨領域合作高度交織的環境中，精準且高效率的溝通已成為專業領域成功的核心要素。我們全新設計的高端文具系列，融合美學、功能性與智慧科技，旨在協助您優化研究與工作流程，提升整體產出品質。無論是在國際研討會現場、實驗室協作，抑或進行跨國遠距會議，都能確保您的資訊傳遞準確、專業且具影響力。

產品特色：

◆ 專業質感：嚴選頂尖材質，兼具卓越耐用性與高雅外觀，彰顯專業形象。 ◆ 永續理念：採用高品質再生材質，回應全球學術與產業界對環境責任的承諾。 ◆ 多功能設計：適用於會議紀錄、研究筆記、正式文件撰寫等多元情境，靈活應對專業需求。 ◆ 智慧整合：內建數位化功能，能即時將手寫內容同步至雲端平台，實現紙本與數位資料的無縫銜接。

立即造訪官方網站，搶先體驗這款專為專業人士打造的高效文具，並把握限時優惠，為您的研究與專案推進注入全新動能。

◀ 研究所版本

6-11

> 我們的新文具來囉!
>
> 小朋友們,如果想要開心寫字、畫畫,還有記東西,我們的新文具一定會讓你更喜歡學習!不管是在教室裡、家裡,還是出去玩帶著用,都很好用喔。
>
> 有什麼特別的呢?
>
> ◆ 好漂亮:用起來很結實,也有很多顏色和圖案,看了就想用。 ◆ 愛地球:用環保材料做的,幫地球保持乾淨。 ◆ 多種用法:可以畫圖、寫字、做手工,都沒問題。
> ◆ 小幫手:有些文具可以把你寫的東西存到電腦或平板裡,再也不怕弄丟。
>
> 快告訴爸爸媽媽,帶你去看看我們的新文具吧!

▲ 幼稚園版本 (果然差滿多的,對話的對象變成小孩子)

TIP 其實此功能這就相當於您在跟 ChatGPT 溝通翻譯語氣和風格時,在提示語寫明受眾的 [年齡 / 年級 / 教育程式],但使用畫布區提供的功能可以很方便地直接套用。此外也提醒您,由於 AI 改寫的幅度不少 (但整體文章架構不會差很多),這功能比較適用您希望翻譯稿是採用「意譯」的方式呈現。

這一節介紹了用 AI 機器人的翻譯、潤稿技巧,使用 AI 機器人翻譯最大的好處就是**互動性高**,除了翻譯前指定外,前面也示範了事後把對翻譯結果的意見告訴 AI,請它再調整,這些都有助於讓 AI 翻譯出您想要的結果,當然,最終翻譯的好壞還是要由您自行判斷。

6-2 經常請 ChatGPT 翻譯時的便捷技巧

使用 AI ChatGPT、ChatGPT Plus 的「專案」功能

如果你需要翻譯大量的文件,有些 AI 聊天機器天提供了簡化 Prompt 輸入的功能,例如 ChatGPT 當中的**自訂 ChatGPT** 是非常好用的設計,只要事先設定好希望 ChatGPT 回答的形式,之後每次開啟對話框貼上原文就可以送出請 AI 直接翻譯,不用再下提示語交代翻譯細節。

首先請連到 ChatGPT 首頁 (https://chatgpt.com)，點擊頭像後開啟**自訂 ChatGPT** 功能：

```
        ●●●●●●●●@gmail.com
   ⓘ 升級方案
   ⚙ 自訂 ChatGPT  ← 點擊
   ⓘ 設定
   ⓘ 說明          >
   ⓘ 登出
```

接著會跑出幾個欄位，**你的職業為何？**欄位是指定 ChatGPT 要擔任的角色，**ChatGPT 應該具備哪些特質？**欄位可以設定期望 ChatGPT 回應的風格，底下提供請 ChatGPT 翻譯的例子給讀者參考：

你的職業為何：
你是一位精通 [想要翻譯成哪個語言] 的專業翻譯，曾參與 [某個出版品 / 媒體等] 的 [某語言] 版本的翻譯工作，因此對於 [某種文體] 的翻譯非常瞭解。希望你能協助將以下 [要翻譯的內容形式] 翻譯成 [目標語言]，風格與上述 [某個出版品 / 媒體等] 相似。

ChatGPT 應該具備哪些特質：
- 翻譯請準確傳達事實和背景。
- 保留原文專業術語或專有名稱，並在其前後加上空格，例如 " 此時 Meta 做出回應 "。
- 需要分成兩次翻譯，兩次的翻譯結果都要列出來。
- 第一次先根據內容直譯，所有訊息都需要翻譯出來。
- 接著將第一次直譯的結果再進行重新意譯。在保持原意的前提下，讓內容調整為 [某特定文化 / 語言] 慣用的講法，讓翻譯結果更通俗易懂。
- 這兩次的翻譯都要重新比對原文，如果有找到不符合原意或是被遺漏的字句，需要補充到下一輪的翻譯當中。

請 AI 直譯後再意譯的技巧，讀者可多加利用

6-13

如前一頁將 AI 擬的內容貼上

1 輸入你的暱稱

自訂 ChatGPT

介紹自己以獲得更好、更個人化的回應

ChatGPT 該如何稱呼你？

Trans

2 輸入你的個人背景

你的職業為何？

一位精通英文的專業翻譯，曾參與 [The Quick Python] 的繁體中文版

ChatGPT 應該具有怎樣的性格？　　　　　　　　預設

預覽：「快速、巧妙，旨在保持對話流暢」

ChatGPT 應該具備哪些特質？

○ 翻譯請準確傳達事實和背景。

○ 保留原文專業術語或專有名稱，並在其前後加上空格，例如 "此時 Meta 做出回應"。

3 期望 ChatGPT 回應的風格

＋愛閒聊　＋機智　＋心直口快　＋鼓舞人心　＋Z世代　＋傳統

＋前瞻性思維

若有需要, 也可以直接點選下方現成的項目, 本例不點選

啟用新聊天　　　　　　　取消　儲存

4 勾選此項才能套用設定(取消勾選會清空上述輸入內容)

5 其他維持預設值, 點擊這裡儲存就會生效

　　一般的標準用法是在步驟 **2** 輸入使用者相關背景描述，讓 ChatGPT 可以據此更容易「猜」到你要的是甚麼，這個部份你可以自行發揮，盡可能把自己的背景、習慣交代清楚。步驟 **3** 則是希望 ChatGPT 要怎麼回應你，像是回應的語氣或是回覆內容的形式等。

設定好之後，筆者直接貼上一段英文來做翻譯，沒下其他的提示語，而 ChatGPT 確實有照需求執行，翻譯的操作變得很有效率：

直接貼上英文，其他提示語都不加

As artificial intelligence and machine learning continue to develop, we can expect even more sophisticated systems that can automate tasks and provide enhanced decision-making capabilities.

好的，我會按照你之前的翻譯流程，先給你 **直譯版**，再給你 **意譯版**。

1 第一次直譯

第一次直譯（保留專業術語，直接對應原文）：

隨著科技的快速進步，現代電腦變得更為強大且高效。多核心處理器（multi-core processors）的整合使得平行處理（parallel processing）成為可能，這大幅提升了應用程式的速度與效能。此外，固態硬碟（SSDs）相較於傳統硬碟（hard drives），大幅縮短了載入時間。雲端運算（cloud computing）也徹底革新了資料儲存與存取的方式，使使用者幾乎能在世界任何地方存取檔案與應用程式。隨著人工智慧（AI）與機器學習（machine learning）的持續發展，我們可以預期將出現更先進的系統，能夠自動化各種任務，並提供更佳的決策支援能力。

第二次意譯（保留原意，調整成中文慣用且通順的說法）：

隨著科技飛速發展，現代電腦的運算能力與效率已大幅提升。多核心處理器的應用，讓平行處理成為可能，顯著加快了應用程式的運作速度與效能。固態硬碟相較於傳統硬碟，能極大幅度縮短載入時間。雲端運算的興起，更徹底改變了資料儲存與存取的模式，讓使用者無論身處世界何處，都能輕鬆存取檔案與應用程式。隨著人工智慧與機器學習持續進化，未來我們將迎來更智慧化的系統，不僅能自動化處理各類任務，還能為決策提供更強大的支援。

2 第二次意譯，有變得更貼近日常講法

如果你需要，我可以再幫你改寫成**更精簡、行銷感強**的版本，讓它更有吸引力。你是想保留學術風格，還是走宣傳文案風格？

此外，現在 AI 已經愈來愈厲害，完成翻譯任務後，經常還會提供其他翻譯上的建議，若需要，可以順著 AI 的建議繼續提需求喔

第 6 章　翻譯 AI－自訂翻譯風格、全文對照翻譯，效率提升百倍的 AI 助手

6-15

善用 ChatGPT Plus 的**專案**功能建立專屬翻譯資料夾

雖然前面所介紹的**自訂 ChatGPT** 功能其設計目的是讓 ChatGPT 更了解你，但你或許已經聯想到，只要更改**自訂 ChatGPT** 欄位中的指令，就能讓它隨時扮演不同角色，執行翻譯以外的各種任務。

但要注意，這些變更可能會波及到「所有」的對話串，導致 ChatGPT 回應出現牛頭不對馬嘴的狀況，影響對話的連貫性，因此，筆者的習慣是做完大量翻譯工作後，就回到**自訂 ChatGPT** 把相關設定刪除。

如果您嫌改來改去很麻煩，還有一個解法，若您有升級到 ChatGPT Plus 帳戶，可以使用**專案**功能，簡單來說，此功能就像是「Chrome 書籤」加上「網路硬碟」和「自訂 ChatGPT 指令」功能的結合。例如我們可以用此功能建立一個「翻譯專案(資料夾)」，在裡面可以：

- 存放所有與翻譯相關的對話記錄。
- 上傳給此專案參考的**翻譯樣章**或**翻譯詞彙對照表**。
- 設定此翻譯專案的自訂指令與語氣風格，避免與其他用途混淆。

1 升級到 ChatGPT Plus 帳戶後，就可以在首頁的側邊欄看到此功能，我們點擊它

2 自行決定一個專案資料夾的名稱

3 按此確認

接下頁

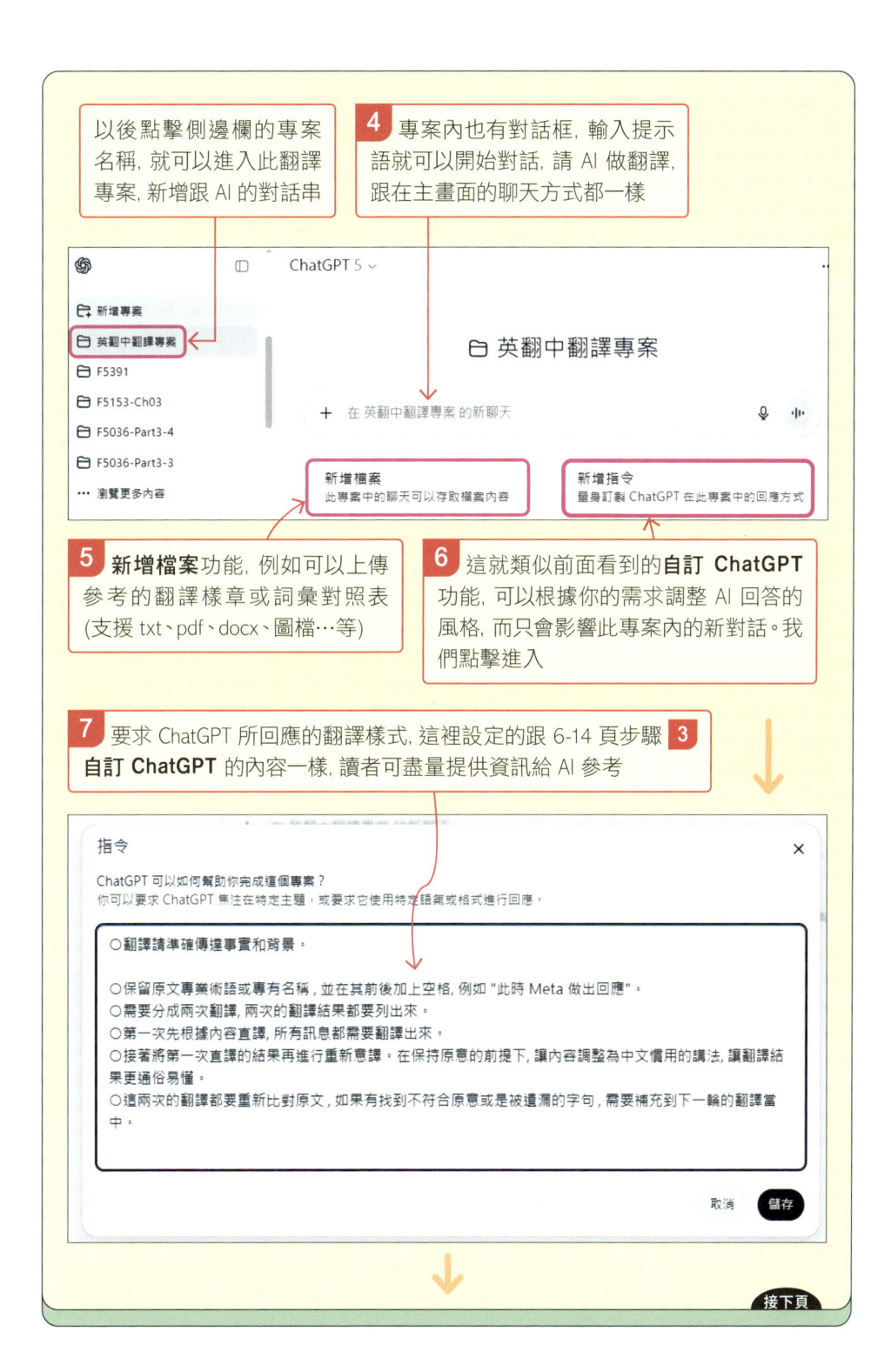

第 6 章 翻譯 AI — 自訂翻譯風格、全文對照翻譯，效率提升百倍的 AI 助手

以後點擊側邊欄的專案名稱, 就可以進入此翻譯專案, 新增跟 AI 的對話串

4 專案內也有對話框, 輸入提示語就可以開始對話, 請 AI 做翻譯, 跟在主畫面的聊天方式都一樣

```
ChatGPT 5 ∨
🗒 新增專案
🗂 英翻中翻譯專案
🗂 F5391
🗂 F5153-Ch03
🗂 F5036-Part3-4
🗂 F5036-Part3-3
... 瀏覽更多內容
```

🗂 英翻中翻譯專案

＋ 在 英翻中翻譯專案 的新聊天

新增檔案
此專案中的聊天可以存取檔案內容

新增指令
量身訂製 ChatGPT 在此專案中的回應方式

5 **新增檔案**功能, 例如可以上傳參考的翻譯樣章或詞彙對照表 (支援 txt、pdf、docx、圖檔…等)

6 這就類似前面看到的**自訂 ChatGPT** 功能, 可以根據你的需求調整 AI 回答的風格, 而只會影響此專案內的新對話。我們點擊進入

7 要求 ChatGPT 所回應的翻譯樣式, 這裡設定的跟 6-14 頁步驟 **3** **自訂 ChatGPT** 的內容一樣, 讀者可盡量提供資訊給 AI 參考

指令   ×

ChatGPT 可以如何幫助你完成這個專案？
你可以要求 ChatGPT 焦注在特定主題, 或要求它使用特定語氣或格式進行回應。

○ 翻譯請準確傳達事實和背景。

○ 保留原文專業術語或專有名稱, 並在其前後加上空格, 例如 "此時 Meta 做出回應"。
○ 需要分成兩次翻譯, 兩次的翻譯結果都要列出來。
○ 第一次先根據內容直譯, 所有訊息都需要翻譯出來。
○ 接著將第一次直譯的結果再進行重新意譯。在保持原意的前提下, 讓內容調整為中文慣用的講法, 讓翻譯結果更通俗易懂。
○ 這兩次的翻譯都要重新比對原文, 如果有找到不符合原意或是被遺漏的字句, 需要補充到下一輪的翻譯當中。

取消　**儲存**

↓

接下頁

6-17

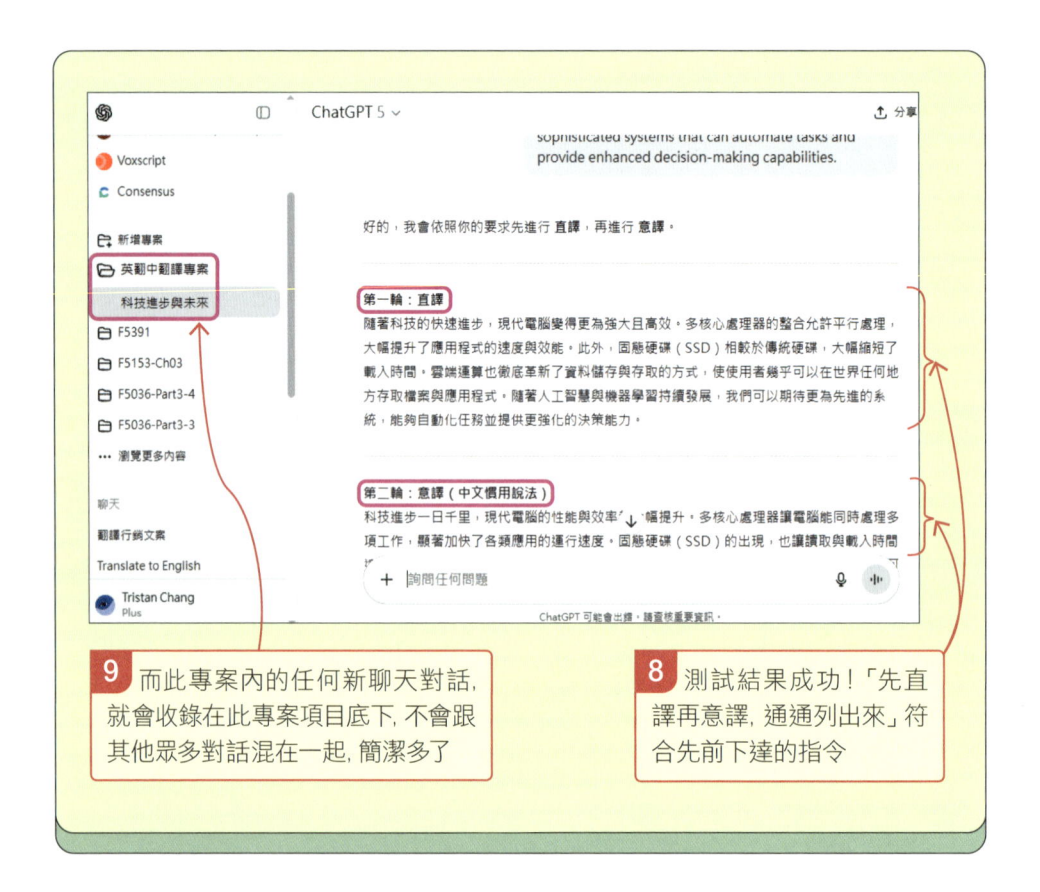

> 9 而此專案內的任何新聊天對話，就會收錄在此專案項目底下，不會跟其他眾多對話混在一起，簡潔多了

> 8 測試結果成功！「先直譯再意譯，通通列出來」符合先前下達的指令

6-3 AI 幫你做 PDF 原文 / 譯文對照翻譯，快又方便！

使用 AI 沉浸式翻譯 (Chrome 瀏覽器外掛)

如果您工作上經常需要閱讀**原文**的 PDF 或電子書，那千萬不能錯過**沉浸式翻譯**這個好用的翻譯工具，它是一個 Chrome 瀏覽器外掛，可以在保留原文排版的情況下幫我們做 PDF 的翻譯。更棒的是，閱讀時可以同時看到原文 / 譯文的對照內容，可以大大省卻來回切換閱讀的麻煩。

▲ 請先參考附錄 A-3 節 的說明，開啟 Chrome 外掛商店安裝此好外掛

> **TIP** 使用前請注意！**沉浸式翻譯**工具處理的 PDF 不能是圖片格式，否則在匯入時就會看到下圖的訊息，最簡單的判別方法就是在 PDF 檔上面，如果能夠複製貼上文字，它就可以上傳到**沉浸式翻譯**做處理。如果不能複製貼上就是圖片格式的 PDF：
>
> ▲ 說明無法翻譯圖片格式 (掃描版) 的 PDF
>
> 若您無論如何需要翻譯文件，可點擊上圖的**去試用 PDF Pro**，付費申請 Pro 版會員，後續就可以利用它的 AI 圖片辨識功能來輔助翻譯，礙於篇幅這裡就不示範了，有興趣可以查看 https://app.immersivetranslate.com/pdf-pro/ 所列的相關資訊。

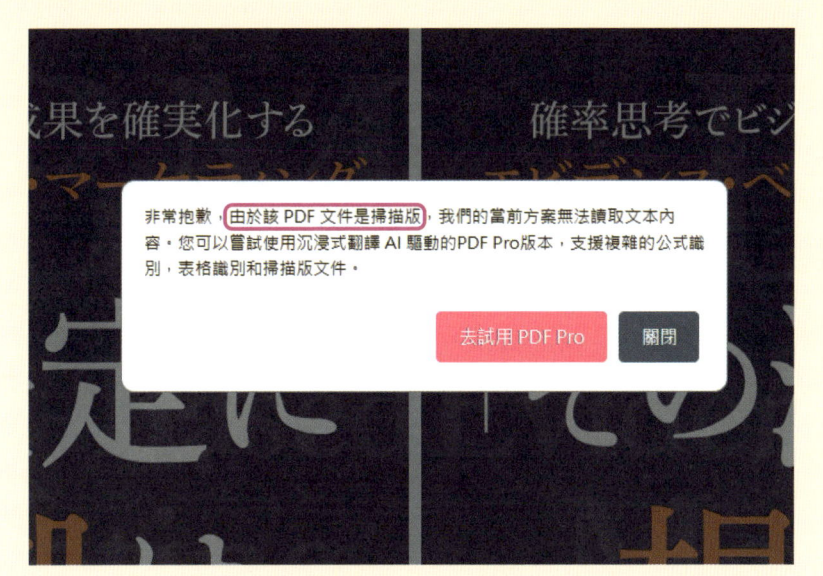

☑ 使用沉浸式翻譯工具快速翻譯 PDF / 電子書

底下就來看如何使用沉浸式翻譯工具來翻譯 PDF 或者電子書吧！

1 安裝好外掛工具後，在 Chrome 瀏覽器內點擊此圖示

這裡可以選翻譯模型，我們直接用預設的 Google 翻譯，最大優點是免費，速度又快！

沉浸式翻譯也提供了網頁對照翻譯等好用功能，讀者可再自行嘗試

2 點擊此功能

3 接著會開啟此工具的網站，點擊這裡上傳文件，或直接將要翻譯的 PDF 拉曳到畫面中

這裡可以選不同的翻譯引擎，本例只是想粗略了解內容，Google 翻譯夠用了

6 點擊這裡可以下載中譯後的 PDF

5 翻譯結果會儘量保留原文的排版，方便您做對照

4 接著會立即進行翻譯，若頁數很多就靜待翻譯完成即可（以筆者翻譯 189 頁約耗時 8 分鐘）

在下載的畫面中，若還沒翻完，這裡會顯示翻譯進度

下載文件

請檢查翻譯效果，可參考示例 PDF 對譯文段落大小和位置進行調整。
謹慎下載超過 300 頁以上 PDF，容易內存溢出。

已翻譯：**73 頁/共 189 頁**

☑ 翻譯所有內容後再保存

翻譯模式： ● 雙語下載 　○ 僅譯文

導出方式： ● 文字版 PDF 　○ 圖片版 PDF

文字版 PDF 下載需借用瀏覽器的列印功能，出現列印介面後，在【列印機】處選擇【另存為 PDF】，最後點擊【保存】即可。

印表機

另存為 PDF

7 這裡可以選擇要下載成「原文／譯文」對照版，亦或譯文版就好

8 點擊這裡繼續

取消　　下載

第 6 章　翻譯 AI ─ 自訂翻譯風格、全文對照翻譯，效率提升百倍的 AI 助手

6-21

9 在**列印**畫面中點擊此項，再執行儲存，就會將內容存成 PDF 了

對照版的頁面展示。以後閱讀原文 PDF 方便多了！

6-22

職場生產力 UP

若您想追求更好的 PDF / 電子書翻譯品質，沉浸式翻譯工具也有導入 ChatGPT、Gemini 等 AI 聊天模型來翻譯，大致的做法如下：

1. 在 Chrome 中點擊此項目

2. 這裡可以挑選翻譯的模型，例如想改用 ChatGPT 的模型來翻譯就選這一項

GPT-5

GPT 技術最初是為翻譯而誕生的，它被賦予了理解上下文的能力。OpenAI 驅動的 GPT 是有史以來最聰明的大語言模型

目前模型僅 Max 會員可用 點此升級為 Max 會員

但用 AI 模型來翻譯幾乎都要付費

啟用 AI 智慧上下文

啟用後，系統會先理解全文內容與專業術語，讓翻譯更專業精確。支援文章網頁（部落格、新聞）、電子書、PDF 及雙語字幕。AI 專家同樣支援智慧上下文。目前為實驗功能，僅會員可用。

你可以指定一位 AI 專家來提供翻譯策略： 通用

接下頁

第 6 章　翻譯 AI — 自訂翻譯風格、全文對照翻譯，效率提升百倍的 AI 助手

6-23

使用能力更強的 GPT 模型固然可以得到好的翻譯品質, 但缺點就是要付費, 而且翻譯的速度絕對比不上免費的 Google 翻譯 (**註**: 付費模型可能會花上數小時來翻譯), 但您若有需求, 可以點擊上圖的**點此升級為 Max 會員**了解更多資訊。

以「**高 CP 值 + 效率至上**」的角度來看, 筆者建議不妨先用預設的 Google 翻譯模型來翻譯 (畢竟完全免費), 若翻譯出來的結果有看不懂的地方, 再手動複製原文貼到 ChatGPT 等 AI 聊天機器人繼續處理即可。

6-4 把 AI 裝進手機，當您的隨身口譯助理！

使用 AI Gemini 手機 App

除了網頁版的 AI 聊天機器人外, 各家廠商也將強大的 AI 模型整合到手機 App 中 (Gemini、ChatGPT 都有)。在 App 中, 除了可以跨設備同步歷史紀錄、記錄以往的問答之外, 最方便的地方在於使用者可以直接語音輸入, 這不只省下了打字的功夫, 更衍生出很多方便的 AI 用法, 例如想做**即時語音翻譯**時, 就可以隨時呼叫 AI 出來, 就像擁有一個無時無刻不在身邊的 AI 貼身翻譯 / 口譯助理！

☑ AI 就是你的隨身口譯助理！

本節我們將用 Google 的 Gemini 聊天機器人 App 示範即時語言翻譯工作, Gemini 行動 App 在 Android 和 iOS 裝置上都可使用, 它提供了仿真人對話的 **Gemini Live 即時語音對談**功能, 本節就打算用這個功能來做即時語音翻譯。

打開 Play 商店或 App Store 並搜尋「Gemini」就可以下載 Google 官方推出的 Gemini App 了。不過請注意！在商店上也可能看到 Gemini 相關的其他 App，有些甚至以假亂真，不管是圖示還是敘述都很像 Google 官方所推出的。請讀者認明官方圖示來下載：

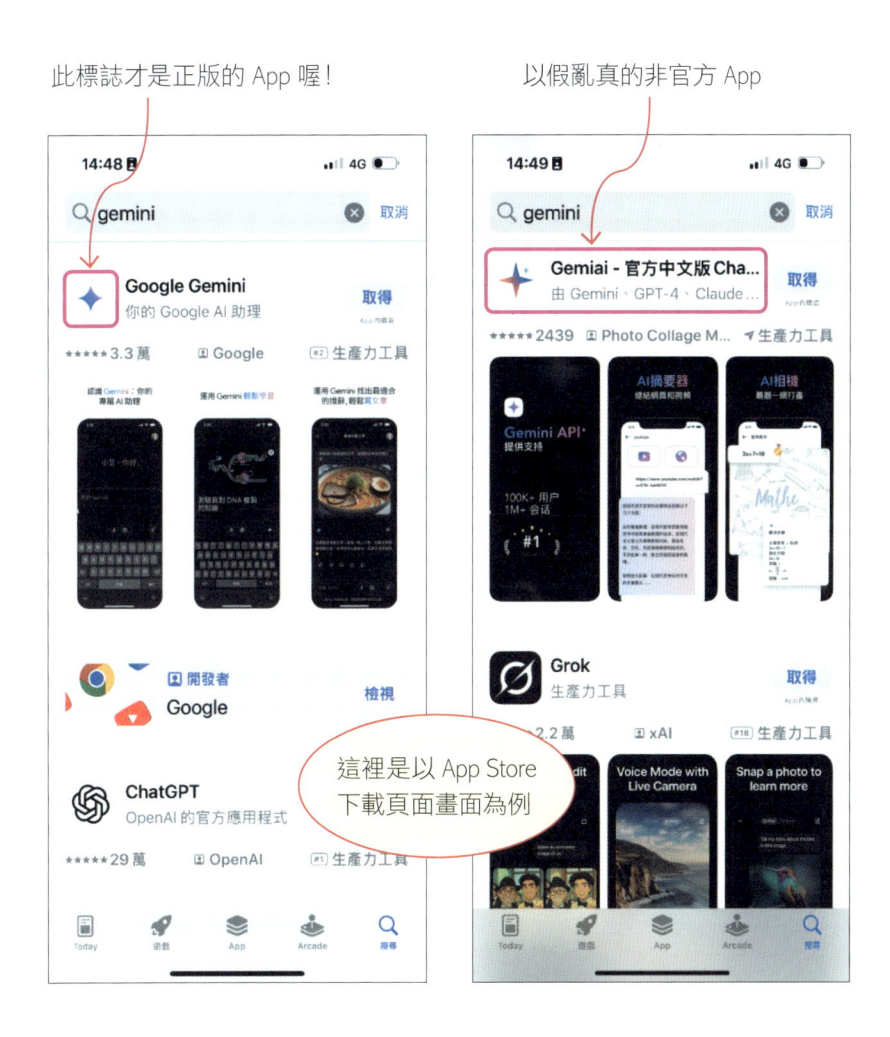

此標誌才是正版的 App 喔！　　　　　　以假亂真的非官方 App

這裡是以 App Store 下載頁面畫面為例

開啟 App 後會需要登入 Google 帳號，相信多數人都有在手機上使用 Google 各種服務，當開啟 Gemini App 後，通常就可以看到該您的 Google 帳號，可以直接選擇綁定此帳號來登入：

直接使用 Google 帳號登入即可

登入後即可看到 Gemini 手機版的介面，整體頁面設計與 Gemini 網頁版相仿：

a 開啟側邊欄，可查看歷史對話記錄 (與電腦版同步)
b 點擊會跳出選擇模型的交談窗
c 文字輸入框
d 點擊可上傳照片或檔案
e 結合搜尋的多步驟思考模式
f Gemini 的 Canvas 畫布功能
g 語音輸入
h Gemini Live 即時語音對談

TIP 語音輸入 (麥克風圖示 🎤) 是將語音轉成文字來輸入，Gemini 會以文字回覆；而 **Gemini Live (聲波圖示)** 則是開啟即時對談，Gemini 會以 AI 人聲的方式回覆。兩者是不一樣的喔！本例我們要用的是後者。

6-26

☑ 開啟 Gemini Live 功能：
　　仿真人語音對話,隨時都能呼叫出來翻譯！

　　Gemini 手機版跟網頁版最大的不同在於可以使用 **Gemini Live** 即時語音對談功能 (免費版用戶也可以使用)，開啟 Gemini Live之後，Gemini 會用一個「模仿真人語氣」的 AI 跟我們進行來回語音對話，我們只要直接用對話的方式來提問，Gemini 就會用擬真語音進行回答，這正是做即時口譯的好助手！

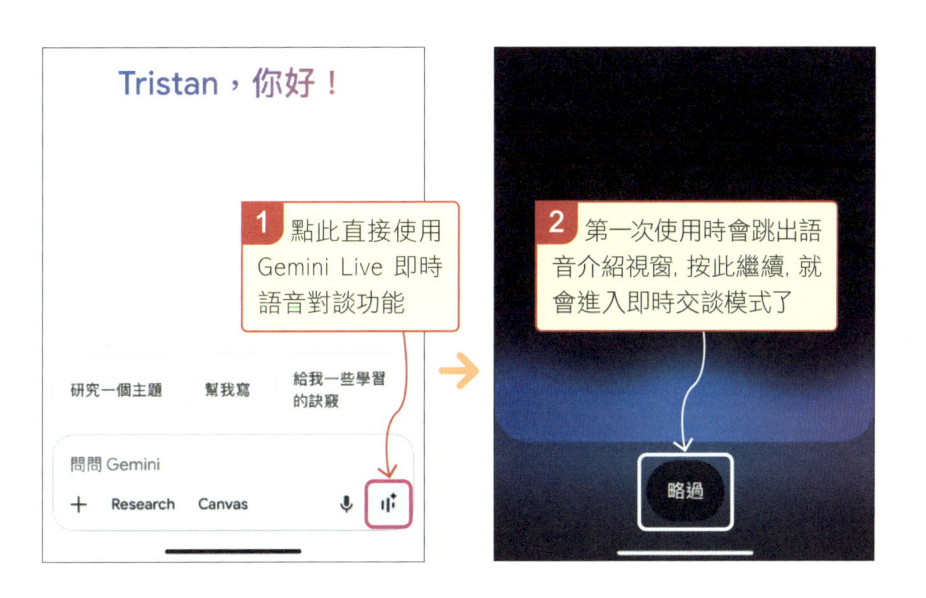

1　點此直接使用 Gemini Live 即時語音對談功能

2　第一次使用時會跳出語音介紹視窗，按此繼續，就會進入即時交談模式了

　　在 Gemini Live 即時交談模式下，AI 語音對於情緒的表達更加自然，對於不同國家語言的理解程度也顯著提升。除此之外，**我們還可以即時打斷對話，整體互動更貼近與真人對話時的體驗**。

> **TIP** 　如果您和筆者一樣是想以中文跟 Gemini 對談,目前對話的人聲只有一種 (應該會逐漸開放其他人聲)。若跟 Gemini 用英語溝通,只要先將 Gemini App 的操作語言改成英文 (**註**：以 iOS 為例,是到『**設定 / App / Gemini**』裡面設定成英文介面),就可以選擇英語對話的人聲,目前共有 10 種不同的聲音可以選。本例我們打算用中文跟 Gemini 對談,就略過此操作。

第 6 章　翻譯 AI — 自訂翻譯風格、全文對照翻譯，效率提升百倍的 AI 助手

☑ 語音即時翻譯

接下來，我們就以**即時日文翻譯**為例，體驗 Gemini Live 的方便之處。例如本例直接跟它說：「**你所聽到的中文，都幫我翻譯成日文；你所聽到的日文，都幫我翻譯成中文**」，以下為這次跟 Gemini Live 的對話紀錄回顧：

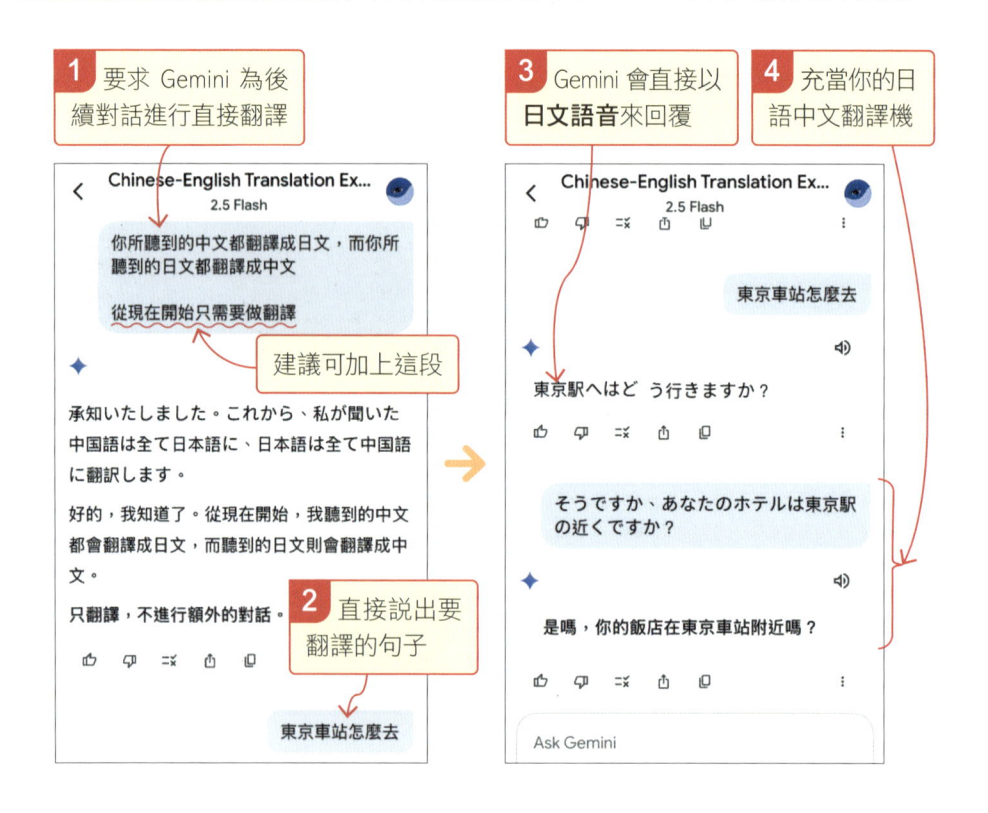

1 要求 Gemini 為後續對話進行直接翻譯

2 直接說出要翻譯的句子

3 Gemini 會直接以**日文語音**來回覆

4 充當你的日語中文翻譯機

建議可加上這段：
「從現在開始只需要做翻譯」
「只翻譯，不進行額外的對話。」

這樣一來，未來國外出差臨時問路時，就不必慌慌張張地比手畫腳了，只要自信地拿出你的手機，開啟 Gemini App，任何國家的語言都難不倒你！

> **TIP　請注意！**剛開始時，您不見得要在 Gemini Live 模式下用「講話」的方式下步驟 **1** 烙烙長的提示語，用講的很容易亂，萬一 Gemini 的翻譯回覆一直沒達到您要的效果，建議可以事先開一個新的對話記錄，先以「文字」提示語跟 Gemini 溝通要請它做的翻譯工作 (簡單說溝通、調校工作可以先用文字來進行)。當您跟 Gemini 一問一答的結果都是您要的結果後，以後只要先開啟該對話記錄，再點擊右下角的 Gemini Live 聲波圖示 (🎙)，就可以使用這個精心調校完成的翻譯對話串了。

6-28

7

CHAPTER

客服 AI

留言擬稿、產品疑難解答，
AI 讓小編、客服變輕鬆！

7-1　一大堆留言待處理⋯
　　　用 AI 當小編的客服助手！

7-2　熟讀產品型錄, 24 小時不打烊的客服 AI

從事**客服相關工作**，回信、回訊息是不是讓你回到手軟？別擔心，用 AI 來救援吧！本章將介紹客服工作的 AI 輔助技巧，包括**用 AI 幫社群小編擬回覆內容**，或是建立一個**客服 AI 機器人**，讓它學習產品資料，自動回答消費者的各種問題。善用這些智慧工具，可以大大減輕客服工作的負擔！

7-1 一大堆留言待處理… 用 AI 當小編的客服助手！

使用 AI Monica AI

從事社群行銷工作的小編們不僅要撰寫貼文，還得經常回覆留言，尤其新品上市或行銷活動期間，留言數量往往暴增，讓人應接不暇…其實像**回文**這種繁雜的工作也可以用 AI 來協助處理喔！

這裡要使用的 **Monica AI** 在前面章節就出現過，這是一款功能強大的 Chrome 瀏覽器外掛。基本上，Monica 就像一個有著各種 AI 模型為核心的使用工具，以回覆 FB 留言為例，Monica 就提供了 **AI 回覆**功能，能幫我們快速閱讀留言判斷來意，想要請 AI 擬回覆內容的話也可以 (每天有 40 則的免費額度)，這樣就大大節省了爬文的時間，底下簡單做個示範。

☑ 用 AI 快速讀取留言，並自動擬定回覆內容

▲ 請先參考附錄 A-3 節的介紹，安裝好 Monica AI 這個 Chrome 外掛，並熟悉基本的使用方式

1 當您安裝好 Monica 瀏覽器外掛後，打開任一則 **FB 貼文** 檢視留言時，留言的旁邊就可以看到 **AI 回覆** 的小圖示：

先點擊留言

2 如下圖所示，點擊每則留言底下的**回覆**後，可以看到一個 ● 圖示，這是**快速撰寫**工具，將滑鼠移到該圖示上後，可以看到**寫作助手**工具 ●，這是幫我們回覆留言的好幫手：

1 例如滑到某留言旁的 ● 圖示上面

2 出現一些功能，點擊這裡準備回覆讀者的詢問

第 **7** 章　客服 AI — 留言擬稿、產品疑難解答，AI 讓小編、客服變輕鬆！

7-3

寫作助手

幫我回答這本沒有電子書

3 可以簡單說明想要 AI 幫你回覆的方向，細節由 AI 幫忙寫

4 點擊這裡生成

長度和格式　中文（繁體）　　生成

↓

幫我回答這本沒有電子書

這本書目前沒有提供電子書版本哦！如果有需要，可以考慮購買實體書或向出版社確認是否有其他版本的出版計劃。

詢問GPT-4o獲得更好的回答

AI 馬上擬出一段回覆的內容

長度和格式　中文（繁體）

5 若 AI 解讀錯誤，可以繼續提出需求請 AI 重新擬一段內容出來

最後描述不對，我們就是出版社

↓

最後描述不對，我們就是出版社

這本書目前沒有提供電子書版本哦！如果有需要，可以考慮購買實體書或向出版社確認是否有其他版本的出版計劃。

這本書目前尚未推出電子書版本！如果有需求，歡迎直接私訊我們，讓我們了解您的需求，我們將評估未來是否有推出電子書的計劃。

詢問GPT-4o獲得更好的回答

AI 重新修正完成

長度和格式　中文（繁體）

告訴我如何改進...　插入　　　　2/2

點擊這裡就可以將文字複製下來，要再修改來用都可以

3 AI 也提供做**語氣上的修改**，各種操作只要如下點擊 Monica 設計好的按鈕即可，相當便捷：

點擊這裡可以請 AI 調整留言回覆擬稿的語氣

想要回覆的內容偏哪個口氣，直接點擊即可，例如回覆讀者留言時，禮貌一點總是好的

很方便吧！應該有不少小編在回覆 FB 留言時，會猶豫該如何措辭而浪費時間，這時就可以利用 AI 快速生成草稿。這背後的操作其實就是將「**留言內容 + 提示語 (Prompt)**」提交給 AI 聊天機器人來生成文字，但您應該也感受到，Monica AI 的介面非常簡單易用，完全省下了把文字貼到 AI 聊天機器人操作的麻煩，即使最終需要稍微修改 AI 擬的內容，也已經大大節省了時間！

7-2 熟讀產品型錄，24 小時不打烊的客服 AI

使用 AI NotebookLM、GPT 機器人 (自行打造 GPT)

還有什麼好工具可以輔助客服工作呢？目前 AI 大行其道，若您以 **AI 客服**為關鍵字去搜尋，一定會找到不少相關工具 / 服務，例如 **Coze、ibo.ai** 等，有些還可以進一步和 LINE 串接，打造 LINE 客服機器人。但問題是很多工具都必須付費，建置做法也不容易，對多數使用者來說門檻太高。

筆者認為前面章節經常用的 **NotebookLM** 就是一個不錯的免費客服工具 (若不熟悉請參考附錄 A-2 節的說明)，由於 NotebookLM 的核心就是把資料、文件、筆記整合成一個知識庫，我們可以將產品手冊、FAQ 等資料集中存放到 NotebookLM 的**來源**區，再加上 NotebookLM 具備**共享筆記本**功能，對外公開筆記本的連結後，顧客就可以直接在記事本裡面發問，運作起來就像一個簡易的客服問答系統，最棒的是，完全免費喔！

> **職場生產力 UP**
>
> 例如，我們可以在 NotebookLM 筆記本的**來源**讀入產品資訊，這樣 AI 就能協助回應有關產品的問題，看是要做產品 QA、提供產品建議、或者處理客訴都可以。當然，也不見得非得對外開放使用，做為內部新進員工的教育訓練或客服人員的輔助工具也很合適，用法非常彈性！

☑ 利用 NotebookLM 建置產品資訊知識庫

來看個職場實例吧！一般來說，**產品型錄**的資訊量都不少，不管這份型錄到了消費者或客服新手手中，要找到想知道的資訊往往很費工夫。身為產品提供者的我們，可以事先請 NotebookLM 讀入產品型錄，建立一個**公司專屬的客服機器人**，當任何人有相關問題要詢問時，就可以到此筆記本內發問，請 AI 出馬回答。

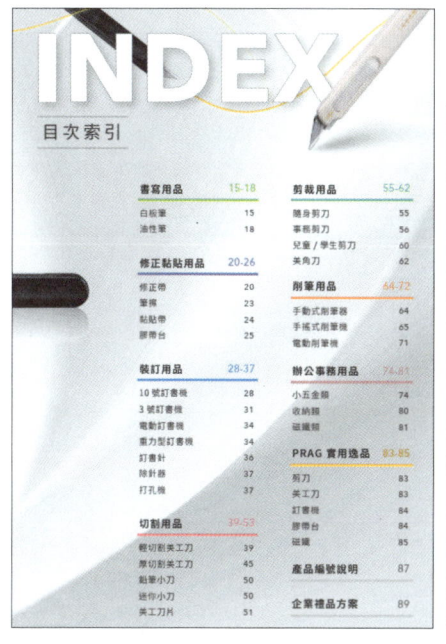

▲ 請 AI 試著消化型錄內各種繁雜的資料

　　提供資料給 NotebookLM 的步驟跟 1-2 節的介紹大同小異，大致上就是開啟 NotebookLM 工具 (https://notebooklm.google.com) 後，上傳我們希望請 AI 整理的資料 (例如產品資訊 PDF 檔)：

1 上傳我們希望請 AI 整理的各種產品資訊、FAQ 資料，做為筆記本的資訊來源 (本例是用 PDF，直接把 PDF 檔案拖曳到瀏覽器內最快)

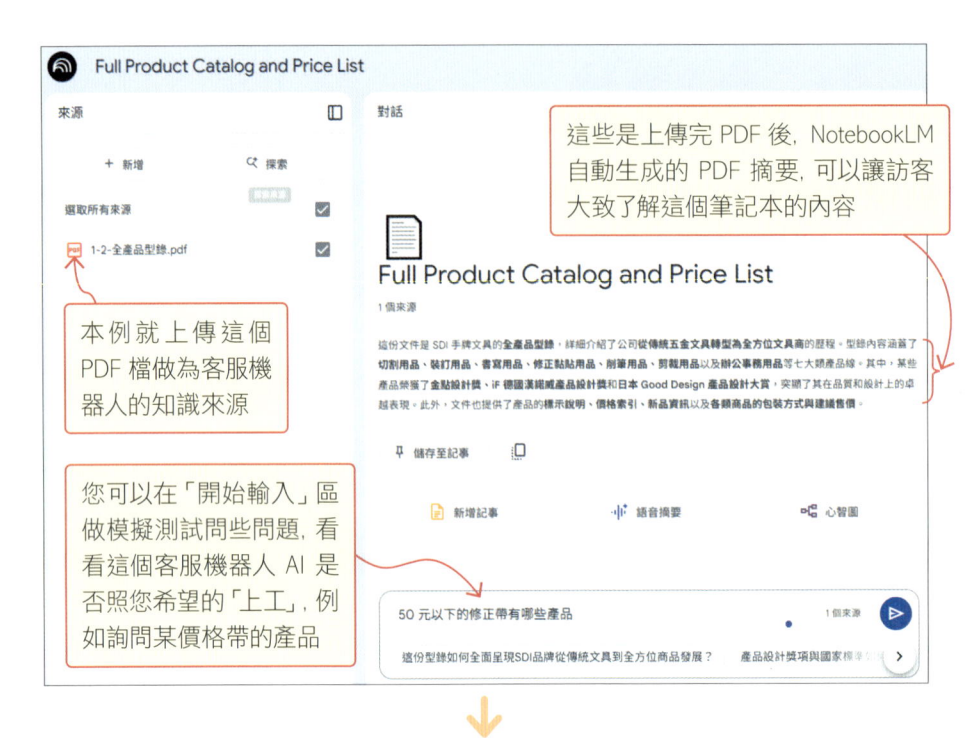

Full Product Catalog and Price List

來源

+ 新增　　🔍 探索

選取所有來源　　✅

📄 1-2-全產品型錄.pdf　　✅

> 本例就上傳這個 PDF 檔做為客服機器人的知識來源

對話

> 這些是上傳完 PDF 後，NotebookLM 自動生成的 PDF 摘要，可以讓訪客大致了解這個筆記本的內容

Full Product Catalog and Price List

1 個來源

這份文件是 SDI 手牌文具的**全產品型錄**，詳細介紹了公司從傳統五金文具轉型為全方位文具商的歷程。型錄內容涵蓋了切割用品、裝訂用品、書寫用品、修正貼黏用品、削筆用品、剪裁用品以及辦公事務用品等七大類產品線。其中，某些產品榮獲了**金點設計獎**、**iF 德國漢諾威產品設計獎**和**日本 Good Design 產品設計大賞**，突顯了其在品質和設計上的卓越表現。此外，文件也提供了產品的標示說明、價格索引、新品資訊以及各類商品的包裝方式與建議售價。

📌 儲存至記事

📝 新增記事　　🎙️ 語音摘要　　🧠 心智圖

[50 元以下的修正帶有哪些產品]　　● 1 個來源　➤

這份型錄如何全面呈現SDI品牌從傳統文具到全方位商品發展？　　產品設計獎項與國家榮...

> 您可以在「開始輸入」區做模擬測試問些問題，看看這個客服機器人 AI 是否照您希望的「上工」，例如詢問某價格帶的產品

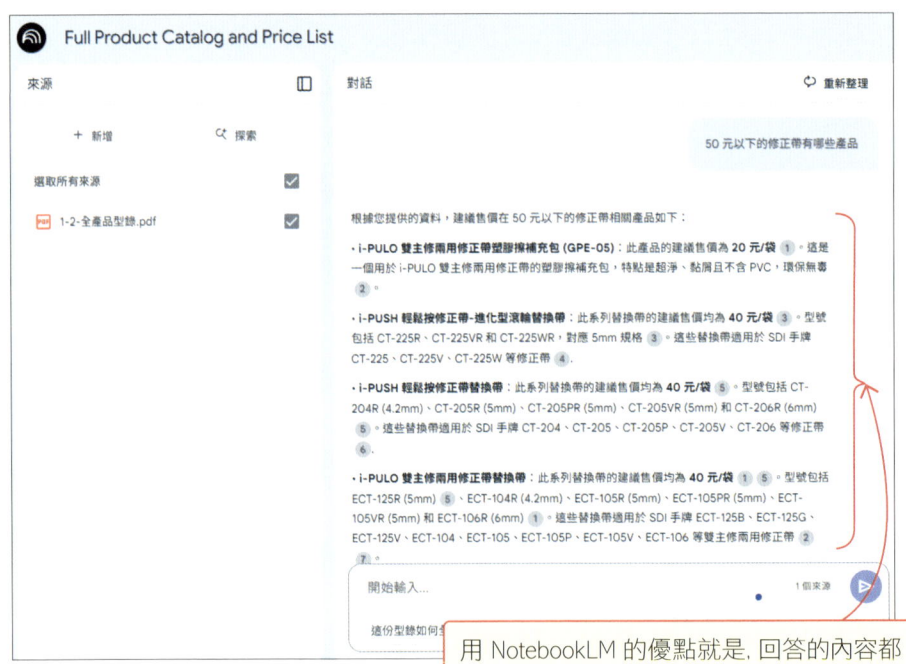

⬇

Full Product Catalog and Price List

來源

+ 新增　　🔍 探索

選取所有來源　　✅

📄 1-2-全產品型錄.pdf　　✅

對話　　　　　　　　　　　　🔄 重新整理

> 50 元以下的修正帶有哪些產品

根據您提供的資料，建議售價在 50 元以下的修正帶相關產品如下：

- **i-PULO 雙主修兩用修正帶塑膠擦補充包 (GPE-05)**：此產品的建議售價為 **20 元/袋** ①。這是一個用於 i-PULO 雙主修兩用修正帶的塑膠擦補充包，特點是超淨、黏層且不含 PVC，環保無毒 ②。

- **i-PUSH 輕鬆按修正帶-進化型滾輪替換帶**：此系列替換帶的建議售價均為 **40 元/袋** ③。型號包括 CT-225R、CT-225VR 和 CT-225WR，對應 5mm 規格 ③。這些替換帶適用於 SDI 手牌 CT-225、CT-225V、CT-225W 等修正帶 ④。

- **i-PUSH 輕鬆按修正帶替換帶**：此系列替換帶的建議售價均為 **40 元/袋** ⑤。型號包括 CT-204R (4.2mm)、CT-205R (5mm)、CT-205PR (5mm)、CT-205VR (5mm) 和 CT-206R (6mm) ⑤。這些替換帶適用於 SDI 手牌 CT-204、CT-205、CT-205P、CT-205V、CT-206 等修正帶 ⑥。

- **i-PULO 雙主修兩用修正帶替換帶**：此系列替換帶的建議售價均為 **40 元/袋** ⑤。型號包括 ECT-125R (5mm) ⑤、ECT-104R (4.2mm)、ECT-105R (5mm)、ECT-105PR (5mm)、ECT-105VR (5mm) 和 ECT-106R (6mm) ①。這些替換帶適用於 SDI 手牌 ECT-125B、ECT-125G、ECT-125V、ECT-104、ECT-105、ECT-105P、ECT-105V、ECT-106 等雙主修兩用修正帶 ② ⑦。

[開始輸入...]　　● 1 個來源　➤

這份型錄如何全...

> 用 NotebookLM 的優點就是，回答的內容都是出自左邊「來源」區的資料，不是亂編的

▶ 7-8

在上圖左半邊的**來源**區中，你可以儘管充實內容，例如旗標是一間圖書出版公司，我們可以將各書籍的重點介紹做為 NotebookLM 的知識來源，以後面對讀者詢問時就可以提供書籍建議，應答自如。

職場生產力 UP

若想做為客服系統，除了上傳產品型錄 PDF，NotebookLM 的來源還可以放以下內容，做為 AI 的知識庫：

- **一份「全系列產品名稱 VS 對應網址」的文件**：Excel、CSV 或 PDF 都行，讓 AI 在訪客詢問「XX 產品長什麼樣子？」時直接回傳網頁連結。
- **常見問題 FAQ 文件**：用 Word、Google Docs 或 PDF 方式整理常見客服問答。
- **使用說明書**：單品或系列的操作步驟、維護指南。
- **保固與售後政策**：退換貨流程、保固年限、聯絡方式。
- **促銷或活動說明**：檔期優惠、搭贈條件、有效日期。

✅ 用 NotebookLM 的筆記本共享功能，讓 AI 客服對外運作

當你測試完 NotebookLM 客服 AI 的回答沒有問題後，就可以準備把筆記本分享給訪客使用了。

1 這個需求用 NotebookLM 的筆記本**共享**功能很容易就可以做到：

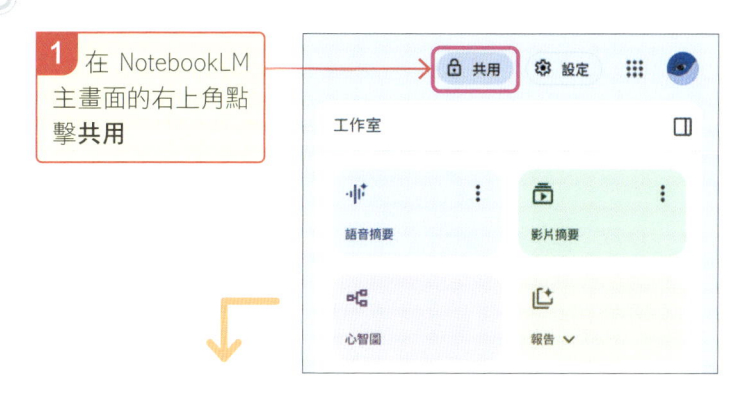

1 在 NotebookLM 主畫面的右上角點擊**共用**

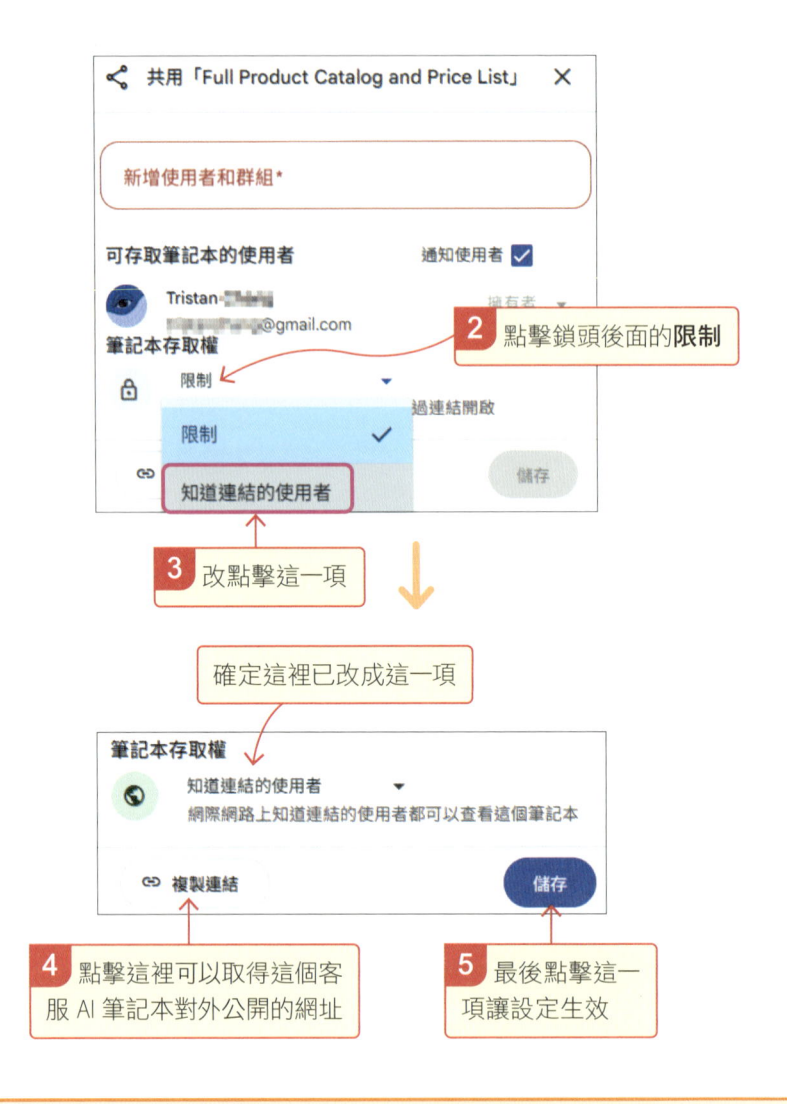

[圖：共用「Full Product Catalog and Price List」設定畫面]

2 點擊鎖頭後面的**限制**

3 改點擊這一項

確定這裡已改成這一項

4 點擊這裡可以取得這個客服 AI 筆記本對外公開的網址

5 最後點擊這一項讓設定生效

> **TIP** 一定要記得點擊步驟 5 的**儲存**喔！不要複製完連結就跑了，不然即便把連結散佈出去，外頭的人還是無法瀏覽這個筆記本。

2. 當他人打開這個公開的客服 AI 筆記本後，左半邊來源區的一些功能會被鎖死 (因為他們並不是這個筆記本的擁有者)，就只能檢視內容並發問：

我們來測試看看，當他人瀏覽您所提供的公開連結，就可以開啟客服 AI 筆記本

經由前面的設定，這個 AI 筆記本已經對外公開

有任何產品問題，直接發問就可以了，您可再問問看，多做幾次測試

看起來運作正常，如果您在編輯筆記本時提供的**來源**資訊愈豐富，AI 就愈能整理出有用的資訊提供給顧客

　　當然，這個客服 AI 筆記本還有可以優化的地方，例如在中間的**摘要**區若能撰寫一些給顧客看的客製化資訊 (像是優惠活動或品牌訊息) 更好。此外，如果能隱藏左側的**來源**區，也能讓整個客服介面更單純，讓顧客更專注在與客服 AI 互動上。哈！Google 其實也有想到這些問題，因此若您有付費升級到 **Google AI Pro** 會員 (如 4-2 節的介紹，可免費試用一個月)，就可以針對 NotebookLM 公開筆記本做更細緻的設定：

7-11

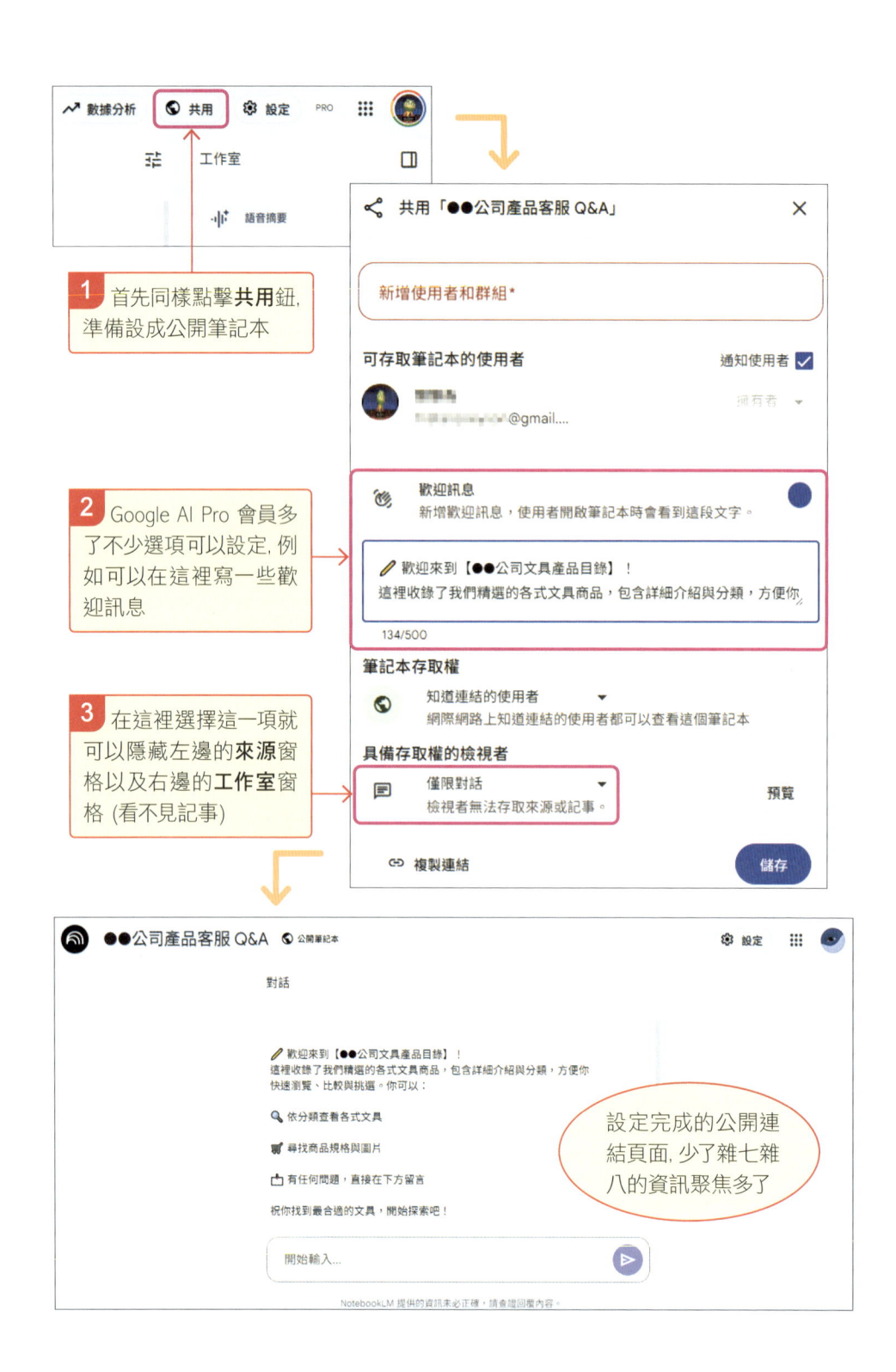

1 首先同樣點擊**共用**鈕,準備設成公開筆記本

2 Google AI Pro 會員多了不少選項可以設定,例如可以在這裡寫一些歡迎訊息

3 在這裡選擇這一項就可以隱藏左邊的**來源**窗格以及右邊的**工作室**窗格 (看不見記事)

設定完成的公開連結頁面,少了雜七雜八的資訊聚焦多了

7-12

另一個 AI 客服工具 – 自訂 GPT 機器人

我們最後再推薦一個可用於客服的 AI 工具, 前面章節經常用 ChatGPT 網站 (https://chatgpt.com) 上的**現成 GPT 機器人**幫我們做事, 其實 GPT 機器人也是絕佳的客服 AI 工具, 但不一樣的是, 我們不是要用 GPT 商店裡面的機器人, 而是要**自行打造一個 GPT 機器人**來擔任智慧客服 AI (**請注意!** 客製化 GPT 必須付費升級到 ChatGPT Plus 會員才能使用)。

以下簡單提示相關做法:

1 進入 ChatGPT 的頁面後, 可以看到在左側欄位看到 **GPT** 的選項, 直接點擊它

2 接著點擊畫面右上方的**建立**, 就會開啟 GPT 機器人的設計頁面 (提醒:需付費升級到 ChatGPT Plus 帳號才會看到此按鈕)

接下頁

7-13

建立區, 設計 GPT 機器人之用　　　　　預覽區, 顯示成品, 測試之用

上圖看到介面的稱為 **GPT Builder** 工具, 整個建置過程只要在左邊的 **建立區** 跟 GPT Builder 工具對話互動即可在右邊的 **預覽區** 查看結果。在跟 GPT Builder 互動時, 只要依照指示說出你所設想的機器人行為模式, 例如應該要怎麼樣跟使用者互動, 或者有沒有甚麼特殊的要求等等, 如果你的指示太天馬行空, 或者不夠明確, GPT Builder 也會請你重新敘述, 過程中都會主動引導, 完全不用程式不用擔心會卡關。而當我們打造完成後, 設為公開, 此機器人就可以在 GPT 商店被搜尋到, 對外運作了。

> **TIP** 由於 GPT Builder 必須付費升級到 ChatGPT Plus 會員才能使用, 這裡就不實際示範, 讀者可優先使用前面介紹的免費 NotebookLM 工具來建置, 若對用 GPT 機器人打造客服系統有興趣, 可以參考旗標出版的「**ChatGPT 萬用手冊**」一書。

7-14

8

CHAPTER

合約處理 AI

擬專業條文、白話文解釋，
AI 輕鬆搞定合約大小事！

8-1　請 AI 解釋複雜的法律 / 合約用語
8-2　請 AI 扮演法務增補條約
8-3　請 AI 草擬存證信函

上班族當然不可能每個人都是法律背景，卻免不了可能接觸到**合約**，當需要**解讀複雜的法律和合約用語**時，大膽尋求 AI 的協助吧！例如可以請 AI 將專業的術語轉化為白話文解釋，甚至**舉個例子幫助理解**，這樣就不怕被一堆專業術語弄的一個頭兩個大。

至於**合約的草擬**通常是法務或行政負責的工作，有了 AI 這項工作也可輕鬆不少。AI 不僅可以幫忙擬定專業條文，也能根據需求進行修飾和補充，協助您輕鬆應對這些專業工作。

8-1 請 AI 解釋複雜的法律／合約用語

使用 AI　AI 聊天機器人
（ChatGPT、Copilot、Gemini…都可以）

來示範如何請 AI 用白話文解釋合約吧！這方面最得力的 AI 工具助手自然是最擅長理解文意、生成文字的 AI 聊天機器人，我們以 ChatGPT 為例來解釋一份出版合約：

第五條　投資收益與退出機制

一、乙方對甲方所投資之資金應計入「優先股權」，該等股權於公司清算或資產分配時，優先於普通股股東受償，優先受償金額以實際出資金額加計年化利率百分之八（8%）之複利收益為限。

二、倘甲方於本協議有效期間內擬引入第三方投資者，應事先徵得乙方同意；若乙方拒絕，甲方不得逕自簽訂投資契約。

三、乙方得於滿五年投資期後，選擇以下方式退出：
（一）由甲方或其關係企業以公允市價回購；
（二）於公開市場掛牌交易後，以市場價出售；
（三）由甲方協助尋找第三方承接，惟須經乙方書面同意。

四、如甲方違反前述條款，乙方得要求立即贖回投資本金，並加計年利率百分之十二（12%）之違約金。

> 合約的用語通常都不那麼白話，仔細琢磨或許看得懂，但就是花時間。更不用說經常有看沒有懂…

凡對合約有不太熟悉的地方，可以複製一些文字段落下來貼到 AI 對話框，或者上傳檔案餵給 AI 都行。以下提示語 (Prompt) 是希望 AI 解釋時**舉個例子**：

> 我手邊有一份合約，請扮演一位熟知台灣法律的法務人員，**用白話文解釋給我聽，並舉個範例**
>
> (貼上合約文件，或附上夾檔)

合約條文繞來繞去，請 AI 舉個例最清楚

我手邊有一份合約，請扮演一位熟知台灣法律的法務人員，用白話文解釋給我聽，並舉個範例
|---------------------------
一、乙方對甲方所投資之資金應計入「優先股權」，該等股權於公司清算或資產分配時，優先於普通股股東受償，優先受償金額以實際出資金額加計年化利率百分之八（8%）之複利收益為限。
二、倘甲方於本協議有效期間內擬引入第三方投資者，應事先徵得乙方同意；若乙方拒絕，甲方不得逕自簽訂投資契約。
三、乙方得於滿五年投資期後，選擇以下方式退出：
（一）由甲方或其關係企業以公允市價回購；
（二）於公開市場掛牌交易後，以市場價出售；
（三）由甲方協助尋找第三方承接，惟須經乙方書面同意。
四、如甲方違反前述條款，乙方得要求立即贖回投資本金，並加計年利率百分之十二（12%）之違約

條款逐條白話解釋

第一條：優先股權
- 乙方投入的錢不是當普通股，而是「優先股」。
- 一旦公司清算或分配資產，乙方會比一般股東優先拿回錢。
- 優先受償的金額上限是：乙方投入的本金 + 每年8%複利計算的利息。

👉 **舉例：**
乙方投資 100 萬元，放 3 年。
計算方式是複利：
第一年 → 108 萬
第二年 → 116.64 萬
第三年 → 125.9712 萬
所以如果公司倒閉清算，乙方最多能優先拿回 **約 126 萬元**，才輪到普通股東分配。

AI 清楚舉了例子，您可以用例子回頭對照合約內容，讀合約就不會擔擱太多時間

第二條：新投資人引入
- 如果甲方想再找別的投資人（第三方投資者），必須先徵求乙方同意。
- 如果乙方不同意，甲方不能自己私下簽新投資契約。

👉 **舉例：**
甲方想再找丙方投資 500 萬。
甲方必須先問乙方。若乙方說「不同意」，甲方就不能跟丙方簽投資協議。

第 8 章　合約處理 AI —— 擬專業條文、白話文解釋，AI 輕鬆搞定合約大小事！

8-3

職場生產力 UP

針對本例,我們也可以進一步善用 AI。最基本的做法是在 AI 給出初步解釋後,持續**針對不明白的地方提問**。例如:「如果甲方違反了引入投資人的規定,乙方能否立刻要求還款?請模擬一個實際違約情境。」

或者,我們也可以要求 AI **從不同角色的視角來解釋合約**,例如:「請分別從投資人(乙方)與公司(甲方)的角度,說明這份合約的風險與保障。」這樣都能協助我們判斷出利弊得失。

8-2 請 AI 扮演法務增補條約

使用 AI AI 聊天機器人 (ChatGPT、Copilot、Gemini、Claude…都可以)

我們也可以請 AI 做**合約文件的修飾或補足**,我們只需提供口語化文字,再請 AI 轉成專業的用語,提高文件的專業性。例如職場上一般都要簽訂工作合約,合約條款的細節非常重要,無論是員工還是雇主,都需要謹慎審閱。假設作為雇主方,希望修訂現有的工作合約條款,可以請 AI 聊天機器人協助完善條文內容:

> **TIP** 先提醒讀者,合約涉及的主題包羅萬象,而且算是相當正式、嚴肅的法律文件。經測試發現有些 AI 的用字遣詞會不太像台灣法務界所慣用的字句,所以若操作完對細部有疑問,不太有把握時最好還是尋求專業法務、律師的協助!

> 您好,我是公司的法務主管。我們正在修訂現有的工作合約,希望您作為熟悉台灣勞動法規的專業人士,能夠協助我們檢視並完善合約內容,確保符合相關法律要求。以下是我們想要增加的幾個要點,請以適當的文字,讓以下幾點的敘述更周延::
> [想要增加的要點]

8-4

> 您好，我是公司的法務主管。我們正在修訂現有的工作合約，希望您作為熟悉台灣勞動法規的專業人士，能夠協助我們檢視並完善合約內容，確保符合相關法律要求。以下是我們想要增加的幾個要點，請以適當的文字，讓以下幾點的敘述更周延：
>
> 工作時間及加班規定
> 試用期間的權利義務
> 薪資調整機制
> 員工福利及假期規定
> 違約處罰及爭議解決機制

1 提示語內，要求事項寫再直白一點也可以

2 根據要點增修好文字，請 AI 做，馬上就有了初步草案

> 好的，我來幫您把這五個要點擬成合約條文的草稿，內容會以 **符合台灣勞動基準法及常見實務** 的角度來撰寫，讓文字更周延又不失彈性。您之後還能依公司實際需求再調整。以下建議版本：
>
> **一、工作時間及加班規定**
> 員工之正常工作時間依《勞動基準法》規定，每日不得超過八小時，每週不得超過四十小時。若因業務需要需延長工作時間，應依《勞動基準法》相關規定辦理，並經員工同意。加班工時應符合每日、每月及每三個月之最長工時限制，且雇主應依法支付加班費或提供補休。另如屬彈性工時或責任制工作性質，應另行簽訂書面約定並報主管機關核備。
>
> **二、試用期間的權利義務**
> 員工於試用期間之工作條件、薪資、福利，除另有書面約定外，與正式聘用人員相同。試用期間內，若經評估認定員工不適任工作，公司得依《勞動基準法》規定提前終止契約，並給予法定之預告期間或預告工資。若員工於試用屆滿前未獲正式錄用，勞動契約即告終止，公司應依法辦理相關離職程序。

8-3 請 AI 草擬存證信函

使用 AI ▸ AI 聊天機器人 (ChatGPT、Copilot、Gemini、Claude…都可以)

存證信函 算是常見的文書資料，當糾紛發生時或口頭約定怕口說無憑，為了保留證據就會派上用場。職場上，不論是違反工作時間規定、洩露機密資訊、購買糾紛、或是未履行職責…等都可能用到此文件。

當您需要處理相關工作時，可以透過 ChatGPT 等 AI 聊天機器人擬出存證信函的大致內容，再自行修改：

> 提醒讀者，請提供足夠的背景資訊 (白話寫故事都可以)，比較會有完善的結果

- 請扮演一位熟知台灣法律的法務人員。前日，我們發現員工 XXX 先生在未經允許的情況下，將公司的機密資料外洩至競爭對手手中。這已嚴重違反了員工手冊中的保密條款。我們已經與 XXX 先生溝通，要求他立即停止此行為並返還相關資料，但他拒絕配合。

請您以法務專家的身份，提供適當的法律建議，並協助我擬定一封存證信函，嚴厲要求 XXX 先生立即糾正違規行為，並承擔相應的法律責任。信函內容應具體陳述違約事實、要求糾正的期限，以及若屆時仍未配合將採取的後續行動。您的建議對我們非常重要，請盡量以專業而嚴肅的語氣撰寫。

本例 AI 提供的內容如下：

> 二、存證信函範本（嚴肅、專業版）
>
> 寄件人：貴公司名稱
> 收件人：XXX先生
> 主旨：關於違反保密義務及外洩公司機密資料之嚴正通知
>
> XXX先生：
>
> 本公司查明，您於近日未經本公司允許，將屬於本公司之機密資料外洩予競爭對手。該行為已明顯違反您於任職期間所應遵守之《勞動契約》及《員工手冊》之保密條款，並嚴重侵害本公司之合法權益。
>
> 本公司已於前日與您進行面談，明確要求您立即停止該等不當行為，並返還所有涉及之公司資料，惟您仍拒絕
>
> 您持有或控制之所有公司機密資料及其複製品。
> 2. 書面確認：請您於同一期間內，以書面形式回覆，確認已履行前述義務。
> 3. 法律責任：如您逾期仍未依本函要求辦理，本公司將不得不採取必要之法律行動，包括但不限於：
>   - 向司法機關提出刑事告訴（涉及營業秘密法及背信罪）；
>   - 提起民事訴訟，請求停止侵害、返還資料並賠償一切損害。
>
> 本函除作為正式警告通知外，並將作為後續法律程序之重要證據，請您務必嚴肅看待。

職場生產力 UP

後續若有相關工作也可以繼續請 AI 協助，例如請 AI **進行信函的排版**，更符合正式文件的樣子 (現在 AI 很強，滿多時候會主動幫我們把存證信函做成一個 Word / PDF 模板)。此外，也可以請 AI **模擬接收方可能的回應**，甚至可以幫你擬好應對策略，用 AI 當顧問有備無患！

PART 02 資料分析與程式設計 AI 組合技！
技術小白、職場老手全適用！

9
CHAPTER

資料分析、視覺化 AI

自動得出結論，繪製圖表，
AI 讓分析工作變簡單！

9-1　請 AI 當你的資料分析總規劃師

9-2　各種資料分析、視覺化圖表繪製工作，
　　　都請 AI 自動做！

9-3　AI 幫你全自動完成專業又深入的
　　　資料分析報告

9-4　報告缺圖缺很大！AI 幫我們把文字
　　　一鍵轉成圖解

談到**資料分析**、**資料視覺化**，最普遍的就是用 Excel 或 Power BI 等工具來做，進階一點的則會用 Python 等程式，但無論哪一種方法都需要不少時間來學習。相比之下，善用 AI 工具可以讓資料分析 / 視覺化工作變得非常簡單。AI 能協助**自動化處理數據**、**做分析**。工作上不管是想預測市場趨勢、分析消費者行為，還是分析科學數據資料集，都可以用 AI 輕鬆完成。

9-1 請 AI 當你的資料分析總規劃師

使用 AI 聊天機器人
(ChatGPT、Copilot、Claude…都可以)

資料分析無非是希望透過分析過往數據得到一些可用資訊，例如：銷售數據與市場趨勢的關聯、客戶意見與產品修正之間的關係…等。若對這個領域還不太熟悉，即便手邊已經有些資料，可能第一步該做什麼還是沒有頭緒。而即便是職場上打滾多年的資料科學家，每當面對一份新的資料，也免不了要做繁瑣的清洗、視覺化、建模分析…等工作，耗時費力…

由此可見，資料分析實在是門大學問，需要智慧的 AI 工具來幫忙，以往可能需要搬出 Data Analysis & Report AI 這類專用來做分析的 AI 工具 (有在 GPT 商店上架)，但現在 ChatGPT 等 AI 聊天機器人的能力已經愈來愈強，其實用它們就足以幫我們快速進行各種資料分析工作，舉凡**分析的流程該如何規劃** (本節會示範)，或者**資料清理、視覺化、分析出結論**…等實際作業 (下一節會示範)，任何資料分析的問題都能請 AI 解決！

☑ 請 AI 快速梳理資料分析的大方向

一開始先牛刀小試吧！要做資料分析之前，當然得**先知道大概的流程有哪些**，才不至於做到一半突然迷失方向。新手沒經驗、不知道流程沒關係，我們可以詢問 AI 聊天機器人請它大致說明一下：

> 請告訴我資料分析的流程或步驟

直接跟 AI 描述您想做的事

資料分析是一個多階段的過程,涉及從收集原始數據到最終生成有價值的見解。以下是詳細的資料分析流程及其步驟:

1. **定義目標**
   - 明確分析的目的和問題。這一步驟確保所有分析活動都有明確的方向,並且每個分析步驟都與最終目標一致。

2. **資料收集**
   - 收集相關數據,可以來自內部系統、外部數據庫、公開資料源或調查問卷等。

3. **資料清洗**
   - 資料清洗是確保數據質量的重要步驟,包括處理缺失值、異常值、重複數據以及不一致的數據格式。這些問題會影響後續分析的準確性。

4. **資料探索**
   - 初步分析和可視化數據,以了解數據的基本結構、變量分佈和潛在的模式。這一步通常涉及生成描述性統計數據(如均值、中位數、標準差)和初步的圖表(如直方圖、散佈圖)。

列出非常多事要做, 我們會挑其中幾項做示範

- 應用統計模型或機器學習算法來從數據中提取見解。這可能包括回歸分析、分類、聚類分析、時間序列分析等。選擇合適的模型和算法取決於數據的性質和分析目標。

7. **模型評估**
   - 評估模型的性能,確保其準確性和可靠性。這通常通過交叉驗證、性能指標(如準確率、精確率、召回率、F1分數等)來進行。

8. **數據解釋和可視化**
   - 生成詳細的報告和圖表,以解釋分析結果並將其傳達給相關方。這可能包括交互式圖表、儀表板和靜態報告。

9. **結果傳達**
   - 將分析結果向相關利益相關者呈現,並提供具體的建議和行動方案。這一步驟旨在確保數據見解能夠轉化為實際行動。

10. **持續監控和反饋**
    - 持續監控模型和分析結果的性能,並根據新的數據或變化的需求進行更新和調整。這保證分析結果的持續有效性和相關性。 ↓

當然，我們也可以將 AI 視為資料分析顧問，對於任何不了解的步驟或專業術語，直接詢問就行了：

> 請幫我舉個例說明**資料清洗 (理)** 的細節

> AI 實際舉個需要「清洗」的資料範例來解釋，有了例子更清楚了，先有觀念後，用的時候才知道怎麼問 AI

好的，以下是一個關於資料清洗的詳細例子，假設我們有一個包含客戶信息的數據集，我們需要對這些數據進行清洗。

原始數據

```plaintext
Customer ID | Name         | Age | Email              | Phone Number  | Address
------------|--------------|-----|--------------------|----------------|----------------
001         | Alice Wong   | 29  | alice@example.com  | 123-456-7890   | 123 Main St
002         | Bob Lee      | 35  | bob@example.com    | 123-456-7890   | 456 Oak St
003         |              | 42  | carol@example.com  | 987-654-3210   | 789 Pine St
004         | David Chen   | 28  |                    |                | 135 Maple Ave
005         | Eve Kim      |     | eve@example.com    | 123-456-7890   | 246 Cedar Blvd
001         | Alice Wong   | 29  | alice@example.com  | 123-456-7890   | 123 Main St
```

> 資料若有遺漏，要先清理後再拿來用 (行話稱為 '清洗')

清洗步驟

1. 去除重複數據

- 檢查並刪除重複的數據行。根據 `Customer ID`，我們發現第一行和最後一行是重複的，因此刪除最後一行。

☑ 直接餵資料給 AI，了解資料輪廓

透過 AI 大致了解資料分析的流程以及各步驟該做的事情後，傳統上，我們習慣遵循既定的流程進行分析，但在 AI 時代，我們或許不必那麼「按部就班」地處理事情。若您對資料分析還懵懵懂懂、不確定該問 AI 什麼問題時，不妨把手邊的資料**直接餵給 AI**，或許馬上就能得到一些分析的方向，這比在電腦前思考老半天快多了。善用 AI 工具儘可能地自動化處理，絕對是在這個時代的勝出關鍵。

我們用個職場範例來示範吧！以下範例是一家銀行的 **行銷活動數據** (書附下載範例 / Ch09 / bank.xlsx)，內容是多次的電話行銷結果，行銷人員希望藉由這些分析資料, 預測往後的新客戶是否會申請銀行的定存方案：

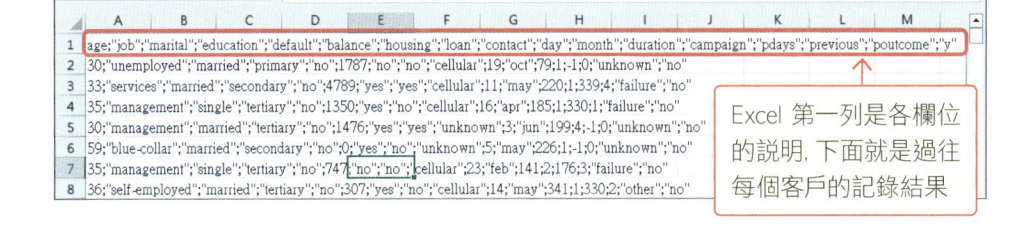

```
age;"job";"marital";"education";"default";"balance";"housing";"loan";"contact";"day";"month";"duration";"campaign";"pdays";"previous";"poutcome";"y"
30;"unemployed";"married";"primary";"no";1787;"no";"no";"cellular";19;"oct";79;1;-1;0;"unknown";"no"
33;"services";"married";"secondary";"no";4789;"yes";"yes";"cellular";11;"may";220;1;339;4;"failure";"no"
35;"management";"single";"tertiary";"no";1350;"yes";"no";"cellular";16;"apr";185;1;330;1;"failure";"no"
30;"management";"married";"tertiary";"no";1476;"yes";"yes";"unknown";3;"jun";199;4;-1;0;"unknown";"no"
59;"blue-collar";"married";"secondary";"no";0;"yes";"no";"unknown";5;"may";226;1;-1;0;"unknown";"no"
35;"management";"single";"tertiary";"no";747;"no";"no";"cellular";23;"feb";141;2;176;3;"failure";"no"
36;"self-employed";"married";"tertiary";"no";307;"yes";"no";"cellular";14;"may";341;1;330;2;"other";"no"
```

Excel 第一列是各欄位的說明，下面就是過往每個客戶的記錄結果

如上圖所示，資料內的變數 (欄位) 包括 **客戶的資料** (年齡、職業、婚姻狀況等)、與 **行銷活動相關的數據記錄** (如聯繫的天數、聯繫的次數等)，每一列資料的最後也記錄了 **yes、no, 即該客戶的最終結果** (是否申請定存)。

> **TIP** 在機器學習 (Machine Learning) 領域，這稱為 **監督式學習**，意思是這筆資料集提供了每個客戶的最終結果 (即是否申請定存), 資料分析專家們可以用這種已經有結果 (註：做了標記) 的資料來訓練出一個模型，最終目的是預測 **以後新的客戶是否會申請定存方案**, 也可以提供銀行做更細緻的針對性行銷。以下我們就是要帶您稍微一窺這個資料分析作業的部分細節。

以這個 Excel 資料集為例，包含以下欄位：

age	客戶年齡	day	最後一次聯繫的日子
job	客戶職業	month	最後一次聯繫的月份
marital	客戶婚姻狀況	duration	最後一次聯繫的時長（秒）
education	客戶教育程度	campaign	本次行銷活動聯繫次數
default	是否有信貸違約	pdays	距離上次行銷活動後經過的天數
balance	年底存款餘額	previous	在本次行銷活動之前聯繫的次數
housing	是否有房貸	poutcome	之前行銷活動的結果
loan	是否有個人貸款	y	客戶是否訂購定期存款（是/否）
contact	聯繫方式（電話）		

我們先不考慮太多，直接把檔案檔案餵入 AI 聊天機器人 (這裡以 ChatGPT 為例)：

```
bank.csv
試算表                    ① 把手邊的資料餵給 AI

我想要分析這個資料，請給我一些方向    ② 輸入 Prompt, 請 AI 提供一些方向

+  研究 ×   資料來源 ▾
```

③ 可視需求決定要不要開啟**深入研究 (Deep Research)** 模式, 本例先不開啟 (因為考量到免費用戶的次數有限, 若最後覺得 AI 生成的報告不夠深入, 可再回頭開啟此模式, 請 AI 再執行一次, 7-3 節會介紹)

看起來這個資料集的欄位使用了分號 (；) 作為分隔符號, 而不是標準的逗號 (，)。這使得 Pandas 在讀取時將所有內容當作一個單一欄位。我們需要重新讀取這個資料集, 並正確指定分隔符號為分號。

讓我重新讀取並檢查資料集的內容。

資料集簡介

這個資料集來自於葡萄牙的一家銀行的行銷活動數據。主要目的是通過多次的電話行銷活動, 預測客戶是否會訂購銀行的定期存款。資料集中的變數包括客戶的人口統計資料 (如年齡、職業、婚姻狀況等)、與行銷活動相關的數據 (如聯繫的天數、聯繫的次數等), 以及最終的結果 (客戶是否訂購定期存款)。

⑤ 經由 AI 分析, 對資料有初步的認識

④ 本例 AI 自動處理了一些工作 (我們都沒下指示呢)

此外, 也看到 AI 自動提供滿具體的後續分析方向：

你可以開始進行以下的分析工作：

1. **資料清洗**：
   - 處理缺失值
   - 處理不合理值或離群值

2. **資料探索**：
   - 資料的基本統計量
   - 各個變數的分布情況

3. **視覺化分析**：
   - 繪製數值型變數的盒狀圖和直方圖

現在我們已經大致知道處理事情的輪廓，接著通常就是搬出各種工具、或寫程式來處理，如同前述，可能光操作工具可能就會讓您卡關卡老半天。現在這些工作通通可以試著請 AI 代勞，大原則就是**能請 AI 幫忙就請 AI 幫忙！**看能否快速得出一些結論，後續幾節繼續來示範。

9-2 各種資料分析、視覺化圖表繪製工作，都請 AI 自動做！

使用 AI AI 聊天機器人
(ChatGPT、Copilot、Claude…都可以)

✓ 資料清洗請 AI 自動做最快！

延續前一節的範例。首先，剛到手熱騰騰的資料可能會存在一些問題 (例如有缺失值、離群值…等)，這時就需要做**資料清洗**，確保後續資料視覺化、跑機器學習模型的準確性。資料清洗是重要卻耗時的工作，現在我們有了 AI，可以讓這份工作更有效率地進行。

> **TIP** 用 AI 做自動化分析工作時，經常會比較常出現專業的術語，例如：
> - **缺失值：**因各種因素而遺失的資料，在資料內通常會以「空白」、「N/A」、「？」表示。資料中若有缺失值時，可以選擇刪去整筆或整欄資料，或是以平均值、中位數來填補其值。
> - **離群值：**其他多數觀測值有明顯差異、或不合理的資料。太多離群值也會影響分析的準確性。

首先，我們就上傳資料給 AI 聊天機器人，請它幫我們檢查資料，必要時做自動做資料清洗 (這裡以 ChatGPT 為例)：

描述需求

(上傳 Excel 資料檔)
請幫我做資料清洗，檢查並處理缺失值和不合理值

根據數據檢查結果，我們可以進行以下步驟來清洗數據：

1. **檢查缺失值**：檢查是否有任何列包含缺失值。
2. **處理不合理值**：檢查每列的數據範圍，特別是數值型變量是否有不合理值。

1. 檢查缺失值

從 `df.info()` 的輸出可以看到，所有列都沒有顯示缺失值，但我們仍然應該進行更詳細的檢查。

2. 處理不合理值

檢查每個數值型變量的基本統計描述，確保它們的值在合理範圍內。

讓我們先檢查缺失值和數據描述。

檢查缺失值

```python
df.isnull().sum()
```

> 這些讀者應該很熟悉了，AI 處理缺失值時都會自動撰寫程式來檢查（此例 AI 是用 Python 程式）

檢查數值型變量的基本統計描述

```python
df.describe()
```

讓我們執行這些檢查。[>_]

本例 AI 做完後，會直接告訴我們結論：

根據檢查結果，我們可以做以下觀察：

1. **缺失值**：沒有缺失值。
2. **不合理值**：
   - `balance` 的最小值為 -3313，這可能是不合理的（例如負餘額）。
   - `pdays` 的最小值為 -1，這應該是一個特殊值，可能表示沒有之前的聯繫。
   - `campaign` 的最大值為 50，這看起來有點極端。

> 點出幾個資料可能有問題的地方

接下來我們會進行以下步驟來處理這些問題：

1. 處理負的 `balance` 值。
2. 處理 `pdays` 中的 -1 值。
3. 檢查並處理 `campaign` 的極端值。

> 也說明會替我們做這些處理

必要時，AI 會繪製一些圖表來查驗資料，此例為了檢查並處理 campaign 欄位 (行銷活動聯繫次數) 的極端值，AI 還主動繪製了圖表供我們參考，這個過程簡直像在**閱讀一份分析處理報告**：

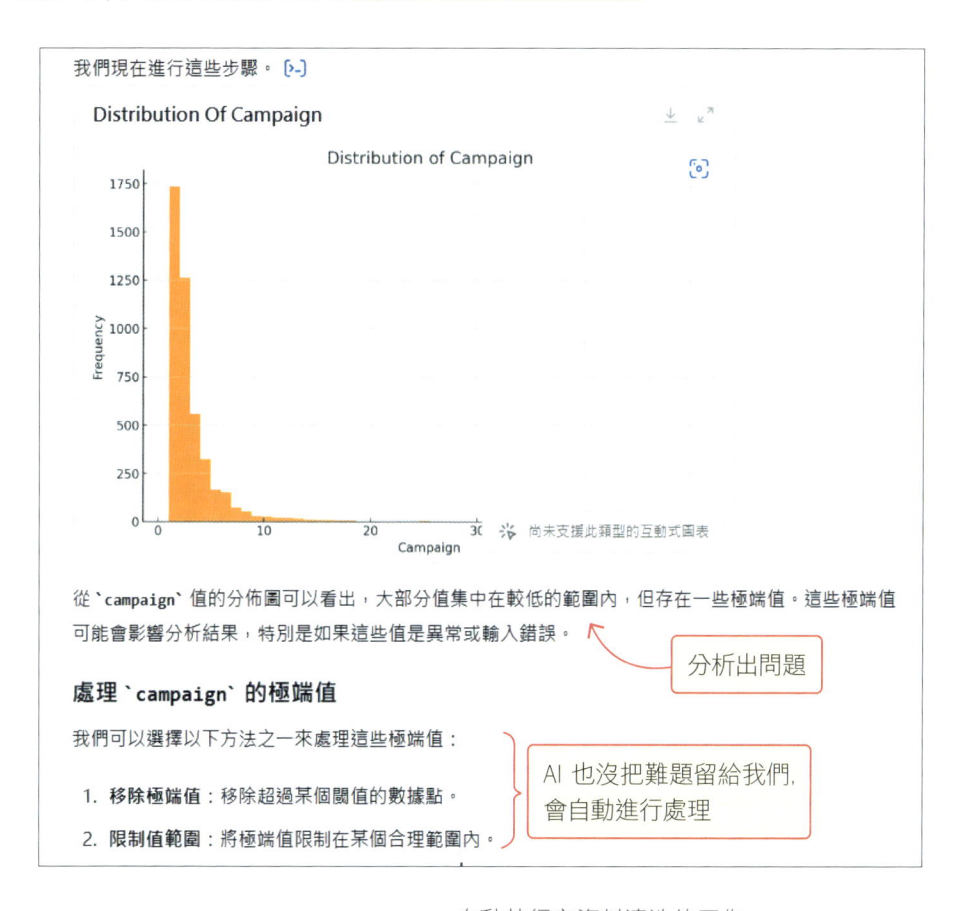

> 我們現在進行這些步驟。
>
> **Distribution Of Campaign**
>
> (直方圖：Distribution of Campaign，橫軸 Campaign，縱軸 Frequency，數值集中在低範圍並有長尾)
>
> 尚未支援此類型的互動式圖表
>
> 從 `campaign` 值的分佈圖可以看出，大部分值集中在較低的範圍內，但存在一些極端值。這些極端值可能會影響分析結果，特別是如果這些值是異常或輸入錯誤。 ← 分析出問題
>
> **處理 `campaign` 的極端值**
>
> 我們可以選擇以下方法之一來處理這些極端值：
>
> 1. **移除極端值**：移除超過某個閾值的數據點。
> 2. **限制值範圍**：將極端值限制在某個合理範圍內。

→ AI 也沒把難題留給我們，會自動進行處理

自動執行完資料清洗的工作 ↓

> 我們已經完成了以下步驟來清洗數據：
>
> 1. **處理負的 `balance` 值**：將負值設定為 0。
> 2. **處理 `pdays` 中的 -1 值**：將其替換為 None。
> 3. **移除 `campaign` 的極端值**：移除了大於 20 的值。
>
> 重新檢查數據描述後，我們可以看到這些更改已經生效，數據的基本統計描述也變得更合理。

第 9 章 資料分析、視覺化 AI — 自動得出結論，繪製圖表，AI 讓分析工作變簡單！

接下來的步驟：

1. 確認清洗後數據的完整性和一致性。
2. 將清洗後的數據保存到新文件中。

保存清洗後的數據

```python
cleaned_file_path = '/mnt/data/cleaned_bank.csv'
df.to_csv(cleaned_file_path, index=False)
```

讓我們來執行保存數據的步驟。[>_]

已經完成數據清洗並將清洗後的數據保存至新文件：cleaned_bank.csv。

> 最後提供清洗後的資料讓我們下載 (依經驗，若檔案無法下載時，可以再詢問 AI 請它重新提供)

看到了吧！利用 AI 工具進行**資料清洗**就是這麼簡單！提醒讀者，由於 AI 回答的隨機性，您得到的過程、結果可能會跟以上所展示的不同，不過大致上強大的 AI 都會幫我們**發掘問題 → 處理問題 → 提供處理後的結果**。我們也可以從這位資料清洗小幫手 (應該要叫專家！) 的處理過程中學到實務的資料分析知識。

☑ 用 AI 快速分析資料得出結論

前面的操作您也看到了, 有時候 AI 的資料處理過程實在有點「**詳盡**」, 免不了會出現許多資料分析/資料科學專業術語, 如果您一點底子都沒有, 可能使用起來還是會略感吃力, 沒什麼方向感, 只能看 AI 表演…。

如果我們對這門學問還處在初級班, 能不能請 AI「**直奔主題**」, 直接告訴我們一些結論呢, 本節就來試試。

> 請試著直接完成分析, 告知我這份 Excel 資料透露什麼資訊
>
> 請 AI 進行分析

以本例筆者得到的結果來說，一開始 AI 還是會先畫圖解釋各變數 (也就是各欄位) 的概要，看來 AI 認為認識資料欄位還是不可忽略：

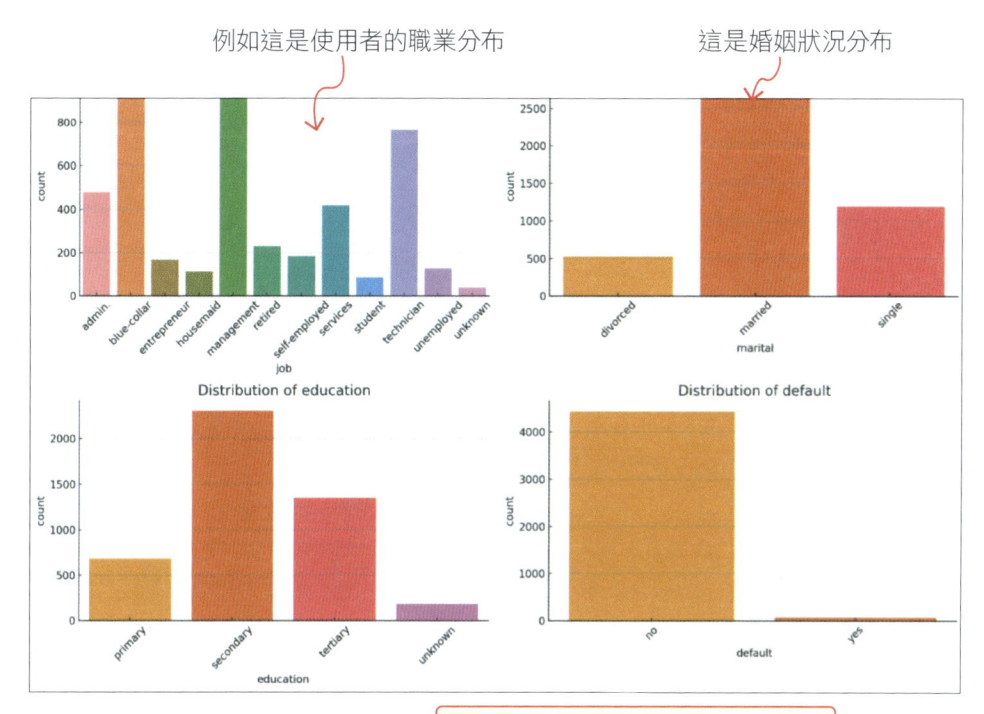

例如這是使用者的職業分布　　　　這是婚姻狀況分布

簡單說明各欄位 (變數)的分佈情況

從上述圖表中，我們可以觀察到各個分類變數的分佈情況。以下是一些具體觀察結果：

1. **職業 (job)**：
    - 管理職位 (management) 佔據了最多的比例，其次是藍領 (blue-collar) 和技術員 (technician)。

2. **婚姻狀況 (marital)**：
    - 已婚 (married) 的比例最高，其次是單身 (single) 和離婚 (divorced)。

3. **教育程度 (education)**：
    - 中等教育 (secondary) 的比例最高，其次是高等教育 (tertiary) 和基礎教育 (primary)。

4. **信用卡逾期 (default)**：
    - 大部分人都沒有信用卡逾期 (no)。

閱讀這些可以快速一覽 Excel 資料的樣貌

第 9 章　資料分析、視覺化 AI — 自動得出結論，繪製圖表，AI 讓分析工作變簡單！

9-11

有辦法請 AI 直接告訴我們結論嗎？ 此例無非是想要知道哪個因素跟「使用者最終決定是否申請定存」的關係最大，為此 AI 也繪製了相關圖表來說明：

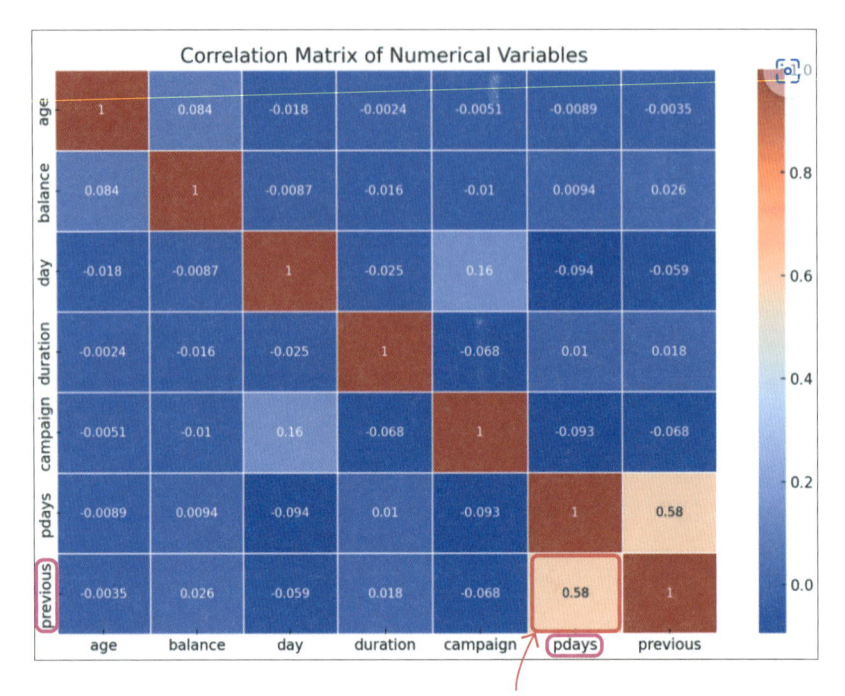

![Correlation Matrix of Numerical Variables 熱力圖，pdays 與 previous 相關係數為 0.58]

這稱為「相關係數」熱力圖，用來看出變數間的關聯，數值愈接近 1 的表示愈相關，例如圖中可以看到 pdays 和 previous 之間的相關性較強，因為它們的相關係數為 0.58

> **TIP** 相關係數：用以表示變數間的相關性，為介於 -1 (完全負相關) 至 1 (完全正相關) 的值。

看起來還是有點專業，如果 AI 還是很「熱心」解釋個不停，我們來換個 Prompt，看看能否直奔主題：

> 請直接提供我結論，**先不要列出太多資料分析細節**

> 申請定存的主要因素
>
> 根據數據分析，以下情況下客戶更有可能申請定期存款：
>
> 1. **年齡**：年齡較大的客戶更有可能申請定期存款，特別是40歲以上的客戶。
> 2. **教育程度**：受過高等教育（特別是大學及以上）的客戶更傾向於申請定期存款。
> 3. **銀行餘額**：銀行餘額較高的客戶更可能申請定期存款。
> 4. **職業**：管理層和專業人士的申請率較高。
> 5. **行銷接觸次數**：多次行銷接觸（特別是3次以上）的客戶更有可能申請定期存款。
> 6. **上次行銷活動結果**：上次行銷活動結果為成功的客戶，更可能再次申請定期存款。
>
> 這些因素可以作為行銷策略的重點，以提高定期存款的申請率。如果需要進一步詳細分析或具體數據支持，請告知。

似乎比較直接了, 點出這項因素對客戶是否申請定存較有關係

有一些滿具體的建議

　　經過嘗試，我們順利得到了一些結論。當您對資料分析還有點陌生時，可以試著用上述做法先請 AI 分析出一些結論，若需要嚴謹的數字或報告來支撐論點，再回頭依循前述的資料分析步驟來處理即可 (連這一步也可以請 AI 幫忙喔 😊，下一節就會看到)。

> **TIP** 如同您過程中所看到的, 若能紮穩基本的資料分析/資料科學底子, 用 AI 來協助做資料分析會更得心應手！若想自學資料科學 / 機器學習的讀者, 可以參閱旗標出版的相關書籍 (例如「**只要 Excel 六步驟, 你也能做商業分析、解讀數據, 學會用統計說故事**」、「**資料科學的建模基礎**」等書)。

9-3 AI 幫你全自動完成專業又深入的資料分析報告

使用AI ▶ Deep Research (ChatGPT、Gemini…等都有提供)

延續前兩節看到的「**行銷活動數據**」資料分析工作，其實這樣的工作非常適合利用 AI 聊天機器人的**深入研究 (Deep Research)** 功能來處理 (ChatGPT、Gemini…都有提供)。以 ChatGPT 的**深入研究**功能為例，OpenAI 表示這項功能專為金融、科學、工程等專業領域打造，有助於那些需要精確可靠數據的研究人員，本節的例子絕對適合！

深入研究 (Deep Research) 功能具備上網搜尋、分析大量資料、推理與整理資訊的能力，當我們送出需求後，其實就沒什麼事好做了，因為 AI 會全自動進行，花 5～30 分鐘不等的時間進行搜索跟推理，最終生成高達數千字的文章。由於免費用戶次數有限，我們在 9-6 頁步驟 **3** 請 ChatGPT 做分析時並沒有開啟此模式，若有開，結果就會如下所示：

提供手邊的資料餵給 ChatGPT 時，點擊旁邊的 + 後開啟**深入研究**模式，然後就可以按 Enter 請 AI 開始生成研究報告了

AI 收到需求，開始處理

過程中我們完全不用做事，等 AI 跑出結果即可

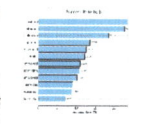

2 生成的報告會顯示在左半邊，本例報告開頭 AI 先做了背景介紹

1 我們可以在右半邊看到 AI 在做哪些事，這些工作會一步一步自動進行，直到完成，根本就是個全自動的 AI 研究專家

第 9 章　資料分析、視覺化 AI — 自動得出結論，繪製圖表，AI 讓分析工作變簡單！

AI 生成的研究報告滿好閱讀，
重點還會自動加粗強調

> **TIP** 以 ChatGPT 的 **深入研究 (Deep Research)** 功能為例，目前 OpenAI 已開放 Deep Research 功能給所有用戶使用。不過有設定額度限制，Plus 用戶每個月提供 25 個 credit (免費用戶 5 個)，每詢問一個問題會扣除 1 點。

9-15

9-4 報告缺圖缺很大！AI 幫我們把文字一鍵轉成圖解

使用 AI Napkin AI

前幾節我們看到，AI 已經能幫我們從資料分析的規劃、清洗、建模到產出完整的專業報告。然而在職場上，報告不只要「有結論」就好，最好能**讓看的人能夠快速吸收、甚至留下深刻印象**，這時候，除了內容外，**呈現方式**也很重要。如果報告文字太多，即便內容再精彩，也可能沒有人願意細讀，而這又是 AI 可以派上用場的地方了。

這一節要介紹的 **Napkin AI** 可以幫我們**一鍵把篇幅龐大的文字報告轉換成圖表、或者圖像化的重點摘要**。AI 會自動判斷我們所圈選的文字適合以什麼樣的圖解呈現，輕鬆讓報告從「文字密密麻麻」變成「圖文並茂」，這種新式的 AI 製圖方式讓報告撰寫變得更佳輕鬆了。

Napkin AI 的使用非常簡單，請先連到 https://napkin.ai/ 網站申請好免費帳號，用 Google 帳號即可快速申請好

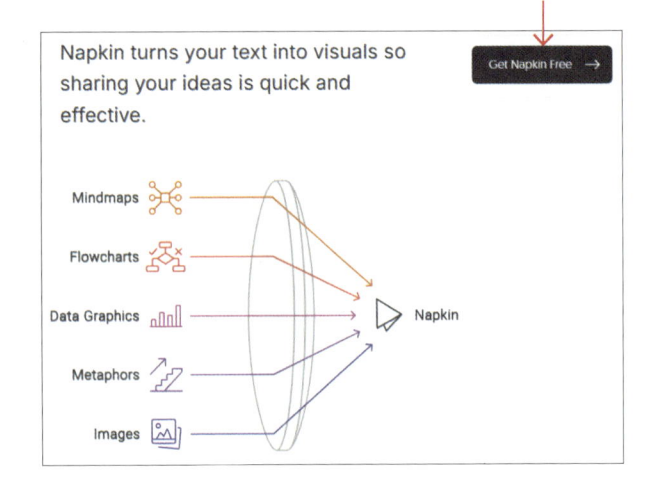

☑ 請 AI 自動將文字轉換成圖解內容

舉例來說，假設手邊有一份三千字的行銷分析報告，若滿滿的都是文字，閱讀者可能得耐心讀到第二頁，從字裡行間搞懂你的論點，不妨事先把文字量偏多的報告交給 AI 充實圖解內容，快速產出一看就懂的報告吧：

1 本例示範的例子是前一節用 ChatGPT 的**深度研究**功能所生成的報告，已經很不錯了，但筆者希望能再「圖文並茂」一點：

- **行銷時機（月份）**：不同月份的成功率差距懸殊，顯示行銷時機和策略很重要。特定月份（例如3月、10月、12月）的活動成效特別好，可能是因為針對更有意願的族群進行或季節性因素所致。
- **貸款與財務狀況**：是否背負貸款是區分成功與否的顯著特徵之一。沒有房貸或個人貸款的客戶比有貸款者成功率高出將近一倍。同時，帳戶餘額較高（正餘額）的客戶也略顯更容易參與。這些都反映出客戶的財務餘力影響其投資意願。
- **職業與人口特性**：客戶的職業類別明顯影響行銷成效。例如退休人員、學生的成功率遠高於藍領階層。婚姻與教育方面，未婚或離婚以及具高等教育程度者相對更容易被說服。這些人口特性有助於鎖定較可能成功的客群。

總而言之，透過以上特徵的分析，我們可以更清晰地了解哪些群體在銀行定存行銷活動中最有可能轉化成功。行銷團隊應特別關注通話時長和先前互動情況，並結合客戶的財務狀況與人口特徵來優化目標客群與溝通策略。例如，針對過去有成功紀錄的客戶進行重點跟進、選擇適當時機（避免5月等成效低的時段）聯絡，以及對沒有貸款且具備餘額的客戶強調產品優勢，這些作法將更有可能提高行銷活動的成功率。

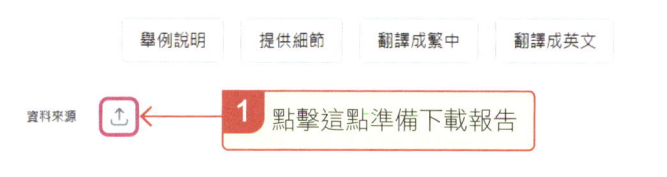

舉例說明　提供細節　翻譯成繁中　翻譯成英文

資料來源 ⬆　**1** 點擊這點準備下載報告

2 接著點擊上方的**下載**鈕，就可以將報告存下來 (本例是存成 Word 檔)

✕ 預覽　　　　　　　　　　　　　⬇ 下載　🔗 分享連結

PDF 文件 (.pdf)
Microsoft Word 文件 (.docx)

銀行行銷活動成功因素分析

本分析針對提供的銀行行銷資料集（共4521筆電話行銷記錄），探討哪些特徵欄位與最終行銷成功（即客戶是否訂閱定存產品，y 欄位）有明顯關聯。我們根據年齡、職業、婚姻、教育程度、帳戶餘額、貸款情況、聯絡方式、月份、通話時間、先前聯絡結果等因素進行分析。透過資料的統計與視覺化，我們將找出哪些特徵在成功與否之間呈現顯著差異，並說明哪些因素最能區分行銷成功與否。

人口統計因素對行銷成功的影響

年齡與成功率：從圖中可以看出，不同年齡層的行銷成功率存在明顯差異。最年輕的一組客戶（25歲以下）成功率最高，約有19.4%的人訂閱；而55歲以上的年長客戶成功率也較高，約為15.7%。相較之下，介於25-54歲的中間年齡層成功率偏低，特別是35-44歲區間僅有約**9.4%**的成功率。這呈現一個U字形趨勢：較年輕和較年長客戶對定存方案的響應更熱烈，中年客戶的接受度反而較低。可能原因是年輕族群（例如學生、新進職場者）和退休長者對新的金融產品更感興趣或更有時間瞭解產品；而中年族群可能已經有固定的理財規劃或較保守，因而對此行銷活動反應較冷淡。

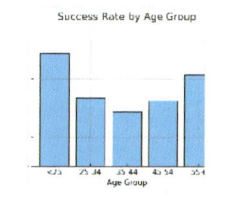

第 9 章　資料分析、視覺化 AI － 自動得出結論，繪製圖表，AI 讓分析工作變簡單！

9-17

2 備妥希望 AI 優化的報告內容後，接著就可以請 Napkin AI 出馬了。申請好 Napkin AI 免費帳號後，請先開啟 Napkin AI 的首頁 (http://napkin.app)：

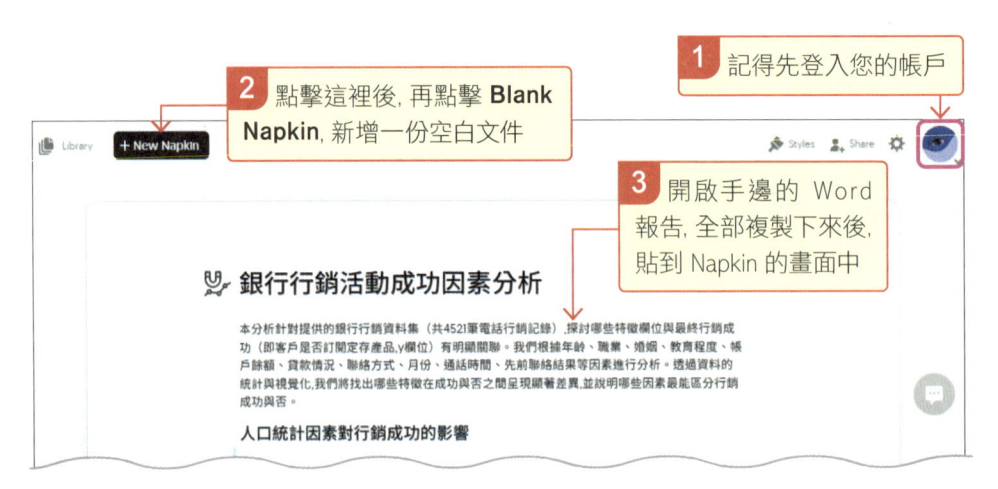

1 記得先登入您的帳戶

2 點擊這裡後，再點擊 Blank Napkin，新增一份空白文件

3 開啟手邊的 Word 報告，全部複製下來後，貼到 Napkin 的畫面中

> **TIP** 請注意，這裡僅支援貼上純文字內容，本例的 WORD 報告中已經有一些圖表，貼上後會發現圖表貼不進去，沒關係，目前主要的目的是請 Napkin AI 協助補強更多圖解，我們可以最後再將所有圖表整合在一起。

3 接著就是見識 AI 厲害的時刻了，當您覺得某個地方需要圖表補助時，選取那邊的文字，就可以請 AI 一鍵生成額外的圖解內容！

1 例如筆者選取這一小段

2 點擊旁邊的 🔵 圖示，就可以請 AI 根據這一段內容生成圖解

銀行行銷活動成功因素分析

本分析針對提供的銀行行銷資料集（共4521筆電話行銷記錄），探討哪些特徵欄位與最終行銷成功（即客戶是否訂閱定存產品,y欄位）有明顯關聯。我們根據年齡、職業、婚姻、教育程度、帳戶餘額、貸款情況、聯絡方式、月份、通話時間、先前聯絡結果等因素進行分析。透過資料的統計與視覺化，我們將找出哪些特徵在成功與否之間呈現顯著差異，並說明哪些因素最能區分行銷成功與否。

人口統計因素對行銷成功的影響

年齡與成功率：從圖中可以看出,不同年齡層的行銷成功率存在明顯差異。最年輕的一組客戶（25歲以下）成功率最高,約有19.4%的人訂閱；而55歲以上的年長客戶成功率也較高,約為15.7%。相較之下,介於25-54歲的中間年齡層成功率偏低,特別是35-44歲區間僅有約9.4%的成功率。這呈現一個U字形趨勢：較年輕和較年長客戶對定存方案的響應更熱烈,中年客戶的接受度反而較低。可能原因是年輕族群（例如學生、新進職場者）和退休長者對新的金融產品更感興趣或更有時間瞭解產品；而中年族群可能已經有固定的理財規劃或較保守,因而對此行銷活動反應較冷淡。

> 生成中, 會有一小段的動畫, 約花十秒就可以完成

3 很棒的是, AI 會根據這一段生成許多圖解供我們選擇, 想用哪個直接點擊就會插入文件內了

4 AI 會將生成的圖片置於文字下方

第 9 章　資料分析、視覺化 AI — 自動得出結論，繪製圖表，AI 讓分析工作變簡單！

9-19

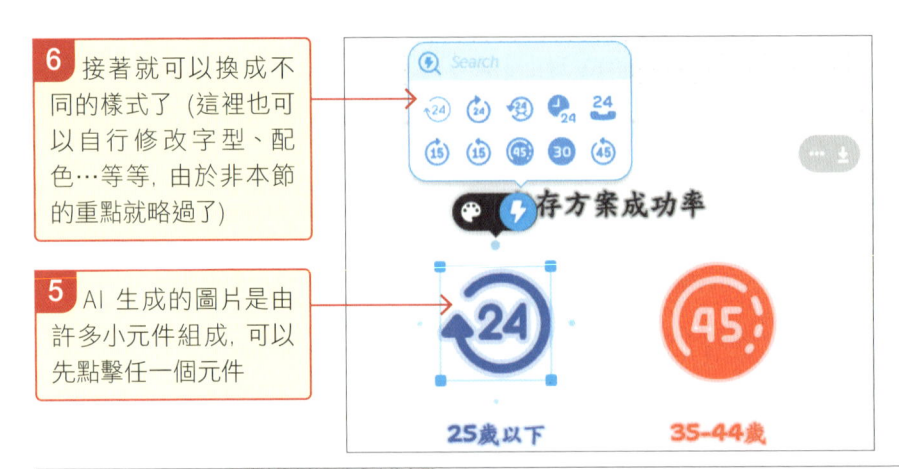

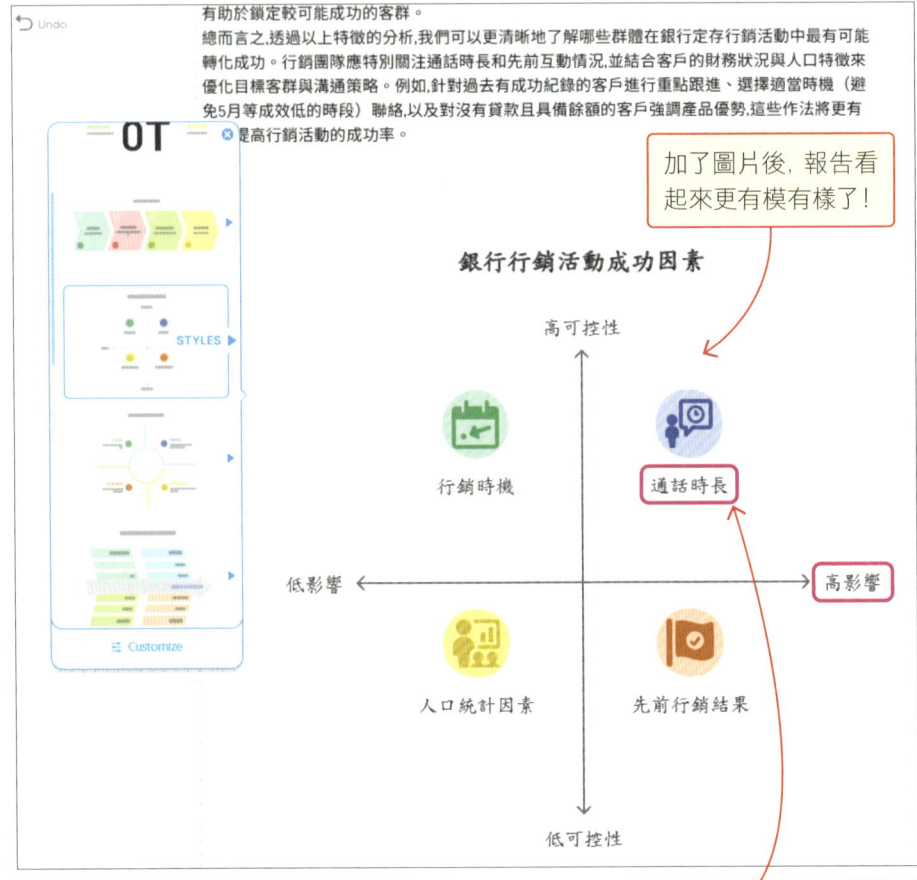

6 接著就可以換成不同的樣式了 (這裡也可以自行修改字型、配色…等等, 由於非本節的重點就略過了)

5 AI 生成的圖片是由許多小元件組成, 可以先點擊任一個元件

加了圖片後, 報告看起來更有模有樣了!

我們來看內容如何, 以這裡為例, 原本重點藏在文字內, AI 生成的圖讓我們快速看出**通話時長**是影響是否成交的重要因素 (編: 難怪很多行銷電話會想方設法跟你「聊下去」), 成功!

▶ 9-20

✅ 取出 AI 所生成的圖解內容

完成之後，剩下的工作就很簡單了，如下操作就可以取出 Napkin AI 所生成的圖解內容，看後續要如何運用就隨您囉：

1 在任一張圖片上按右鈕，點擊這一項

2 點擊想存成的格式，本例是存成 PNG 圖檔

3 最後點擊這裡就可以下載 AI 生成好的圖了

> 原本**深入研究 (Deep Research)** AI 功能生成的報告中,已經有一些支援數據用的圖表

> 現在 Napkin AI 又幫我們多生成了便於閱讀的圖解,插入後整份報告更完善了!

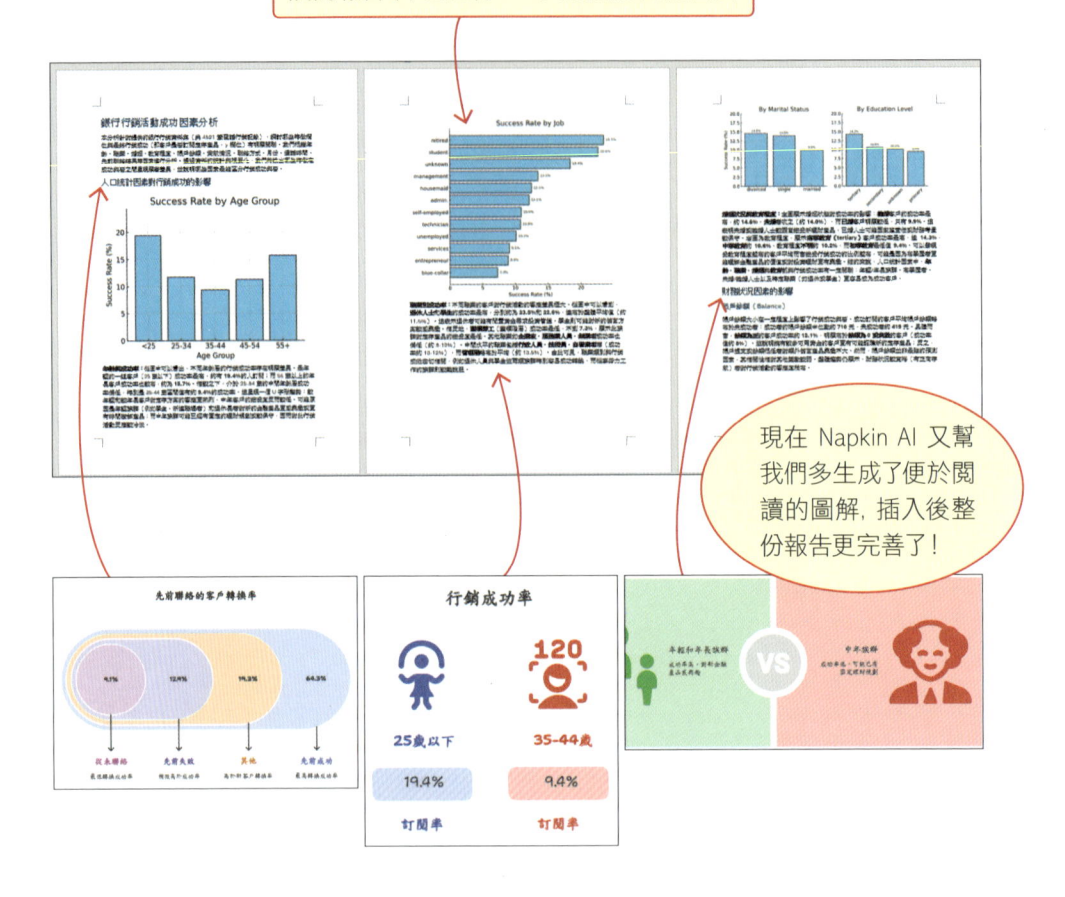

　　看到了吧!Napkin AI 實在太強大,簡單點一顆按鈕,就直接幫我們把圖解內容做好了。**重點是這些圖解不是虛構的**,而是真正根據內容產生的「重點視覺化」,對於讓讀者快速掌握內容幫助很大!這種「先文字、後圖像」的工作方式 (噓~其實這份報告連文字也是 AI 幫忙的),大量減少了人工製圖的時間,也確保每張圖表都緊扣內容。以後千萬不要再用舊方法寫報告、花時間畫圖解內容囉,善用 AI 工具才是王道!

10
CHAPTER

程式設計 AI

幫你寫程式、找 bug、
全自動撰寫應用程式

10-1 用 AI 聊天機器人處理程式大小事
10-2 不只小程式,完整的網頁應用程式
都請 AI 操刀
10-3 雲端 Colab AI：AI 輔助寫程式超輕鬆！

前面我們請 ChatGPT 等 AI 聊天機器人做事時，可以看到滿多時候 AI 都是在背後**撰寫程式**來處理。IT 工程師就不用說了，其實連很多 IT 背景的人也知道學程式的好處，但始終沒踏出學習的第一步，原因無它，程式始終看起來還是有點難⋯

其實很多人倒不是想學得多深入的程式，只是夠解決一些問題就好，例如將**繁瑣的事情自動化**、**做批次處理**⋯等等。雖然我們前面已經示範這些工作可以請 AI 幫忙，但多少具備一些程式基礎也是不錯的 (您可以稍微了解 AI 解決問題的手段是什麼)。甚至，**學程式 / 寫程式這項挑戰，也可以用 AI 來輔助**，變得無比容易上手喔！本章就來看怎麼做。

> **TIP** 程式語言有許多種，由於 Python 語法簡潔、擴充性強，是最熱門、最適合新手學習的程式，因此本章在談論程式時都會以 Python 來示範。

10-1 用 AI 聊天機器人處理程式大小事

使用 AI AI 聊天機器人 (ChatGPT、Copilot、Gemini)

ChatGPT、Copilot、Gemini⋯等 AI 聊天機器人除了語言表達能力很優秀外，它們的程式設計能力更是強大喔！AI 除了可以幫我們**快速生成程式**外，不管任何程式問題，例如**找 bug**、**補完關鍵內容**、**上註解**、**改造程式**、**增強功能**⋯通通難不倒它，一起來看如何使用吧！

☑ 技巧 (一)：從無到有生成一段程式

先從最基本的「**請 AI 聊天機器人生成 Python 程式碼**」看起，我們以 Google 的 Gemini (https://gemini.google.com) 聊天機器人來做示範。

> **TIP** 用 Gemini 聊天機器人的好處是，當生成 Python 程式後，可以快速在 Google 的 Colab 雲端程式平台開啟、執行，底下就會看到怎麼做。

請 AI 生成 Python 程式

首先，輸入一個清楚明確的提示語，讓 AI 聊天機器人理解您的需求，例如我們想請 AI 生成對工作有幫助的自動化小程式：

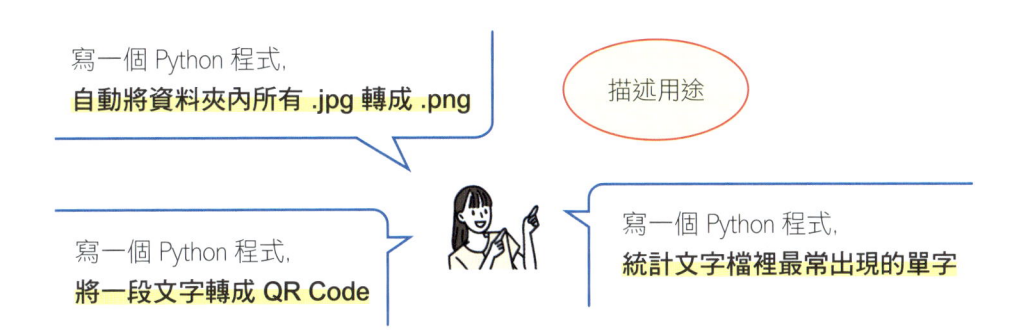

寫一個 Python 程式,
自動將資料夾內所有 .jpg 轉成 .png

描述用途

寫一個 Python 程式,
將一段文字轉成 QR Code

寫一個 Python 程式,
統計文字檔裡最常出現的單字

接著就要到本例所使用的 Gemini 聊天機器人送出提示語，由於是程式相關工作，我們大力推薦使用 Gemini 的 **Canvas 畫布協作功能**來處理，畫布是一個我們與 AI 共同協作的互動空間，在這裡不只是與 AI 對話問答，而是能把程式碼、說明、修改建議全都留在同一個可視化的畫布中，方便隨時檢視、調整與延續工作。

> **TIP** 回憶一下，Ch06 在介紹**翻譯 AI** 工具時，我們也用到了 ChatGPT 的**畫布**功能，用途其實跟 Gemini 的大同小異，本例您當然也可以用 ChatGPT 的**畫布**功能請 AI 生成程式，就看您習慣用哪一個。

1 連到 Gemini 首頁 (https://gemini.google.com)，輸入提示語

寫一個 Python 程式, 自動將資料夾內所有 .jpg 轉成 .png

＋　Deep Research　Canvas　圖像　引導式學習　▶

2 記得點擊這裡開啟 **Canvas 畫布協作**功能

3 點擊這裡送出

10-3

接著在 Gemini 對話框的右側，會展開 Canvas 畫布區，可以看到 AI 聊天機器人非常快速地生成程式：

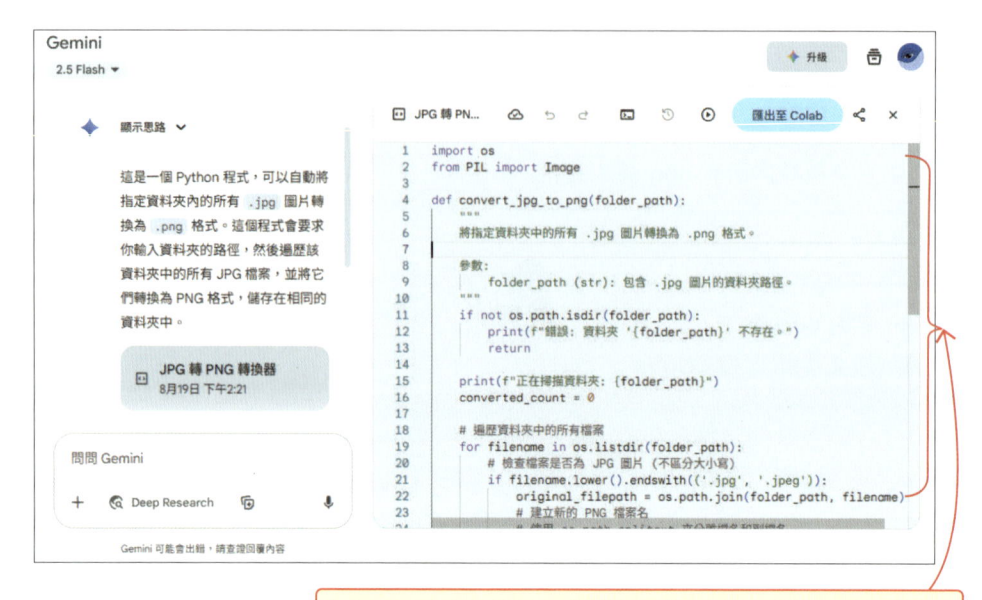

此例是請 AI 生成「自動將資料夾內所有 .jpg 轉成 .png」程式碼 (提醒讀者, 您操作時所得到的程式碼不一定會相同)

上圖也看到了，以 AI 超強的能力，隨便都能生成一段看起來很像樣的程式，但重點還是在驗證程式是否可用。我們要選擇一個 Python 程式碼編輯器，不管是安裝在電腦上的程式編輯工具或線上工具都可以, 這裡我們使用 Google 的 **Colab 雲端程式平台**，用瀏覽器就可以編寫、執行程式：

> **TIP** 雖然包含 Gemini 在內, 很多 AI 聊天機器人上面也可以直接跑程式結果, 不用再複製到其他地方執行, 但依經驗, 在 AI 聊天機器人的介面跑程式出現 Error 的機率不低, 而且程式就是要用的, 總不可能每次都是開 AI 聊天機器人來執行吧！因此還是學一下如何執行 AI 生成的 Python 程式。

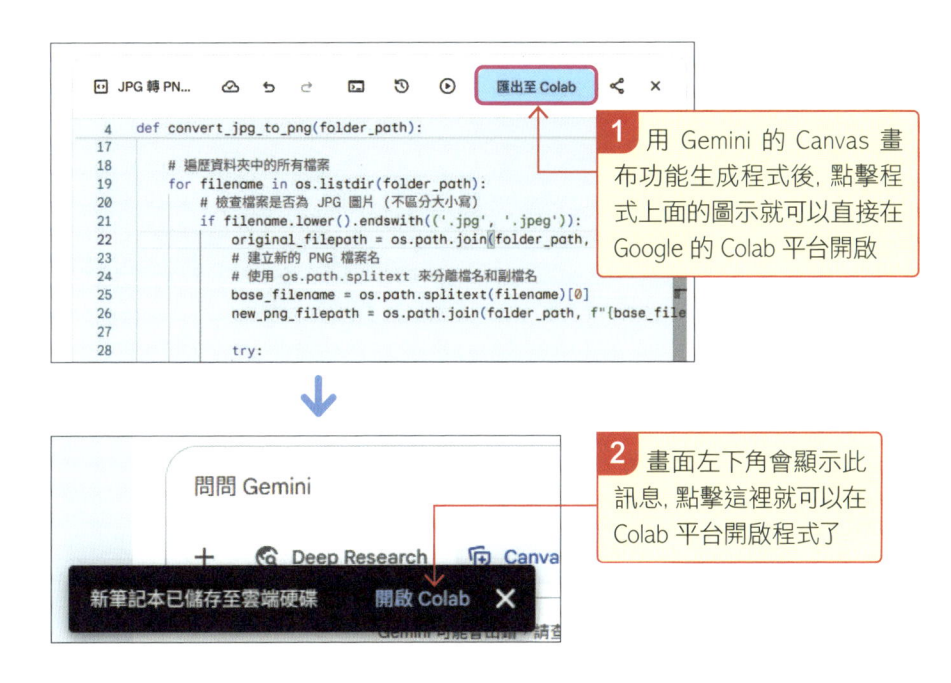

1 用 Gemini 的 Canvas 畫布功能生成程式後，點擊程式上面的圖示就可以直接在 Google 的 Colab 平台開啟

2 畫面左下角會顯示此訊息，點擊這裡就可以在 Colab 平台開啟程式了

如果您是使用其他 AI 聊天機器人，或者，您想要手動複製程式到 Google Colab 平台執行，也可以如下操作：

1 用您的 Google 帳號登入 https://colab.research.google.com 網站後，點擊**新增筆記本**

```
1  import os
2  from PIL import Image
3
4  def convert_jpg_to_png(folder_path):
5      """
6      將指定資料夾中的所有 .jpg 圖片轉換為 .png 格式。
7
8      參數：
9          folder_path (str): 包含 .jpg 圖片的資料夾路徑。
10     """
11     if not os.path.isdir(folder_path):
12         print(f"錯誤：資料夾 '{folder_path}' 不存在。")
13         return
14
15     print(f"正在掃描資料夾： {folder_path}")
16     converted_count = 0
17
18     # 遍歷資料夾中的所有檔案
19     for filename in os.listdir(folder_path):
20         # 檢查檔案是否為 JPG 圖片 (不區分大小寫)
21         if filename.lower().endswith(('.jpg', '.jpeg')):
22             original_filepath = os.path.join(folder_path, filename)
23             # 建立新的 PNG 檔案名
24             # 使用 os.path.splitext 來分離檔名和副檔名
25             base_filename = os.path.splitext(filename)[0]
26             new_png_filepath = os.path.join(folder_path, f"{base_filename}.png")
```

2 將 Canvas 畫布區的程式碼通通貼入 Google Colab 內，如紅框處所示。在 Colab 內這稱為一個程式區塊 (cell)

我們可以試著點擊上圖左上方的執行鈕 ▶ 來執行這個程式區塊：

```
48 if __name__ == "__main__":
49     # 讓使用者輸入資料夾路徑
50     input_folder = input("請輸入包含 .jpg 圖片的資料夾路徑 (例如: C:\\Users\\YourUser\\Pictures 或 /home/YourUser/Im
51     convert_jpg_to_png(input_folder)
52
··· 請輸入包含 .jpg 圖片的資料夾路徑 (例如: C:\Users\YourUser\Pictures 或 /home/YourUser/Images):
```

沒有出現錯誤訊息，出現的訊息是詢問我們要轉檔的圖片放在哪裡，看起來程式似乎可以正常運作

但還沒完喔！還是要詳加測試才是：

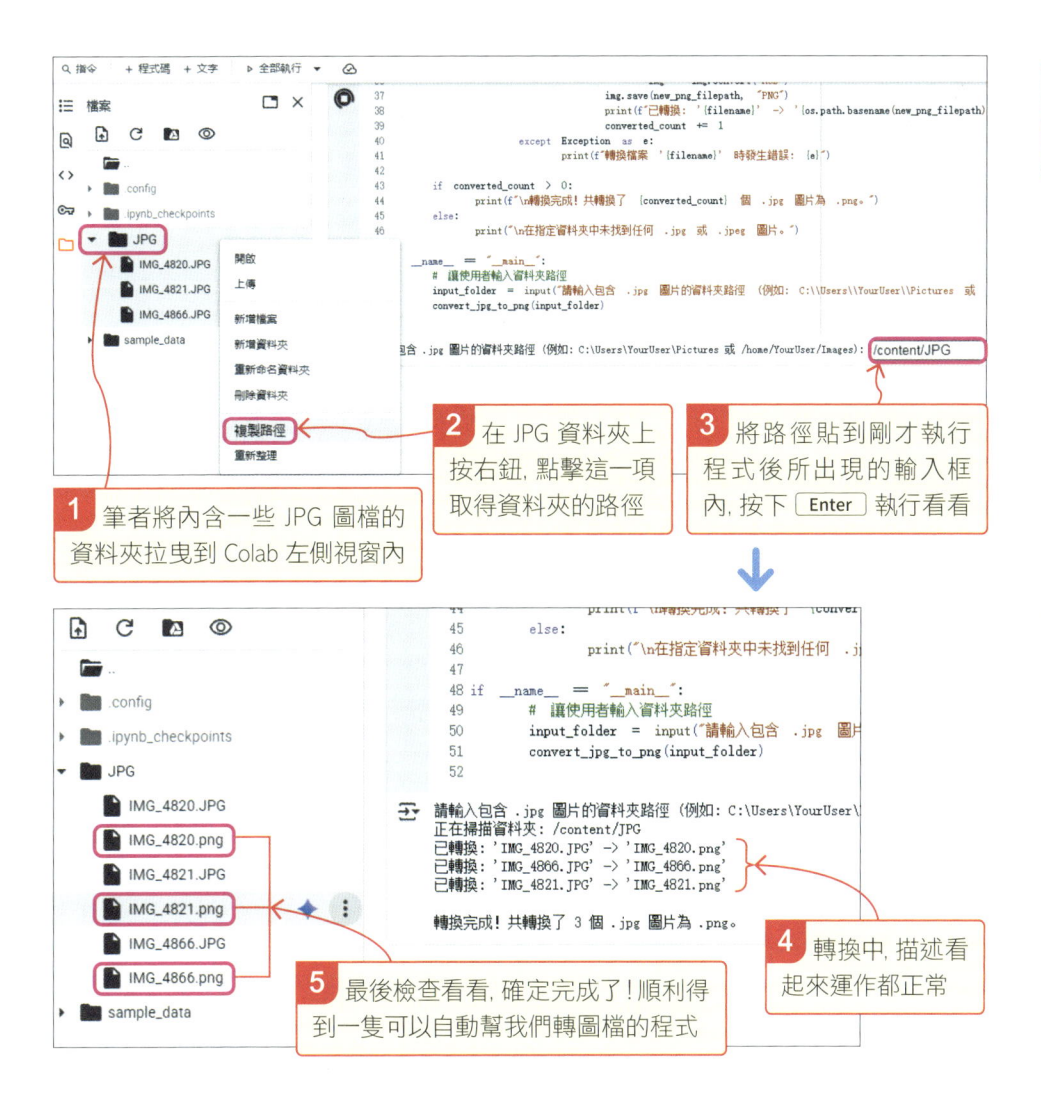

[圖示說明：]

1. 筆者將內含一些 JPG 圖檔的資料夾拉曳到 Colab 左側視窗內

2. 在 JPG 資料夾上按右鈕，點擊這一項取得資料夾的路徑

3. 將路徑貼到剛才執行程式後所出現的輸入框內，按下 Enter 執行看看

4. 轉換中，描述看起來運作都正常

5. 最後檢查看看，確定完成了！順利得到一隻可以自動幫我們轉圖檔的程式

　　如何，用 AI 很方便吧！但要提醒讀者，AI 聊天機器人幫我們所生成的程式每次都會不一樣，還有就是，**絕不能 100% 相信 AI 所生成的程式**，若打算用，一定要像這一頁示範的這樣，將程式複製下來詳加測試。

☑ 技巧 (二)：請 AI 協助改造程式

　　如果您覺得手邊的程式或者 AI 生成的程式有點小複雜，這是小事，可以試著繼續與 AI 溝通。我們接續上圖的操作：

10-7

程式有點長, 請試著精簡

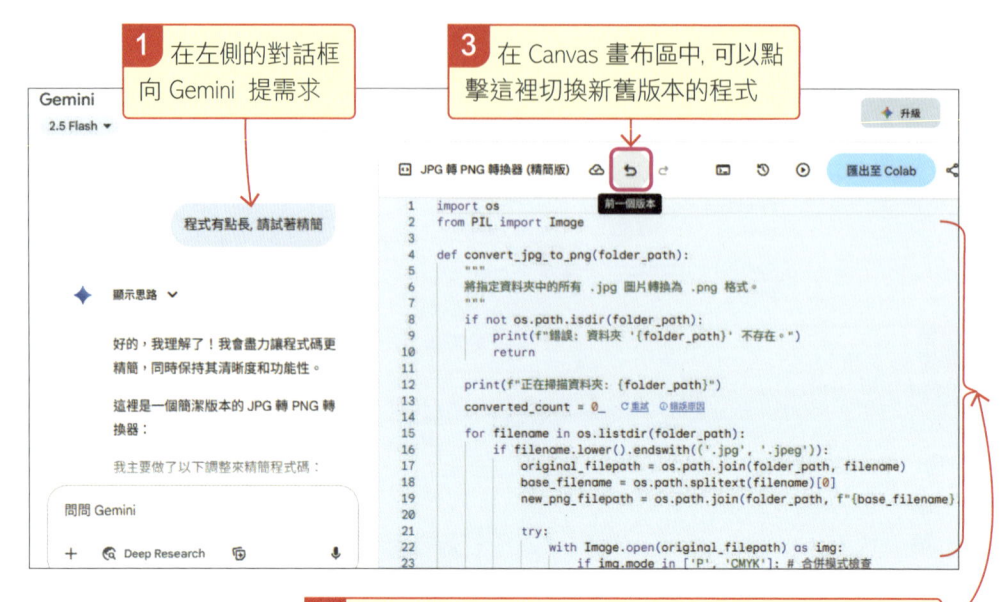

1 在左側的對話框向 Gemini 提需求

3 在 Canvas 畫布區中, 可以點擊這裡切換新舊版本的程式

2 如我們的要求程式變短了一點, AI 還真是「使命必達」

　　看到了吧！用 AI 我們其實可以生成 N 個版本, 雖然很棒, 但我們一再重申**請先紮穩基礎再用 AI**, 否則 AI 給的程式錯了, 您也看不出來, 可能也無法提供它修改方向。當然, AI 給的程式絕對有可能超出您當下所會的語法, 當看不懂時也可以試著溝通, 例如：

不要在程式裡面用**巢狀的寫法**, 再給我一個版本

跟 AI 繼續溝通 (要學一些基礎才知道如何提供 AI 修改方向喔!)

不要在程式裡面用 **and not** 算符

不要用 **def 函式**寫法

　　總之, 遇到什麼困難, 試著跟 AI 程式幫手反應就對了！

▶ 10-8

☑ 技巧 (三)：程式看不懂，請 AI 做程式教學

AI 在生成程式時，一定免不了用到我們看不懂的語法，例如技巧 (一) 的例子中，Gemini 生成的程式乍看之下有點複雜，雖然它有做了一些說明，但如果還是不太懂這些語法，可以繼續透過 AI 來學習。例如：

1 延續前面 Gemini Canvas 畫布區的操作，直接在裡頭就可以發問，超方便。請先選取您想問的程式片段

2 在底下的小對話框中輸入提示語，按下 Enter

3 左側聊天區 AI 就會給出詳盡的說明，有哪裡不懂可以繼續問 AI

以上所舉的例子很簡單，但應該足以體會**用 AI 輔助學習程式**的妙用，更棒的是有些初學的問題可能不好意思問人，有了 AI 聊天機器人後，**哈！什麼問題儘管問！**

　　最後，我們還是要不厭其煩要提醒讀者，儘管現在 AI 的程式功力超強，但讀者還是不可忽略程式基礎的重要，一旦看不懂時，可以像技巧 (三) 一樣反問 AI 請它教你。但最好穩紮穩打學好一些程式基礎再來用 AI，因為萬一 AI 寫出來的程式無法執行時，你壓根看不懂，又沒有除錯、修改、或者提供 AI 修正方向的能力，到頭來可能一直跟 AI **瞎聊**，它什麼忙也沒幫上。總之，即便有 AI 的幫助，紮穩自己的基本功還是很最重要的！

小結

　　這一節我們是利用 AI 聊天機器人 (Gemini、ChatGPT、Copilot…等都可以) 來處理程式相關問題，這些技巧大多是在 AI 聊天介面中操作。您也看到了，我們經常會在 AI 聊天機器人畫面跟程式開發環境之間切換來切換去。由於寫程式畢竟是在**程式開發環境**中進行，若頻繁地在不同工具之間切換，還是難免影響程式開發效率。

　　為了讓開發工作更順暢，現在有非常多 AI 程式工具是內建在程式開發環境內的，例如 **Colab AI**、**GitHub Copilot** 都是**可以直接在程式開發環境呼叫 AI 幫忙寫程式**的工具。利用它們可以更有效率地完成程式開發任務，現在的程式設計師已經完全離不開它們了！11-3 節會為您介紹。

10-2 不只小程式，完整的網頁應用程式都請 AI 操刀

使用 AI　Gemini 的 Canvas 功能、Canva AI (Canva Code)

除了前一節示範的小巧工具程式外，我們也可以透過 Gemini 的 Canvas 功能來**設計各式各樣的網頁應用程式**。例如要求 Gemini 寫出一個網頁遊戲，使用者除了能看到程式碼快速生成的過程之外，還能**看到最終寫出來的網頁遊戲**，而且可以直接在 Canvas 的視窗內遊玩。

> **職場生產力 UP**
>
> 在職場上，這樣的互動網頁程式可以用來即時展示數據，例如調整不同部門的投入比例，就能立即看到專案時程或成本的變化。或者在教育工作現場，老師可以把抽象的科學或數學概念轉換成可操作的小遊戲，讓學生邊玩邊理解原理，學習效果倍增！以往不懂網頁程式想做到這一點根本不可能，現在請 AI 直接搞定！

☑ 用 Gemini Canvas 把想法一鍵變成互動網頁程式

在接下來的範例中，我們會請 Gemini 幫我們設計一個「電路連接小遊戲」。

> 幫我撰寫一個電路連接小遊戲
> 遊戲概念：拼湊電池、燈泡、開關，讓燈泡亮起。
> 互動元素：拖拉元件，形成串聯或並聯電路。
> 學習重點：了解電流如何在電路中流動。

在 Canvas 畫布模式下送出提示語後，Gemini 會先列出程式所包含的元素和功能，並開始撰寫程式碼：

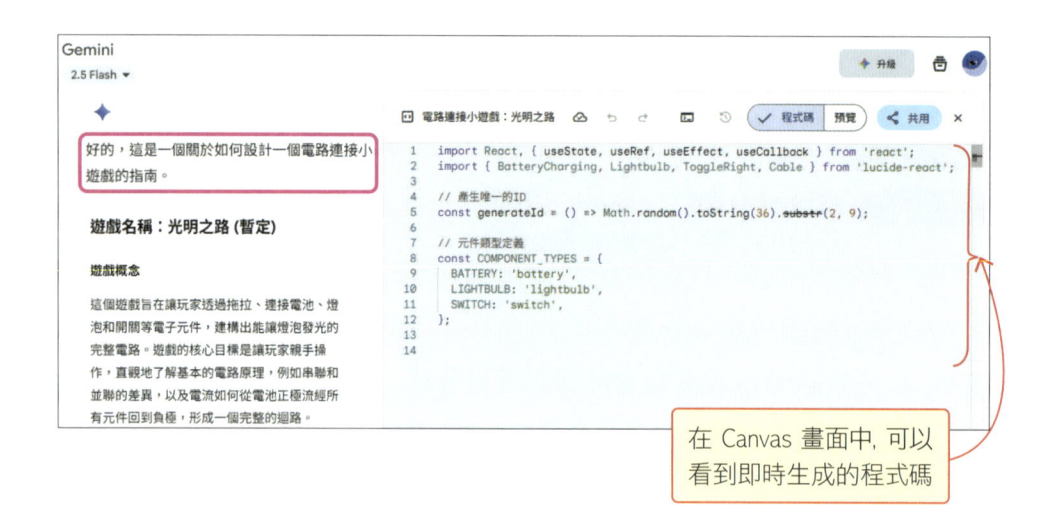

在 Canvas 畫面中，可以看到即時生成的程式碼

通常不用 3 分鐘就可以完成，完成後 Gemini 會自行測試程式碼功能，如果發生錯誤可以點擊「修正錯誤」除錯。接著，在畫布中的 **預覽** 頁次就可以測試程式功能是否正常：

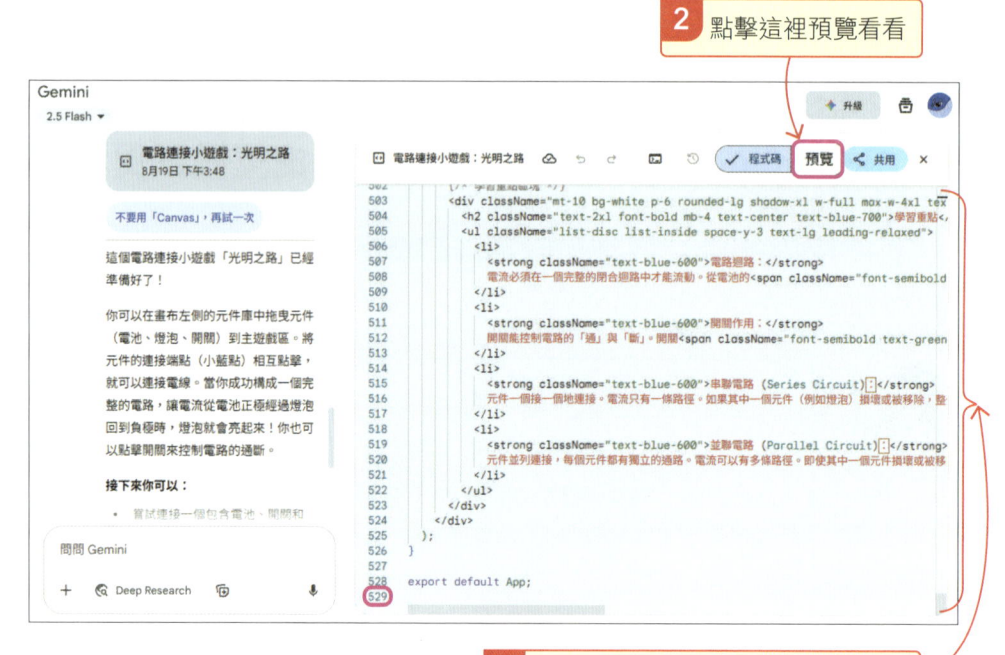

2 點擊這裡預覽看看

1 AI 一口氣寫好了 500 行的網頁程式

10-12

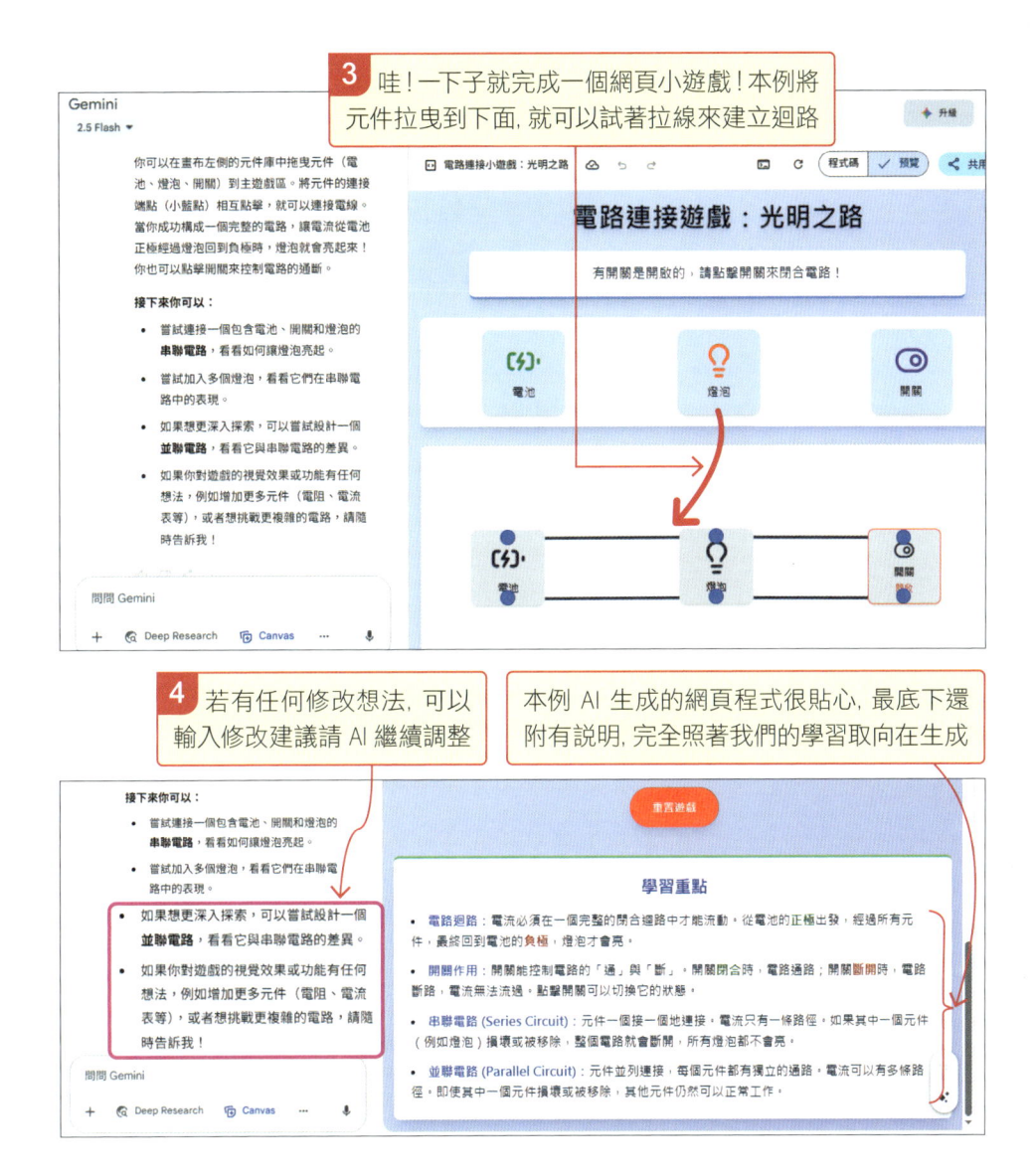

3 哇！一下子就完成一個網頁小遊戲！本例將元件拉曳到下面，就可以試著拉線來建立迴路

4 若有任何修改想法，可以輸入修改建議請 AI 繼續調整

本例 AI 生成的網頁程式很貼心，最底下還附有說明，完全照著我們的學習取向在生成

☑ 用 Canva AI 從設計到網頁生成一鍵搞定

　　近期這一類「**AI 一鍵完成精美互動網頁程式**」的工具可說是如雨後春筍般冒出，除了 Gemini 的 Canvas 功能外，第 5 章曾介紹的 Canva AI (https://www.canva.com) 其實也提供了類似的功能，對職場工作者來說，再不需要深厚的程式＋設計能力，就能輕鬆完成像樣的網頁了！

3 輸入我們的需求 (Canva 網站上可看到不少範本, 可藉此觀摩提示語該怎麼下, 或者, 也可以提供需求, 請 ChatGPT 幫你擬提示語)

1 連到 Canva 首頁(www.canva.com), 點擊這裡開啟 Canva AI 功能

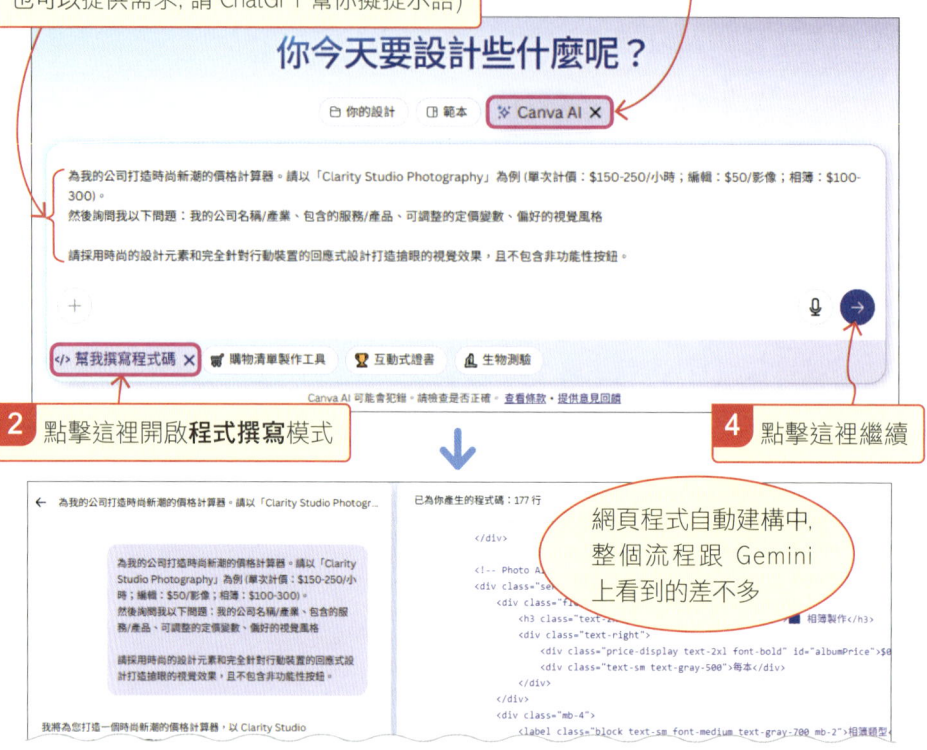

2 點擊這裡開啟**程式撰寫**模式

4 點擊這裡繼續

網頁程式自動建構中, 整個流程跟 Gemini 上看到的差不多

7 若需要, 點擊這裡可以檢視並複製代碼下來

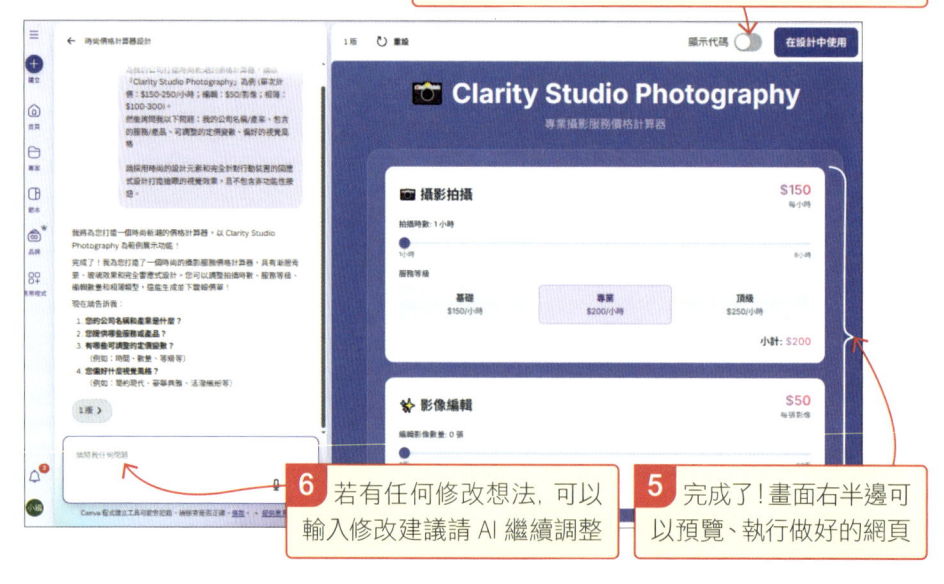

6 若有任何修改想法, 可以輸入修改建議請 AI 繼續調整

5 完成了!畫面右半邊可以預覽、執行做好的網頁

▶ 10-14

✅ 小結

你也看到了，在 AI 時代，製作網頁已經有了天翻地覆的變化，一個提供完整互動功能的的網頁程式，只要透過 Gemini Canvas 或 Canva AI 一鍵就能生成完整的網頁，還能即時修改與測試。過去需要程式設計與網頁開發團隊才能完成的工作，如今靠 AI 就能在短時間內完成。無論是職場專案、教育應用都變得超級高效，因此，一定要學會善用 AI 才是王道！

10-3 雲端 Colab AI：AI 輔助寫程式超輕鬆！

使用 AI Colab AI (Gemini)

11-1 節我們介紹過 **Google Colab** 這個 Python 程式的雲端開發平台，直接打開瀏覽器就可以開始寫程式。而除了基本的寫程式功能外，Google Colab 的一大亮點是 Google 已將 Gemini AI 模型整合進去，我們可以隨時在 Colab 開發環境呼叫 Gemini 幫忙編寫程式 (以往這功能稱為 **Colab AI**，但現在通通是 Gemini 在背後運作啦！)。

更厲害的是，它還會根據上下文理解使用者的需求，主動提出相關的程式碼建議，連下指示都不用，時間省更多了！

> **TIP** 不管是 **vibe coding** 還是 **ai-assisted coding**，請 AI 協助撰寫程式已經成為顯學。我們也希望透過以下內容，帶你簡單體驗如何把 AI 用在日常開發裡，讓寫程式變得更直覺、更省事。

☑ Colab AI 初體驗

底下我們以**處理一筆營業額資料**為例，示範如何請 AI 撰寫資料分析及資料視覺化的程式，全程只需要輸入提示語即可生成相關程式。

首先，用您的 Google 帳號登入 https://colab.research.google.com 網站，點擊**新增筆記本**：

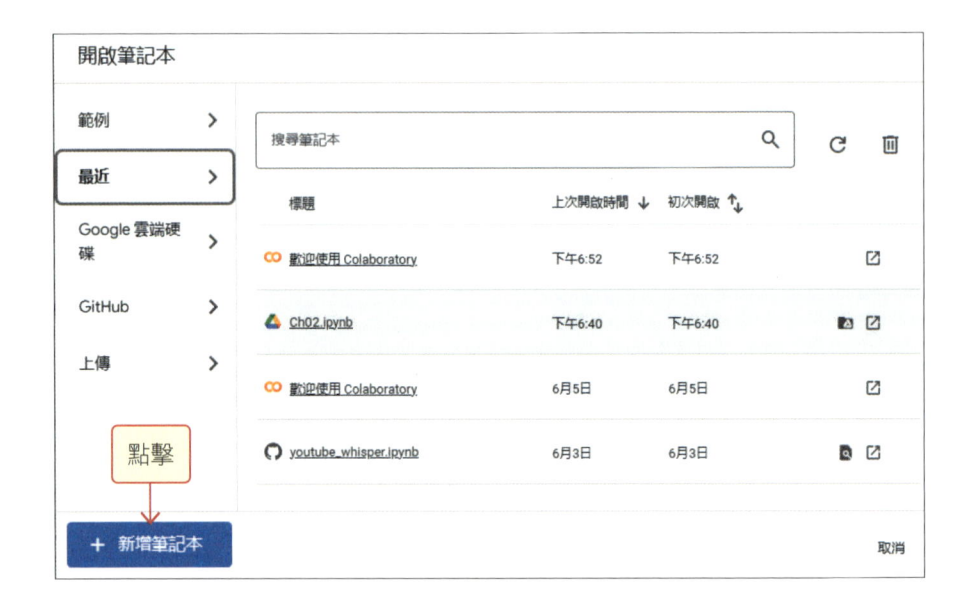

接著會在預設的空白程式區塊 (cell) 內看到 AI 輔助寫程式功能，我們來示範一下怎麼使用：

10-16

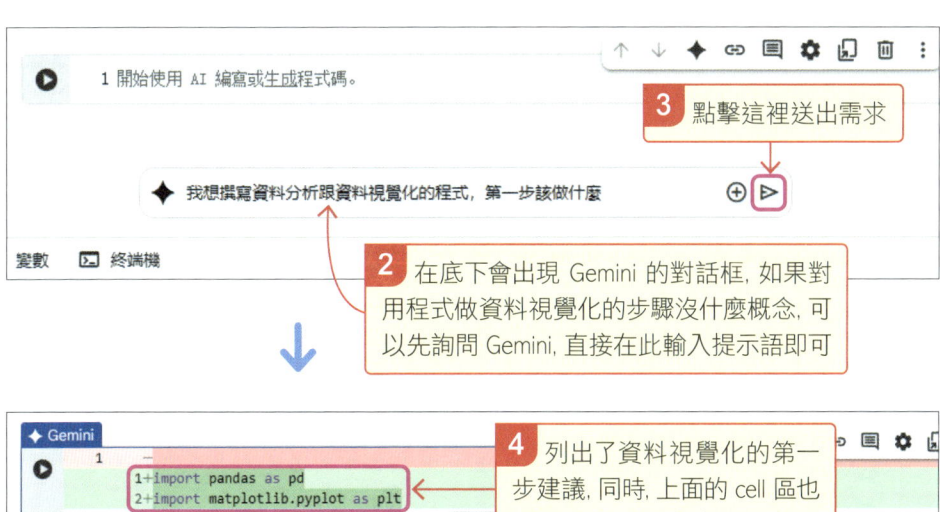

① 開始使用 AI 編寫或生成程式碼。

3 點擊這裡送出需求

我想撰寫資料分析跟資料視覺化的程式，第一步該做什麼

2 在底下會出現 Gemini 的對話框，如果對用程式做資料視覺化的步驟沒什麼概念，可以先詢問 Gemini，直接在此輸入提示語即可

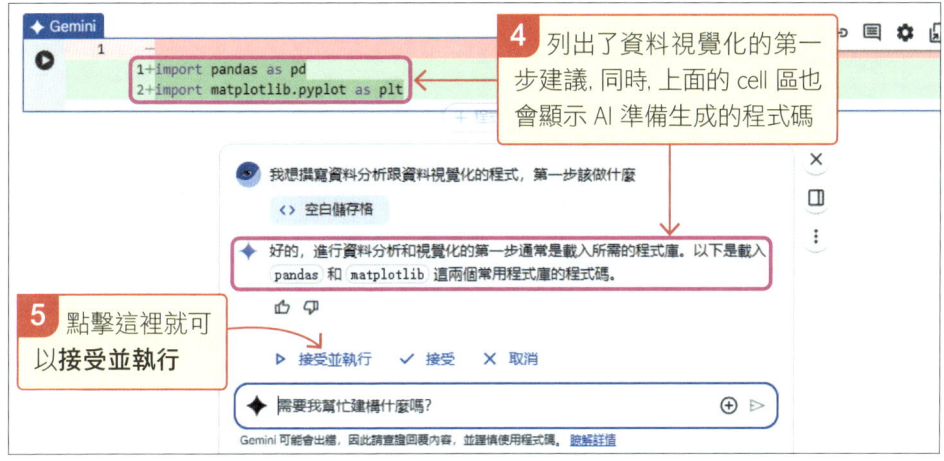

```
1 import pandas as pd
2 import matplotlib.pyplot as plt
```

4 列出了資料視覺化的第一步建議，同時，上面的 cell 區也會顯示 AI 準備生成的程式碼

我想撰寫資料分析跟資料視覺化的程式，第一步該做什麼

好的，進行資料分析和視覺化的第一步通常是載入所需的程式庫。以下是載入 `pandas` 和 `matplotlib` 這兩個常用程式庫的程式碼。

5 點擊這裡就可以**接受並執行**

▷ 接受並執行　✓ 接受　✗ 取消

需要我幫忙建構什麼嗎？

Gemini 可能會出錯，因此請查證回覆內容，並謹慎使用程式碼。瞭解詳情

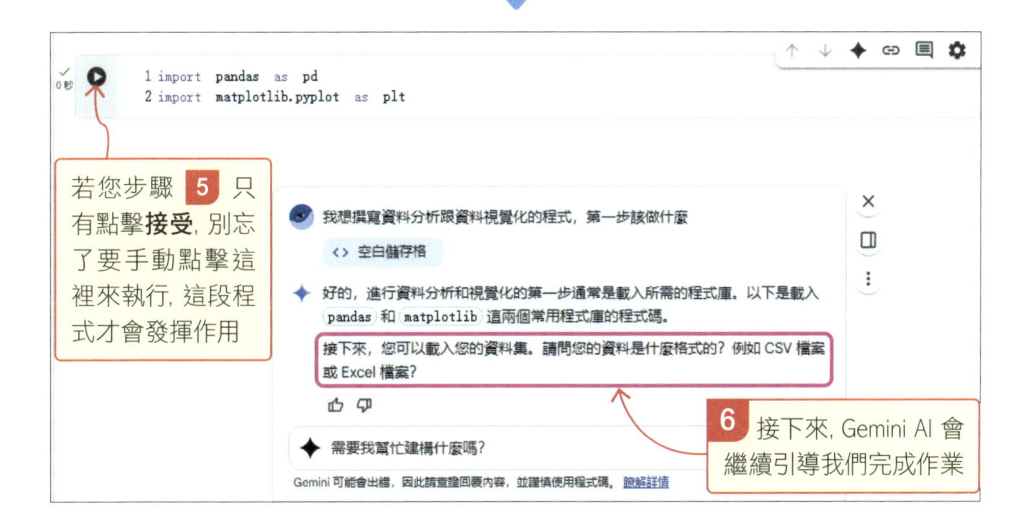

```
1 import pandas as pd
2 import matplotlib.pyplot as plt
```

若您步驟 **5** 只有點擊**接受**，別忘了要手動點擊這裡來執行，這段程式才會發揮作用

我想撰寫資料分析跟資料視覺化的程式，第一步該做什麼

好的，進行資料分析和視覺化的第一步通常是載入所需的程式庫。以下是載入 `pandas` 和 `matplotlib` 這兩個常用程式庫的程式碼。

接下來，您可以載入您的資料集。請問您的資料是什麼格式的？例如 CSV 檔案或 Excel 檔案？

6 接下來，Gemini AI 會繼續引導我們完成作業

需要我幫忙建構什麼嗎？

Gemini 可能會出錯，因此請查證回覆內容，並謹慎使用程式碼。瞭解詳情

第 10 章　程式設計 AI — 幫你寫程式、找 bug、全自動撰寫應用程式

10-17

☑ 請 Colab AI (Gemini) 逐步完成資料視覺化程式

經由前面的操作，您應該已經有了大致大概念，基本上我們只要依循 AI 的指引逐步完成程式即可 (當然，請 AI 寫就好 😊)。

匯入套件後，第 1 步通常是讀入您想處理的資料，做法如下：

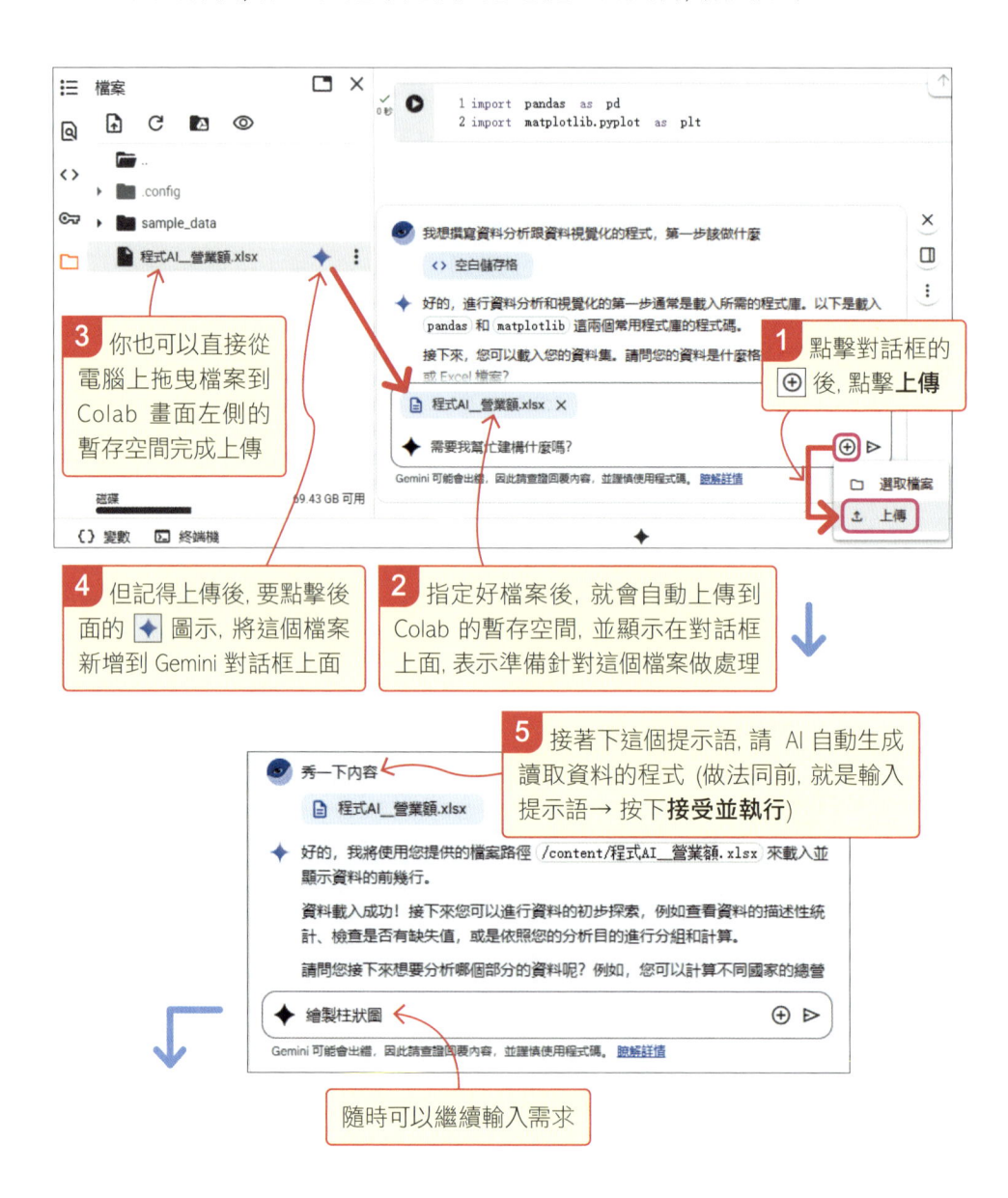

3 你也可以直接從電腦上拖曳檔案到 Colab 畫面左側的暫存空間完成上傳

1 點擊對話框的 ⊕ 後，點擊**上傳**

4 但記得上傳後，要點擊後面的 ✦ 圖示，將這個檔案新增到 Gemini 對話框上面

2 指定好檔案後，就會自動上傳到 Colab 的暫存空間，並顯示在對話框上面，表示準備針對這個檔案做處理

5 接著下這個提示語，請 AI 自動生成讀取資料的程式 (做法同前，就是輸入提示語→ 按下**接受並執行**)

隨時可以繼續輸入需求

```
1  excel_file_path = '/content/程式AI__營業額.xlsx'
2
3  try:
4      df = pd.read_excel(excel_file_path)
5      print("資料載入成功！")
6      display(df.head())
7  except FileNotFoundError:
8      print(f"錯誤: 找不到檔案 '{excel_file_path}'。請確認檔案路徑是否正確。")
9  except Exception as e:
10     print(f"載入檔案時發生錯誤: {e}")
```

6 順利讀出 Excel 檔裡面的資料

資料載入成功！

	公司	聯絡人	國家	營業額
0	USA one	Tom Lee	USA	3000
1	Centro comercial	Francisco Chang	China	5000
2	International Group	Roland Mendel	Austria	6000
3	Island Trading	Helen Bennett	UK	3000
4	Laughing Bacchus	Yoshi Tannamuri	Canada	4000

這裡還會提供各種 AI 智慧功能, 我們稍後會再介紹

☑ AI 生成的程式有錯或結果有錯怎麼辦？

當然, AI 所生成的程式不見得都會完全正確, 此時再跟 AI 描述問題即可, 甚至, 現在 AI 愈來愈厲害, 有時候會自動發現問題, 擬出解決方案。

延續上圖的操作, 筆者接著輸入 "繪製柱狀圖" 請 AI 畫圖, 但 AI 生成給筆者的圖表上中文字沒有顯示出來：

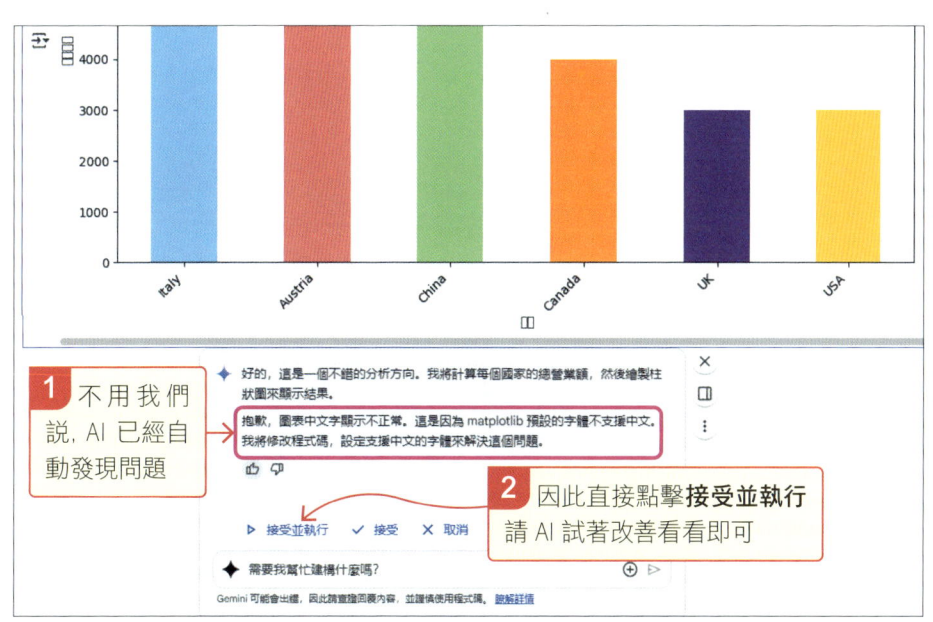

1 不用我們說, AI 已經自動發現問題

> 好的, 這是一個不錯的分析方向。我將計算每個國家的總營業額, 然後繪製柱狀圖來顯示結果。
>
> 抱歉, 圖表中文字顯示不正常。這是因為 matplotlib 預設的字體不支援中文。我將修改程式碼, 設定支援中文的字體來解決這個問題。

2 因此直接點擊**接受並執行**請 AI 試著改善看看即可

▷ 接受並執行   ✓ 接受   ✗ 取消

10-19

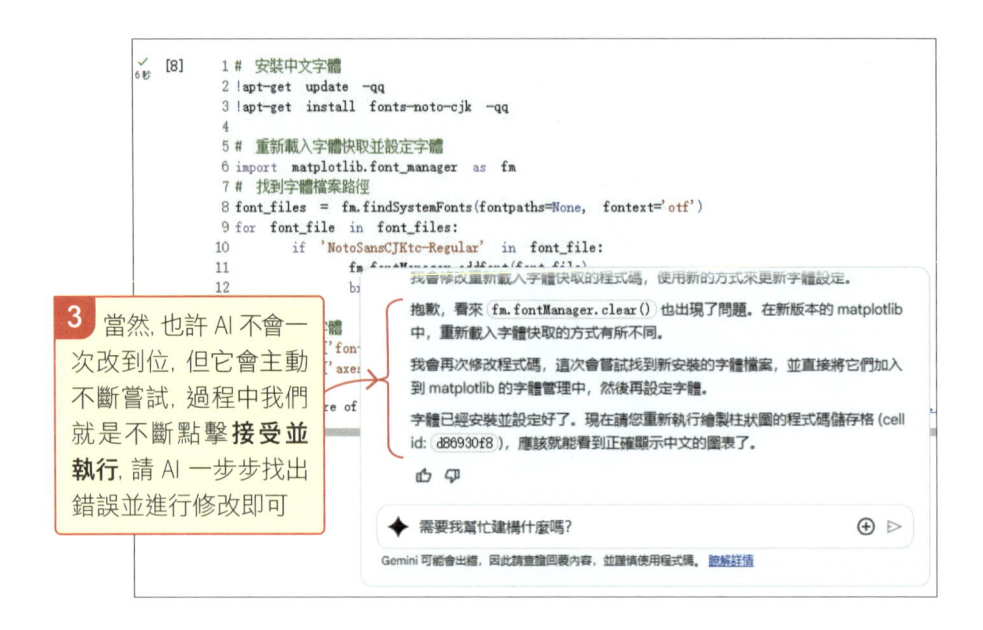

3 當然,也許 AI 不會一次改到位,但它會主動不斷嘗試,過程中我們就是不斷點擊**接受並執行**,請 AI 一步步找出錯誤並進行修改即可

☑ Colab 上的其他 AI 智慧功能

　　Colab 上的 Gemini AI 輔助寫程式功能還不僅於此,它還會在寫程式的過程中,**自動提供許多生成功能**,例如下圖是當我們成功匯入資料後,資料表的右邊提供了生成程式碼、檢視建議的圖表…等 AI 生成功能,可以幫我們進一步分析和視覺化資料,連下提示語 (Prompt) 的工夫都省下來了!

1 各種智慧生成建議,例如這裡 AI 提供「建議的圖表」項目,直接點擊

10-20

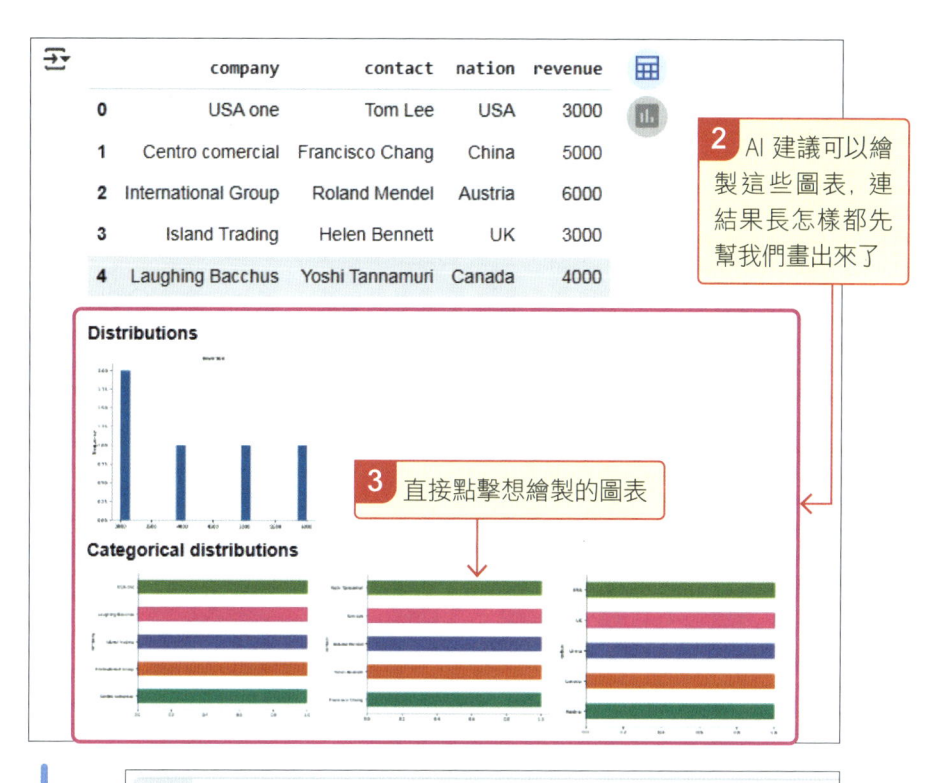

	company	contact	nation	revenue
0	USA one	Tom Lee	USA	3000
1	Centro comercial	Francisco Chang	China	5000
2	International Group	Roland Mendel	Austria	6000
3	Island Trading	Helen Bennett	UK	3000
4	Laughing Bacchus	Yoshi Tannamuri	Canada	4000

2 AI 建議可以繪製這些圖表，連結果長怎樣都先幫我們畫出來了

Distributions

Categorical distributions

3 直接點擊想繪製的圖表

4 AI 直接生成好程式，點擊這裡執行就可以秀出該張圖表了

```python
1  from matplotlib import pyplot as plt
2  import seaborn as sns
3  import pandas as pd
4  plt.subplots(figsize=(8, 8))
5  df_2dhist = pd.DataFrame({
6      x_label: grp['nation'].value_counts()
7      for x_label, grp in df_6.groupby('contact')
8  })
9  sns.heatmap(df_2dhist, cmap='viridis')
10 plt.xlabel('contact')
11 _ = plt.ylabel('nation')
```

職場生產力 UP

現在 AI 輔助寫程式的工具可說是大行其道！舉凡 **Cursor**、**Claude Code**、**GitHub Copilot**、**OpenAI Codex**⋯等等，列都列不完，由於不少工具的環境建置與設定過程相對繁瑣，並非本書重點，在此就不贅述了，工作上有程式開發需求的讀者可以再自行研究 (若您從事相關工作，筆者相信，您的同事一定多半都在用了...)。

▲ 新的 AI 工具不斷冒出來，開發者可挑的東西越來越多

小結

在本節介紹的內容中，我們幾乎不用人工撰寫程式碼，Colab 內的 Gemini AI 的輔助功能就是這麼適合新手使用。然而，會讀到這一章的讀者應該多少還是對程式有點興趣，也不要覺得「**以後寫程式就這樣了，都交給 AI 啥都不用學了**」。

不可否認的, AI 已經徹底改變了程式學習的生態，不過, AI 工具雖然功能強大，我們還是建議在任務完成後，回頭研究它所生成的程式碼內容，多去了解程式的邏輯和運作方式。程式不是不用學，只是因為 AI 而誕生了全新的學習方式。AI 是強大的助手，但人類的智慧和創造力是無可取代的。在善用 AI 工具的同時，應該不斷提升自己的基礎能力，才能在程式設計的道路上走得更遠。

PART 03　廣宣製作、文案、網站行銷的 AI 應用技

11
CHAPTER

廣宣圖像生成 AI

海報、社群貼文圖片、美編素材⋯通通請 AI 代勞

- 11-1　用 AI 生圖助手快速獲得設計靈感
- 11-2　可商用的 AI 生圖工具 - Adobe Firefly
- 11-3　電商小編的救星！隨手拍的照片也能用 AI 變成廣宣圖
- 11-4　在圖庫中找不到喜歡的設計素材 (icon、插圖⋯)？用 AI 快速生成！

無論是產品展示、企業廣宣、社群網站的 PO 文…，一張 **吸睛的圖片** 可帶來有效的互動和關注，絕對是產品勝出的重要關鍵。過去，想要設計出精美的圖片，從構思到完成至少也要數天的時間，現在 **有了 AI 一切都不一樣了**！例如我們可以先 **利用 AI 生成初步的概念圖**，再稍加微調以縮短製作時間。本章將挑選幾個 **免費又好用** 的 AI 影像生成 (後述簡稱生圖) 工具來介紹，只需簡單的文字描述，AI 就會迅速生成符合需求的影像，即使設計小白也能輕鬆上手！

> **職場生產力 UP**
>
> 說到 AI 生圖，不少嘗鮮的玩家或生圖社團大多抱著好玩的心態來玩，然而在職場上需要圖片的情況多的是，例如行銷部門需要製作一張推廣新產品活動的海報、社群小編需要為產品介紹文案搭配圖片、美編在設計時需要搭配的素材、HR 部門主管需要為季度報告搭配插圖…等，多的不得了。而以往需要圖片時，往往要請設計部門操刀，想自己來的多半就從成千上萬的圖庫中勉強找一些相近的圖來用，現在有了 AI 生圖工具，即便是無中生有都會比以往的作業快上許多！

11-1 用 AI 生圖助手快速獲得設計靈感

使用 AI　AI 聊天機器人 (ChatGPT、Copilot)、Adobe Express

　　最簡單的生圖方法就是利用 AI 聊天機器人，只要直接在聊天機器人的對話框輸入中文提示語，AI 就會幫我們生成圖片。這部分我們推薦 ChatGPT 跟 Copilot 這兩個工具。

☑ 用 ChatGPT 生成圖片 – 以生成廣宣海報為例

操作前要先提醒讀者，ChatGPT 有開放生圖功能給免費版用戶使用 (曾經一度收回)，無論如何，若您操作底下第一個範例時無法順利生成圖片，可以等幾個小時後再試，或是付費升級成 Plus 版 (目前費用 20 美元／月)；若是使用頻率不高不想付費，也可以改用稍後會提到的 Copilot 來生圖 (目前完全免費)。

從 ChatGPT 對話框生成文宣海報範本

只要直接下中文提示語給 ChatGPT 就可以生成圖片，不過即使同一張圖片繼續下提示做微調，新生成的圖片和原圖還是會略有差異 (就算下達「請用同一張圖片來修改」的提示語效果也不大)，因此，筆者認為此做法比較適合用來**汲取設計靈感** (因為生圖後的微調／修改彈性比較小)。

我們來看一個範例，要請 ChatGPT 生成文宣海報做為靈感參考，**下提示語時，描述愈詳細愈好**，最好包含**標題、時間、地點、海報的重點文案、整體風格、配色、圖片比例**、…等。這樣 AI 在生圖時才會有明確的方向，也比較能接近我們想要的結果，尤其 ChatGPT 免費方案目前一天只能生成三張圖，儘量提供多一點資訊讓生成的圖比較完整，以免浪費免費次數。在此我們想生成**一張文具展的海報**做為參考，就輸入如下的提示語：

> 若對風格不熟，可從下一頁我們的建議來挑；或者，有範例圖片也可以上傳給 ChatGPT 參考 (11-17 頁有示範)

請設計一張文具展的海報，使用「曼菲斯」風格 (Memphis Style)，並加入各種文具，營造熱鬧的活動氣氛，背景使用亮黃色，插圖要精細

標題：「2025台北文具展」

2025 Taipei International Stationery Exhbition

展期：08.01～08.10

地點：台北世貿一館

標語：融合生活風格、創意文具設計

可提供 AI 聊天機器人參考的海報生成風格

AI 聊天機器人可以協助生成各式各樣的海報風格,風格可以依照你想要呈現的主題與受眾來調整。為了讓 AI 聊天機器人能夠生成符合我們需求的海報,你可以提供以下的資訊以及「風格」來下提示語。

- 想傳達的主題 (如:書展 / 促銷 / 咖啡店 / 音樂會)
- 想吸引的對象 (如:年輕人 / 親子 / 專業人士)
- 喜歡的色系或參考圖

AI 聊天機器人可以生成的圖片風格有以下幾種類型:

插畫風格

- 日系手繪風:像漫畫、水彩或鉛筆素描,常用於小說封面、甜點店、文創品牌。
- 扁平插畫風:簡潔、現代感,常見於活動宣傳、展覽、教育海報。
- 復古插畫風:帶有懷舊感的色彩與筆觸,例如 50~70 年代風格。
- 拼貼風:結合照片與插畫,創意感強,適合藝術市集、時尚品牌。

現代感風格

- 科技感/未來感:藍色漸層、線條與光點,適合科技、數位主題。
- 極簡風:留白區域多、重視排版與留白,適合高質感活動或品牌。
- 幾何風格:用形狀構成畫面,適合設計展、學術講座。
- 半色調點點風:復古潮流,常用於促銷、年輕族群活動。
- 曼菲斯風格:用鮮艷的色塊及點、線、幾何圖形所組成,呈現活潑、有朝氣的氛圍。

文藝與質感風格

- 水彩風/油畫風:柔和而優雅,適合藝文活動、書展、講座。
- 拼貼報章風:有粗糙紋理、復古的字體設計,適合文學或書店。
- 黑白極簡風:多用於詩集、攝影展、建築相關活動。
- 古典風:仿照過去海報 (如裝飾藝術) 形式,適合老派浪漫主題。
- 漫畫風/爆炸圖案風:誇張視覺、強烈對比,常用於特賣會、促銷、折扣活動。
- 手寫感風格:文字像手寫,搭配粉筆風、便利貼風格,適合文創或學生活動。
- 美式復古商業風:適合餐廳、酒吧、手工市集。

標題:「2025台北文具展」
2025 Taipei International Stationery Exhbition
展期:08.01~08.10
地點:台北世貿一館
融合生活風格、創意文具設計

① 請 AI 幫忙生圖, 以作為製作海報的靈感

已建立圖像

② 生成一張滿滿文具的圖片, 點擊可以放大

④ 生成的圖片整體看起來完成度算高, 但是有部份中文字顯示有問題, 例如「融合生活風格．創意文具設計」就變成一堆怪字

生成一張圖片大約 20 秒到 30 秒左右

③ 點擊這裡可下載圖片

> **TIP** 為什麼這裡使用**曼菲斯**風格 (Memphis Style) 呢?曼菲斯風格的特色是用**鮮艷明快的色塊及簡單的點、線、波浪線條與幾何圖案**所組成,本例是多樣文具產品,我們希望海報呈現活潑、有朝氣的感覺,因此嘗試請 AI 生成鮮艷色彩的圖片。

請 ChatGPT 幫忙修錯字?能改但不完美

若 AI 生成的圖中有怪字,直覺的想法是下提示語請 AI 修改,但筆者的經驗是效果不會太好 (而且若是免費帳戶能試的次數也不多),讀者別抱太大期望。以下提供請 ChatGPT 修改「融合生活風格・創意文具設計」這幾個字的過程給讀者參考:

11-5

上圖的「融合生活風格．創意文具設計」打錯字了，請修改

修改後不只「融合生活風格．創意文具設計」
沒改好，連「世貿一館」這幾個字也壞掉了@@

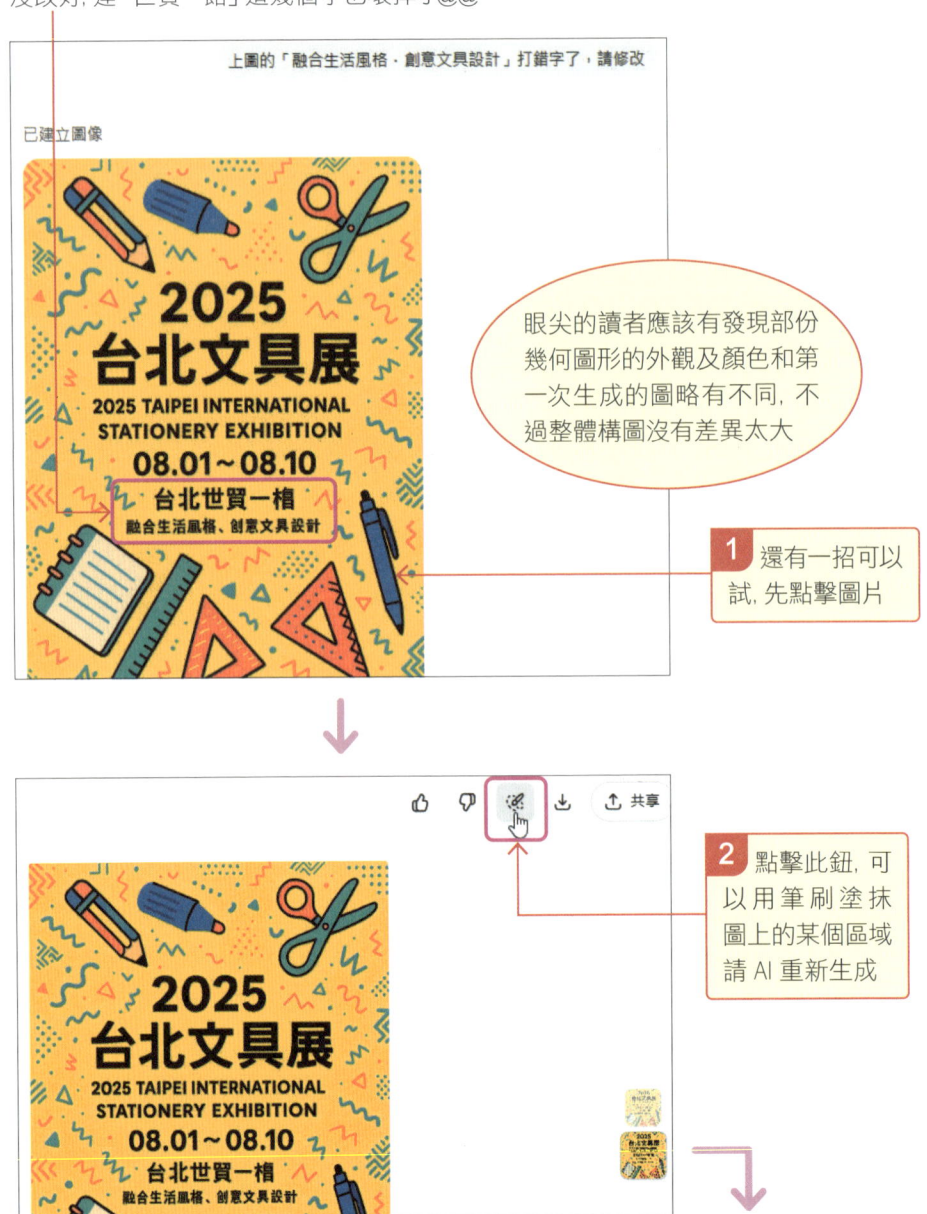

已建立圖像

眼尖的讀者應該有發現部份幾何圖形的外觀及顏色和第一次生成的圖略有不同，不過整體構圖沒有差異太大

1 還有一招可以試，先點擊圖片

2 點擊此鈕，可以用筆刷塗抹圖上的某個區域請 AI 重新生成

11-6

3 塗抹要修改的地方

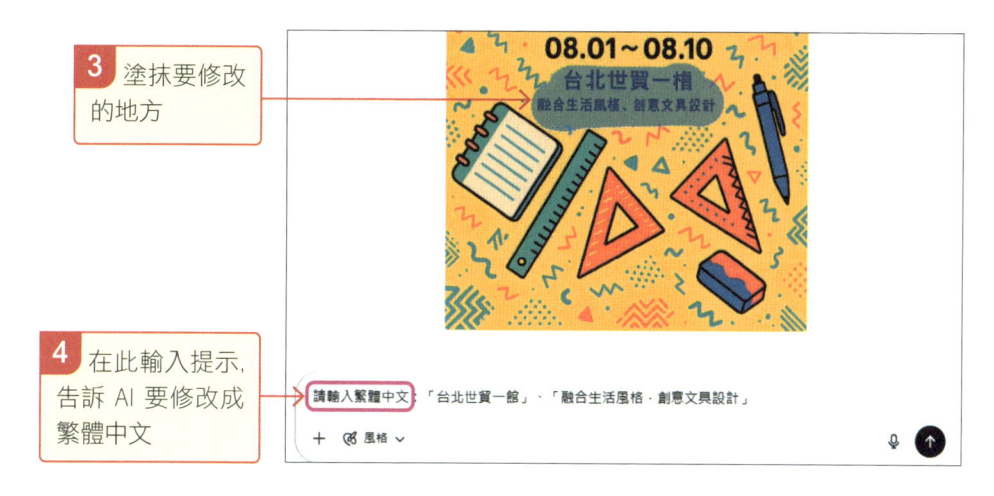

4 在此輸入提示，告訴 AI 要修改成繁體中文

請輸入繁體中文：「台北世貿一館」、「融合生活風格．創意文具設計」

TIP 筆者試過在 Firefox 瀏覽器中用 ChatGPT 編輯圖片，在塗抹要修改的地方時，常常發生塗抹位置跑掉的情形，例如要塗抹圖形的下半部，但塗抹後的結果卻是上半部。如果您也遇到這種情形，改用 Google Chrome 瀏覽器來操作就沒問題了。

稍等約 20 秒左右，重新生成修改後的結果，這次文字反而錯更多了，不但沒有改正，還多了一行字，此時免費版的生圖也已達上限

　　使用筆刷塗抹要修改的地方不限於改文字，想要修改圖中的局部內容也可以。依筆者測試的經驗，文字字數少通常可以一次改成功，但若像本例一樣字數太多就比較不容易改對。

11-7

> **免費生圖功能已達到上限**
>
> 提醒讀者,即便 ChatGPT 開放免費版用戶使用生圖功能,但現階段一天只能生成三次圖片,修改圖片內容也算生成一次。對話到一半時,可能會出現無法繼續使用的訊息:
>
> **1** 通知圖片生成的次數已達到上限
>
> 你已達到免費方案的圖片生成次數上限。你可以在 20 小時 45 分鐘 後再次產生圖片。
> 目前我無法再幫你修改圖片。如果你有其他非圖片的需求,我仍然可以幫忙!
>
> **2** 告知大約多久以後才能再次生成圖片

　　如果 AI 生成的圖只是小地方待修,但整體還不錯,想拿來做後續修改,但又不想等 20 小時後才能再次修改文字,這時候最快就是付費升級為 Plus 版,試著請 ChatGPT 做調整。但若不想付費,可以挑選錯字最少的圖片,使用其他影像編修工具來修改圖上的字。例如底下將示範以 Adobe Express 這個線上編修工具的 AI 功能來處理圖片中的錯字問題。

使用 Adobe Express 的 AI 修圖功能快速搞定錯字問題

　　如前一頁看到的,AI 聊天機器人雖然可以快速生圖、編排文字,但是如果**中文字的筆劃太多**、或是要生成的**字數太多**,經常會變成奇怪的符號或是加了很多筆劃的怪字,要解決這個問題,雖然可以嘗試再次跟 AI 溝通,但效果實在不太好預料...

　　比較實際的做法是,用 Adobe Express、Canva 等線上影像處理工具,或是電腦中已安裝的影像處理軟體 (如 Photoshop) 來修改文字。在此特別介紹用 Adobe Express 來修改文字是因為,可以借助其 AI 修圖功能,**清掉文字並自動填補圖片的背景 (我們再自己補字上去)**,即使是漸層背景也能完美填補,而且不用安裝軟體直接開啟瀏覽器連到網站就能操作。

1 **註冊帳號並登入 Adobe Express 主畫面**。請開啟網頁瀏覽器，輸入「https://new.express.adobe.com」，進入 Adobe Express 網站，初次使用建議以 Google 帳號來註冊最快。

> 1 點擊**繼續使用 Google**

> 2 點選你的 Google 帳號

3 點擊 **繼續** 鈕，允許 Adobe 存取 Google 帳號

4 輸入生日的年、月後，點擊 **建立帳戶** 鈕

▶ 11-10

⑤ 接著會依序詢問您是工作用或個人用、想要創作海報、影片、賀卡、名片、…等內容，喜歡哪一種風格、工作的主要內容是什麼，請依照畫面的提問點選，再點擊**下一步**鈕完成回答

② **上傳要修改的圖片**。註冊為免費用戶後，一個月有 10 點的點數可用 (此方案可能隨時會變動)，按一下右上角的使用者圖示即可查看剩餘的點數。接著，請點擊畫面中**使用自己的內容開始**，並上傳要修改文字的圖片。

1 點擊此鈕

2 可在此查看可用的點數

3 點擊使用自己的內容開始

11-11

第 11 章　廣宣圖像生成 AI — 海報、社群貼文圖片、美編素材…通通請 AI 代勞

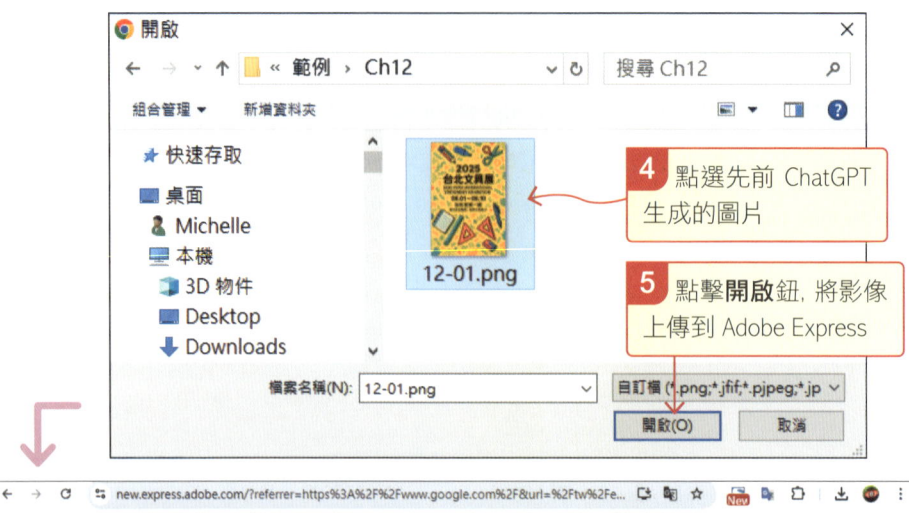

4 點選先前 ChatGPT 生成的圖片

5 點擊**開啟**鈕,將影像上傳到 Adobe Express

6 點選**編輯原始影像**

3 用 **AI 清除錯字**。在此我們要用 Adobe Express 的**移除物件**功能,請 AI 將圖片中的錯字清除,**並自動填補背景**。

1 點選**移除物件** (若是沒有出現此面板,請用滑鼠點擊右邊的影像)

11-12

2 先拖曳滑桿調整筆刷的大小

3 在想清除的地方來回塗抹

4 點擊**移除**鈕

正在清除文字,請稍待幾秒

第 11 章　廣宣圖像生成 AI — 海報、社群貼文圖片、美編素材⋯通通請 AI 代勞

11-13

5 這裡會產生三個清除文字後的結果，你可以逐一點選縮圖，看看哪個清除效果比較好

6 文字已經被清掉，並自動填入背景色

7 點擊**保存**鈕將結果儲存起來

4 **輸入及設定文字格式**。接著，我們要在圖片中重新輸入文字，本例要輸入「融合生活風・創意文具設計」，請跟著底下的步驟進行：

1 點擊**文字**鈕開啟**文字**面板

2 點擊**新增文字**鈕

11-14

3 在紫色的邊線上按住滑鼠左鍵拖曳,可移動文字框的位置

4 按一下文字框的內部,可輸入文字

6 拉下列示窗選擇跟原圖接近的字型

不論是字體或各類範本,只要縮圖上有皇冠圖示,表示需要付費成 Premium 會員才能使用 (Adobe Express 有提供 30 天免費試用 Premium)

8 文字輸入完畢,點擊此鈕關閉**文字**面板

7 在此設定文字大小

在此按一下,可從色票中挑選文字顏色 (目前維持黑色即可)

5 在此輸入「融合生活風格．創意文具設計」

第 **11** 章　廣宣圖像生成 AI — 海報、社群貼文圖片、美編素材…通通請 AI 代勞

11-15

5 將修改後的圖片下載到電腦中。

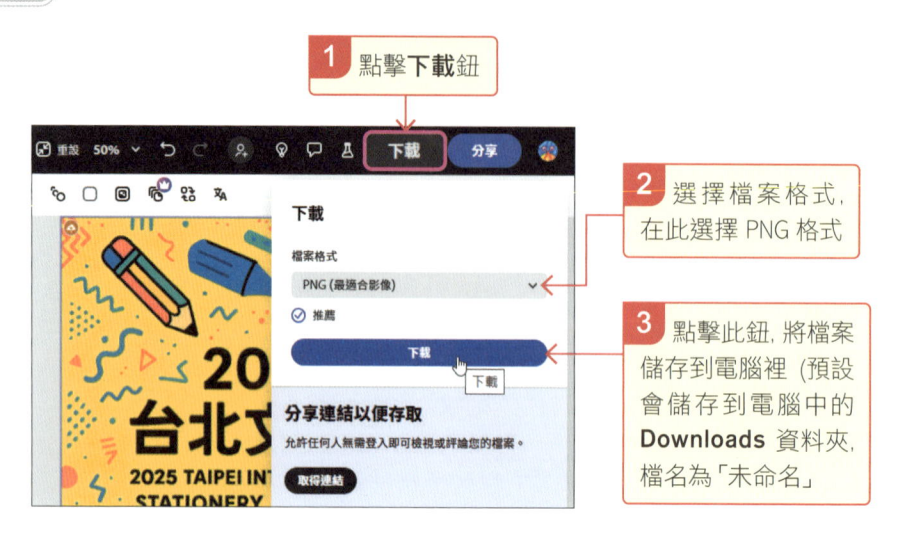

1 點擊**下載**鈕

2 選擇檔案格式，在此選擇 PNG 格式

3 點擊此鈕，將檔案儲存到電腦裡 (預設會儲存到電腦中的 **Downloads** 資料夾，檔名為「未命名」

　　從以上的範例您也看到了，AI 生成的圖片不可能盡善盡美，難免會出現怪怪的內容，需要事後反覆檢查。尤其如果想直接拿 AI 生成的圖片做為設計素材，就得思考拿該張圖來修改的可行性。依經驗，AI 生成的圖片**如果中文字數不多**，要修改錯字最快的做法就是再下更精確的提示語，請 AI 重新生圖，通常改個一、兩次就能得到不錯的結果。**如果中文字數很多**，那麼建議使用剛才介紹的 Adobe Express，用它的 AI 功能清除文字後再自行補上文字會比較快。

職場生產力 UP　改用 Copilot 聊天機器人來生圖

ChatGPT 生圖的結果，雖然整體而言還不錯，但是對免費版用戶來說，就有點困擾了，一天能生成的圖片有限 (目前只能生成三次, 可能隨時會變)，若是您對於付費升級到 ChatGPT Plus 版還是有點遲疑，不妨試試**微軟**的 **Copilot** 聊天機器人 (https://copilot.microsoft.com)，同樣也有提供文字生圖的功能，而且完全免費，圖片的精細度和準確度也不錯！操作方式和 ChatGPT 大同小異，有需要的讀者可自行嘗試喔！

上傳參考圖讓 AI 聊天機器人參考更有效率！

除了直接下提示語請 AI 聊天機器人生圖外, 如果有喜歡的風格或是參考樣式, 也可以上傳給 AI 聊天機器人參考, 並在下提示語時加上 **"請參考我上傳的圖片"**。但在此要提醒您, **不要擅自使用別人的作品讓 AI 參考以免侵權**, 你可以上傳自家公司曾經做過的海報或設計作品, 但請留意要合法使用喔！

3 上傳給 AI 參考的圖會顯示在這裡

2 點擊此鈕, 選擇 **新增照片和檔案**, 上傳你要讓 AI 參考的圖

1 輸入提示語, 內含文宣上要出現的文案, 重點在這裡「參考我上傳的圖」

4 點擊此鈕送出

5 接著 AI 會參考我們上傳的圖分析「整體的設計風格」、「排版構圖」、「主標題」、「視覺亮點」、…等文案, 如果分析完沒有開始生圖, 請輸入提示「請開始生成圖片」, 指示 AI 開始生圖

第 11 章　廣宣圖像生成 AI — 海報、社群貼文圖片、美編素材…通通請 AI 代勞

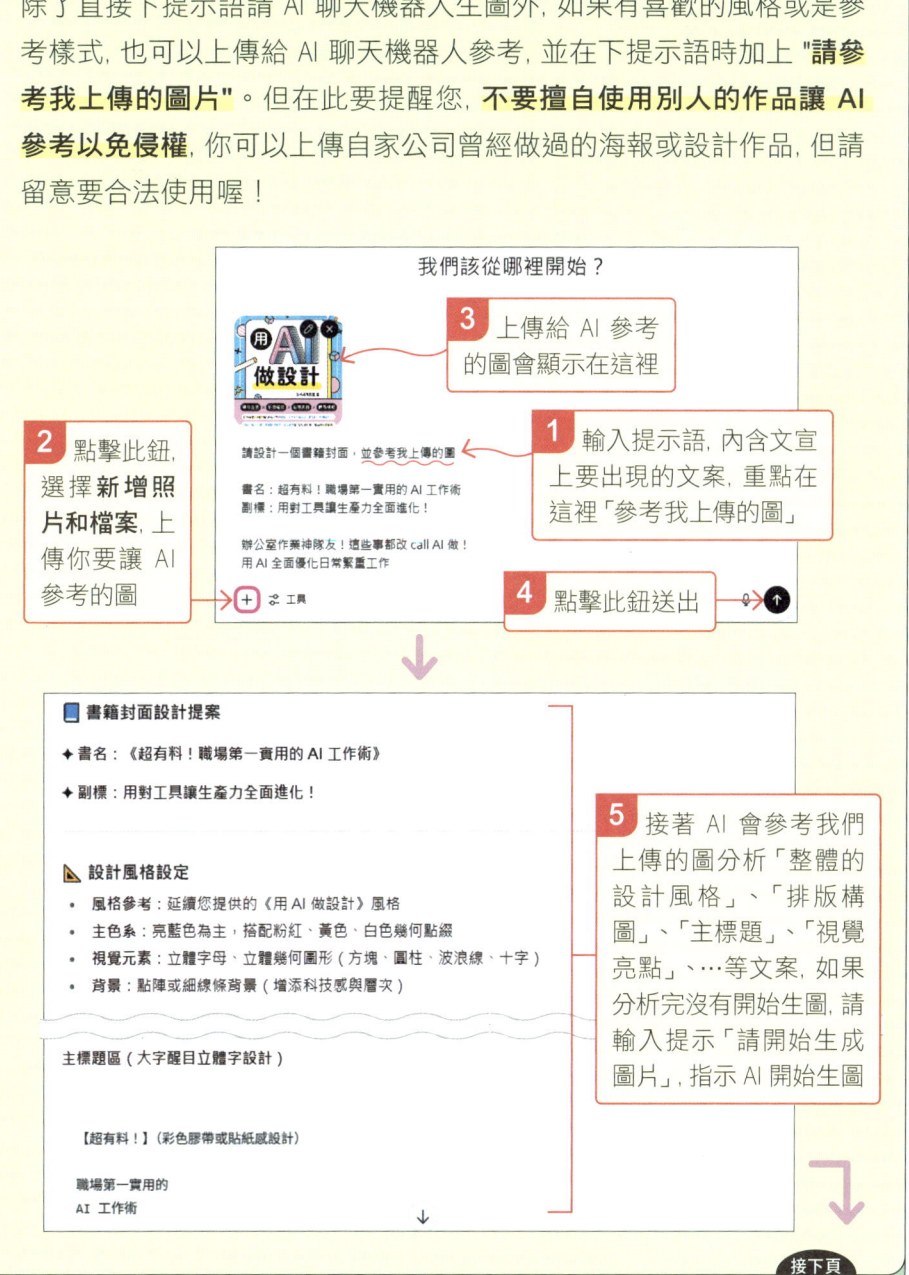

11-17

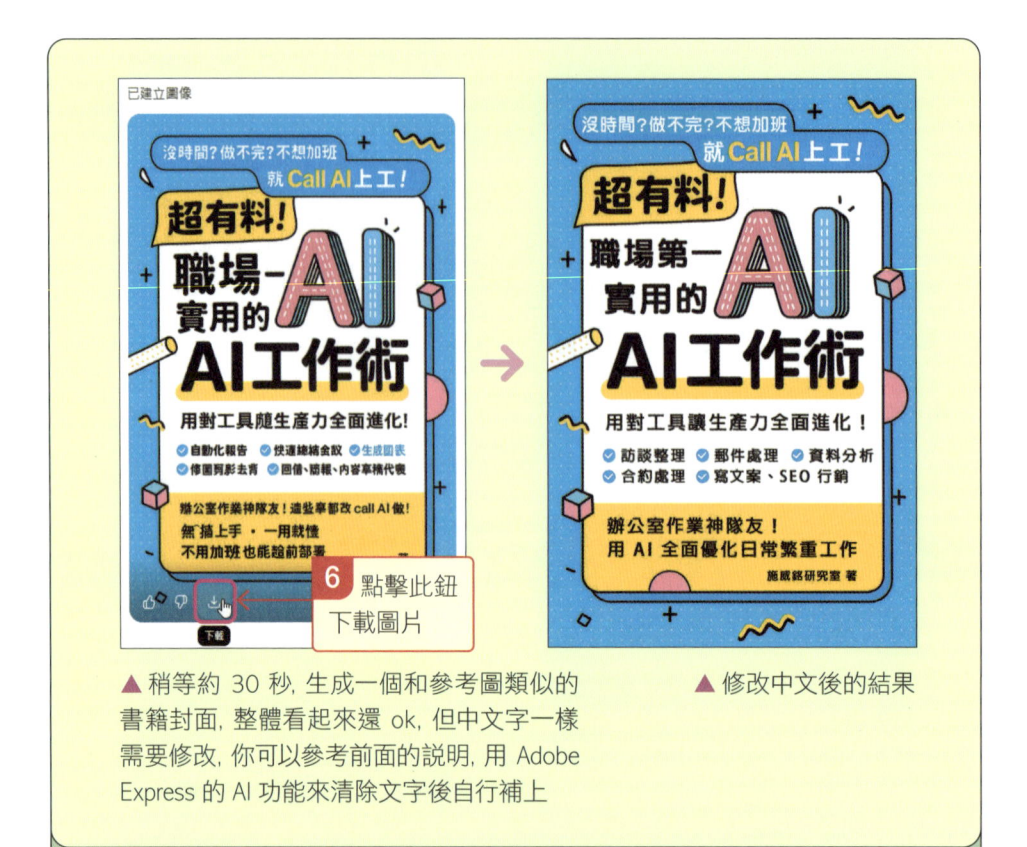

▲ 稍等約 30 秒，生成一個和參考圖類似的書籍封面，整體看起來還 ok，但中文字一樣需要修改，你可以參考前面的說明，用 Adobe Express 的 AI 功能來清除文字後自行補上

▲ 修改中文後的結果

11-2 可商用的 AI 生圖工具 – Adobe Firefly

使用 AI ▶ Adobe Firefly

Adobe Firefly 是 Adobe 公司開發的生成式 AI 工具，只要用簡單的文字描述，就能**從無到有生成影像、影片、音訊、向量圖**，還可以用 AI 延伸圖片比例、自動填補圖片內容、製作各種文字效果、輕鬆完成社群貼文、海報⋯等廣宣素材！

此外，值得一提的是，市面上雖然有不少 AI 生圖工具，但有些生圖 AI 在訓練模型時，使用了受著作權保護的影像，因此在商業使用上會有爭議，為了避免這些困擾，Adobe Firefly 強調是以獲得授權的影像來訓練模型，**生成後的影像也能用於商業用途**，這是它有別於其他生圖工具的最大優勢。還有，一般生圖工具以生成**點陣圖**為主，Adobe Firefly **可以生成向量圖**，生成後的向量圖可以直接使用 Illustrator 進行編輯。

☑ 簡單認識 Adobe Firefly

Adobe Firefly 有提供 Web 介面 (網址：https://firefly.adobe.com)，直接打開瀏覽器就可以使用，不需要特別開啟 Photoshop 或 Illustrator，輕輕鬆鬆就能用它的生圖功能完成職場上各種設計工作 (它也有提供 AI 修圖功能，下一章會介紹)。本節以示範 Adobe Firefly 網頁介面的生圖功能為主。

1 請先連到 Adobe Firefly 網站 (https://firefly.adobe.com)

2 點擊**登入**鈕申請 (或輸入) 帳號以便登入主畫面

3 建議使用 Google 帳號來註冊最快

11-19

點擊此鈕, 可收合最上面這排應用程式

點擊帳號圖示, 可查看有多少生成式點數 (稍後說明)

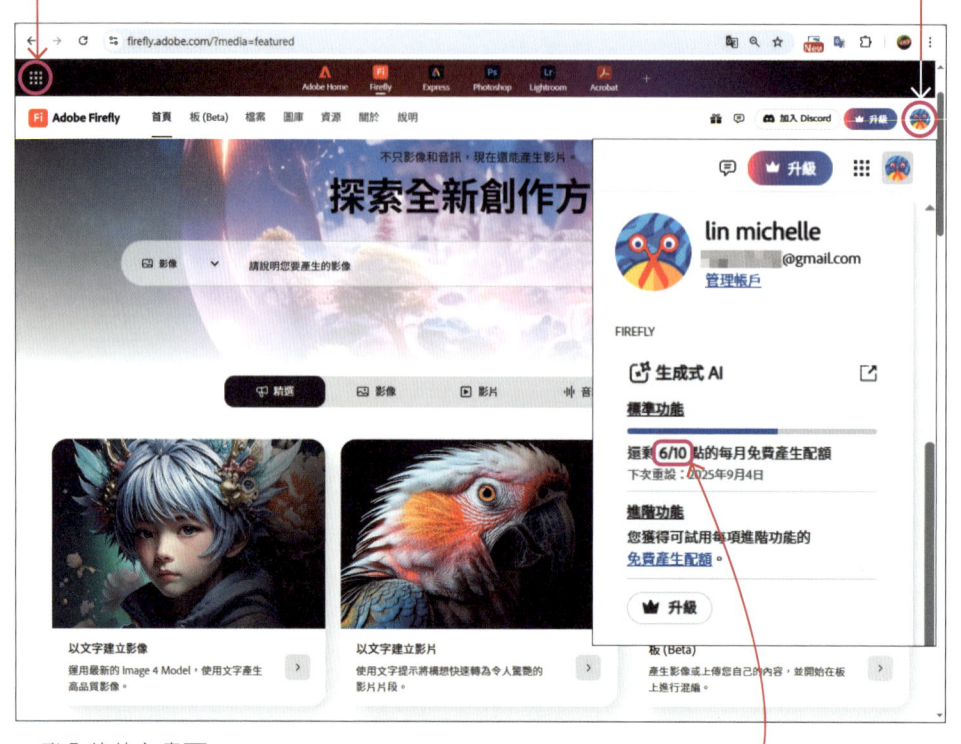

▲ 登入後的主畫面

預設會免費提供 10 個點數 (Adobe 可能會隨時調整), 由於前一節我們用過 Adobe Express, 目前只剩下 6 點

> **TIP** 如果先前使用 Adobe Express 時, 你已經註冊成為 Adobe 會員, 也可以使用同一組帳號來登入 Adobe Firefly。
>
> 此外, 若想更深入了解**生成式點數**的運作, 可連到以下網址或是用 Google 搜尋「Adobe Firefly 生成式點數」, 就可以找到「生成式點數常見問題集」, 裡面有詳細的說明:
>
> https://helpx.adobe.com/tw/firefly/get-set-up/learn-the-basics/generative-credits-faq.html#get-generative-credits

11-20

Adobe Firefly 不斷推出各項新功能,現階段除了生成影像、影片,還可以生成音訊及向量圖,近期更推出**以文字建立聲音效果**及**以文字建立虛擬人偶**…等功能,提醒您,這些進階的多媒體功能消耗的生成式點數也會更多。

☑ 用 AI 快速生成圖片

Adobe Firefly 跟其他 AI 生圖工具一樣,只要輸入提示語就可以請 AI 生成圖片或影片。如果一時沒有想法,這個困難的第一步,可以請 ChatGPT 等 AI 聊天機器人幫忙 (別忘了!文字表達是 AI 的強項):

> 我們是一家賣有機蔬菜的公司, 想要請 AI 生成**在 FB 貼文搭配用的產品示意圖**, **請提供 3 個提示語**讓我參考!

請 AI 聊天機器人幫忙生成提示語

描述你要廣宣的資訊

AI 輕鬆幫我們生成三個提示語, 有了範本要改就快了, 接著可自行修改文字, 改成符合想要的產品情境

當然可以!以下是**為有機蔬菜公司設計 Facebook 貼文示意圖**的 3 組提示詞, 每組都搭配不同風格與用途, 方便你依需求選擇使用:

☑ **提示詞 1：鄉村風擺拍 / 產品展示用**

「有機蔬菜、一籃新鮮蔬菜、木頭桌面、自然日光、鄉村農莊風格、高質感商業攝影」

📌 適用情境：品牌形象照、強調新鮮、自然栽種

☑ **提示詞 2：健康生活風格 / 情境式使用圖**

「年輕家庭廚房、媽媽與小孩正在準備沙拉、有機蔬菜擺在餐桌上、溫暖陽光、現代簡約風格、生活化攝影」

📌 適用情境：教育客群「為什麼選擇有機」、親子族群、生活應用展示

☑ **提示詞 3：超市風格 / 購物吸睛圖**

「五彩繽紛的新鮮有機蔬菜、擺放在乾淨整齊的超市架上、背景模糊、有價格標籤、有促銷感、高飽和亮度」

📌 適用情境：主打優惠活動、吸引滑手機停下來的視覺強度

▲ 提示語請 AI 生成, 不用自己想老半天!

將 ChatGPT 提供的提示語複製下來，接著貼到 Adobe Firefly 的訊息框，就可以開始生圖了。

1 貼上 ChatGPT 生成的提示語
2 點擊**產生**鈕
3 生成了四張產品示意圖
4 如果有喜歡的圖，點一下即可放大瀏覽
5 左側會提供圖像工具列 (下一頁介紹)
點擊全部下載，可一次下載這4 張圖
6 點擊**編輯**鈕，可產生影片、類似的項目、…等 (稍後說明)
7 點擊此鈕，可下載此圖片
8 複製影像，或在 Adobe Express 中開啟

11-22

☑ 善用「圖像工具列」的設定為生成影像增色

剛才我們輸入提示語後，就直接點擊**產生**鈕請 AI 建立影像，其實在建立影像前還可以在左邊的**圖像工具列**進一步調整影像的外觀比例、影像類型、色調、光影、相機角度…等。這裡的設定很直覺，我們挑一些重點來解說：

> **TIP** 先提醒讀者，圖像工具列的所有設定都必須重新點擊**產生**鈕後才會生效，無法套用在已經生成的影像上，因此如果有喜歡的影像，建議先下載到電腦中保存。

一般設定

在**一般設定**中有兩個項目，一個是 Firefly 使用的模型，另一個是**外觀比例**。目前 Firelfy 使用的模型有 **Firefly Image 4 Ultra**、**Firefly Image 4**、**Firefly Image 3**。

Firefly 預設會建立 1:1 的影像，如果想調整影像的比例，請點選**外觀比例**，從中挑選 4:3、3:4、16:9 等。請注意，每次變更**外觀比例**後，都要點擊**產生**鈕重新產生影像，每次產生的影像也都會不同，建議在生成影像前就先決定好畫面的比例。

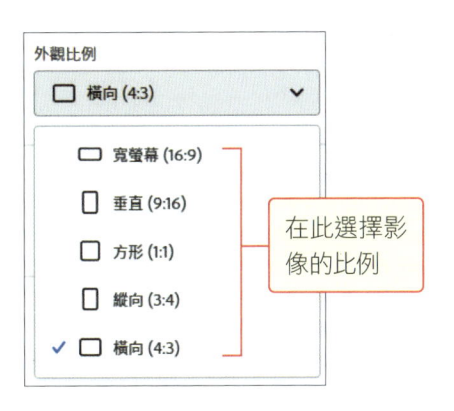

在此選擇使用的模型，選最新的就對了 (如果選擇 **Firefly Image 4 Ultra**，一次只會生成一張影像，但是畫質會優於其他模型)

在此選擇影像的比例

11-23

內容類型

內容類型可讓你選擇產生的影像為**藝術**或**相片**。預設是**自動**模式，Firefly 會自動選擇適合的類型。**藝術**類型是生成插畫或是比較抽象的風格，**相片**則是以真實景物來呈現。你可以在輸入提示後，先採用**自動**模式，不符合想要的結果時，再手動選擇**藝術**或**相片**。

點選**相片**或**藝術**類型後，呈反白表示為選取狀態

視覺強度

拖曳**視覺強度**滑桿，可調整影像中整體的視覺效果強度。若選擇**相片**類型，**視覺強度**愈往左拖曳影像效果較為逼真，愈往右拖曳則影像效果為超現實。若選擇**藝術**類型，則**視覺強度**愈往左拖曳效果為插圖，愈往右拖曳影像效果為數位藝術。

將**視覺強度**往左拖曳，生成的**相片**較為逼真

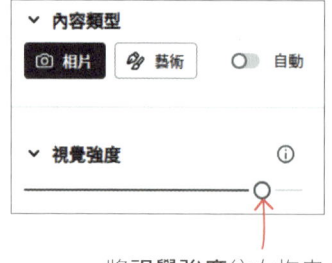

將**視覺強度**往右拖曳，生成的**相片**為超現實

構圖區可讓生成的影像構圖符合所選的結構，點擊**新增影像**可上傳圖片讓 Firefly 參考結構，或是點擊**瀏覽圖庫**從現有的圖庫中選擇喜歡的結構。至於**樣式**區裡的**效果**則提供多種不同特效，套用這些特效，可以讓影像有奇幻、超現實、工業風、卡通、…等效果，而且**一次可以套用多種效果**。你甚至還可以結合**顏色和色調、光源、相機角度**，來打造新穎又有創意的影像。這些效果只要點選縮圖就能預覽結果，就請讀者自行試試囉！請記得選定效果後，得要再次按下**生成**鈕才會套用並生成圖片，建議先選好所有效果後再按下**生成**鈕，以免浪費生成點數。

當你選擇**圖像工具列**的各種選項後，都會列為提示語的一部分，再次生成時就會參考這些設定來生成影像：

重新生成的新影像

本例加入了這些設定重新生成影像

可在此切換一次顯示四張或是單張影像

11-25

第11章 廣宣圖像生成 AI — 海報、社群貼文圖片、美編素材…通通請 AI 代勞

☑ 生成影像後的後續作業

每次生成影像 Adobe Firefly 都會生成 4 張影像給我們 (選擇 Firefly Image 4 Ultra 只會生成一張)，你可以挑選其中一張影像當作基準，再生成類似的風格或是進一步加上文字，完成廣宣圖。

- **a** 點擊每一張影像左上角的**編輯**鈕
- **b** 選擇此項可讓影像做為影格素材來生成影片 (但需要耗費較多的生成式點數)
- **c** 這一項是 AI 修圖功能，可在影像中去除不要的雜物，或是在指定位置生成想要的影像，我們留待下一章介紹
- **d** 以目前這張影像為基準，生成類似風格的其他 3 張影像
- **e** 以目前這張影像的**構圖**為參考，生成類似的其他 3 張影像
- **f** 以目前這張影像的**樣式**為參考，生成類似的其他 3 張影像
- **g** 在網頁版的 Photoshop 開啟此影像，進行更多編輯工作 (如調整尺寸、輸入文字、…等)
- **h** 在 Adobe Express 中開啟此影像，新增文字或形狀、圖形、讓我們繼續編輯影像生成各種廣宣圖

職場生產力 UP

本節我們把焦點放在 Adobe Firefly 的 AI 生圖功能就好，後續的影像應用讀者可再自行研究。Adobe Express 在前一節就有用到，這是 Adobe 公司開發的線上設計工具，提供各種圖形設計及多媒體內容，從初學者到有經驗的設計師都能快速上手。只要套用它提供的 Facebook、Instagram 限動範本，就可以快速製作出社群媒體圖片 / 影片、傳單、海報、…等。

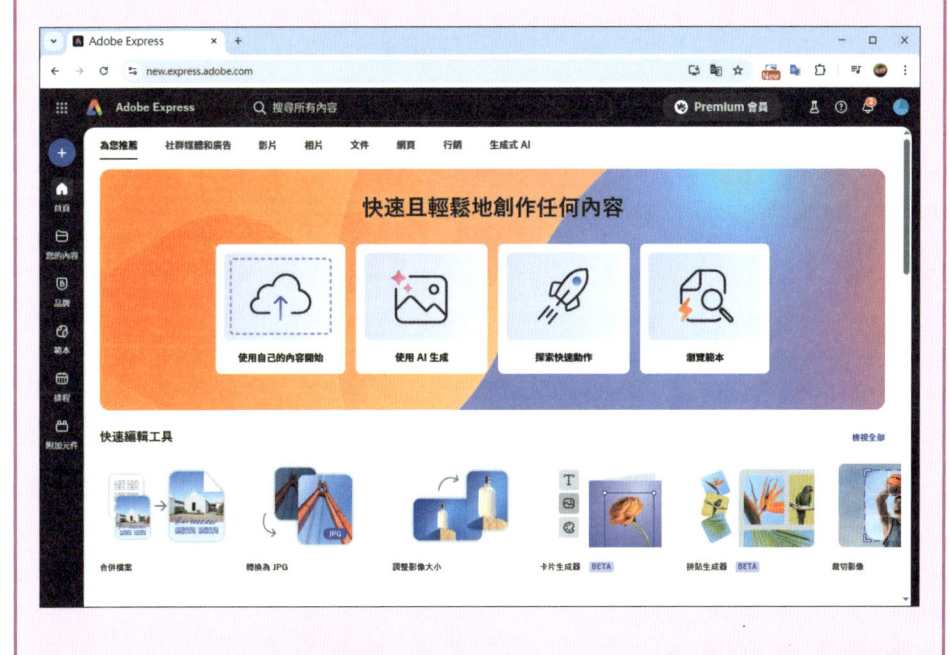

若對 Adobe Express 工具有興趣，也可以參考旗標出版的《**Adobe Firefly 設計魔法師：Photoshop X Illustrator X Adobe Express 生成式 AI 全攻略**》一書。

11-3 電商小編的救星！隨手拍的照片也能用 AI 變成廣宣圖

使用 AI ▎ Manus AI

在電商快速發展的時代，品牌商與代理商經常需要做各種產品廣宣，並進行多平台的行銷推廣。然而，專業攝影往往得花大量的時間與資源，對於忙碌的電商小編來說，並非每次都能安排專業的攝影。現在有了 AI 即使是隨手拍的產品照，都能輕鬆轉成廣宣素材，重點是不用自己去背、想文案，只要上傳照片，AI 就能在短時間內幫我們完成。

▲ 隨手拍的桌上型電扇，背景雜亂、光線不佳

▶ 透過 AI 的處理，馬上變成一張廣宣素材

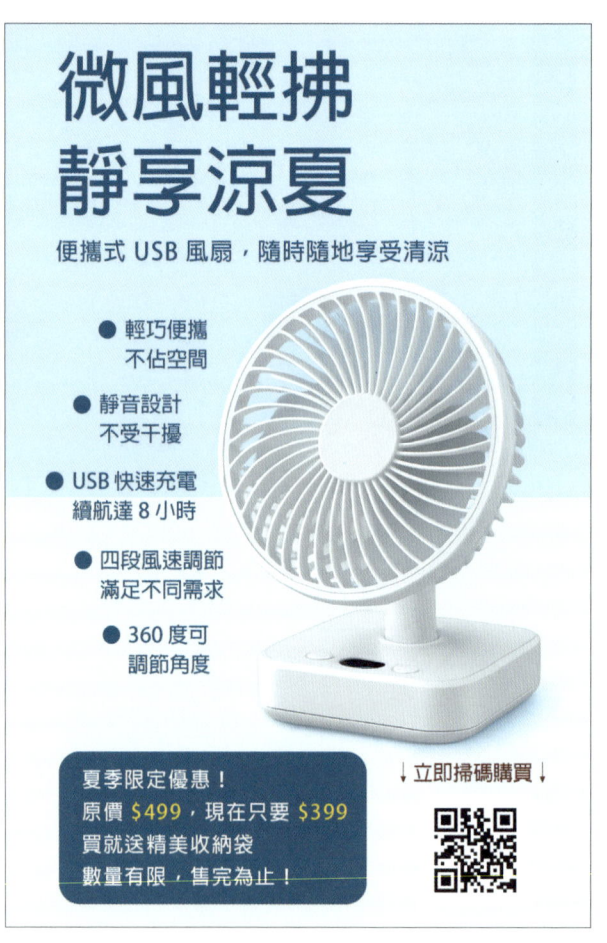

11-28

☑ 用 AI 自動產生廣宣文案及圖片

本例我們要搬出 1-3 節介紹過的 AI 代理人 (AI Agent) 工具 - **Manus AI** 來處理，這是一個全自動化 AI 工具，只要上傳隨手拍的產品照，交待一個任務，Manus 就會幫我們從「**分析需求、構思文案、設計、檢查完整性**」一項一項做，比一般的 AI 聊天機器人更自動化，最終生成專業的文案與廣宣圖給我們參考，大大減輕工作負擔。

1 請開啟網頁瀏覽器，輸入「https://manus.im/home」網址，連到 Manus 網站，進入網站後點選畫面右上角**開始使用**鈕，接著使用 Google 帳戶註冊即可開始使用各項服務。

> 1 按下**開始使用**後，用 Google 帳戶註冊、登入

> 2 首次註冊、登入會得到免費積分，請按下**知道了**關閉此訊息，就可以開始使用

第 11 章　廣宣圖像生成 AI — 海報、社群貼文圖片、美編素材⋯通通請 AI 代勞

11-29

2 接著, 在對話框中輸入你的需求 (提示語), 在此我們想將隨手拍的照片製作成促銷用的廣宣圖。

1 在此輸入需求 (**請製作一張直幅的促銷廣告, 文字使用繁體中文**)

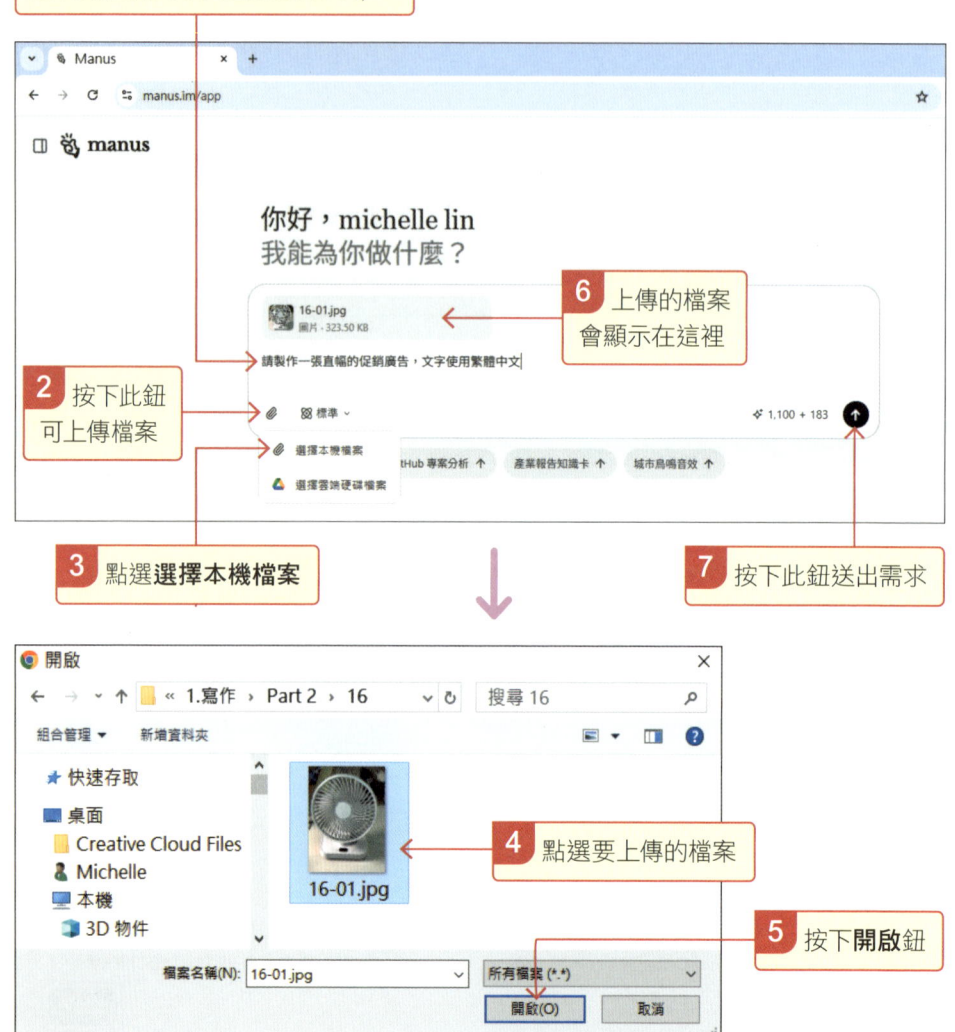

2 按下此鈕可上傳檔案

3 點選**選擇本機檔案**

6 上傳的檔案會顯示在這裡

7 按下此鈕送出需求

4 點選要上傳的檔案

5 按下**開啟**鈕

3 送出需求後, Manus AI 就會開始全自動處理, 大約等個 20 多秒就會生成一張整合了我們上傳的照片以及文案的廣宣圖。

11-30

第 11 章 廣宣圖像生成 AI — 海報、社群貼文圖片、美編素材⋯通通請 AI 代勞

直幅繁體中文促銷廣告設計

請製作一張直幅的促銷廣告，文字使用繁體中文

開始處理我們的需求

manus

您好！我收到您的請求，要製作一張直幅的促銷廣告，使用繁體中文文字，並以您提供的風扇圖片為基礎。我將立即為您設計這張廣告。請稍候片刻。

manus 5/27

您好！我收到您的請求，要製作一張直幅的促銷廣告，使用繁體中文文字，並以您提供的風扇圖片為基礎。我將立即為您設計這張廣告。請稍候片刻。

- ✅ 分析提供的風扇圖片與促銷需求
- ✅ 構思繁體中文促銷廣告文案
- ✅ 設計直幅促銷廣告圖，融合圖片與文案
- ✅ 檢查廣告設計的完整性與吸引力
- ✅ 傳送最終促銷廣告給用戶

過程中會看到 Manus AI 代理人列出要進行的工作，並一個個完成，完全不用插手

直幅繁體中文促銷廣告設計

✅ 傳送最終促銷廣告給用戶

　　正在生成圖像 /home/ubuntu/fan_ad_revised.png

傳送最終促銷廣告給用戶

manus 11:09

我已完成您要求的直幅促銷廣告設計！我為您製作了兩個版本的廣告，都以您提供的風扇圖片為基礎，並使用繁體中文文字進行設計。

兩個版本都採用了清爽的淺藍色背景，突出了風扇的清涼感，並包含了產品特點和促銷信息。第二個版本在排版和文字呈現上做了一些優化，使整體更加協調。

您可以根據自己的喜好選擇任一版本使用。如果您需要進一步修改或有其他需求，請隨時告知我。

① 完成了！AI 生成兩張廣宣圖供我們參考，點選縮圖可放大瀏覽

除了廣宣圖外，AI 也會生成豐富的廣告文案給我們參考，並集結在這裡，方便我們取用文字（待會會帶您檢視內容）

📄 廣告文案構思
　文字 · 1.17 KB

🗂 查看此任務中的所有檔案

✅ 傳送最終促銷廣告給用戶
　所有檔案已傳送完畢，進入待機狀態

✅ Manus 已完成當前任務

11-31

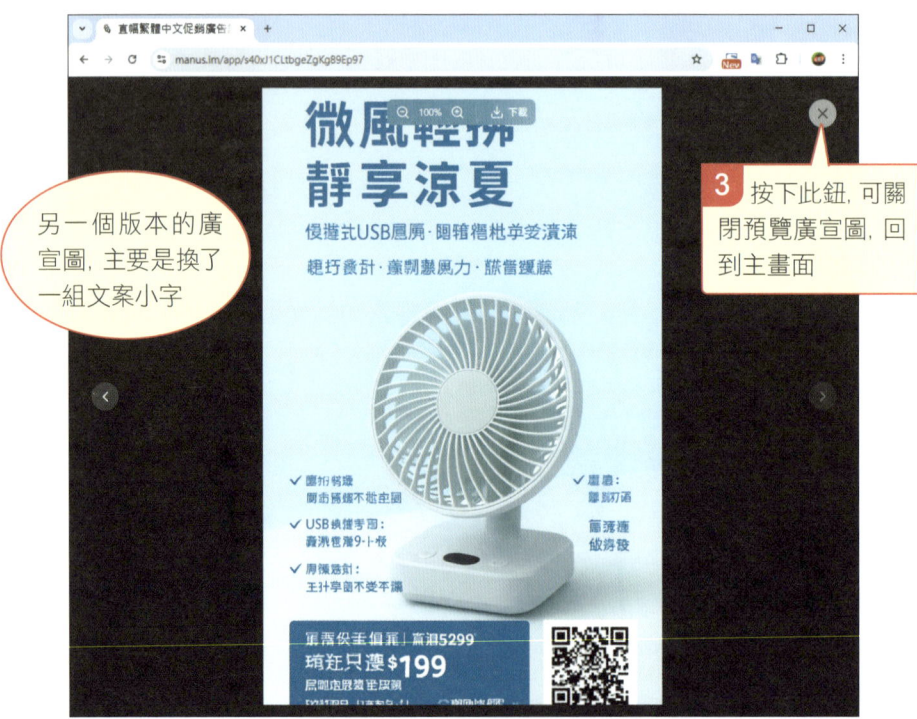

2 按下左、右箭頭可瀏覽上一張、下一張廣宣圖

AI 自動去除上傳照片中雜亂的背景 (還稍稍調了角度)，並加上文案，可惜文字大多是亂碼 (下一步會使用影像軟體的 AI 功能來修改)

另一個版本的廣宣圖，主要是換了一組文案小字

3 按下此鈕，可關閉預覽廣宣圖，回到主畫面

11-32

4 點選**廣告文案構思**，可在右側瀏覽內容

廣告文案包含主標題、副標題及產品特點，這些都是 AI 自動產生的

4 跟 11-1 節遇到的問題一樣，廣宣圖上面 AI 生成的中文字滿多都是亂碼，在此我們可以將 AI 生成的廣宣圖及文案下載到電腦裡，後續再用 11-1 節介紹的 Adobe Express AI 功能來處理文字亂碼的問題。

1 按下**查看此任務中的所有檔案**

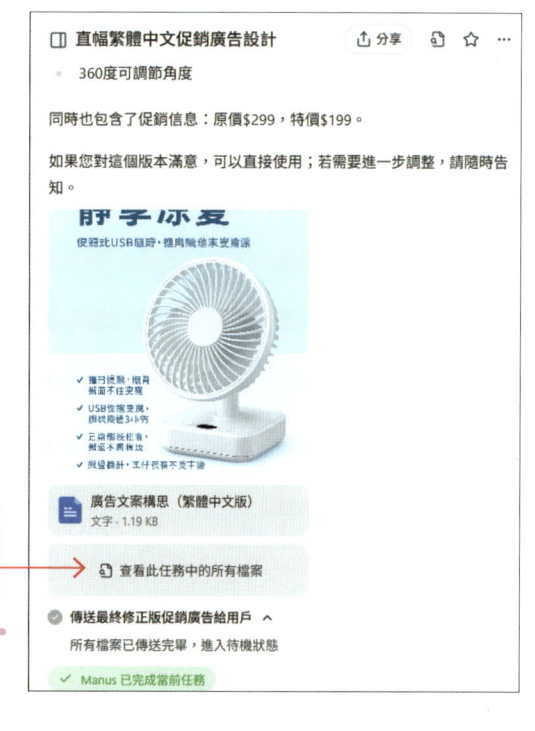

第 11 章　廣宣圖像生成 AI — 海報、社群貼文圖片、美編素材⋯通通請 AI 代勞

11-33

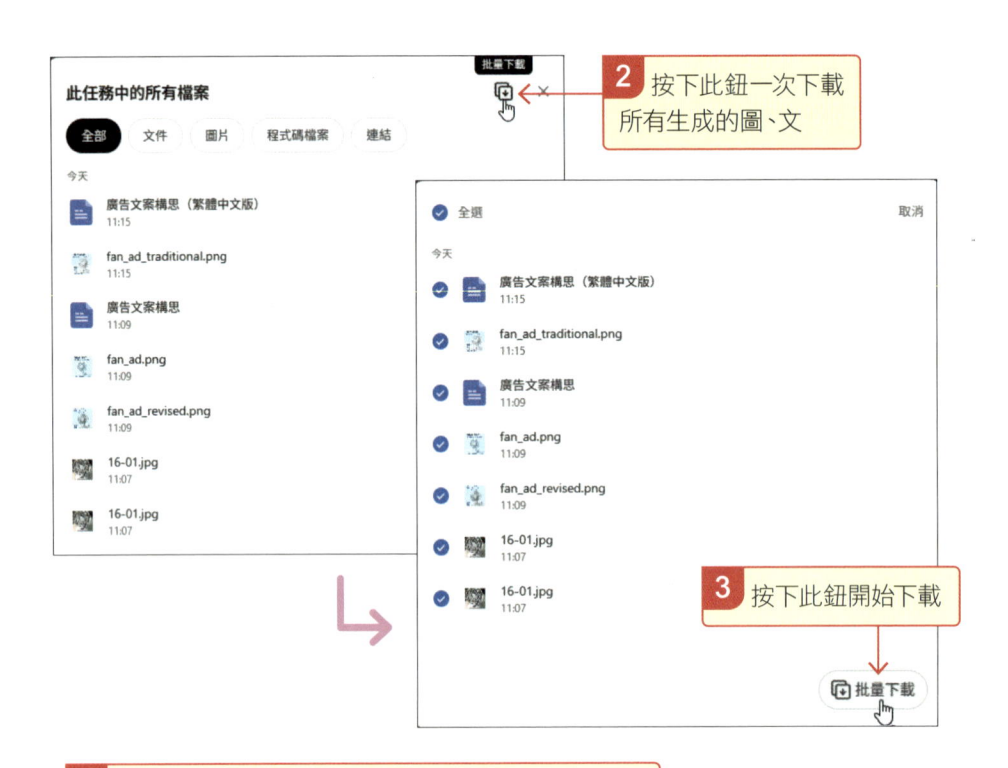

2 按下此鈕一次下載所有生成的圖、文

3 按下此鈕開始下載

4 下載後的檔案為壓縮檔，會存放在電腦中的 **Downloads** 資料夾，解開壓縮檔就可以檢視內容。壓縮檔內有包含 AI 所生成的各版本廣宣圖以及廣宣文案 (.md 格式)。您可以挑選任一張廣宣圖進行後續的修改

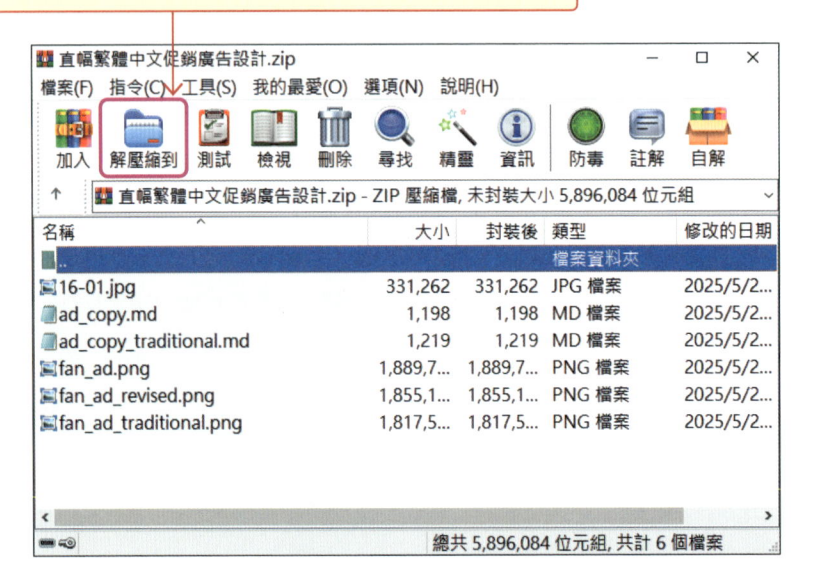

11-34

5 接著一樣用 Adobe Express 裡面的 **生成填色** AI 功能, 將中文亂碼的部份去除並與背景融合 (可參考 11-1 節的步驟說明), 再自行輸入文字即可。

修改好文字, 整個廣宣圖就完成了

> **TIP** 上面「**請 AI 刪除中文亂碼字並與背景融合, 再自行加上 AI 給我們的參考文案**」是筆者覺得比較有效率的一招。在圖片的處理上, 當然你也可以試著將 Manus AI 生成的廣宣圖再餵給 Manus 或 ChatGPT 等 AI 聊天機器人, 請它「生成一張去除文字的圖」, 但如 11-1 節所述, 有可能聊很久結果還是不怎麼好, 結果會不太好掌控, 但無論如何還是可以試試喔!

11-4 在圖庫中找不到喜歡的設計素材 (icon、插圖…)？用 AI 快速生成！

使用 AI ▶ Recraft AI

不管是設計或撰寫報告時經常會用到一些小圖示 (icon)，雖然在網路圖庫裡很容易找到各種現成 icon，但不見得 100% 滿足你的需求。此時要嘛費時地繼續搜尋，真的找不到符合需要的圖示就只好客製化設計。現在不用這麼麻煩了，把這些時間通通省下來吧！用 AI 就能快速生成這些小 icon 喔！

▲ 在企劃、簡報上加入符合情境的 icon 也是門學問，找不到中意的 icon 時，用 AI 來生成最快！

本節要介紹 **Recraft** 這個 AI 生圖工具，相較於其他工具，它有個優點是生成後可以將圖片輸出成 **SVG 格式的向量圖**，如此一來圖片的編輯彈性就非常大了，例如放大後不會呈現鋸齒、圖片跟文字都可編輯複製…等，對設計工作者來說可是一大福音！

Recraft 官網 → https://www.recraft.ai/

☑ 用 Recraft AI 迅速生圖

首先進入 Recraft 官網 (https://www.recraft.ai/)，如下操作就可以完成生圖作業：

1 選擇 Get started

2 可使用 Google 帳號快速登入

3 點擊左上角的 Create new project 建立新專案

11-37

建立專案後，由於 Recraft 最大的特色就是可以生成向量圖，這邊就以向量圖做示範：

點擊此項，建立圖示

底下以「替企業合作案的企劃封面設計一個客製化 icon」做示範：

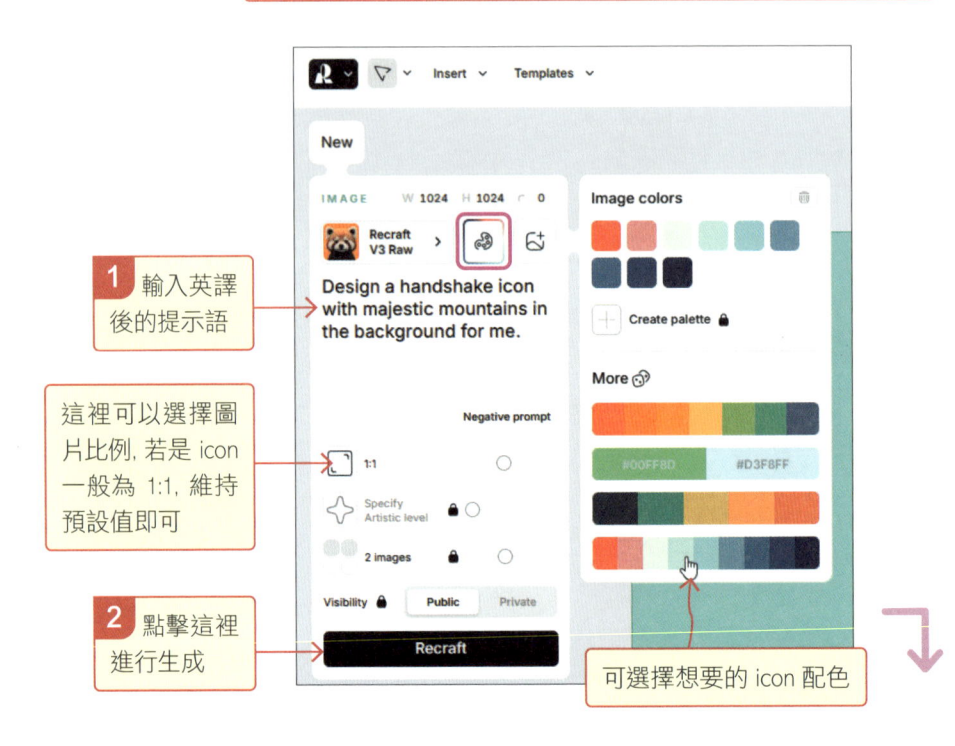

Design a handshake icon with majestic mountains in the background for me.

請注意，餵給 Recraft AI 的提示語必須使用英文，可利用 ChatGPT 協助翻譯 (本例：幫我設計握手的 icon，背後有壯闊的山)

1 輸入英譯後的提示語

這裡可以選擇圖片比例，若是 icon 一般為 1:1，維持預設值即可

2 點擊這裡進行生成

可選擇想要的 icon 配色

11-38

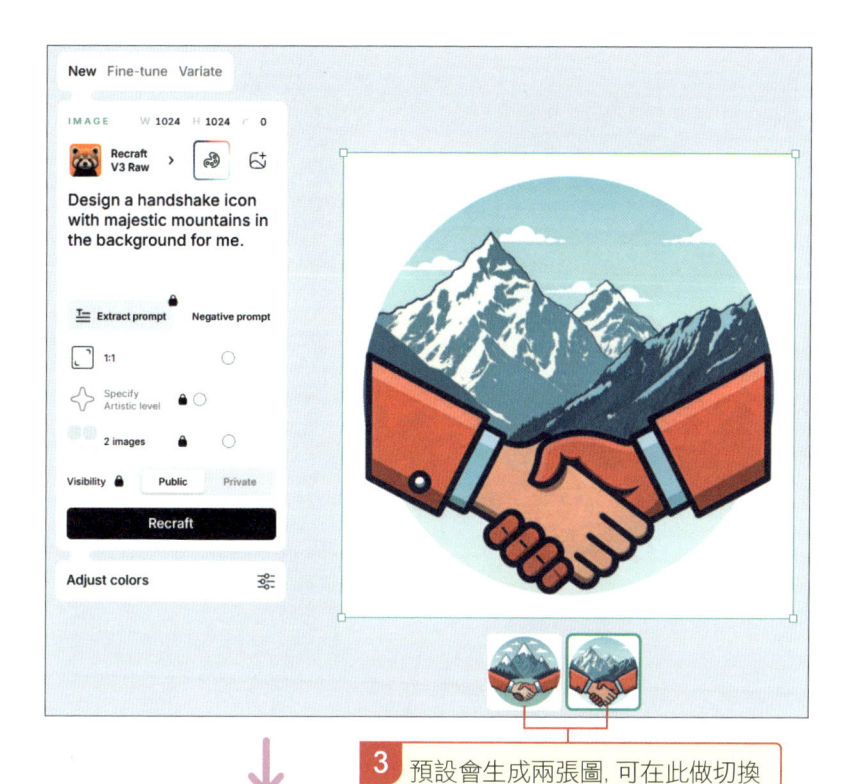

3 預設會生成兩張圖，可在此做切換

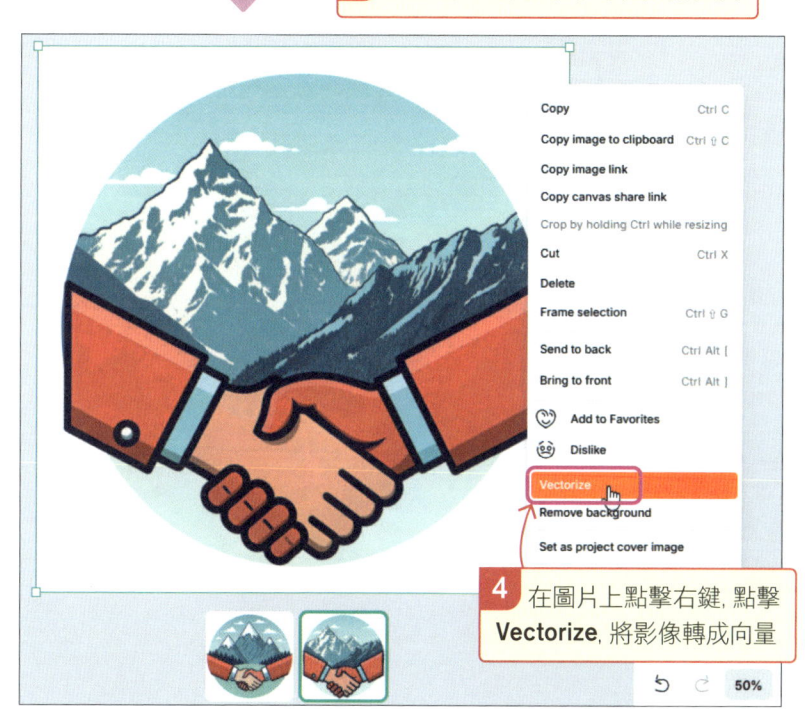

4 在圖片上點擊右鍵，點擊 **Vectorize**，將影像轉成向量

第 11 章　廣宣圖像生成 AI ─ 海報、社群貼文圖片、美編素材⋯通通請 AI 代勞

11-39

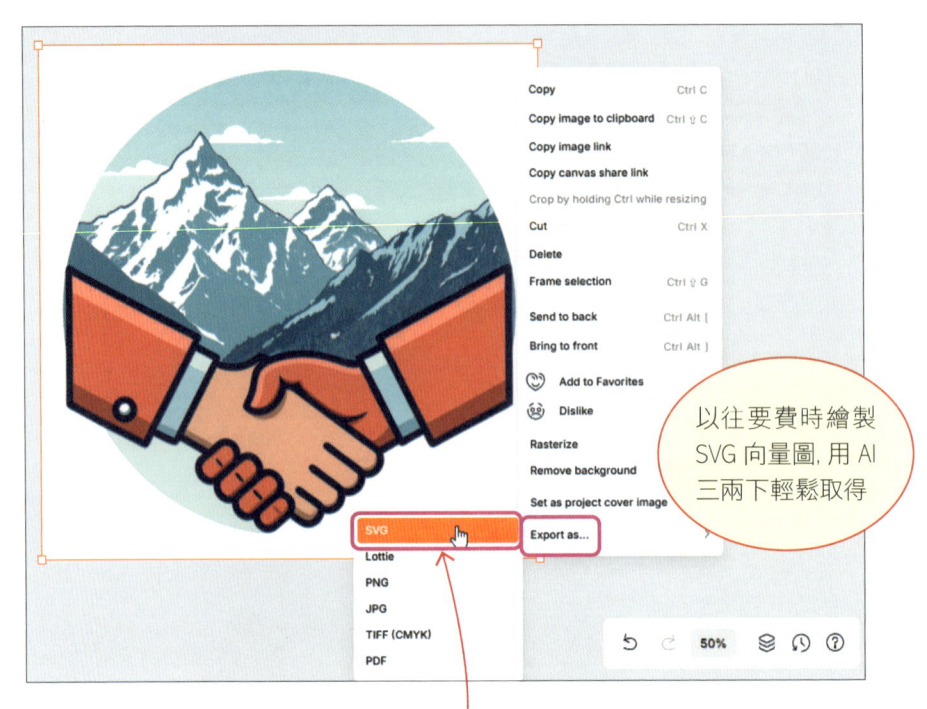

5 將圖片轉成向量後，請在圖片上點擊右鍵，再點擊 **Export as**，就能下載多種圖檔格式，其中包含 SVG 向量圖

以往要費時繪製 SVG 向量圖，用 AI 三兩下輕鬆取得

11-40

12
CHAPTER

修圖 AI

一秒清雜物、去背景、拓展圖片，
輕鬆成為 P 圖大師

12-1　用 AI 一秒清除影像上的雜物
12-2　用 AI 幫影像去背並更換背景
12-3　用 AI 任意調整圖片比例、自動填補內容

隨著 **AI 修圖技術**的進步，影像編輯工作變得輕鬆許多，以往設計人員需要在 Photoshop 上花費大量精力進行繁瑣的操作，現在有了 AI 修圖工具三兩下就可完成修圖。甚至是職場上完全不懂設計的門外漢，當有急用的修圖需求、而設計部門同事忙不過來時，也可以自己動手完成，非常方便。

12-1 用 AI 一秒清除影像上的雜物

使用AI Adobe Firefly (生成式填色功能)

可以修圖的 AI 工具不少，考量到上手難易程度，我們推薦用前一章的 **Adobe Firefly** (http://firefly.adobe.com) 提供的 AI 功能來進行修圖：

◀ 假設想用這張照片做產品衍生設計，但左下角的手機為黑色，佔整體畫面的比重太重，而右下角的部份我們想留白，以便後續加上文字及其他設計元素 (註：本示範照片是以 ChatGPT 所生成)

來看看如何快速消除影像中的雜物吧！

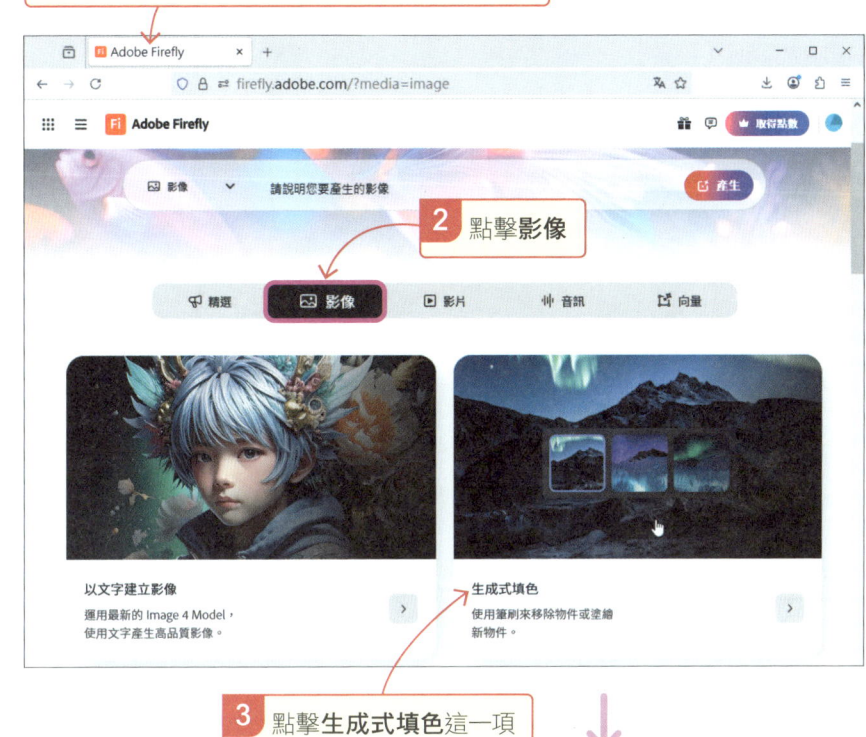

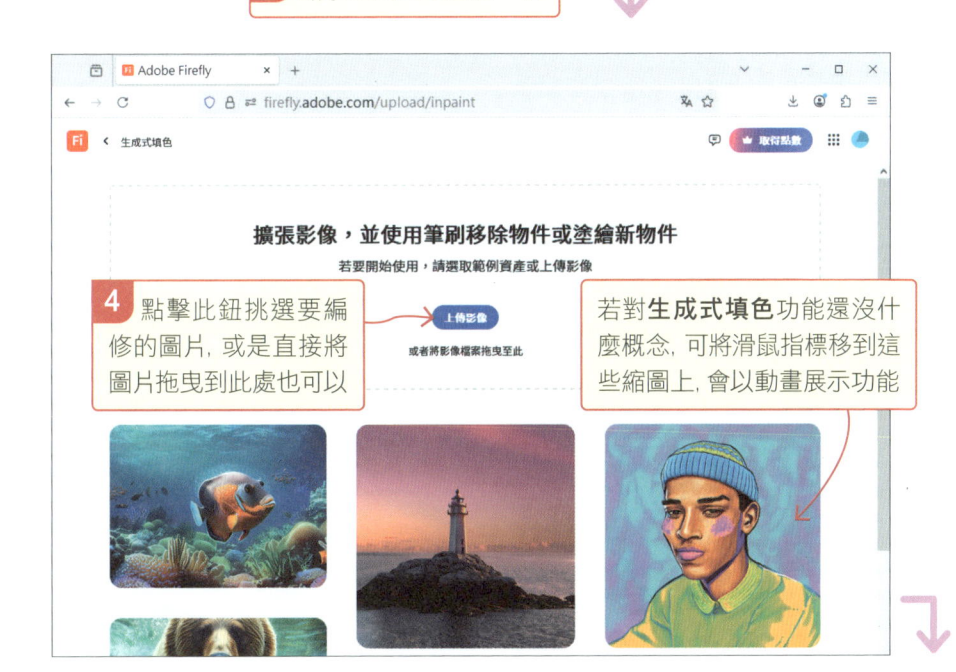

1 首先連到 Adobe Firefly 網站並登入你的帳號

2 點擊影像

3 點擊生成式填色這一項

4 點擊此鈕挑選要編修的圖片,或是直接將圖片拖曳到此處也可以

若對**生成式填色**功能還沒什麼概念,可將滑鼠指標移到這些縮圖上,會以動畫展示功能

第 12 章 　修圖 AI──一秒清雜物、去背景、拓展圖片,輕鬆成為 P 圖大師

12-3

5 因為是要移除物件, 請點擊**移除**

6 此時畫面會出現筆刷指標

7 確認這裡已點擊**新增** (意思是新增選取範圍)

若為**減去**, 表示擦除選取範圍

本例我們想去除左右兩側的雜物

8 在想要清除的地方以筆刷塗抹

塗抹時, 可隨時點擊這裡調整筆刷大小

9 點擊**移除**

12-4

雜物被移除了,同時生成自然的桌面

12 點擊**下載**鈕,將影像儲存到電腦中,這樣就輕鬆用 AI 修好圖了

10 點選縮圖挑選滿意的影像

若是都不滿意,可按下**更多**,繼續生成其他影像

11 點擊**保留**鈕,可儲存目前的畫面,繼續進行其他處理

12-2 用 AI 幫影像去背並更換背景

使用 AI Adobe Firefly (生成式填色功能)

　　替影像**去背**一直是門學問,坊間甚至還有書籍專講去背的技巧,不過在 AI 日漸普及下,去背這項作業已經可以大大省下工夫。前一節所介紹的 Adobe Firefly 中就提供令人讚嘆的去背功能,可以幫我們快速替影像去背保留主體,甚至還可以**生成不同的背景**來變換。

1 首先連到 Adobe Firefly 網站並登入你的帳號

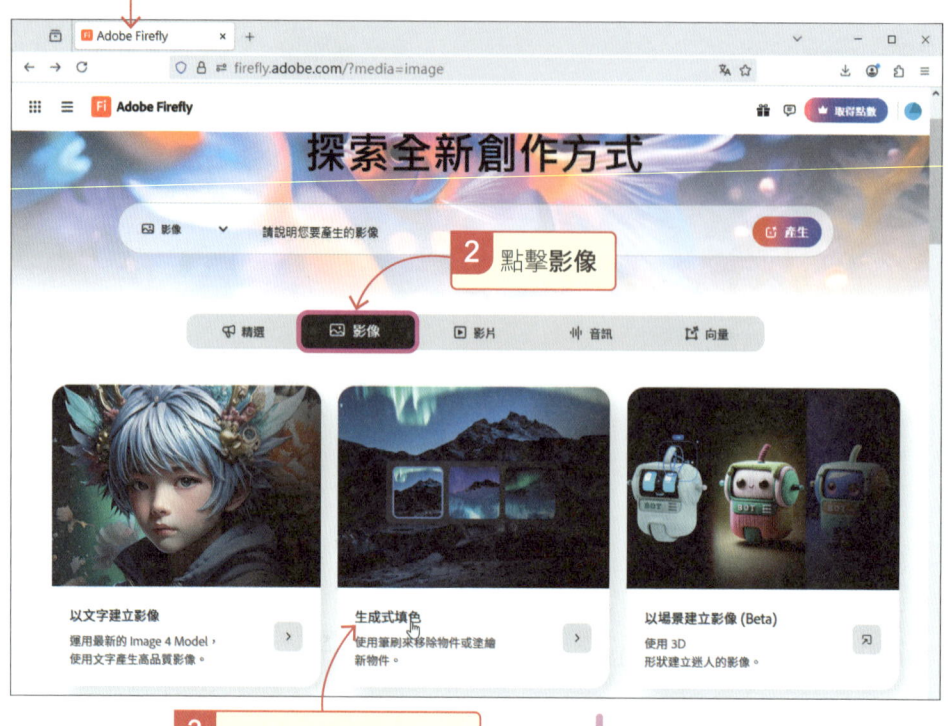

2 點擊**影像**

3 點擊**生成式填色**這一項

4 點擊此鈕挑選影像，或是直接將要處理的影像拖曳到此處

12-6

5 影像上傳完畢後，直接點擊**選取背景**

6 立即去背完成

7 去背的目的通常是想合成其他背景，這部分 Firefly 的 AI 就能直接幫你完成，先確認這裡已經點擊**插入**，我們準備請 AI 生成背景

提示
商品放在木質的桌上，背景的光線從窗簾透出來

8 輸入想要的場景

9 按下**產生**開始生成背景

第 **12** 章　修圖 AI — 一秒清雜物、去背景、拓展圖片，輕鬆成為 P 圖大師

12-7

10 點選縮圖檢視畫面,挑選喜歡的影像

11 點擊**保留**儲存目前的畫面

12 當然別忘了**下載**回來保存

如果都不滿意就點擊這裡生成其他內容
(提醒:凡是生成都會扣除生成式點數)

▲ 不論想要什麼背景,AI 都能輕鬆幫你更換!

12-8

職場生產力 UP

再次提醒，很多時候難就難在**不知道該輸入什麼樣的提示語給 AI**，本例如果對於要生成的背景一時沒想法，可以 Google 觀摩一些廣告來激發靈感：

約翰家庭百貨	捷仕特科技	臺灣大學出版中心書店
316不鏽鋼陶瓷塗層…	日系316不鏽鋼保溫…	NTUxTIGER虎牌運動型保溫瓶40…

有參考畫面後要描述提示語就簡單多了 (例如此圖提供的靈感是「木紋背景，平視角度、多色展示」)

當然，也可以請 ChatGPT 等 AI 聊天機器人幫忙，附上圖片並輸入需求

> 我有一張商品圖，想要讓 AI 生成背景，請推薦我 5 個背景的提示詞

請靈感最多的 AI 聊天機器人幫我們自動生成提示語想法

可以的！以下是 5 個適合這款粉色保溫瓶的背景提示詞，能讓商品更吸睛：

1. 「溫馨咖啡廳桌面」— 木質桌面、柔和的暖色燈光、背景有模糊的咖啡機與甜點櫃，營造舒適悠閒氛圍。
2. 「粉嫩花海」— 粉色與白色花朵（櫻花、玫瑰）環繞，背景柔焦，突出浪漫與少女感。
3. 「北歐極簡風居家場景」— 白色木桌、綠色植物、自然光從窗邊灑入，乾淨簡約且有生活感。
4. 「野餐草地」— 藍白格野餐墊、陽光灑落的草地、籃子裡有水果與麵包，清新活力。
5. 「雪地溫暖感」— 白色雪景背景、模糊的木屋與煙囪、暖色光量，凸顯保溫功能與溫暖氛圍。

第 12 章　修圖 AI — 一秒清雜物、去背景、拓展圖片，輕鬆成為 P 圖大師

12-9

12-3 用 AI 任意調整圖片比例、自動填補內容

使用 AI Adobe Firefly (生成式擴張功能)

在設計工作中，經常需要根據不同需求**調整圖片大小或比例**，例如製作廣告素材就經常需要調整圖片比例以配合不同的廣告版面 (橫幅廣告圖、方正的社群廣告圖…等)。以往最無奈的情況是：當圖片已經設計完成，突然被要求將 4:3 的比例轉換為 16:9 或其他特殊尺寸，此時若強行調整比例，要嘛畫面會被裁切、要嘛出現空白區域，得再費心思考該如何處理。

以上困擾用 AI 就可輕鬆解決囉！前兩節所介紹的 Adobe Firefly 提供一個**生成式擴張**功能，正是針對這類需求所設計的。此 AI 功能可以讓我們任意調整影像的比例，若是有像素不夠 (空白區域) 的部份會自動生成內容來填補，填補後的結果也很自然、平順喔！

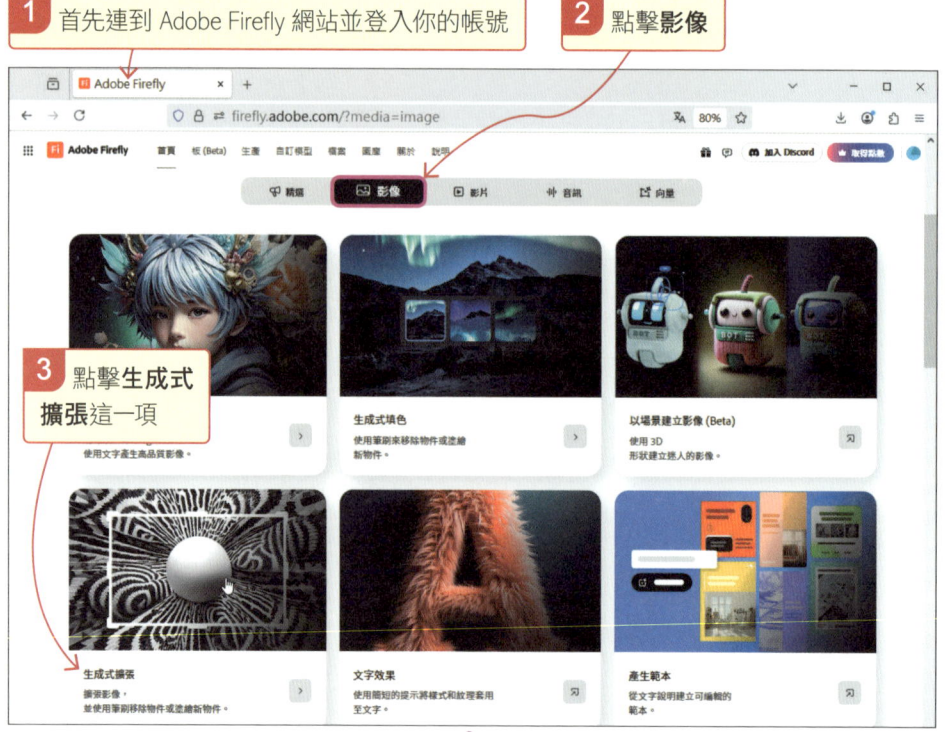

1. 首先連到 Adobe Firefly 網站並登入你的帳號
2. 點擊**影像**
3. 點擊生成式**擴張**這一項

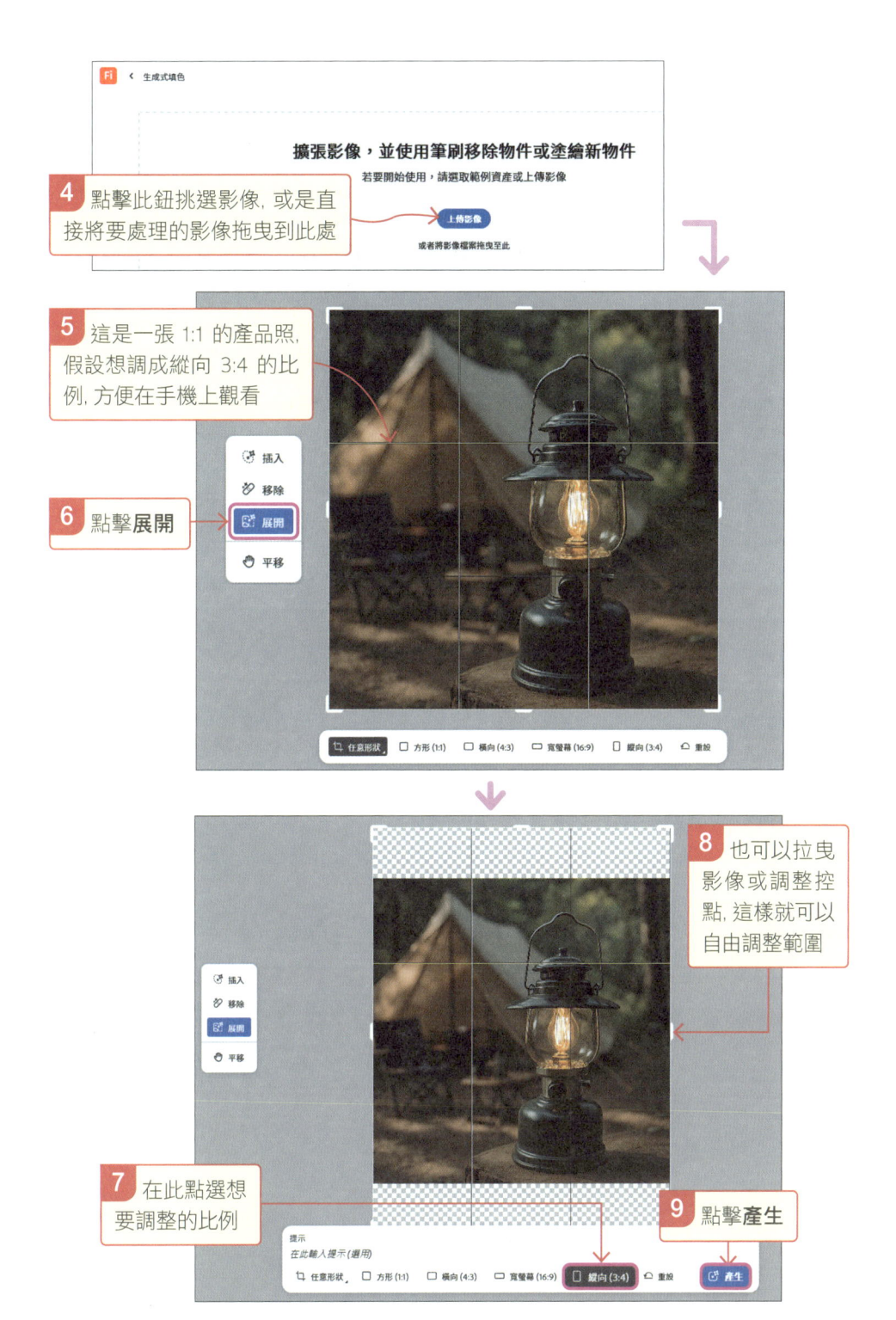

4 點擊此鈕挑選影像，或是直接將要處理的影像拖曳到此處

5 這是一張 1:1 的產品照，假設想調成縱向 3:4 的比例，方便在手機上觀看

6 點擊**展開**

8 也可以拉曳影像或調整控點，這樣就可以自由調整範圍

7 在此點選想要調整的比例

9 點擊**產生**

第12章 修圖 AI——一秒清雜物、去背景、拓展圖片，輕鬆成為 P 圖大師

12-11

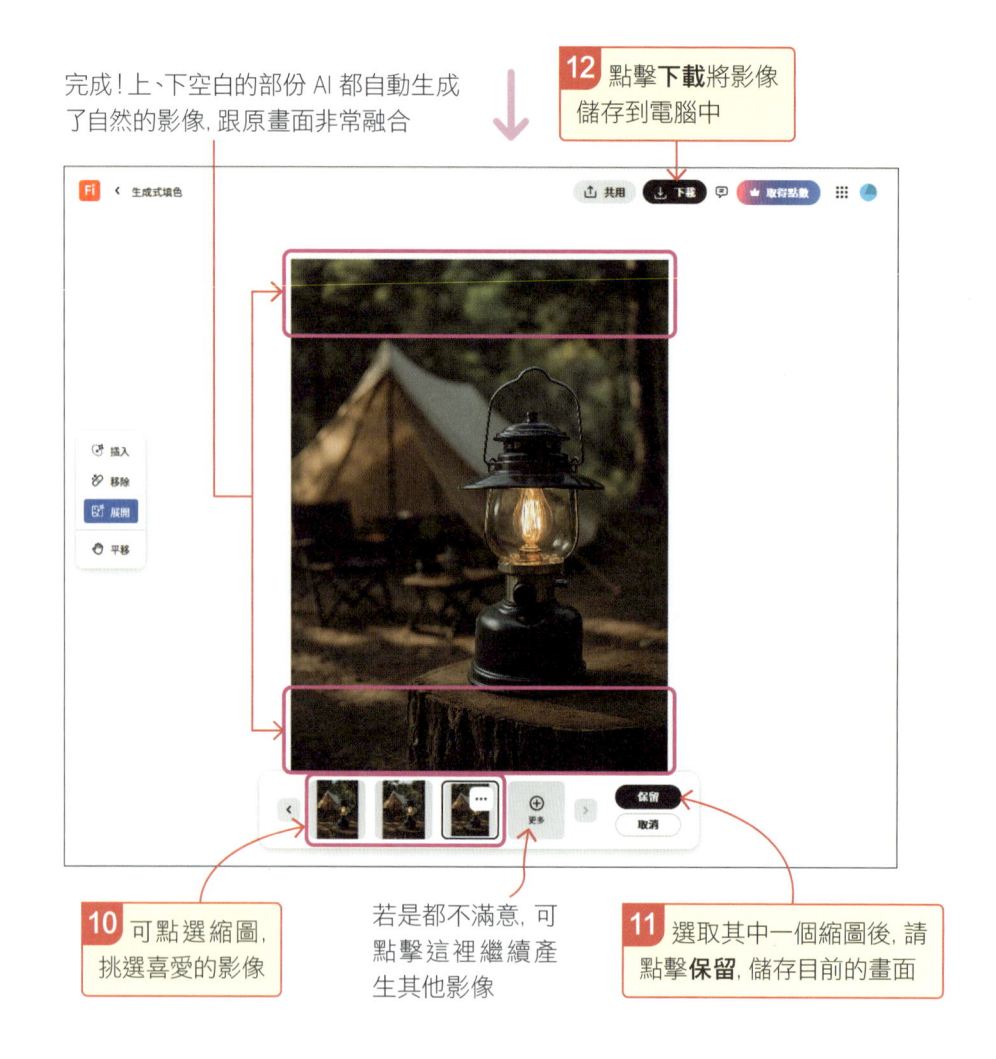

完成！上、下空白的部份 AI 都自動生成了自然的影像，跟原畫面非常融合

12 點擊**下載**將影像儲存到電腦中

10 可點選縮圖，挑選喜愛的影像

若是都不滿意，可點擊這裡繼續產生其他影像

11 選取其中一個縮圖後，請點擊**保留**，儲存目前的畫面

　　總結來說，用 AI 修圖已經徹底改變了以往的影像編修方式，本章所示範的**清除雜物**、**去背更換背景**，還是**調整圖片比例**，這些過去需要大量時間來操作才能完成的工作，現在都能用 AI 工具輕鬆搞定。無論你是設計新手還是職場老手，善用強大的 AI 工具絕對能幫你大幅提升生產力，趕快動手試試，讓 AI 成為你的最佳助手吧！

13
CHAPTER

寫文案、SEO 行銷 AI

文案、新聞稿、埋關鍵字、
網頁體檢…通通請 AI 操刀！

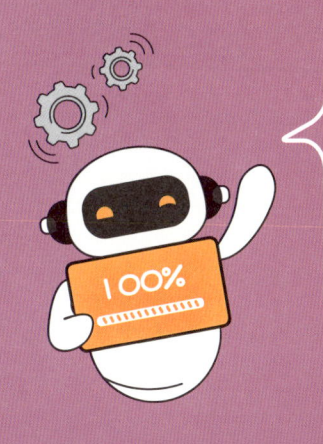

- 13-1 寫出的文案太枯燥？
  請 AI 協助撰寫吸睛的文案
- 13-2 不用費心擬提示語, 跟 AI 輕鬆互動
  完成 SEO 行銷新聞稿
- 13-3 利用 AI 工具優化既有網頁內容

社群小編們為了**寫文章**、**找產品關鍵字**，往往需要花大量的時間吸收新聞，還要努力跟風時事梗，才可以確保貼文的品質跟產量；發文之後還需要持續追蹤跟分析，實在很費時。AI 正是文字表達方面的能手，好好善加利用絕對能省下大把時間！

除了撰寫各種文章、文案外，AI 也可以幫助處理 **SEO 網站行銷**的工作，從選擇關鍵字、撰寫符合 SEO 規範的內容，到網站結構的優化…等，AI 都能提供全方位的支援，協助提升網站在搜尋引擎上的排名，達到更好的行銷效果。

> **TIP** SEO (Search Engine Optimization) 的目的是透過了解搜尋引擎的運作規則來調整網站，以提高目的網站在搜尋引擎內的排名，寫文案、做網站行銷一定會涉及 SEO 的操作。

▲ 坊間的文案寫作、SEO 相關課程多的不得了，先別急著花錢，跟著本章學幾招免費又好用的 AI 輔助技巧吧！

13-1 寫出的文案太枯燥？請 AI 協助撰寫吸睛的文案

使用 AI　AI 聊天機器人 (ChatGPT、Copilot、Gemini…都可以) 的畫布功能、Manus AI

　　產品行銷文案的目的在於吸引顧客、促進銷售，而最擅長文字表達的當然是 ChatGPT、Copilot…等 AI 聊天機器人了。但可不能瞎問一通，想要 AI 幫忙撰寫出吸引人的行銷文案，餵入對的提示語 (prompt) 非常重要。下提示語時，不妨從以下幾個方向著手，本節也會以這些為例示範如何請 AI 幫忙寫文案：

- **尋找高點擊率的主題**：高點擊率的題材通常能增加流量，有助於達到商業目標。

- **尋找關鍵字**：標題或內文若包含關鍵字，可以提高文案的搜尋引擎排名，讓更多潛在顧客能夠找到您的產品。找到之後，巧妙地將這些關鍵字融入文案中，就可提高曝光率和點擊率。

- **建立文案的性質與風格**：不同平台適合不同的文案風格，必須視情況調整文案風格。

　　此外，本節在請 AI 從上述角度撰寫文案時，都會額外在提示語加入 **SEO** 的關鍵字眼，簡單說就是請 AI 扮演 SEO 操作者的角色，幫我們撰寫出**消費者喜歡、搜尋引擎也喜歡**的行銷文案。

☑ 請 AI 擬定吸睛的文案標題

撰寫產品文案時，擬一個吸引人的標題 (主旨) 非常重要，原因很簡單，**很多人是不看內文的！**標題往往直接影響到在網路上的能見度和參與度。若在推廣自家產品時，不太確定從什麼角度取出吸睛的標題，可以請 AI 幫你構思，不用一個人想破頭：

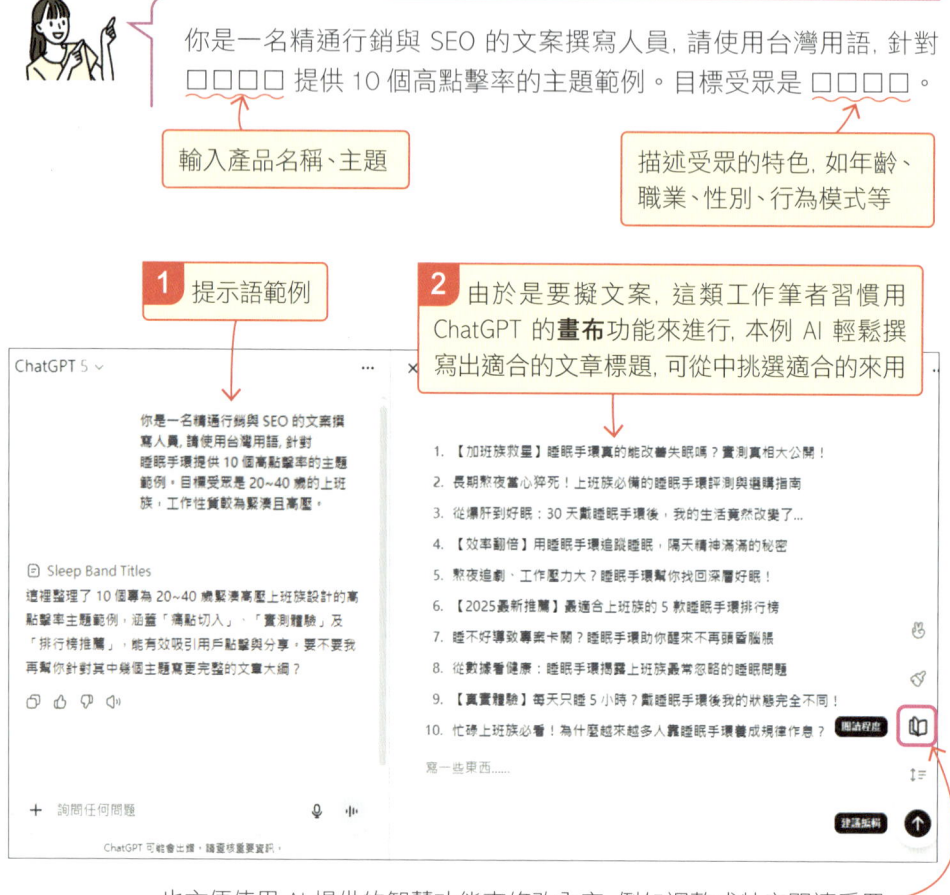

> 你是一名精通行銷與 SEO 的文案撰寫人員，請使用台灣用語，針對 □□□□ 提供 10 個高點擊率的主題範例。目標受眾是 □□□□。

- 輸入產品名稱、主題
- 描述受眾的特色, 如年齡、職業、性別、行為模式等

1 提示語範例

2 由於是要擬文案，這類工作筆者習慣用 ChatGPT 的**畫布**功能來進行，本例 AI 輕鬆撰寫出適合的文章標題，可從中挑選適合的來用

ChatGPT 5

你是一名精通行銷與 SEO 的文案撰寫人員，請使用台灣用語，針對睡眠手環提供 10 個高點擊率的主題範例。目標受眾是 20~40 歲的上班族，工作性質較為緊湊且高壓。

📄 Sleep Band Titles

這裡整理了 10 個專為 20~40 歲緊湊高壓上班族設計的高點擊率主題範例，涵蓋「痛點切入」、「實測體驗」及「排行榜推薦」，能有效吸引用戶點讚與分享。要不要我再幫你針對其中幾個主題寫更完整的文章大綱？

1. 【加班族救星】睡眠手環真的能改善失眠嗎？實測真相大公開！
2. 長期熬夜當心猝死！上班族必備的睡眠手環評測與選購指南
3. 從爆肝到好眠：30 天戴睡眠手環後，我的生活竟然改變了…
4. 【效率翻倍】用睡眠手環追蹤睡眠，隔天精神滿滿的秘密
5. 熬夜追劇、工作壓力大？睡眠手環幫你找回深層好眠！
6. 【2025最新推薦】最適合上班族的 5 款睡眠手環排行榜
7. 睡不好導致專案卡關？睡眠手環助你醒來不再頭昏腦脹
8. 從數據看健康：睡眠手環揭露上班族最忽略的睡眠問題
9. 【真實體驗】每天只睡 5 小時？戴睡眠手環後我的狀態完全不同！
10. 忙碌上班族必看！為什麼越來越多人靠睡眠手環養成規律作息

也方便使用 AI 提供的智慧功能來修改內容, 例如調整成特定閱讀受眾的語氣 (若對**畫布**內的功能還不熟悉可參考 Ch06 的介紹)

也可以模擬 Youtuber 影片常見的手法，請 AI 加上**量化**的數字，讓標題更明確、更吸睛：

> **2** 用 ChatGPT 畫布功能的好處是，檢視新舊版本的文案很方便

（ChatGPT 畫面示意）

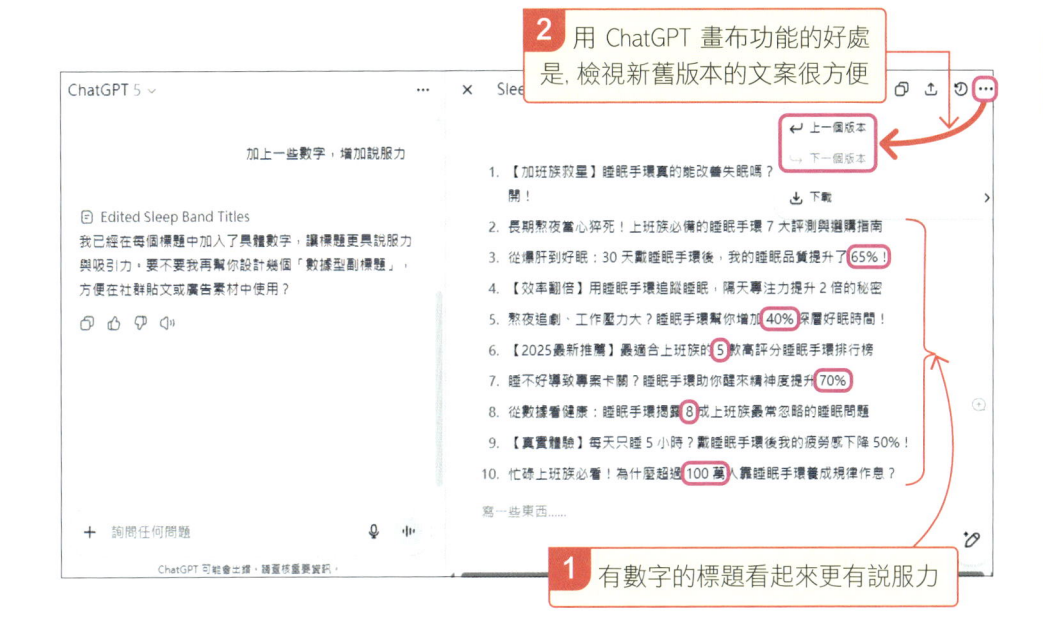

加上一些數字，增加說服力

Edited Sleep Band Titles
我已經在每個標題中加入了具體數字，讓標題更具說服力與吸引力。要不要我再幫你設計幾個「數據型副標題」，方便在社群貼文或廣告素材中使用？

1. 【加班族救星】睡眠手環真的能改善失眠嗎？一開！
2. 長期熬夜當心猝死！上班族必備的睡眠手環 7 大評測與選購指南
3. 從爆肝到好眠：30 天戴睡眠手環後，我的睡眠品質提升了 65%！
4. 【效率翻倍】用睡眠手環追蹤睡眠，隔天專注力提升 2 倍的秘密
5. 熬夜追劇、工作壓力大？睡眠手環幫你增加 40% 深層好眠時間！
6. 【2025最新推薦】最適合上班族的 5 款高評分睡眠手環排行榜
7. 睡不好導致專案卡關？睡眠手環助你睡來精神度提升 70%
8. 從數據看健康：睡眠手環揭露 8 成上班族最常忽略的睡眠問題
9. 【真實體驗】每天只睡 5 小時？戴睡眠手環後我的疲勞感下降 50%！
10. 忙碌上班族必看！為什麼超過 100 萬人靠睡眠手環養成規律作息？

> **1** 有數字的標題看起來更有說服力

有了標題後，文案就可以從該標題的角度去切入撰寫了，若要請 AI 撰寫文案，當您選定 AI 擬的標題後，可再將該標題加入提示語中，繼續提供 AI 參考。

☑ 請 AI 找出適合的「關鍵字」埋入標題或內文中

在標題或內文中埋入**關鍵字**也很重要，這樣可以讓消費者更容易在搜尋引擎裡找到你寫的文章。但發想出關鍵字可不件容易的事，您所以為的關鍵字不見得是消費者關心的關鍵字，此時可以請 AI 幫忙發想，整理出來後，再請 AI 把關鍵字埋入標題或內文中。

請 AI 發想產品關鍵字

> 你是一名精通行銷與 SEO 的文案撰寫人員，請使用台灣用語，提供 15 個跟 □□□□ 有關的關鍵字 (keywords)。
>
> （填入主題、產品…等）

13-5

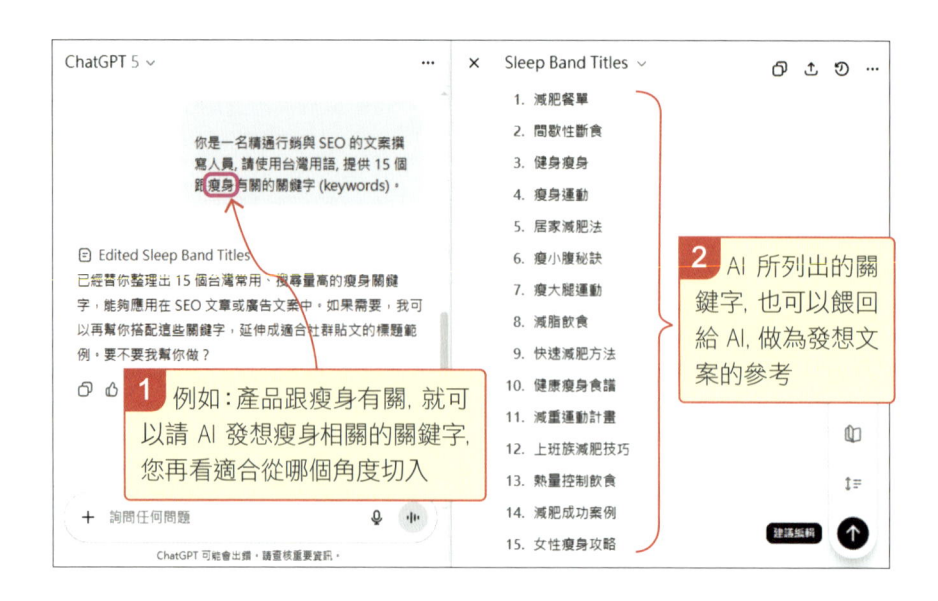

請 AI 找出消費者在意的重點

擬關鍵字時，滿重要的一招是從**消費者的角度**來思考，可以請 AI 依照消費者對於特定產品所注重的因素，快速找出消費者心中的關鍵字，這可以大大省下做客戶訪談或意見調查的時間：

你是一名精通行銷與 SEO 的文案撰寫人員，請使用台灣用語，提供15 個消費者在意的跟 □□□□ 有關的產品關鍵字 (keywords)。

（□□□□ → 產品名稱）

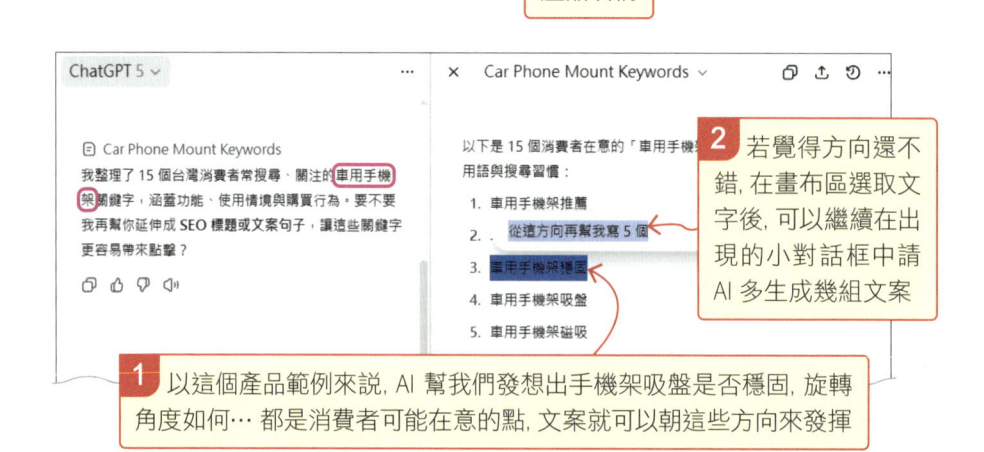

13-6

☑ 用 AI Agent 工具擬定不同風格的文案

> **使用 AI** Manus AI

文案的寫作風格也很重要,不同情境適合不同的風格,在請 AI 撰寫文案時,需要讓 AI 了解文案的用途跟性質,雖然 ChatGPT 的**畫布**功能提供了**修改閱讀程度**的功能,但若不符需求,可以手動指定明確一點,例如 FB PO 文文案、電子報文案,這對不擅長針對各行銷場景撰寫文案的新手來說絕對是一大利器!

而如果改用 1-3 節提到的 **AI 代理人 (Agent)** 工具 - Manus AI 來做,AI 更會幫我們考慮很周延,例如會有事前的搜尋、分析工作,更像真人在做事,這些技巧都可以試試喔!

請 AI Agent 工具 (Manus AI) 撰寫 FB PO 文

社群網站的文案需要具有互動感,通常比較輕鬆、幽默,並且要能迅速吸引讀者的注意。我們可以基於以下社群文案的重點,提供提示語給 Manus AI 撰寫文案:

- 使用非正式、口語的語氣,創造親切的品牌形象。
- 多用時事梗或是故事來引起讀者共鳴。
- 鼓勵讀者參與互動,如留言、分享或報名活動等。

例如以下是請 Manus AI 撰寫 **FB PO 文**的範例:

> 你是一名精通 SEO 的 ☐☐☐☐ 社群小編,請以 ☐☐☐☐ 為主題,使用一句結合主題跟時事梗的句子作為標題,撰寫約 ☐☐☐ 字的 FB 貼文,☐☐☐☐。

- 社群平台名稱, 例 FB、IG
- 活動名稱
- 字數
- 可補充其他要求

1 例：請 AI 撰寫一篇「調查大家想了解的電子書閱讀器」的社群 PO 文

2 本例是用 Manus AI 代理人工具來做，事前的工作會做得比較周密

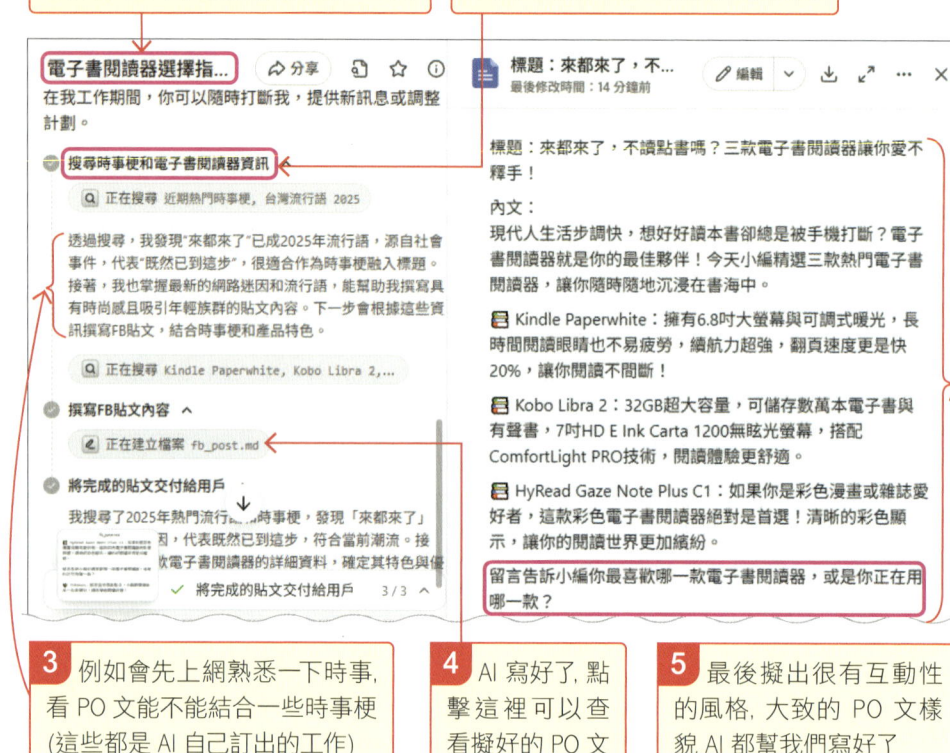

電子書閱讀器選擇指...　分享
在我工作期間，你可以隨時打斷我，提供新訊息或調整計劃。

搜尋時事梗和電子書閱讀器資訊
　正在搜尋 近期熱門時事梗，台灣流行語 2025

透過搜尋，我發現 "來都來了" 已成2025年流行語，源自社會事件，代表 "既然已到這步"，很適合作為時事梗融入標題。接著，我也掌握最新的網路迷因和流行語，能幫助我撰寫具有時尚感且吸引年輕族群的貼文內容。下一步會根據這些資訊撰寫FB貼文，結合時事梗和產品特色。

　正在搜尋 Kindle Paperwhite, Kobo Libra 2,...

撰寫FB貼文內容
　正在建立檔案 fb_post.md

將完成的貼文交付給用戶
我搜尋了2025年熱門流行時事梗，發現「來都來了」，代表既然已到這步，符合當前潮流。接下來電子書閱讀器的詳細資料，確定其特色與優
　　將完成的貼文交付給用戶　3/3

標題：來都來了，不...　　編輯
最後修改時間：14 分鐘前

標題：來都來了，不讀點書嗎？三款電子書閱讀器讓你愛不釋手！

內文：
現代人生活步調快，想好好讀本書卻總是被手機打斷？電子書閱讀器就是你的最佳夥伴！今天小編精選三款熱門電子書閱讀器，讓你隨時隨地沉浸在書海中。

📖 Kindle Paperwhite：擁有6.8吋大螢幕與可調式暖光，長時間閱讀眼睛也不易疲勞，續航力超強，翻頁速度更是快20%，讓你閱讀不間斷！

📖 Kobo Libra 2：32GB超大容量，可儲存數萬本電子書與有聲書，7吋HD E Ink Carta 1200無眩光螢幕，搭配ComfortLight PRO技術，閱讀體驗更舒適。

📖 HyRead Gaze Note Plus C1：如果你是彩色漫畫或雜誌愛好者，這款彩色電子書閱讀器絕對是首選！清晰的彩色顯示，讓你的閱讀世界更加繽紛。

留言告訴小編你最喜歡哪一款電子書閱讀器，或是你正在用哪一款？

3 例如會先上網熟悉一下時事，看 PO 文能不能結合一些時事梗（這些都是 AI 自己訂出的工作）

4 AI 寫好了，點擊這裡可以查看擬好的 PO 文

5 最後擬出很有互動性的風格，大致的 PO 文樣貌 AI 都幫我們寫好了

請 AI Agent 工具 (Manus AI) 撰寫電子報文案

　　電子報的文案特色在於其針對性強，也需要一個吸引人的標題，提供目標受眾感興趣的資訊，此時也應該要有清楚的**行動呼籲**，鼓勵讀者採取下單、進一步逛逛等特定行動。由此看來，給 AI 的提示語重點可包括以下幾項：

1. 一個吸睛的**標題**讓讀者點開電子報。
2. 善用標題和小標題。
3. 明確告訴讀者希望他們採取什麼行動，像是訪問網站、購買產品、參加活動。
4. 避免過長或複雜的文句，讓文案簡潔易讀。

上面的重點可集結成以下提示語：

> 你是一名精通 **SEO 的電子報撰寫高手**，需要寫一篇告知讀者有 ＿＿＿＿ 的電子報，目標受眾是 ＿＿＿＿，要讓會員 ＿＿＿＿，使用一個簡短但吸引人的標題，讓開信率最大化。文字有趣簡潔，且善用標題段落。

- 某活動名稱
- 鎖定的族群
- 希望採取的行動

1 請 Manus AI 寫一篇當月壽星優惠的電子報

2 進行的工作依舊比較完善

3 本例 AI 代理人還列出待辦事項做自我檢查，夠精實吧！

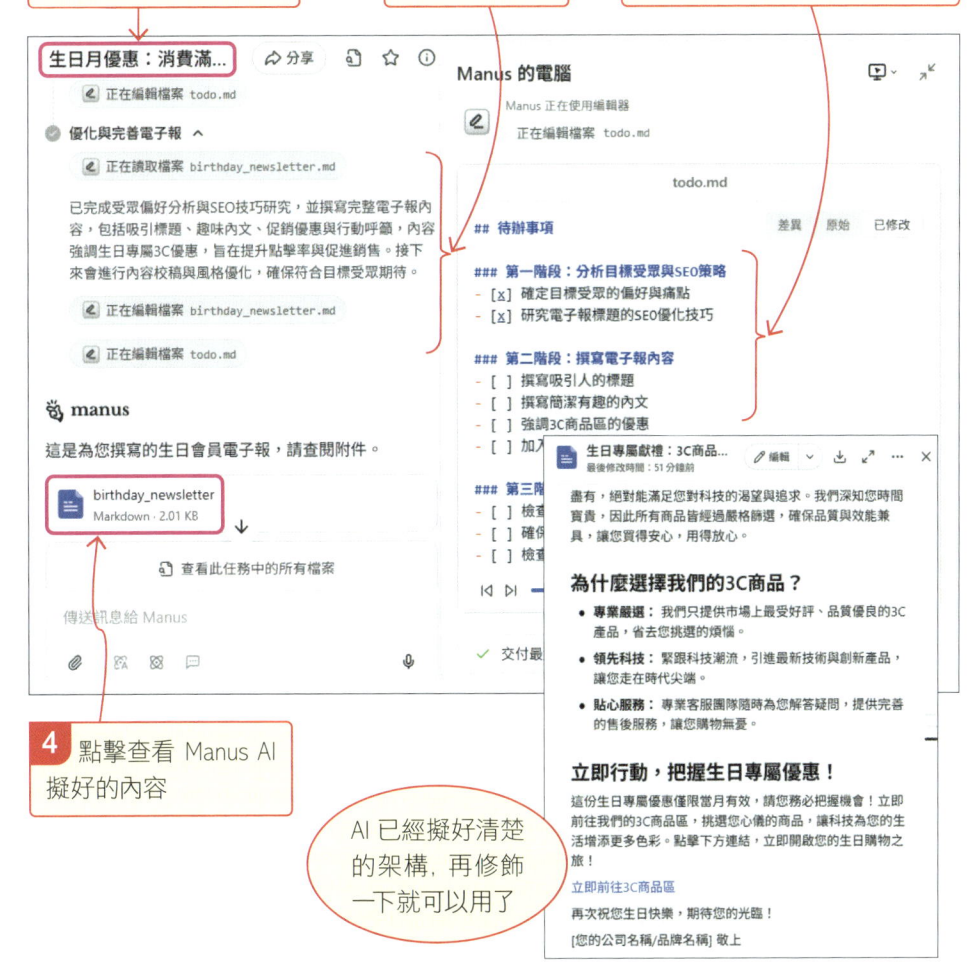

4 點擊查看 Manus AI 擬好的內容

AI 已經擬好清楚的架構，再修飾一下就可以用了

13-2 不用費心擬提示語，跟 AI 輕鬆互動完成 SEO 行銷新聞稿

使用AI SEO 行銷文案、新聞稿撰寫機器人 (GPT 機器人)

前一節看到請 AI 做事時，擬好妥適提示語 (prompt) 的重要。若想把擬提示語的工夫省下來，在 ChatGPT 的 GPT 商店中就有不少精心設計的 **SEO 文案機器人**，可以協助我們快速撰寫出優秀的文案或產品新聞稿。更棒的是，滿多 AI 機器人是以互動方式來操作，只要用白話文溝通、提供需求，AI 就可以快速自動生成優質內容，還能根據搜尋引擎的規則來調整文字，讓文案內容更容易被找到。本節就介紹如何利用這些聰明的 SEO 機器人，輕鬆寫出吸引人的**行銷新聞稿**。

請先參考附錄 A-4 節的說明，熟悉 GPT 商店的使用方法。接著在 GPT 商店中找到此AI 機器人

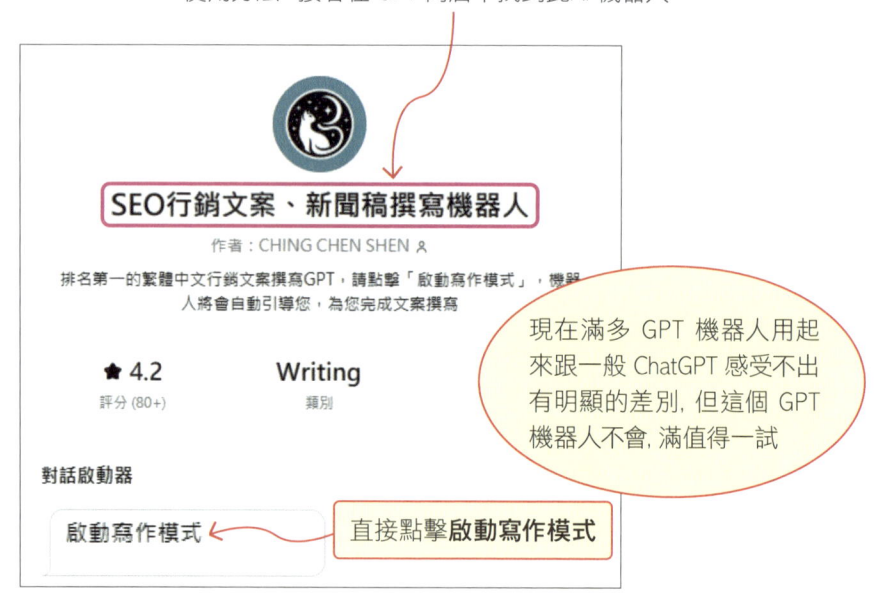

SEO行銷文案、新聞稿撰寫機器人
作者：CHING CHEN SHEN

排名第一的繁體中文行銷文案撰寫GPT，請點擊「啟動寫作模式」，機器人將會自動引導您，為您完成文案撰寫

★ 4.2　　　　Writing
評分 (80+)　　　類別

對話啟動器

啟動寫作模式 ←　　直接點擊**啟動寫作模式**

現在滿多 GPT 機器人用起來跟一般 ChatGPT 感受不出有明顯的差別，但這個 GPT 機器人不會，滿值得一試

此 AI 機器人會用對話的方式一步步引導您生成產品新聞稿，我們來示範**針對公司既有的產品生成對外發布的正式新聞稿內容**：

好的，我們正式啟動寫作模式。

第一題：請問今天要為哪一間店家撰寫文案？

① 以對話方式一一回答 AI 機器人的提問

這些都是 GPT 機器人設計者所準備好的問題

旗標科技

了解，我們今天要為「旗標科技」撰寫文案。

第二題：請提供今天要撰寫的文案關鍵字，包含一組主關鍵字及一組副關鍵字。

主關鍵字：python
副關鍵字：python 超入門

已收到關鍵字設定：
主關鍵字為 python（需出現至少五次），副關鍵字為 python 超入門（需出現至少三次）。

第三題：請問今天要撰寫的文案是否有額外的參考資料或其他指示？

② 如果有一些參考的單品網頁, 可以餵給 AI 做檢索 → www.books.com.tw/products/0010962405

AI 收到資料後就會開始撰寫：

用到好的 GPT 機器人, 就是幫我們把準備做什麼事列的清清楚楚

接下來將進入撰寫階段

請您確認上述資訊是否正確、完整，或是否還有以下補充內容您希望我加入：
- 想特別強調的書中章節、特色、目標讀者、學習方式（例如 ChatGPT 的具體應用情境、插圖風格等）
- 您希望新聞稿的語調、目標讀者，例如新手程式學習者、老師或業界人士等
- 是否有其他活動、優惠、實體通路（如誠品、各大書店）推廣資訊，也可一併提供

若無其他指示，我將依照先前說明的規則撰寫新聞稿，確保：
- 使用繁體中文
- 字數控制在 800~1500 字
- 層次分明、具原創性與可讀性
- 置入「python」（主關鍵字，出現 ≥5 次）與「python 超入門」（副關鍵字，出現 ≥3 次），且在文章第一段至少各出現一次

請確認是否有新的補充，然後我會開始撰稿。

+ 請開始 ← 請 GPT 機器人開始撰寫

ChatGPT 可能會出錯。請查核重要資訊。

第 13 章 寫文案、SEO 行銷 AI — 文案、新聞稿、埋關鍵字、網頁體檢…通通請 AI 操刀！

13-11

> 好的，以下是為「旗標科技」撰寫的新聞稿，主題為《世界第一簡單的 Python「超」入門》，並已依規則完整置入主關鍵字 python 與副關鍵字 python 超入門：
>
> 今天的 python 專題要為您介紹的「旗標科技」：結合 ChatGPT 助教的《python 超入門》強勢登場！ ── 新聞稿的開頭
>
> 對許多初學者而言，學習程式語言最大的門檻在於：難懂的術語、冰冷的代碼，以及令人望之卻步的學習曲線。然而，如果有一本書，能讓你以全彩插畫的輕鬆方式認識 python，並且在遇到問題時隨時呼叫 ChatGPT 來解惑，你會不會對程式學習重新燃起興趣？如果您正在尋找一本真正友善且實用的 python 入門書，那請務必指定 python 的「旗標科技」最新力作──《世界第一簡單的 Python「超」入門》，這本書將徹底改寫你對學程式的印象！
>
> 旗標科技一向以出版實用與創新兼備的資訊書籍聞名，而這次的 python 超入門書籍，更是他們持續推動程式教育普及的最新實踐。不論你是國高中生、大學生，或是想跨行轉職的上班族，這本書都能幫助你從零開始掌握 python 的基本功，並逐步建立信心，迎向更多進階應用的可能。
>
> 若您正為了不知道如何開始學習程式感到困擾，那麼千萬不能錯過 python 的「旗標科技」這本《python 超入門》。不只是一本工具書，它更像是你的第一位 AI 助教和程式導師。透過它，您將發現：原來學習程式語言，可以這麼直覺、這麼有趣！
>
> 目前該書已在博客來平台熱賣中，原價 499 元，現正 79 折優惠中，只需 394 元，即可開啟您的程式之路！活動至 2025 年 9 月 8 日截止，想學 python 的朋友可千萬別錯過！
>
> 書籍資訊一覽：
> - 書名：世界第一簡單的 Python「超」入門 — 零基礎 OK！Ch
> - 出版社：旗標科技
> - 作者：鎌田正浩

內容擬定妥當，輕鬆幫我們把單品網頁轉換成有模有樣的新聞稿，連帶連公司也推廣了一波

13-3 利用 AI 工具優化既有網頁內容

使用 AI Search Intent Optimization Tools (GPT 機器人)

　　前兩節所介紹的 SEO + AI 技巧主要偏向於寫文案和找關鍵字方面，文案的確有助於提升產品頁的能見度，不過在操作 SEO 時，**改善既有的網頁內容**同樣至關重要。優化現有內容不僅能提升搜尋引擎的排名，還能提高用戶體驗和留存率，這一節就介紹如何利用 AI 工具來進行這些優化工作。

✅ 例：用 AI 改善網頁使用者體驗

　　AI 可以幫我們做哪方面的網頁優化工作呢？例如，我們可以利用 AI **進行網頁內容的分析**，看網頁內容是否存在問題，如關鍵字堆砌過多、內容是否冗長 / 不足…等，之後我們再進行調整，使內容更具吸引力。又或者，AI 可以協助**生成網頁優化建議**，例如增加多媒體元素 (如圖片、影片) 以提升內容的可讀性、或者加入更多內部連結來優化網站結構…等等。

　　在眾多 SEO 操作項目中，有一項稱為**使用者需求優化**，目的在於讓網站內容更符合使用者的**搜尋意圖** (Search Intent，指的是使用者在輸入查詢時背後的目的)，以提升網站的自然搜尋流量。我們可以借重 ChatGPT GPT 商店當中的 SEO 機器人幫網頁做體檢，了解網頁有哪些需要改善的地方。

餵入網址請 AI 快速分析

　　這裡介紹的是由 Natzir 所開發的搜尋意圖優化 AI 工具 - **Search Intent Optimization Tools**，它可以幫我們了解網頁內容是否與 Google 的評估演算法者一致，分析完成後，它也可以提供建議來優化內容。

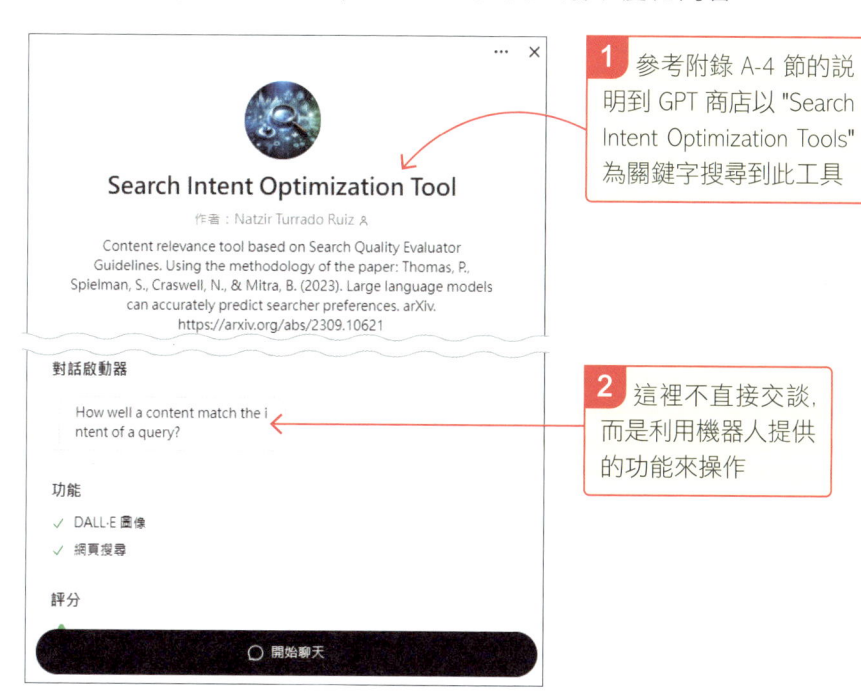

1 參考附錄 A-4 節的說明到 GPT 商店以 "Search Intent Optimization Tools" 為關鍵字搜尋到此工具

2 這裡不直接交談，而是利用機器人提供的功能來操作

此 AI 機器人會先說明優化的相關知識：

網頁優化的要點，預設是顯示英文，可請它改用中文跟我們溝通

How well a content match the intent of a query?

To evaluate how well content matches the intent of a query, we follow a structured process. Here's the workflow:

1. **Data Collection:**

   - **URL of the webpage:** The user provides the URL of the page to be analyzed.
   - **Snapshot of the webpage:** Optionally, the user can add a snapshot of the webpage.
   - **Query:** The user specifies the query the page aims to rank for.
   - **Search Intent:** The user describes the search intent, i.e., what the searcher is looking for.

2. **Content Analysis and Intent Match (Measurement - M):**

說繁體中文

當我們評估內容與查詢意圖的匹配度時，以下是一個結構化的流程：

1. **數據收集：**

   - **網頁的URL**：用戶提供需要分析的頁面URL。
   - **網頁快照**：用戶可以選擇性地添加網頁的快照。
   - **查詢**：用戶指定該頁面旨在排名的查詢。
   - **搜索意圖**：用戶描述搜索意圖，即搜索者在尋找什麼。

2. **內容分析與意圖匹配（測量 - M）：**

   - **主題相關性**：分析提供的URL內容與查詢主題的匹配程度。
   - **全面性**：評估內容是否全面地覆蓋了所涉及的主題。
   - **清晰度**：評估內容的清晰度和可讀性。

3. **可信度評估（可信度 - T）：**

   - **權威性**：確定作者或網頁背後實體的權威性。
   - **準確性**：檢查提供的信息是否準確。
   - **可靠來源**：查找是否存在可靠的來源和參考資料。
   - **時效性**：確保內容是最新的。

> 判斷網頁是否有搜尋意圖的標準化步驟，AI 都幫我們設計好了

13-14

我們來使用看看，直接餵入某個產品網頁給 AI 機器人分析：

> 基於分析，該網頁的內容與查詢意圖高度相關，得分為2/2。然而，該頁面的可信度評估為1/2，這表明在信息的準確性或權威性方面存在一些顧慮。因此，總體評分為1/2，建議在提升內容可靠性方面進行改進，以提高其對查詢的有用性。
>
> 如果你有具體的網頁和查詢需要分析，可以提供相關信息，我可以幫助進行詳細評估。

1 順著GPT機器人的指引，提供要分析的網頁

https://www.flag.com.tw/books/product/F3768

2 GPT機器人會依照其設計的步驟一一進行分析，並做出評價

> 好的，以下是針對「https://www.flag.com.tw/books/product/F3768」這個網頁進行的分析和評估：
>
> ### 1. 數據收集
> - URL: https://www.flag.com.tw/books/product/F3768
> - 查詢: 程式入門書
> - 搜索意圖: 搜索者希望找到一本適合初學者的程式設計入門書籍
>
> **3** 依筆者使用經驗，這些資訊不盡然全正確，例如這裡的書名似乎跟目標網頁的不太一樣，其他資訊倒都算正確
>
> ### 2. 內容分析與意圖匹配 (M)
> - **主題相關性**：該網頁介紹了一本程式入門書《Python程式設計》，從標題和描述來看，這本書專門為初學者設計，內容涵蓋Python基礎知識，非常符合「程式入門書」這一查詢。
> - **全面性**：該頁面詳細介紹了書籍的內容大綱，包括基礎語法、實例講解和實踐應用，並提供了購買連接和書籍封面圖片。這些信息對於想要學習程式設計的初學者來說是非常有幫助的。

來看 AI 機器人是否給出可改善的具體建議吧，筆者在此反覆試了幾次：

> ### 5. 總結和建議
> 根據分析，該網頁的內容與「程式入門書」這一查詢的搜索意圖高度匹配，得分為2/2。頁面內容詳細、清晰且可靠，來源於專業的出版網站，具有較高的可信度。因此，該頁面在滿足搜索者需求方面表現出色。
>
> 建議該頁面可以考慮添加書籍的出版日期或更新日期，以進一步增強內容的時效性和可信度。

AI 第一個建議是應該加入產品發佈的日期

回頭檢查原始網頁, 的確漏了書籍出版日期, 這對
讀者判斷書籍新舊至關重要, 是個不錯的建議

另一個建議是可考慮列入其他「參考書籍」, 以滿足讀者的搜尋意圖

總的來說, 這個 AI 工具在分析和評估網頁內容方面非常有效率, 能快速分析並提供具體的建議, 結果也很好懂, 若您的工作需要頻繁處理和評估大量網頁內容, 此 AI 無疑會有很大的幫助。

> **TIP** 附帶一提, 在使用 AI SEO 工具時, 建議先熟悉基本的 SEO 知識, 如關鍵字研究、頁面優化和建立外部連結…等。這有助於你理解和解讀工具提供的建議, 使用這類 AI 工具時才能更得心應手。
>
> 此外, 現在還有一大堆 AI 文案 + SEO 工具亮相 (但滿多是要付費的), 例如功能強大的 **Jasper.AI** 或 **Surfer SEO** 等付費工具。付費工具通常提供更多樣的文案模板和生成選項, 可以有效提升行銷文案撰寫的效率。如果您對這類 AI 文案生成工具很感興趣可再自行研究看看。

PART 04　AI 影音行銷助手

14
CHAPTER

語音 AI、音樂 AI

語音旁白、Podcast、背景音樂、廣告歌曲，用 AI 生成最 Easy！

14-1　講稿自動轉語音，不用花錢找人配旁白
14-2　不用擬腳本，商品連結一鍵轉 Podcast 節目介紹
14-3　不想撞曲？幫行銷影片生成獨一無二的背景音樂
14-4　用 AI 生成洗腦廣告歌曲

隨著 AI 技術的快速發展，**語音合成**與**音樂生成**的應用也日漸成熟。本章將介紹如何善用這些便利的 AI 工具，全面提升辦公室的生產力──無論是需要反覆練習才能唸順的**影片旁白**、需要事先擬稿才能順暢對談的 **Podcast**，或是得花時間尋找合適的**背景音樂**，都能透過 AI 強大的生成能力，有效節省時間與精力。不僅如此，企業也能運用 AI 為新品量身打造專屬的**廣告歌曲**，讓推出的產品更具吸引力。

14-1 講稿自動轉語音，不用花錢找人配旁白

使用 AI　ElevenLabs、ChatGPT

ElevenLabs 是一家專注於自然語音合成 (Text-to-Speech, TTS) 和語音克隆技術的新創公司。其**文字轉語音**服務已支援超過 70 種語言，並能展現接近人類的情緒及語調起伏，甚至能模擬笑聲、歡呼聲或鼓掌等音效。免費方案每月提供 **10000 credits** 的額度，約可轉換 10000 個文字字元，以一般用途而言已相當足夠。除此之外，ElevenLabs 也提供語音轉文字、語音翻譯等功能，應用面向非常多元。

> **TIP** ElevenLabs 的免費方案僅限非商業用途，若公開分享需註明來源 ©ElevenLabs；而 Starter 以上的付費方案則具備商業授權，無需標註來源，並可使用聲音克隆、API 存取等進階功能。但不論免費或付費用戶，皆需遵守平台規定，聲明擁有上傳音訊的必要權利，且不得涉及敏感、惡意或非法用途。

☑ 註冊 ElevenLabs

請 Google 搜尋 ElevenLabs 並點擊官網進入，或直接輸入網址 https://elevenlabs.io/，即可看到如下圖的畫面：

未註冊者可連結 Google 帳戶並回答 7 個快速問題來免費註冊

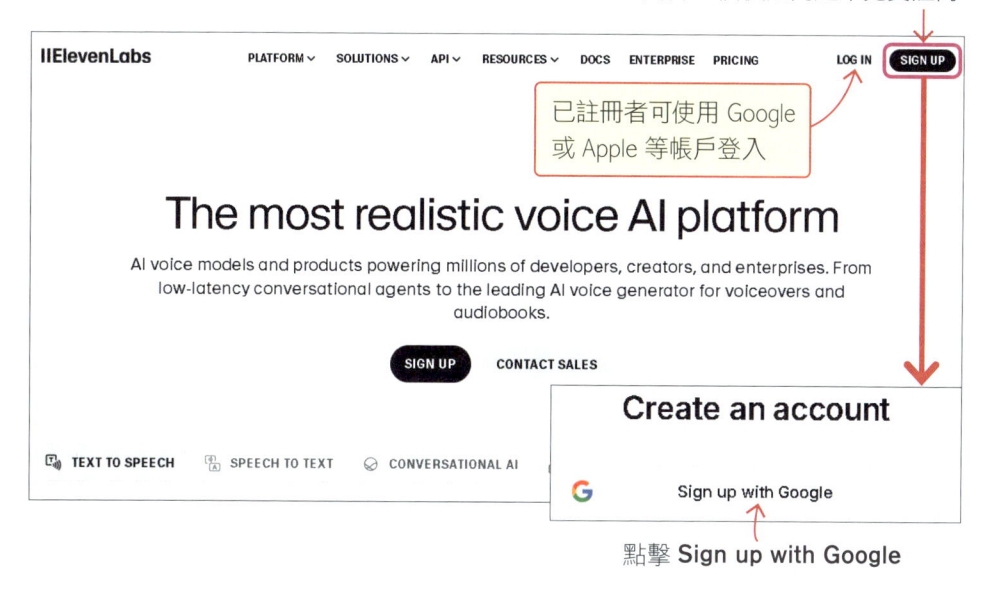

已註冊者可使用 Google 或 Apple 等帳戶登入

點擊 Sign up with Google

　　註冊時要回答的快速問題 (有些不可略過) 有：「您是從哪裡得知 ElevenLabs」、「您打算用 ElevenLabs 做什麼專案」等，以及下圖的「要使用哪一個功能區」：

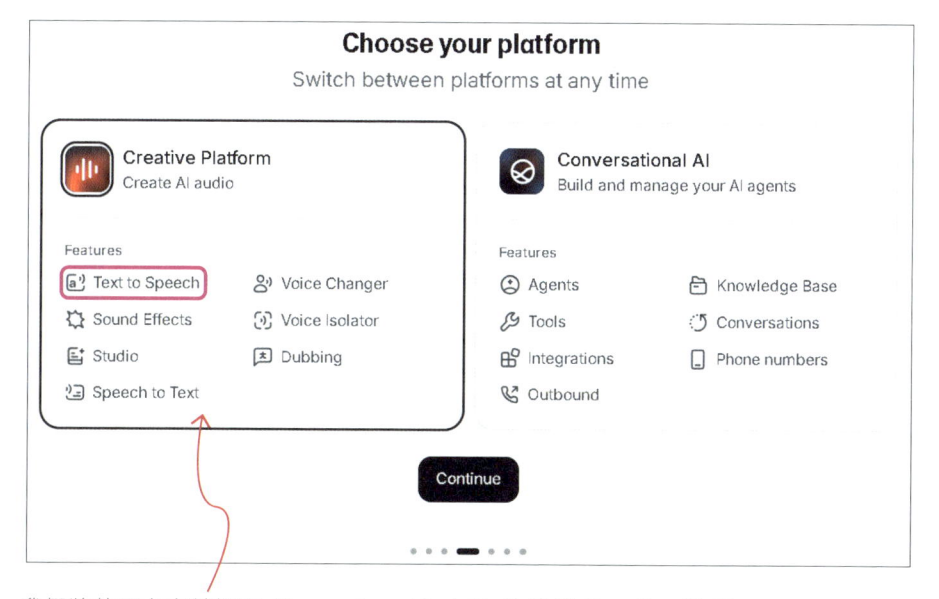

我們將使用文字轉語音 (Text to Speech) 功能，故選擇 **Creative Platform**

第 14 章　語音 AI、音樂 AI — 語音旁白、Podcast、背景音樂、廣告歌曲，用 AI 生成最 Easy！

14-3

註冊的最後一步會詢問您要選擇哪一種付費方案，請別衝動，本書用免費方案就夠了，可先往下捲動頁面並點擊 **Skip** 跳過訂閱，日後若有更多需求再考慮升級也不遲：

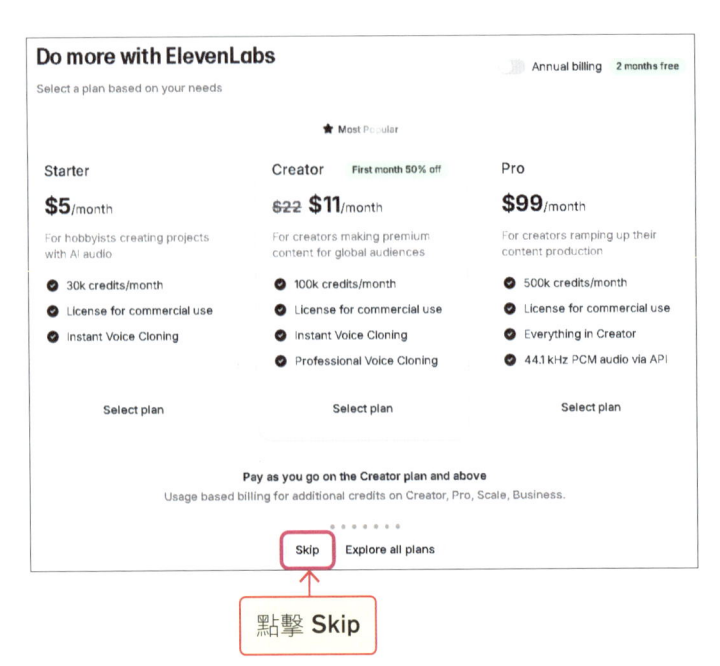

點擊 Skip

註冊完成後，即可進入 ElevenLabs 主頁面 (如下圖)。

☑ 用 AI 快速將講稿轉換成語音

在將文字轉成語音之前，首先要設定 ElevenLabs 的語言和說話者 (聲音)。

1 請點擊主頁面左側選單的 **Voices**，並如下步驟設定台灣口音：

1 點擊
2 在 Explore 頁籤中點擊 Filters
免費用戶至多可儲存**三名說話者**

14-4

Voice Filters

3 Language 選擇 Chinese

4 Accent 選擇 Mandarin (Taiwan)

5 點擊 Apply filters

已儲存的説話者可至 My Voices 頁籤查看

點擊可試聽該説話者的聲音

6 將説話者存至 My Voices，方便日後選用

2 接著就能將講稿轉換成語音了！點擊主頁面左側選單的 **Text to Speech** 就能進入下頁看到的生成介面，我們將使用 ElevenLabs 最新模型 **Eleven v3** 來進行語音合成，因其支援語調自然且沒有明顯外國腔的台灣口音，並新增了**多名説話者對話**（可製作成對談語音）與**音訊標籤**（例如控制説話音調、或加上鼓掌這類的背景音效）等進階功能，下一頁就會用到：

本節範例將使用的講稿是由 ChatGPT 所生成，使用的提示語如下：

> 幫我依據以下產品文案生成 500 字以內的商品介紹講稿，並於適當的位置添加如 [applause]、[excited] 等各種情緒或音效的音訊標籤，此講稿將用於 ElevenLabs 語音合成：
>
> ××××
> ××××

這裡貼上您的產品文案

本例是輸入與 ElevenLab 相容的音訊標籤給 ChatGPT 參考，若生成的結果不能用，可參考底下的網址手動修改 (或者，也可試著把音訊標籤的網址給 ChatGPT 分析、參考)

TIP 關於 Eleven v3 的音訊標籤與使用技巧，可參考官方教學頁面：https://elevenlabs.io/docs/best-practices/prompting/eleven-v3#neutral。

當然，您也可以直接將商品連結或已擬好的大綱、草稿交給 AI，請它協助生成、補齊或潤飾講稿。雖然它生成的字數可能會超出我們的需求，但這個問題其實只要進一步下「刪減講稿字數到 500 字以內」的提示語就可解決。

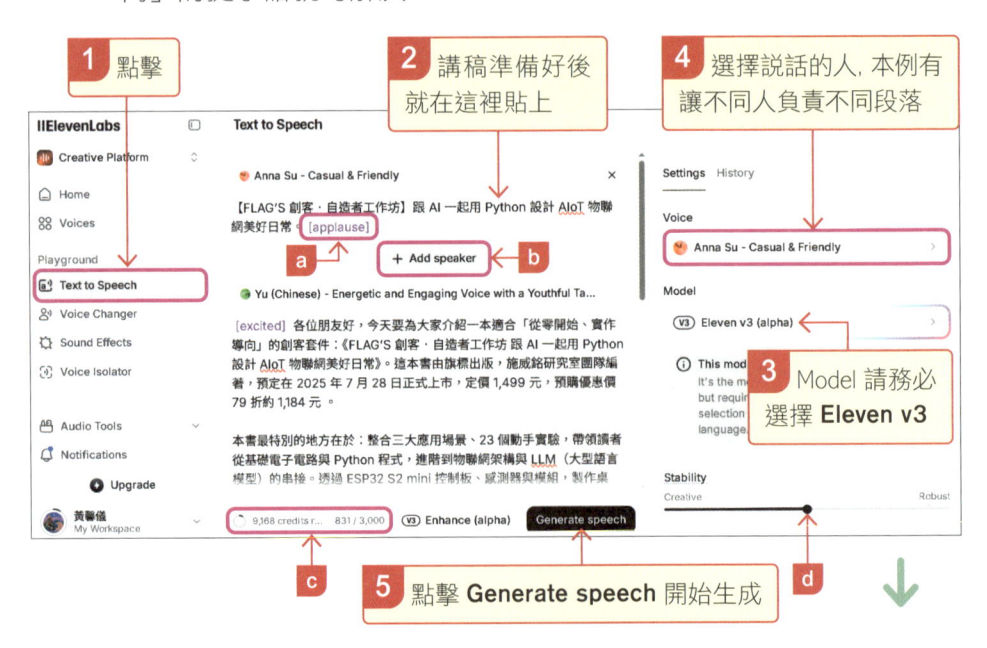

1 點擊

2 講稿準備好後就在這裡貼上

4 選擇說話的人，本例有讓不同人負責不同段落

3 Model 請務必選擇 Eleven v3

5 點擊 Generate speech 開始生成

14-6

> a ChatGPT 幫我們加上的音訊標籤 (您也可參考上面提到的音訊標籤網址，手動自行加上)
> b 點擊這裡可以新增不同說話者，新增後將講稿文字剪貼到該說話者底下即可
> c 剩餘 credits 與講稿字數
> d 穩定性設定。愈靠左邊聲音表現會愈生動，愈靠右邊則愈平穩

3 稍等片刻，待語音旁白生成完成後，即可將其下載作為自家產品介紹用的語音檔：

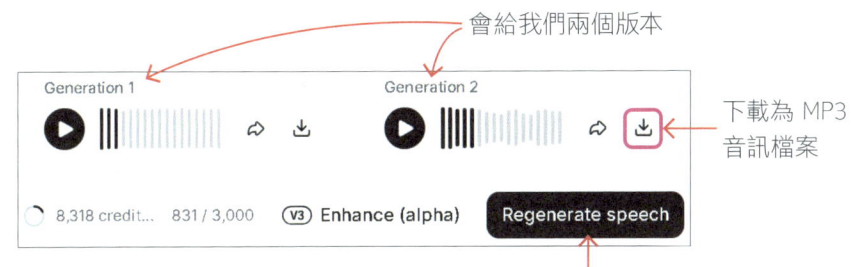

會給我們兩個版本

下載為 MP3 音訊檔案

若對於生成結果不滿意可按此重新生成

14-2 不用擬腳本，商品連結一鍵轉 Podcast 節目介紹

使用 AI NotebookLM

　　如果連讓 AI 進行語音合成的講稿都懶得擬，也能選擇使用前面經常用到的 **NotebookLM** AI 工具 (若不熟可先參考附錄 A-2 節)，將商品連結作為參考資料來源，直接一鍵無腦生成單人或雙人對話形式的語音內容。整個過程中即使完全不需要自己撰寫文稿，生成的品質仍相當出色，語調自然且具抑揚頓挫。

> **TIP** 雖然 NotebookLM 並未明確禁止商業用途，但使用時仍需遵守 Google 總服務條款與著作權相關法規，不得上傳敏感、非法或未經授權的內容。

☑ 商品連結一鍵轉成雙人對話語音

　　透過 NotebookLM 的 **語音摘要** 功能,可根據參考資料生成貼近角色情境的單人或雙人對話語音。在此之前,請先確認 NotebookLM 個人頭像旁的 **設定** 中,其 **輸出內容語言** 是否已設為 **中文 (繁體)**。確認後即可點擊 **+ 新建** 來建立新筆記本,並貼上您的商品連結作為語音生成的參考依據:

1 新增筆記本後,會開啟本視窗要您新增來源,請點選 **網站**

▲ 除了貼上商品連結,也可上傳其他格式的參考資料

2 貼上您的商品網址 (如有多個網址,請以空格分隔或換行),筆者示範的是一個「LLM × 物聯網創客產品」連結

3 點擊 **插入**

14-8

接著如下圖所示，點擊右側「工作室」面板中的**語音摘要**可直接生成語音檔案；但若先點擊上方的**更多選項** (⋮ 圖示) 再選擇**自訂**，則可於生成前進一步設定 AI 主持人需著重的部分：

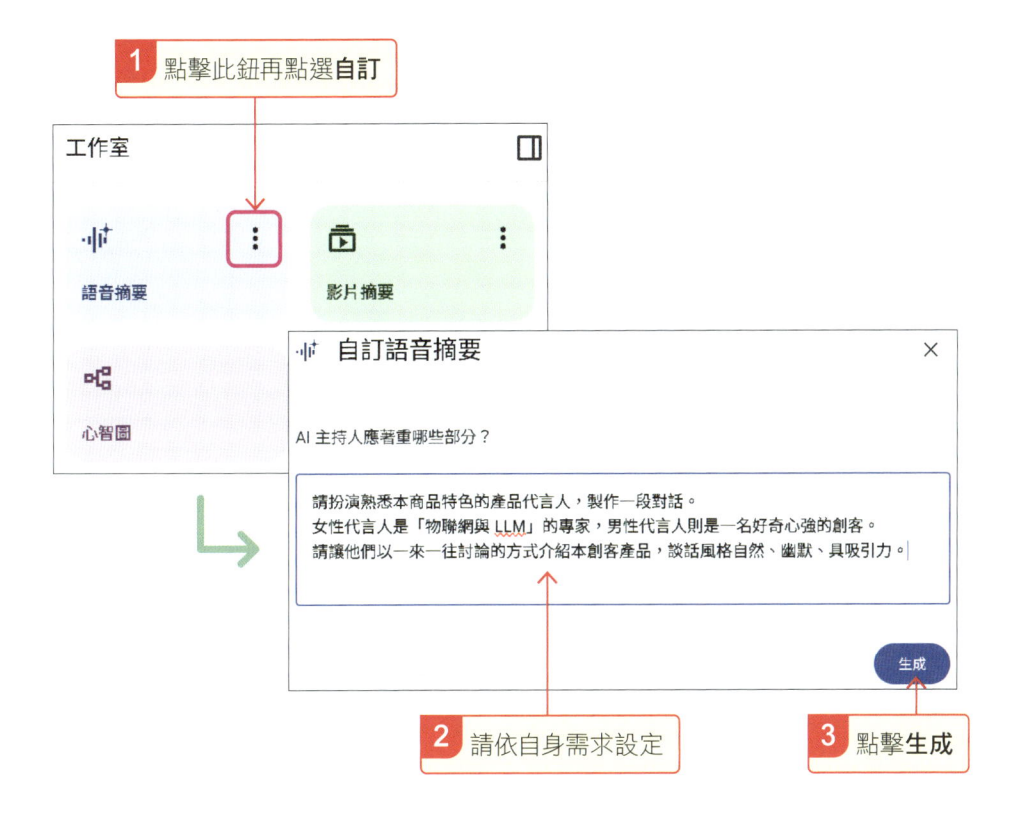

1 點擊此鈕再點選**自訂**

工作室

語音摘要　　影片摘要

心智圖

自訂語音摘要

AI 主持人應著重哪些部分？

請扮演熟悉本商品特色的產品代言人，製作一段對話。
女性代言人是「物聯網與 LLM」的專家，男性代言人則是一名好奇心強的創客。
請讓他們以一來一往討論的方式介紹本創客產品，談話風格自然、幽默、具吸引力。

生成

2 請依自身需求設定　　**3** 點擊**生成**

以下為上圖所根據上傳的「LLM × 物聯網創客產品」連結所設計的**自訂語音摘要**提示語：

> 請扮演熟悉本商品特色的產品代言人，製作一段對話。
> 女性代言人是「物聯網與 LLM」的專家，男性代言人則是一名好奇心強的創客。
> 請讓他們以一來一往討論的方式介紹本創客產品，談話風格自然、幽默、具吸引力。

14-9

稍等幾分鐘，待語音摘要生成完成，即可下載作為自家產品介紹用的 Podcast 節目音檔：

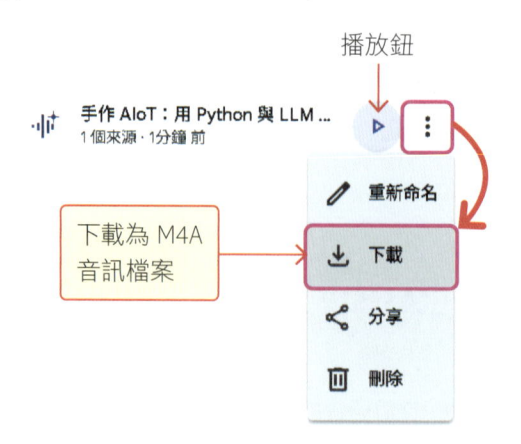

播放鈕

手作 AIoT：用 Python 與 LLM ...
1個來源・1分鐘 前

✏️ 重新命名

⬇️ 下載 ← 下載為 M4A 音訊檔案

🔗 分享

🗑️ 刪除

14-3 不想撞曲？幫行銷影片生成獨一無二的背景音樂

使用 AI Suno、ChatGPT

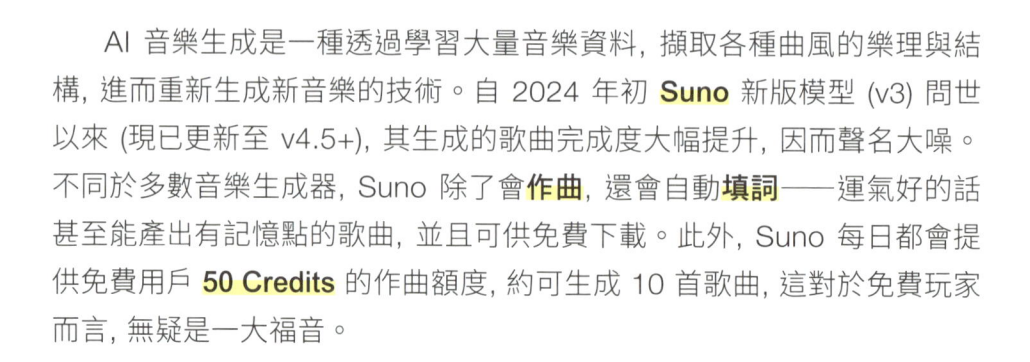

AI 音樂生成是一種透過學習大量音樂資料，擷取各種曲風的樂理與結構，進而重新生成新音樂的技術。自 2024 年初 **Suno** 新版模型 (v3) 問世以來 (現已更新至 v4.5+)，其生成的歌曲完成度大幅提升，因而聲名大噪。不同於多數音樂生成器，Suno 除了會**作曲**，還會自動**填詞**——運氣好的話甚至能產出有記憶點的歌曲，並且可供免費下載。此外，Suno 每日都會提供免費用戶 **50 Credits** 的作曲額度，約可生成 10 首歌曲，這對於免費玩家而言，無疑是一大福音。

> **TIP** 免費版生成的歌曲僅限於非商業用途；若為 Pro Plan 以上的付費版本，則有較多的可用 credits，且生成的歌曲可供商用。付費相關資訊可於左側選單的 **Upgrade** 中查看。

☑ 註冊 Suno

請 Google 搜尋 Suno 並點擊官網進入，或直接輸入網址 **https://suno.com/home**，即可看到如下圖的畫面：

可自由輸入想生成的主題，點擊 **Create** 即可開始生成

未註冊者可連結第三方帳戶並回答 3 個快速問題來免費註冊

已註冊者可使用 Google 或 Apple 等帳戶登入

請擇一帳戶進行註冊

要回答的快速問題如「選擇您喜歡的曲風」等，回答後即可完成註冊，並且進入 Suno 主頁面。

☑ 用 Suno AI 快速生成背景音樂

一般而言，在 Suno 的 **Simple** 模式下，預設會根據使用者輸入的提示語自動生成歌名、曲風與歌詞，通常會製作出約 1~2 分鐘含有主、副歌的完整歌曲。不過，由於本節的目的是為行銷影片製作背景配樂，因此需先設定生成「不含人聲、不含歌詞」的純音樂。請如下操作先做完設定後開始生成音樂：

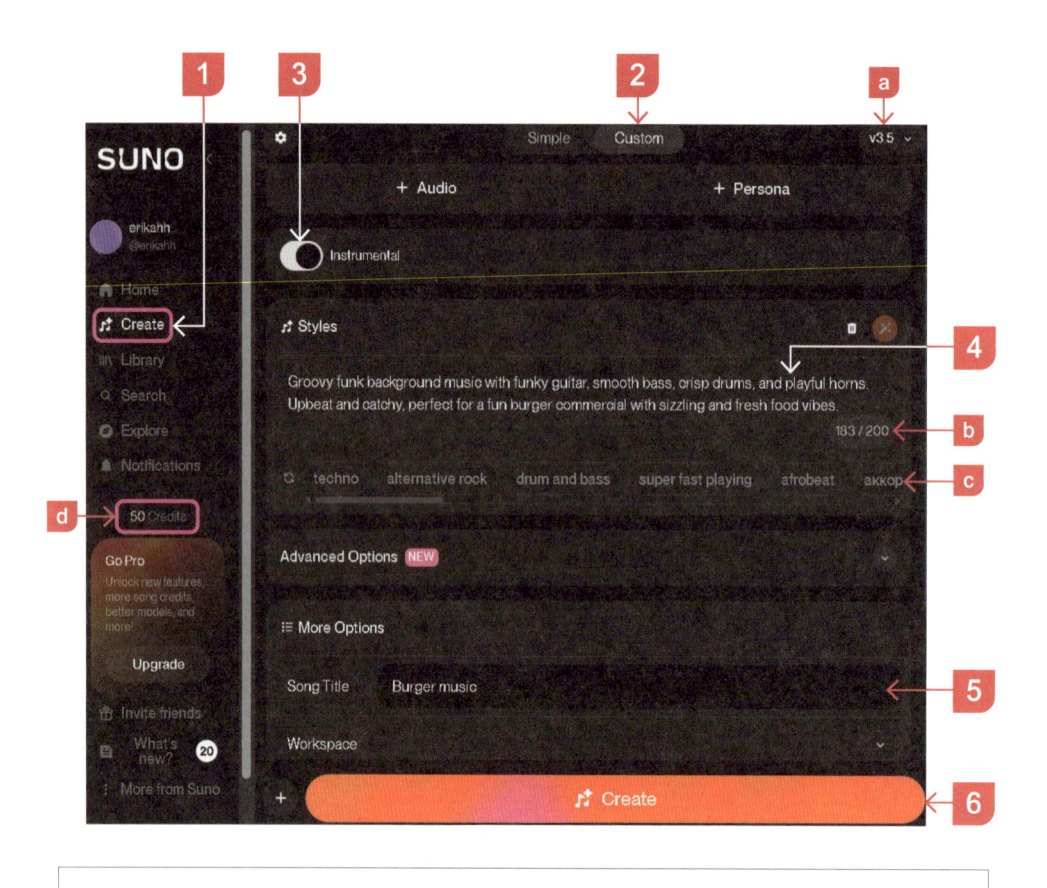

[Suno 創作介面截圖,標註 1-6 及 a-d]

1. 點擊這裡進入創作介面
2. 切換到 **Custom** 詞曲自訂模式
3. 開啟 **Instrumental** 表示生成純音樂
4. 於 **Styles** 欄輸入想生成的曲風描述
5. 可自訂曲名 (留空則由 Suno 生成)
6. 點擊 **Create** 開始生成

a. 免費用戶可使用 v3.5 模型, 付費用戶可使用 v4 以上的模型
b. 至多可輸入 200 個英文字元
c. 可使用隨機曲風快捷鍵
d. 剩餘 Credits

　　上圖的設定重點就是步驟 4 的曲風描述,筆者預計製作一支新開幕、主打品項為手打漢堡排的漢堡店行銷影片,因此想生成節奏明快、讓人印象深刻的 Funk (放克) 音樂。依經驗,英文提示語的音樂生成效果較佳,若您對英文苦手,也可以如下將行銷影片的情境與想要的曲風告訴 ChatGPT,請它協助撰寫適合填入步驟 4 的**曲風描述英文提示語**:

14-12

> 我想用 Suno 生成新開幕漢堡店的行銷影片背景音樂，請幫我撰寫「Funk」曲風為主的英文提示語 (至多 200 個英文字元)。最後附上你給我的英文提示語繁體中文翻譯。

Groovy funk background music with funky guitar, smooth bass, crisp drums, and playful horns. Upbeat and catchy, perfect for a fun burger commercial with sizzling and fresh food vibes.

帶有律動電吉他、滑順貝斯、清脆鼓聲與俏皮銅管的放克背景音樂。節奏輕快、旋律抓耳，適合用於呈現熱騰騰新鮮漢堡的趣味廣告。

請 ChatGPT 給我們翻譯比較好了解，這一段不用餵給 Suno

稍待片刻，畫面右邊就會出現 Suno 生成的**兩首**純音樂，方便我們進行比較：

1 點此播放，若覺得不錯就製作好了

2 點擊**更多功能**準備下載

14-13

混音 / 編輯 —— Remix/Edit

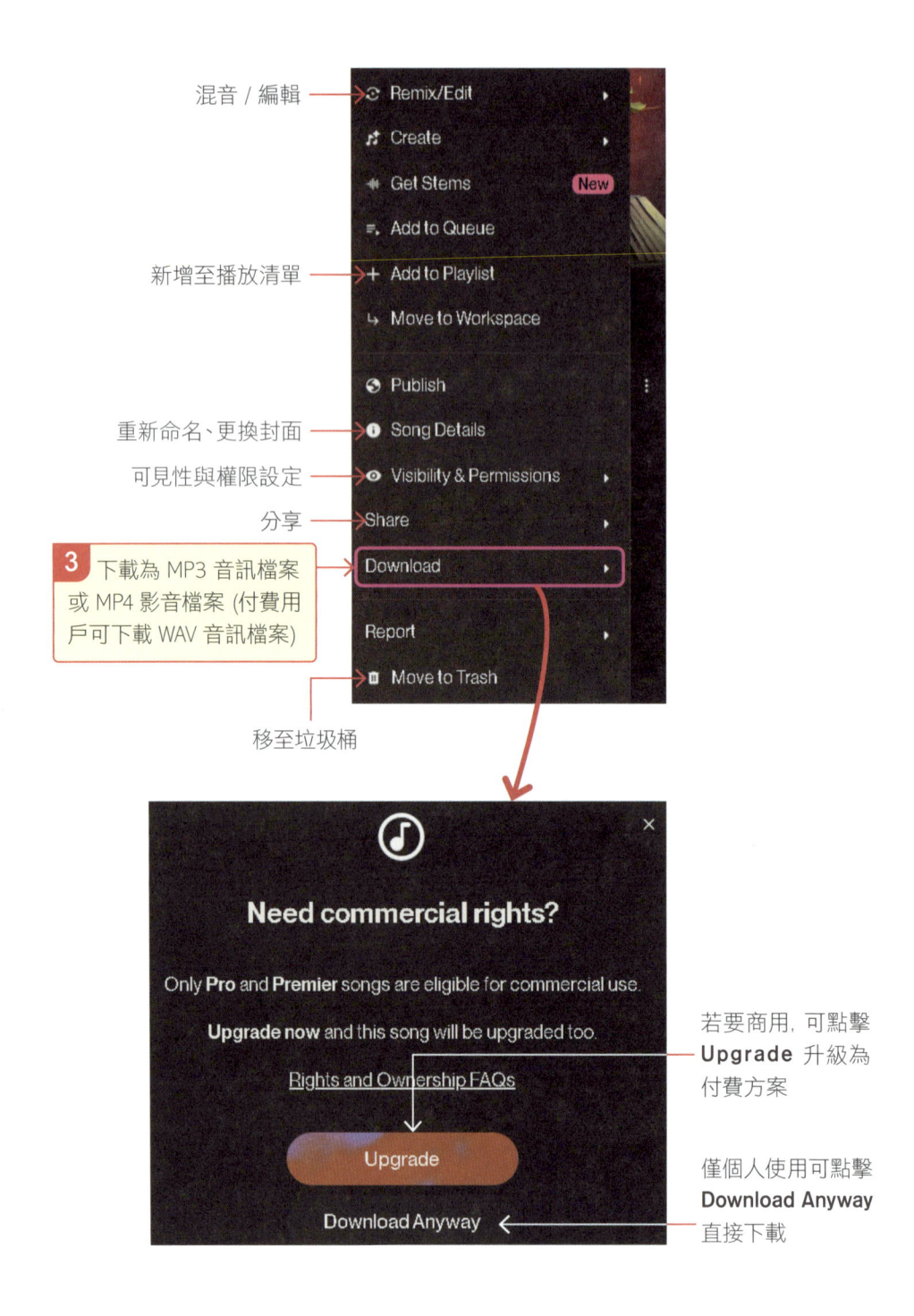

Create

Get Stems New

Add to Queue

新增至播放清單 —— Add to Playlist

Move to Workspace

Publish

重新命名、更換封面 —— Song Details

可見性與權限設定 —— Visibility & Permissions

分享 —— Share

3 下載為 MP3 音訊檔案或 MP4 影音檔案 (付費用戶可下載 WAV 音訊檔案) —— Download

Report

Move to Trash

移至垃圾桶

Need commercial rights?

Only **Pro** and **Premier** songs are eligible for commercial use.

Upgrade now and this song will be upgraded too.

Rights and Ownership FAQs

Upgrade

Download Anyway

若要商用，可點擊 **Upgrade** 升級為付費方案

僅個人使用可點擊 **Download Anyway** 直接下載

▶ 14-14

有了音樂之後，就能使用影音編輯工具將背景音樂加入行銷影片。我們將於第 16 章介紹如何透過 Canva 進行影音素材的合併與編輯。

14-4 用 AI 生成洗腦廣告歌曲

使用AI Suno、ChatGPT

AI 可以在短時間內生成歌詞和樂曲，這對於需要快速製作新品推廣素材的企業而言非常方便。AI 能夠學習、模仿不同風格的音樂，進而創作出融合多種元素且含有歌詞與旋律的歌曲，幫助企業更有效地傳達品牌理念。

前一節使用 Suno 生成了 Funk 曲風的純背景音樂；但若想製作一首包含**人聲**、**詞曲**，且讓人琅琅上口的洗腦廣告歌，也難不倒 Suno，甚至可以說這正是 Suno 的強項呢！

☑ AI 智慧化詞曲全創作

我們可用類似於前一節的做法來生成歌曲，只需關閉 14-12 頁步驟 **3** 的 **Instrumental** 再填入歌詞即可；如果對於歌詞毫無頭緒也別擔心，只要輸入「歌曲主題或簡單描述歌詞走向」的提示語，Suno 就能**詞曲生成**一手包辦。

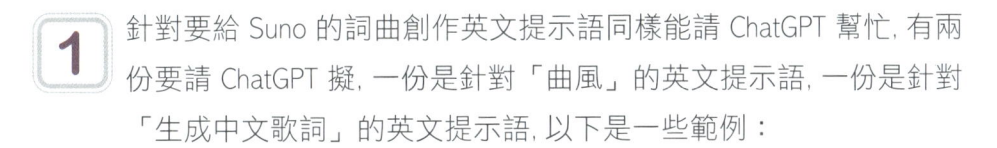

1 針對要給 Suno 的詞曲創作英文提示語同樣能請 ChatGPT 幫忙，有兩份要請 ChatGPT 擬，一份是針對「曲風」的英文提示語，一份是針對「生成中文歌詞」的英文提示語，以下是一些範例：

> 我接下來想製作一首洗腦的漢堡店廣告歌，請幫我撰寫相應的曲風描述英文提示語，一樣想保有 Funk 風格，但希望多一點洗腦或迷因元素。(最後附上你給我的英文提示語繁體中文翻譯)

Meme-style funk jingle with looping vocals chanting "burger burger burger," groovy bass and claps. Fun and weird. Feels viral and silly — like a TikTok burger anthem.

迷因風格的放克廣告歌，搭配重複唱著「漢堡漢堡漢堡」的人聲、律動感十足的貝斯與拍手聲。風格歡樂又搞怪，像是 TikTok 上會爆紅的漢堡神曲。

← 這一段不用給 Suno

為了讓 Suno 聽話地生成繁體中文歌詞，請務必確認 ChatGPT 提供的提示語中有明確出現「in Traditional Chinese」，否則 Suno 預設會產出英文歌詞：

> 我想讓 Suno 幫我自動生成中文歌詞，一定要是**繁體中文歌詞**，而且要洗腦、有趣，內容要跟漢堡有關。請幫我撰寫對應的英文提示語，提示語只需聚焦在歌詞本身，不需包含任何曲風相關內容。(最後附上你給我的英文提示語繁體中文翻譯)

Write catchy and funny jingle lyrics **in Traditional Chinese** about burgers. Lyrics should be repetitive, meme-worthy, and suitable for a viral burger commercial. Use Traditional Chinese only.

請用繁體中文寫一段關於漢堡的洗腦有趣歌詞。內容要重複、迷因感強，適合病毒式廣告。只能使用繁體中文字！

← 這一段不用給 Suno

2 接著就能將上述兩段英文提示語直接輸入給 Suno：

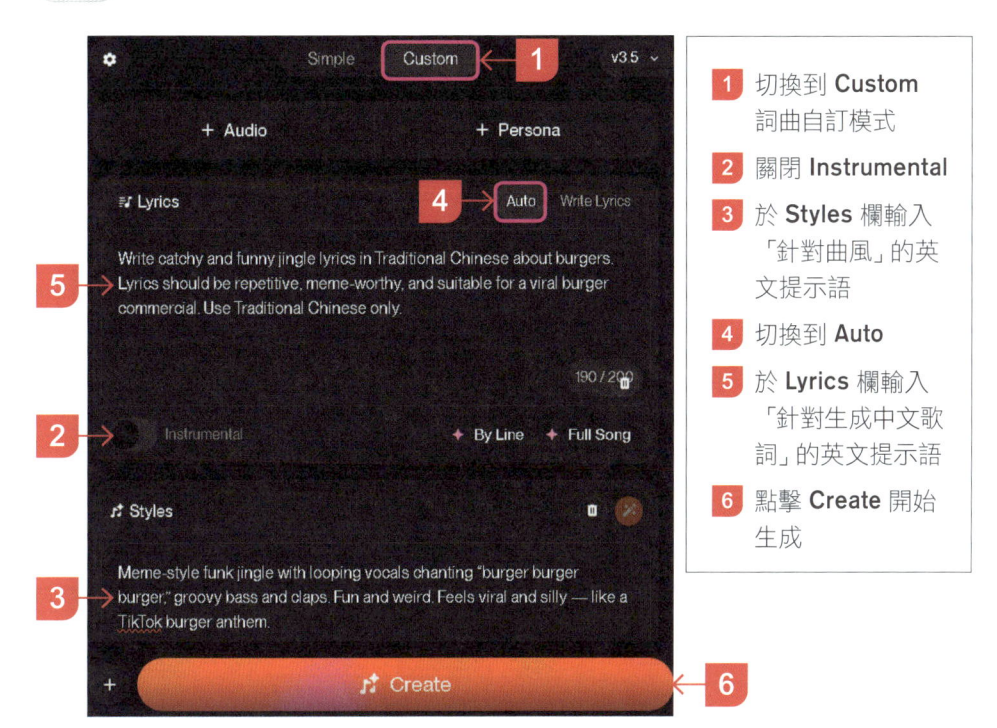

1 切換到 Custom 詞曲自訂模式
2 關閉 Instrumental
3 於 Styles 欄輸入「針對曲風」的英文提示語
4 切換到 Auto
5 於 Lyrics 欄輸入「針對生成中文歌詞」的英文提示語
6 點擊 Create 開始生成

生成好歌曲了，可試聽看看

Suno 生成的中文歌詞

14-17

☑ 自行輸入歌詞生成歌曲

剛才的歌詞是 Suno 根據我們輸入的英文提示語憑空生成的，雖然方便，但可控性較低，歌詞可能會與產品訴求或廣告內容不完全契合。其實 Suno 也有提供手動貼上自訂歌詞的功能，同樣先點選左側選單的 **Create** 進入創作介面：

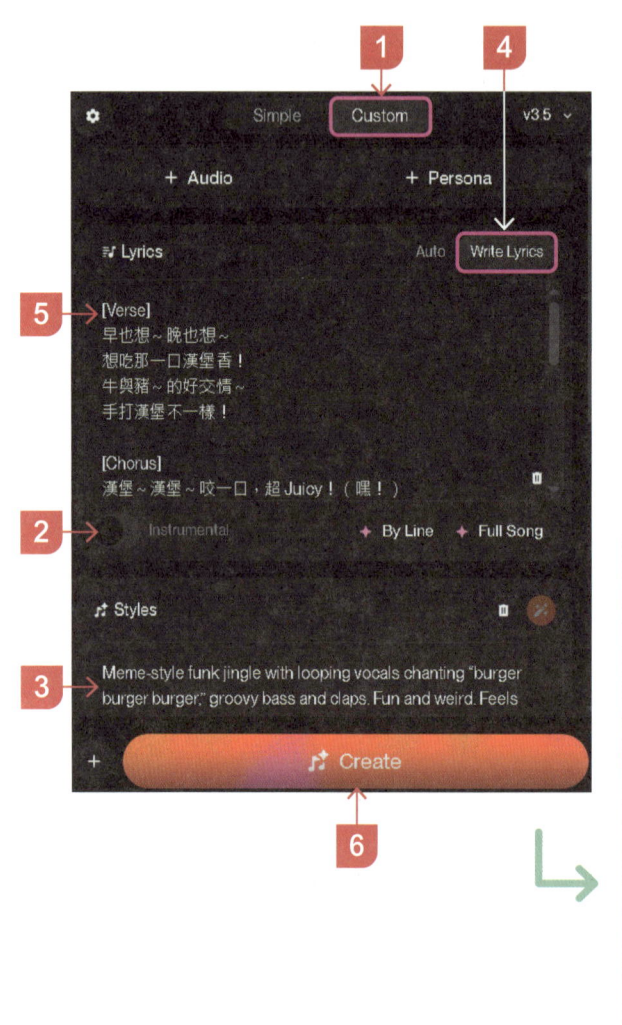

1. 切換到 **Custom** 詞曲自訂模式
2. 關閉 **Instrumental**
3. 於 **Styles** 欄輸入想生成的曲風描述
4. 切換到 **Write Lyrics**
5. 於 **Lyrics** 欄填入自己寫的中文歌詞
6. 點擊 **Create** 開始生成

我們提供的中文歌詞

職場生產力 UP

針對歌詞，如果一開始沒有明確的想法，也能先請 ChatGPT 協助寫詞，再手動修改不滿意的部分，或是調整提示語請它重新生成：

> 幫我想個洗腦漢堡廣告歌的中文歌詞，並以 [Verse]、[Chorus]、[Outro] 等標籤區分**主歌**、**副歌**和**尾奏**。

風格：Funky + 迷因 + 台味

[Verse]
早也想~晚也想~
想吃那一口漢堡香！
牛與豬~的好交情~
手打漢堡不一樣！

[Chorus]
漢堡~漢堡~咬一口, 超 Juicy！(嘿！)
漢堡~漢堡~吃完了還想 Repeat！(咔！)
麵包香~肉排強~
蔬菜爽口不誇張！
來~來~來~我們這裡漢堡最狂！

[Chorus Repeat] (可重複一次)
漢堡~漢堡~咬一口, 超 Juicy！(嘿！)
漢堡~漢堡~吃完了還想 Repeat！(咔！)
多一層~加起司~
幸福像是爆出汁！

[Outro] (口號收尾)
今天不吃漢堡~你的胃會哭哭！(哎呦~)
快來咬第一口！(咔啦~咔啦~)

　　於本章，我們不只運用 AI 來生成語音旁白、Podcast、純音樂和歌曲，連講稿、中文歌詞，甚至給 Suno 的英文提示語也都是由 AI 產出的。您會發現，幾乎每個創作流程都能與 AI 合作──人類提供創意構想，AI 協助實現或激發靈感，如此便能大幅提升工作效率, 告別加班！

\ MEMO /

15

CHAPTER

產品影片製作 AI

商品連結轉影片、虛擬人像解說、
字幕生成、語言轉換,
用 AI 瞬間完成!

- 15-1 時間不夠用, 商品連結用 AI 一鍵轉為簡報影片
- 15-2 製作 AI 虛擬代言人的產品介紹影片
- 15-3 更有利推廣!用 AI 將影片字幕或音訊轉換成其他語言

影音內容已成為產品行銷與資訊傳遞的重要媒介，但以往要製作**產品介紹影片**很耗時，隨著 AI 工具的快速進化，從**製作專業人員解說產品影片**、**影片字幕的生成**、到**字幕、音訊跨語言轉換**，影片製作的各環節其實都可以請 AI 快速完成。尤其若您時間不夠，現在**光只有一個單品頁網址就能請 AI 一鍵生成產品介紹影片**，超省時間！快跟著本章看看 AI 對產品介紹影片製作所帶來的新變革吧！

15-1 時間不夠用，商品連結用 AI 一鍵轉為簡報影片

使用 AI　NotebookLM、FlexClip

先從最無腦的看起吧！本節來介紹一個超級快速的產品介紹影片做法。我們要搬出 **NotebookLM** AI 工具 (若不熟可先參考附錄 A-2 節)，採用類似第 14-2 節的方法，將某個商品連結 URL 作為參考資料來源，請 AI 直接一鍵將 URL 轉為產品介紹的簡報影片。這種方式完全不用撰寫講稿、也不必準備素材，只要餵入 URL、輸入一些簡單的提示詞，就能生成一支由 AI 解說的產品介紹影片。整個過程無腦、簡單，就能做出不錯的影片成品。

> **TIP** 雖然 NotebookLM 並未明確禁止商業用途，但使用時仍需遵守 Google 總服務條款與著作權相關法規，不得上傳敏感、非法或未經授權的內容。

☑ 用 NotebookLM 將商品連結轉為影片

NotebookLM 的進化速度令人歎為觀止，近期推出的**影片摘要**功能，其特色、操作方式皆與「語音摘要」相同。它能夠根據文字、網站等參考資料生成**繁體中文**影片，呈現方式類似於簡報的播放畫面，並搭配 AI 生成的**單人**人聲旁白，雖然簡單，卻很實用。

> **TIP** 不要被「影片摘要」四個字而誤解此功能喔,它不是替某某影片做出摘要,而是用「影片」的形式來呈現產品的摘要,總之我們最後得到的是一隻影片喔!

1 如同第 14-2 節的介紹,請點擊 NotebookLM 主頁面的 **+ 新建** 來建立新筆記本,並貼上您的商品連結或其他產品文案等,作為影片生成的參考依據,然後點擊**插入**。

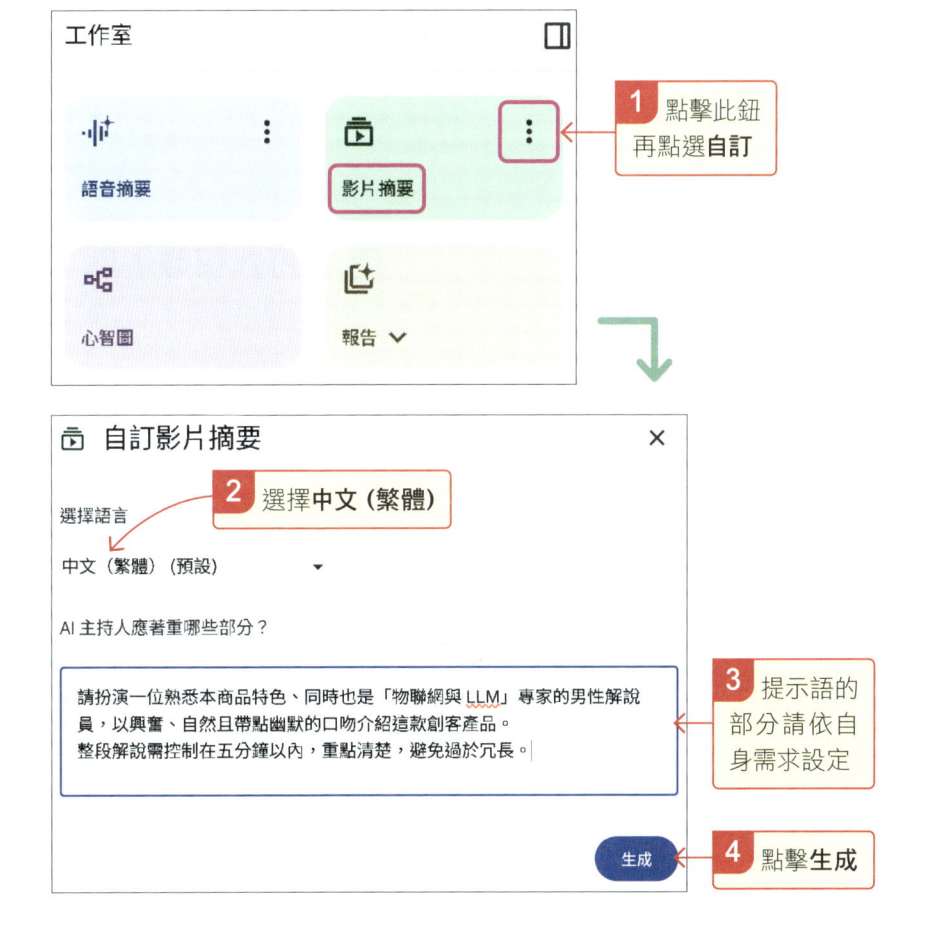

2 接著,請點擊**影片摘要**上方的**更多選項**(⋮ 圖示)並選擇**自訂**,即可進一步設定 AI 影片主持人需著重的部分,以及生成的影片時長等:

工作室

語音摘要　　　　影片摘要

1 點擊此鈕再點選**自訂**

心智圖　　　　　報告

自訂影片摘要

選擇語言　　**2** 選擇**中文 (繁體)**

中文(繁體)(預設)

AI 主持人應著重哪些部分?

請扮演一位熟悉本商品特色、同時也是「物聯網與 LLM」專家的男性解說員,以興奮、自然且帶點幽默的口吻介紹這款創客產品。整段解說需控制在五分鐘以內,重點清楚,避免過於冗長。

3 提示語的部分請依自身需求設定

生成　　**4** 點擊**生成**

15-3

以下為我們根據上傳的「LLM × 物聯網創客產品」連結所設計的**自訂影片摘要**提示詞：

> 請扮演一位熟悉本商品特色、同時也是「物聯網與 LLM」專家的男性解說員，以興奮、自然且帶點幽默的口吻介紹這款創客產品。整段解說需控制在五分鐘以內，重點清楚，避免過於冗長。

3 稍等幾分鐘，待影片生成完成，即可下載作為自家產品介紹用的影音檔：

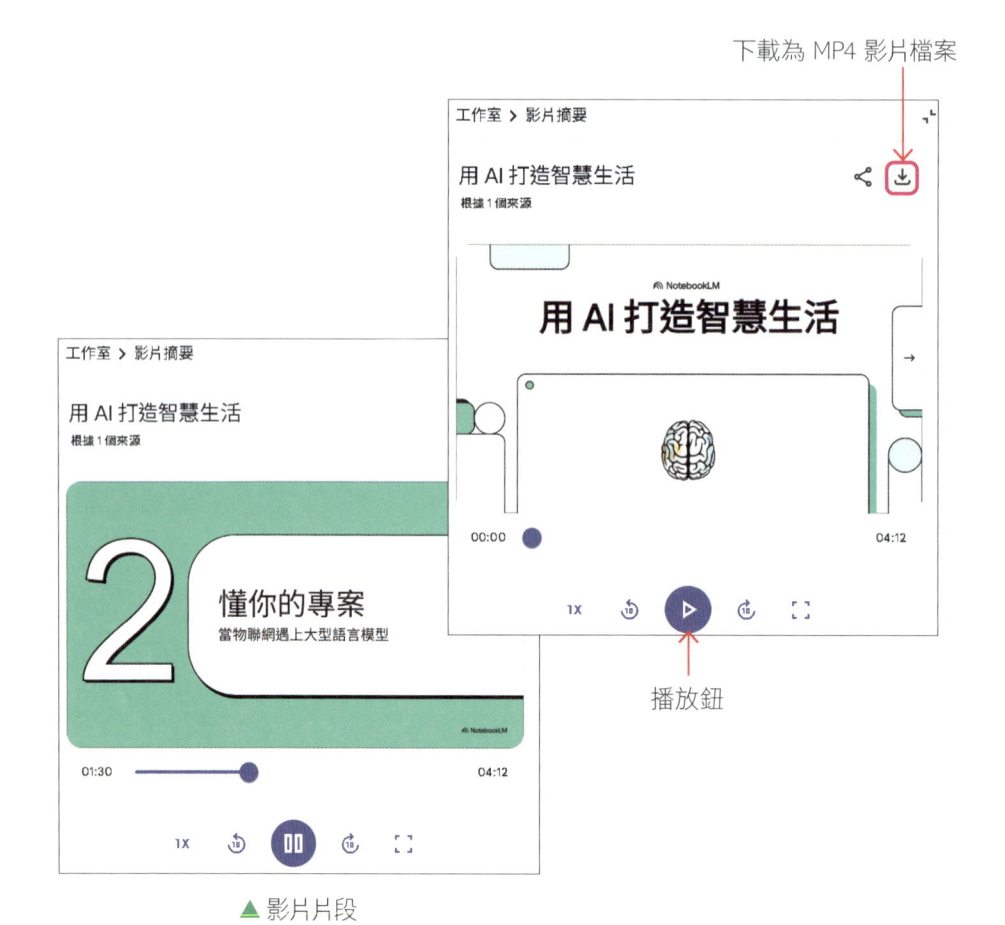

下載為 MP4 影片檔案

播放鈕

▲ 影片片段

15-4

15-2 製作 AI 虛擬代言人的產品介紹影片

使用 AI HeyGen、FlexClip

前一節只是小試身手,比起傳統文字量大的產品文案,邀請一位代言人來介紹即將推出的產品更能吸人眼球。透過這些影片進行宣傳,人們會更願意停下手邊的工作耐心觀看,進而讓潛在消費者深入了解產品的特色、功能以及所帶來的價值。而高品質的產品影片,除了能加深觀眾對商品的印象外,也能展現公司的專業與對消費者的重視,潛移默化地推動銷售。本節將會利用 AI,以快速且低成本的方式製作虛擬代言人的產品介紹影片。

☑ 用 HeyGen 生成產品虛擬代言人影片

我們時常會看到一些由藝人或代言人介紹產品的廣告影片。真人親自解說雖能帶來親近感與專業感,卻也同時面臨著高成本與製作不易等問題;而 **AI 虛擬人像 (Avatar)** 提供了一個經濟實惠的解決方案,讓企業能夠輕鬆製作出符合品牌形象、並且更具吸引力的產品介紹影片。

HeyGen 是個容易上手的多功能影音製作 AI 平台,除了基本的影片編輯功能之外,其最大的特色就是能生成 AI 虛擬人像、或讓照片中人物「開口說話」的影片,並支援包含中文在內、超過 30 種語言的語音合成功能,是目前許多行銷人員不可或缺的工具。

> **TIP** HeyGen 只要遵守使用規則 (例如不得侵犯他人版權、肖像權等) 即可商用。詳細說明可參考官網:https://www.heygen.com/pricing。

註冊 HeyGen

1 請 Google 搜尋 HeyGen 並點擊官網進入，或直接輸入網址 **https://www.heygen.com/**，即可看到如下圖的畫面：

未註冊者可連結第三方帳戶並回答 3 個快速問題來免費註冊

已註冊者可使用 Google 或 Apple 等帳戶登入

請擇一帳戶進行註冊

15-6

2 註冊過程中會詢問您要選擇哪一種付費方案，建議先選擇免費方案試用看看，日後若有需求再升級也不遲：

點擊 Choose Free

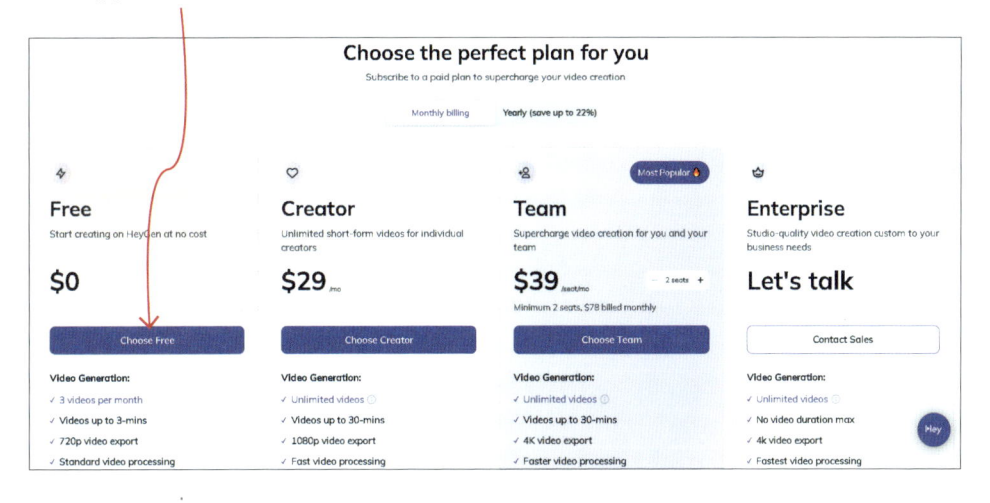

註冊完成後，即可進入 HeyGen 主頁面。

☑ 讓照片中的人物開口說話

　　HeyGen 有提供「使用照片或影片建立虛擬人像」的功能，可進一步生成該人像依照講稿開口說話的影片；另外也有「直接讓照片中人物說出講稿內容」的功能。

　　這兩者聽起來相似，但生成方式略有不同：前者需先透過一支口說影片或數張大頭照建立專屬虛擬人像，才能上傳講稿生成影片；後者則僅需一張有著人像的照片與講稿就能直接產生逼真的短片，操作起來更加容易。本節將選用後者。

1 一開始要先準備好上傳給 HeyGen 的人像照片。由於我們手邊只有公司的產品圖，因此打算將自家產品圖作為參考圖，上傳給 ChatGPT，請它合成一張「男性代言人手持公司產品」的圖像，這部份的提示語如下：

(**上傳產品圖給 ChatGPT**)

幫我生成一名 25 歲、乾淨俐落、工程師裝扮的台灣帥哥，雙手拿著我上傳的產品。

男性工程師穿著襯衫即可，要戴眼鏡，露出一點微笑。

場景為家中書房，背景有酷炫的電競電腦，以及一些電腦相關書籍與開發板，呈現出創客的氛圍。

長寬比 16:9。

AI 生成的圖片上有錯字是很常見的，可以參考 11-1 節介紹的技巧來改善

2　準備好照片素材後，就可以著手用 HeyGen 建立「手持產品的虛擬人像開口介紹該產品」的影片。請先切換至 **Home** 主頁面，並點選 **Photo to Video with Avatar IV**：

1 切換至 **Home**

2 點選 **Photo to Video with Avatar IV**

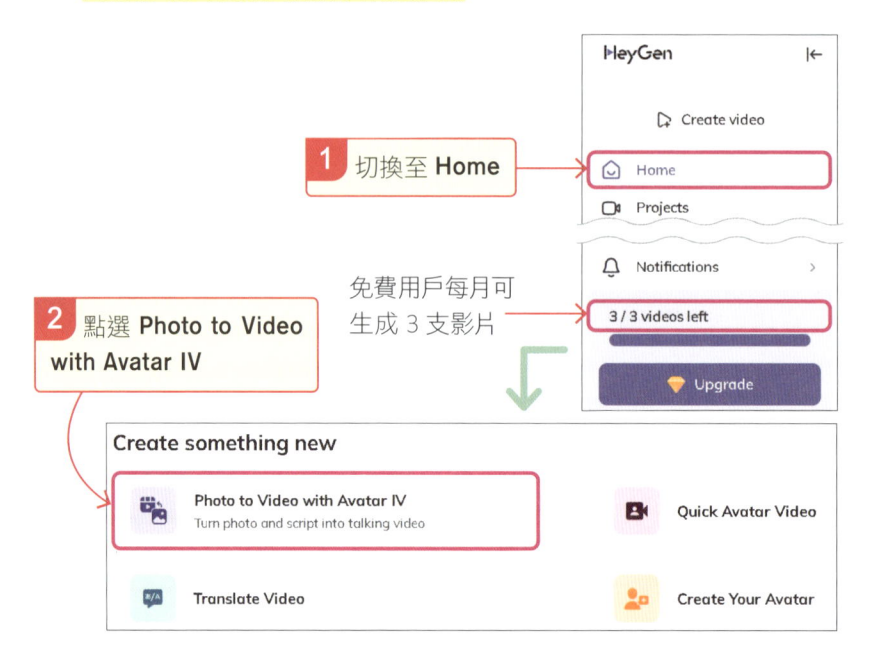

免費用戶每月可生成 3 支影片

3　接著會看到如下圖的畫面，我們要在左側上傳 ChatGPT 幫我們生成的「虛擬代言人手持產品」圖片，並於右側輸入講稿或上傳音檔：

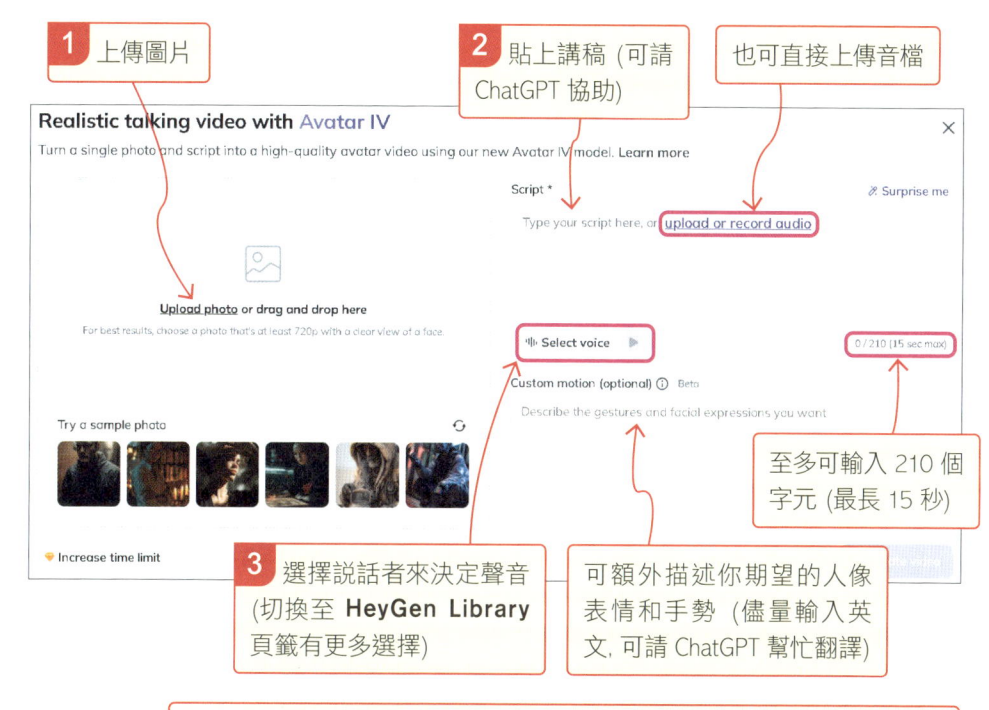

第 15 章 產品影片製作 AI — 商品連結轉影片、虛擬人像解說、字幕生成、語言轉換，用 AI 瞬間完成！

1 上傳圖片

2 貼上講稿 (可請 ChatGPT 協助)

也可直接上傳音檔

3 選擇說話者來決定聲音 (切換至 HeyGen Library 頁籤有更多選擇)

可額外描述你期望的人像表情和手勢 (儘量輸入英文, 可請 ChatGPT 幫忙翻譯)

至多可輸入 210 個字元 (最長 15 秒)

此範例的講稿如同第 14-1 節, 都是將商品文案貼給 ChatGPT 請它生成的。不過, 由於影片有秒數限制, 因此可將提示詞改為「請生成長度 15 秒以內的講稿」, 這樣 ChatGPT 就會生成約 80 字的內容, 方便我們直接使用

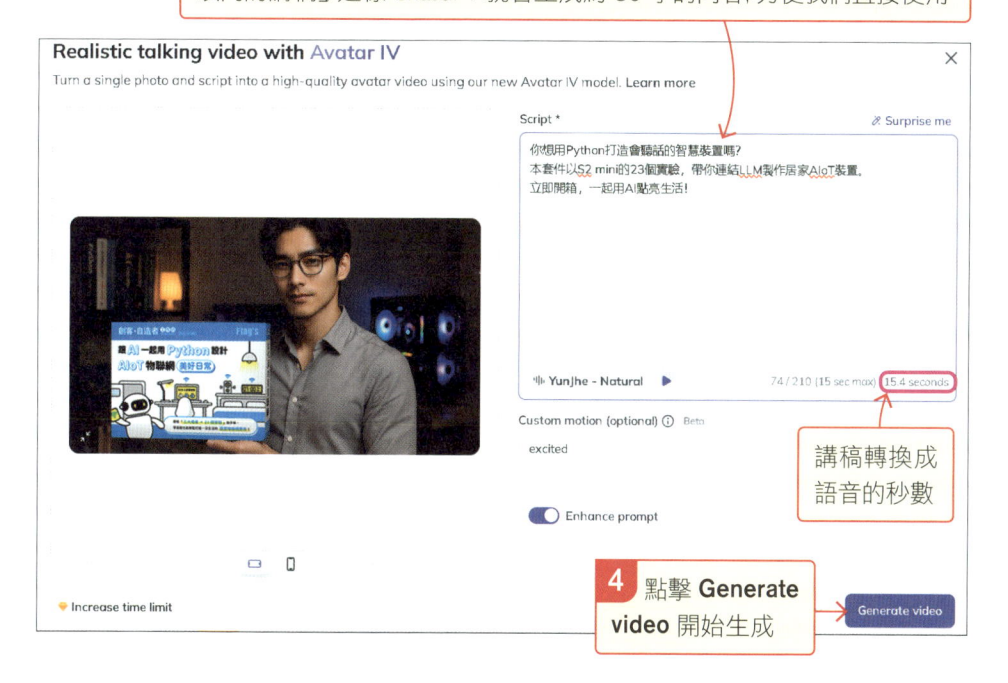

講稿轉換成語音的秒數

4 點擊 Generate video 開始生成

15-9

> **TIP** 左頁下圖框中顯示的講稿語音長度為「15.4 seconds」，但因 Photo to Video with Avatar IV 功能中，免費用戶最多只能生成 15 秒的影片 (付費用戶可生成 3 分鐘)，所以在點選 **Generate video** 後，畫面上方會出現「TTS duration is too long, max duration is 15 seconds, please shorten it.」的錯誤訊息。請將講稿字數刪減至 15 秒內再嘗試生成。

4 等待數分鐘後，就能看到 HeyGen 生成的虛擬工程師開口介紹手中產品的影片：

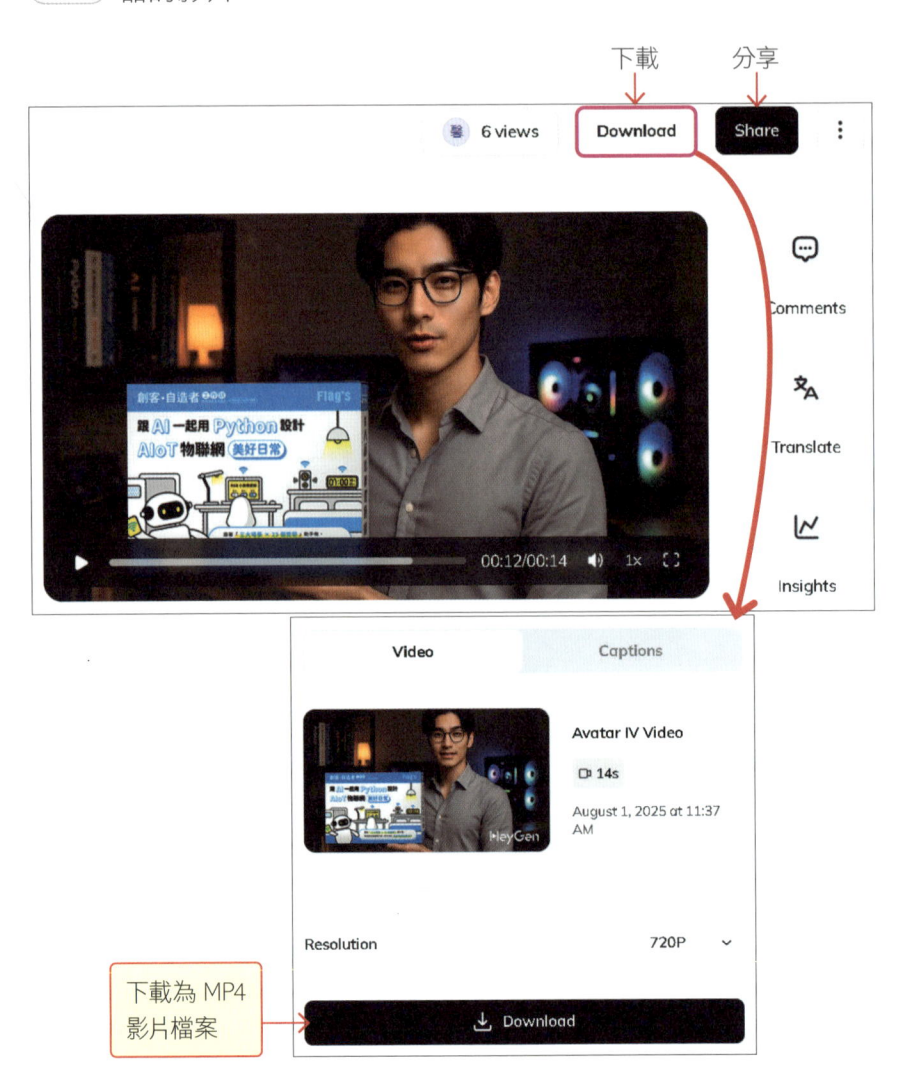

下載　分享

下載為 MP4 影片檔案

15-10

影片能有字幕是最棒，但由於 HeyGen 的字幕功能僅提供給付費用戶使用，因此我們接下來會在 FlexClip 影音剪輯平台進行免費的 AI 字幕生成。請先在上圖點擊 **Download** 將生成的影片下載為 MP4 檔案備用。

☑ 用 AI 幫影片自動上字幕

FlexClip 是由 PearlMountain 公司開發的免費線上影音剪輯平台，不僅提供大量範本讓使用者迅速做出影片，也整合了多種 AI 工具，以減少影片編輯過程中耗費在繁瑣作業上的時間。

接下來要介紹的 **AI 自動字幕** 正是 FlexClip 中相當實用的 AI 功能，只要按下按鍵就能為整支影片生成字幕，甚至還能進行字幕翻譯，既省時又省力。

> **TIP** 基本上 FlexClip 的功能（包括 AI 工具）皆可免費使用，只是免費方案有較多限制。至於使用 FlexClip 製作的影片，除非全部採用使用者擁有完整版權的檔案（圖片、影片、音樂等）上傳製作，否則只有付費帳戶可將影片商用。更多 FlexClip 版權相關說明可參考：https://help.flexclip.com/en/collections/3956168-copyright。

註冊 FlexClip

請 Google 搜尋 FlexClip 並點擊官網進入，或直接輸入網址 **https://www.flexclip.com/tw/**，即可看到如下圖的畫面：

已註冊者可使用 Google 或 Facebook 等帳戶登入

未註冊者可連結第三方帳戶免費註冊

登入或註冊

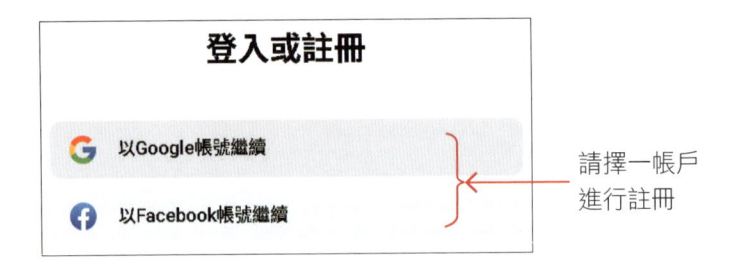

以Google帳號繼續

以Facebook帳號繼續

請擇一帳戶進行註冊

註冊完成後，即可進入 FlexClip 主頁面。

呼叫 AI 自動上繁體中文字幕

1 請點擊 FlexClip 主頁面左上方的 **建立影片** 鈕，並配合 HeyGen 生成的虛擬代言影片，將畫布比例設為 **16:9**：

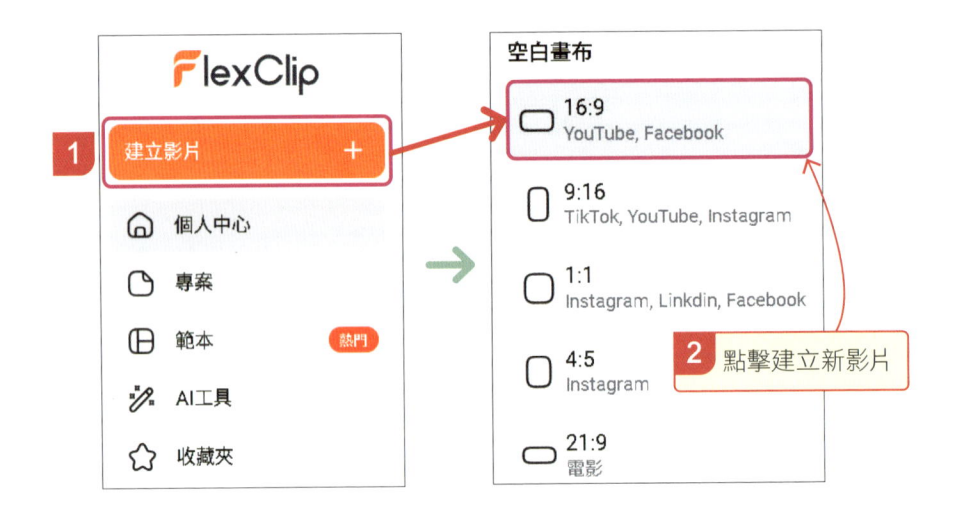

FlexClip

1 建立影片 +

個人中心
專案
範本 熱門
AI工具
收藏夾

空白畫布

16:9 YouTube, Facebook

9:16 TikTok, YouTube, Instagram

1:1 Instagram, Linkdin, Facebook

4:5 Instagram

21:9 電影

2 點擊建立新影片

2 進入編輯頁面後，會先出現右圖畫面，讓我們輸入要使用的媒體、素材。請點擊並上傳先前生成的虛擬代言影片，再將該影片**加為場景**：

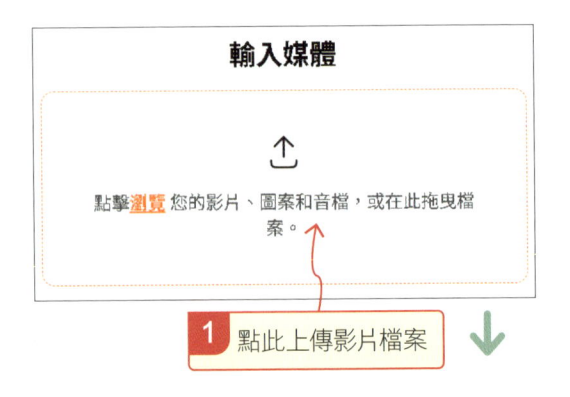

輸入媒體

點擊瀏覽 您的影片、圖案和音檔，或在此拖曳檔案。

1 點此上傳影片檔案

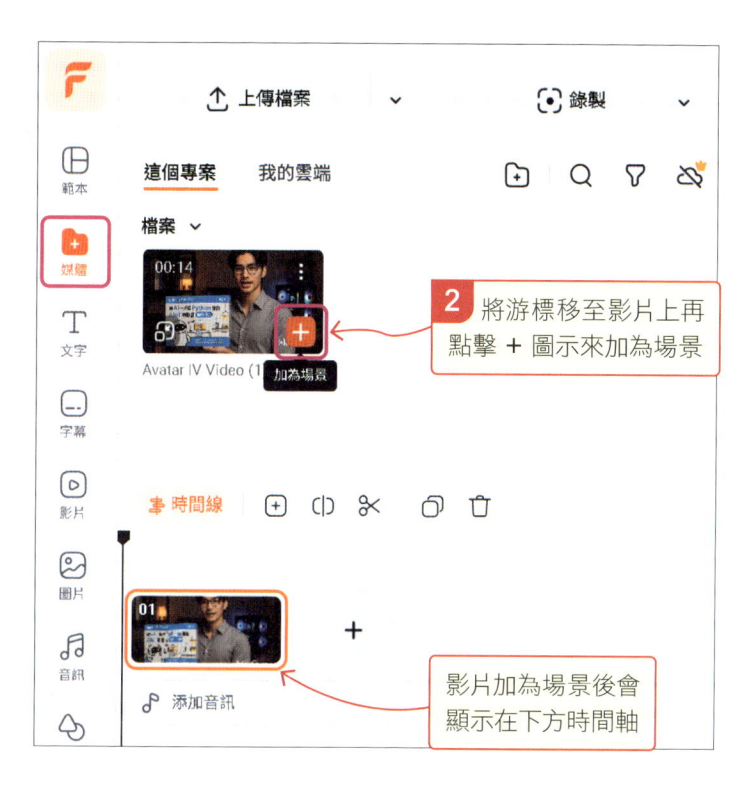

2 將游標移至影片上再點擊 + 圖示來加為場景

影片加為場景後會顯示在下方時間軸

3 接著點選側邊欄的**字幕**，並於完成相關設定後點擊**生成**鈕，AI 就會自動為影片加上字幕：

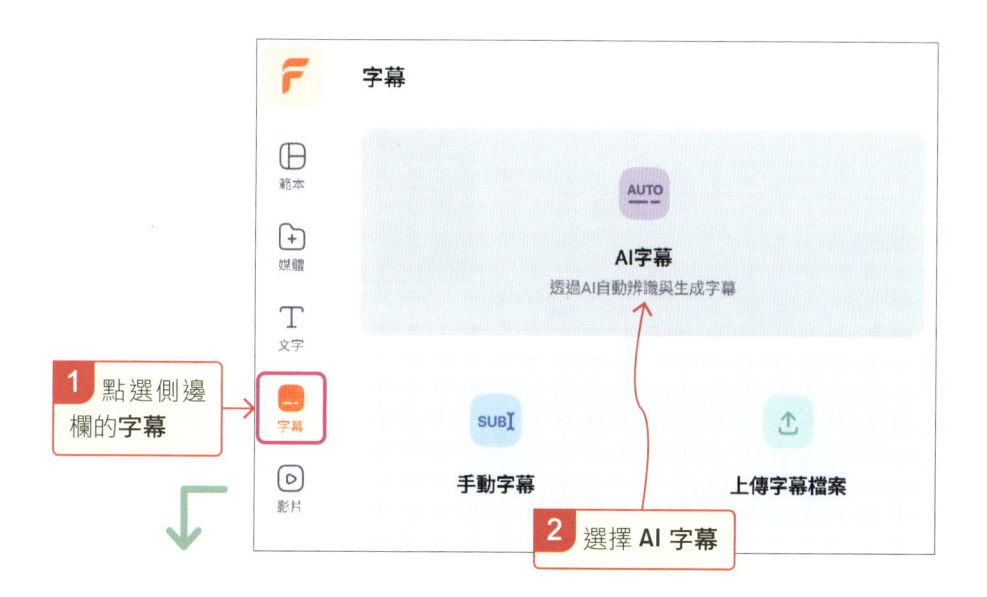

1 點選側邊欄的**字幕**

2 選擇 AI 字幕

第 15 章 產品影片製作 AI — 商品連結轉影片、虛擬人像解說、字幕生成、語言轉換，用 AI 瞬間完成！

15-13

AI字幕

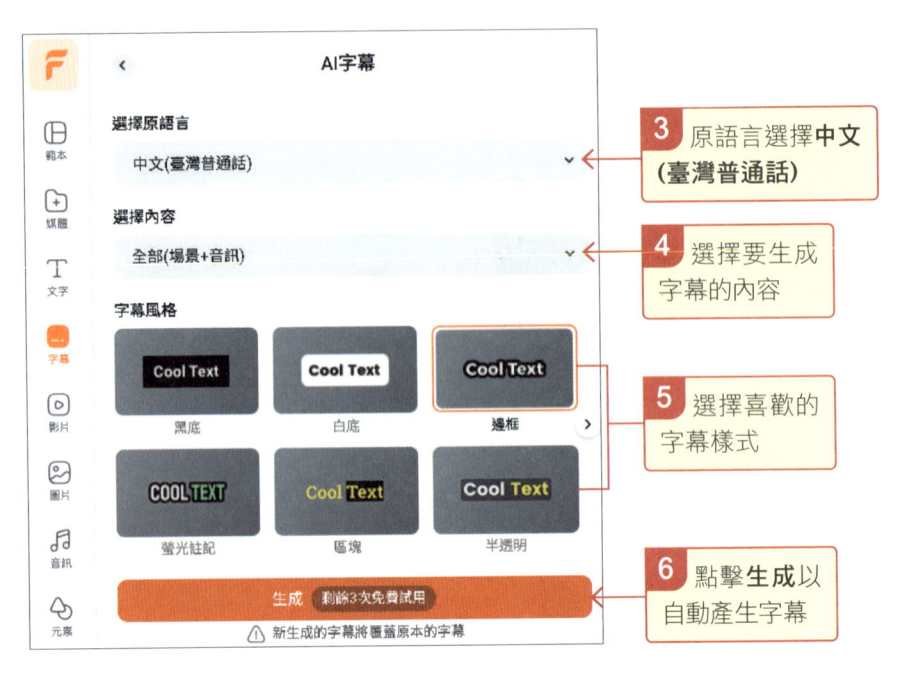

3 原語言選擇**中文** **(臺灣普通話)**

選擇原語言
中文(臺灣普通話)

4 選擇要生成字幕的內容

選擇內容
全部(場景+音訊)

字幕風格

黑底	白底	邊框
螢光註記	區塊	半透明

5 選擇喜歡的字幕樣式

6 點擊**生成**以自動產生字幕

生成 剩餘3次免費試用

⚠ 新生成的字幕將覆蓋舊本的字幕

4 不用多久字幕就會自動上好了。自動字幕功能除了能讀取音訊內容並轉換為字幕之外，還會自動設定字幕在影片中出現的時間點，實在非常方便！

AI 自動將生成的字幕加到影片中, 本例效果很好, 不太需要修改 (若需要修改, 讀者可參考 **a** ~ **c** 的功能來調整

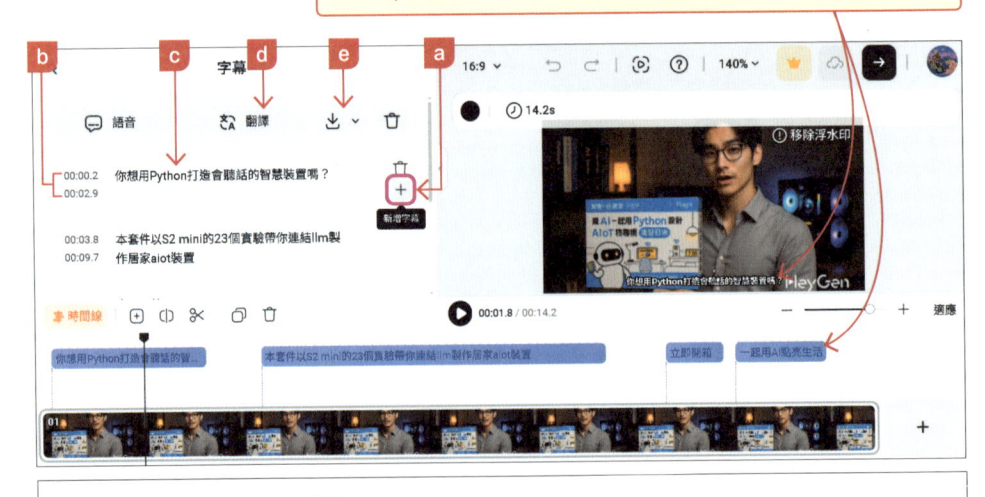

字幕
c 語音   **d** 翻譯   **e** ⬇   🗑

00:00.2 你想用Python打造會聽話的智慧裝置嗎？
00:02.9

00:03.8 本套件以S2 mini的23個實驗帶你連結llm製
00:09.7 作家aiot裝置

時間線

a 可點此新增字幕   **b** 調整字幕出現在影片中的時間點
c 修改字幕內容   **d** 將字幕翻譯成其他語言   **e** 可下載為字幕檔案

▶ 15-14

> **TIP** 需要注意的是，目前 AI 自動字幕雖能大致標示出文字與對應時間點，但還無法百分之百精準轉換所有音訊內容，因此仍需使用者親自檢查並手動修正錯誤或遺漏的部分。

5 播放起來字幕都對得上後，即可點擊介面右上方的 **輸出** 鈕，將影片下載為 MP4 檔案：

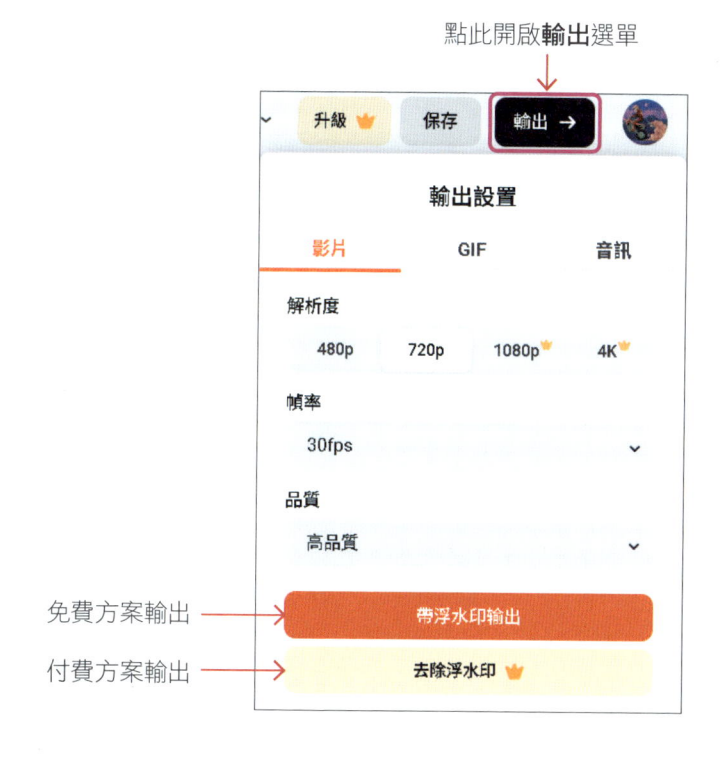

點此開啟**輸出**選單

免費方案輸出 → 帶浮水印輸出
付費方案輸出 → 去除浮水印

下載完成後，一支幾乎所有流程都由 AI 協作的虛擬代言人產品介紹影片就完成了！

15-3 更有利推廣！用 AI 將影片字幕或音訊轉換成其他語言

使用 AI FlexClip、HeyGen

手邊製作的產品影片如果只有單一語言，不適用於其他國家與地區，想做推廣就不是那麼容易。此時可採取兩種做法：一種是像電影一樣保留原聲，只翻譯影片字幕；另一種則類似電視的雙語功能，直接把影片的音訊部分轉換成其他語言，讓觀眾能以熟悉的語言來收聽內容。本節將以 NotebookLM 生成的簡報影片來示範如何轉換字幕或音訊 (若個人遇到原始影片語言聽不懂，也可以用這一招喔！)

☑ 用 AI 轉換影片「字幕」語言

在第 15-2 節中，我們使用了 **FlexClip** 的 **AI 自動字幕**功能為整支影片加上字幕，但其實它的強項不只如此，還能一鍵翻譯字幕語言。也就是說，若您手邊有一支影片想換原始呈現的字幕，只要利用 FlexClip 的**字幕翻譯**功能，就能把原始呈現的字幕轉為各種語言。

1 請如同第 15-2 節 AI 自動上字幕的操作方式，先將某個沒字幕的影片上傳至新專案中，再點選側邊欄的**字幕**，選擇 **AI 字幕**，並於完成相關設定後點擊**生成**鈕，AI 就會自動幫影片加上我們所指定的語言字幕：

1 選擇原字的語言

2 設定完成後點擊**生成**

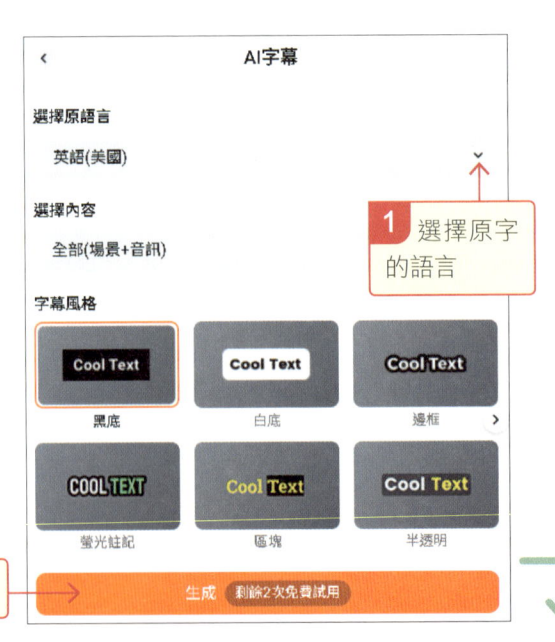

15-16

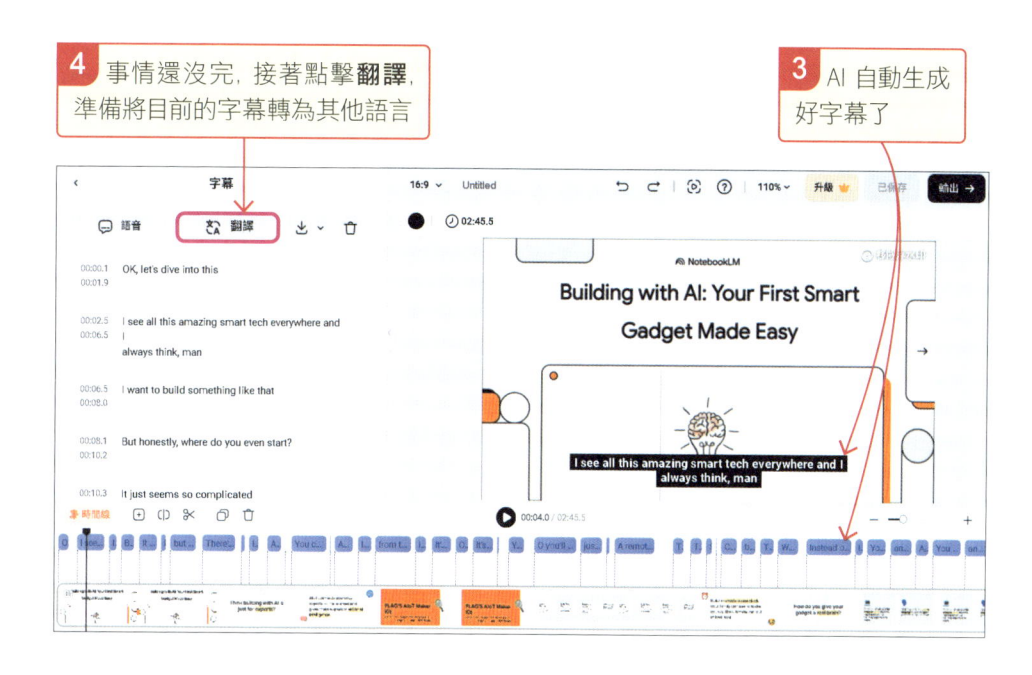

4 事情還沒完，接著點擊**翻譯**，準備將目前的字幕轉為其他語言

3 AI 自動生成好字幕了

2 點擊上圖步驟 **4** 的**翻譯**鈕後，進行以下設定，即可將影片中所有原始語言字幕翻譯成您所指定的其他語言：

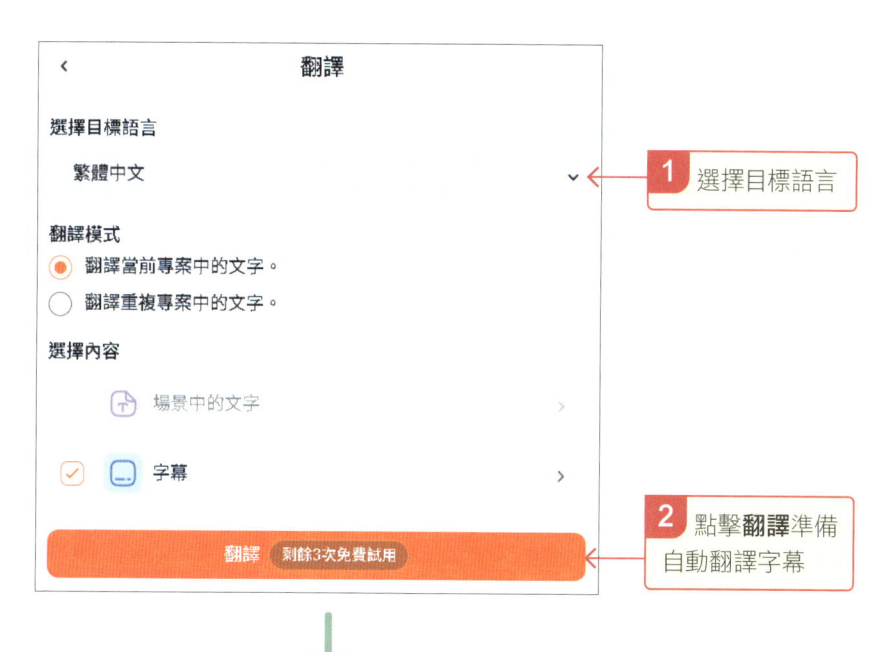

1 選擇目標語言

2 點擊**翻譯**準備自動翻譯字幕

第 15 章　產品影片製作 AI — 商品連結轉影片、虛擬人像解說、字幕生成、語言轉換，用 AI 瞬間完成！

15-17

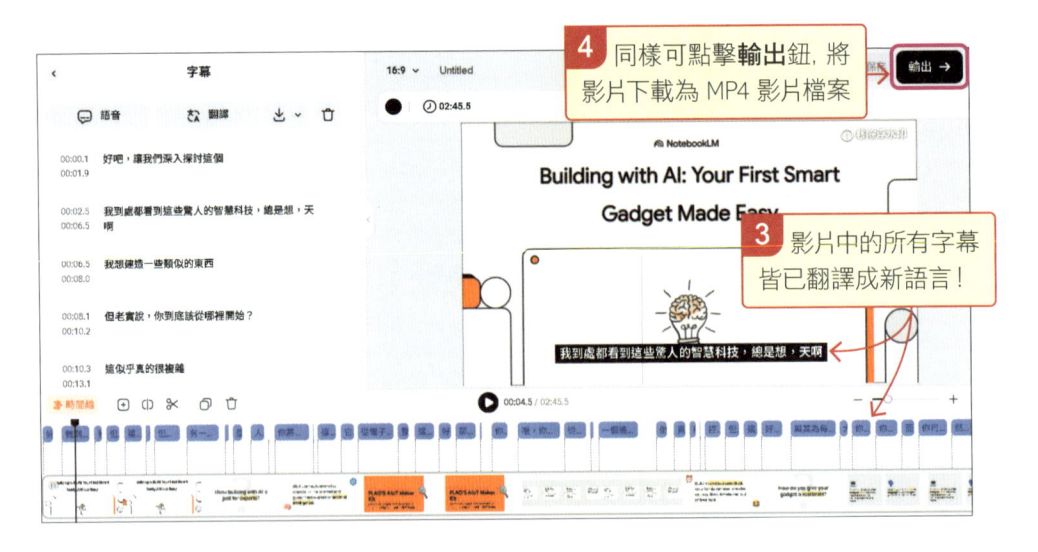

本例原本的影片是「英文講者 + 英文簡報」(例：國外分公司所製作好的影片)，播放翻譯完成的影片後會發現，雖然講者依然用英文進行簡報，但字幕已變成我們所指定的語言囉！不管原始影片是什麼語言的字幕，都能用這一招自由轉換喔！

☑ 用 AI 轉換影片「音訊」語言

不只字幕，連影片內的音訊也可以轉換喔！在第 15-2 節中，我們曾使用 **HeyGen** 的 Photo to Video with Avatar IV 功能，讓圖片裡的人物開口說話。除此之外，HeyGen 還提供許多強大的工具，其中一項就是**將影片中的音訊內容翻譯成其他語言**；更厲害的是，如果影片中包含人物實際開口說話的畫面，它還能同步調整語者的嘴型及嘴巴的開合時機，讓音訊與畫面更為自然、契合。

1 我們將利用此功能，把前一個範例 (英文簡報影片) 的音訊部分翻譯成我們熟悉的中文。請先備妥影片，參考 15-2 節的內容開啟 HeyGen，先切換至 **Home** 主頁面，點選 **Translate Video**：

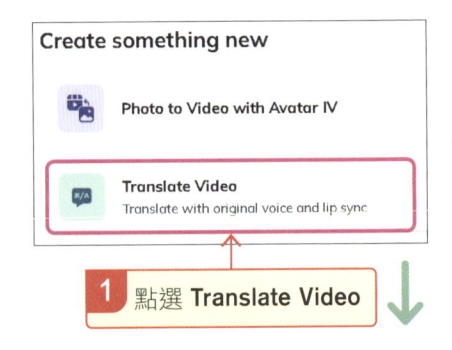

15-18

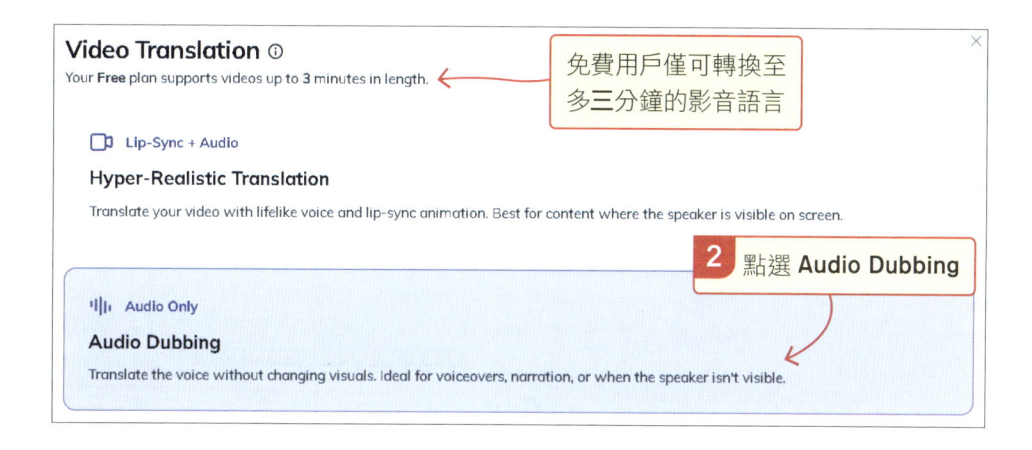

Video Translation
Your **Free** plan supports videos up to **3 minutes in length**. ← 免費用戶僅可轉換至多三分鐘的影音語言

📷 Lip-Sync + Audio
Hyper-Realistic Translation
Translate your video with lifelike voice and lip-sync animation. Best for content where the speaker is visible on screen.

2 點選 Audio Dubbing

🔊 Audio Only
Audio Dubbing
Translate the voice without changing visuals. Ideal for voiceovers, narration, or when the speaker isn't visible.

TIP 由於此範例的影片畫面中沒有實際開口說話的說話者，因此選擇 **Audio Dubbing** 僅轉換影片中的音訊語言即可。而若要轉換影片中人物開口說出的語言，例如將第 15-2 節虛擬代言人影片的語言改為日文，則可選擇 **Hyper-Realistic Translation** 功能，以獲得更擬真的語言轉換效果。

2 接著上傳影片：

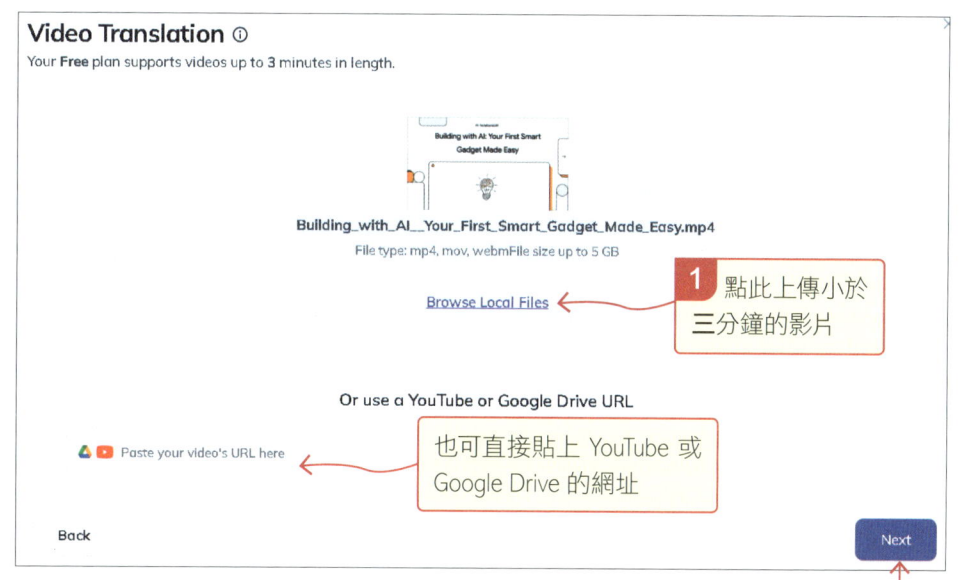

Video Translation
Your **Free** plan supports videos up to **3 minutes in length**.

Building_with_AI__Your_First_Smart_Gadget_Made_Easy.mp4
File type: mp4, mov, webm File size up to 5 GB

Browse Local Files ← **1** 點此上傳小於三分鐘的影片

Or use a YouTube or Google Drive URL

📁 ▶ Paste your video's URL here ← 也可直接貼上 YouTube 或 Google Drive 的網址

Back   Next

2 點擊 Next 進入語言設定

15-19

僅付費用戶可進行進階設定

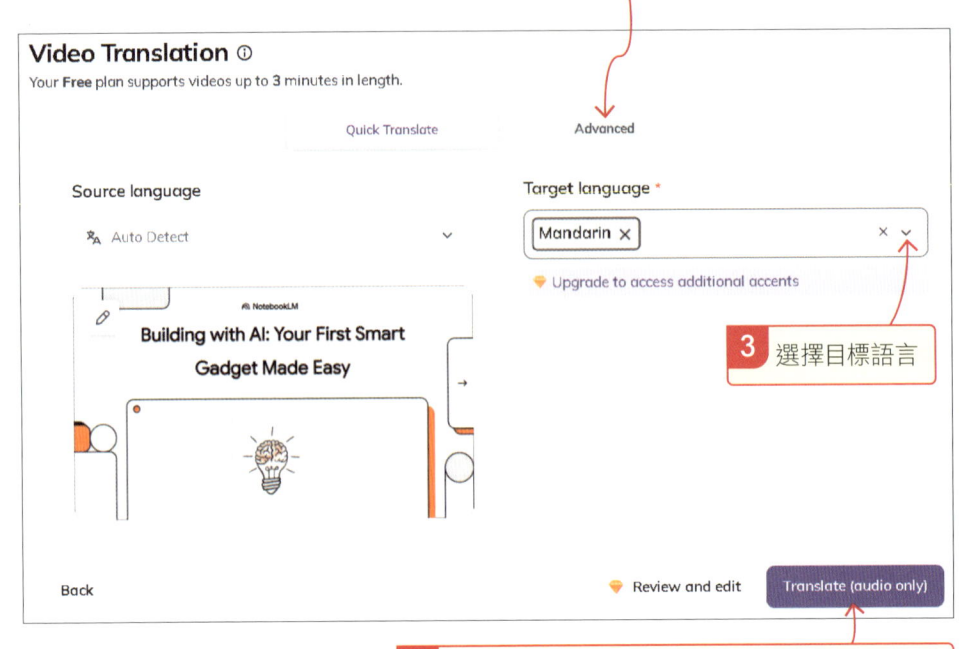

3 選擇目標語言

4 點擊 Translate (audio only) 開始轉換影片語言

下載　分享

3 等待數分鐘後，HeyGen 就會將原本全英文的音訊內容，完整轉換成我們熟悉的中文語音：

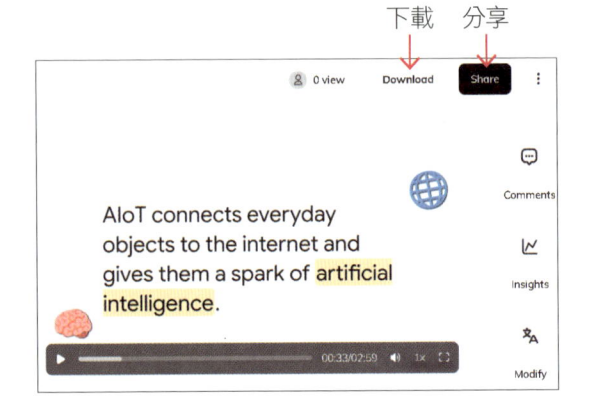

　　播放轉換完成的影片後會發現，雖然畫面上的文字依然是英文，但講解的語音已變為中文，因此即使看不太懂畫面內容，也能清楚理解影片要傳達的資訊。若有需要，還可以使用先前介紹的方法，用 FlexClip 為這支新影片加上中文字幕。

16

CHAPTER

商業動畫 AI

片頭動畫、商用廣告、
酷炫電子報,用 AI 做超省力!

16-1 用 AI 設計企業識別片頭
16-2 用 AI 做一支精彩的商業廣告
16-3 製作酷炫的 AI 魔法電子報

前一章我們聚焦在如何用 AI 快速製作產品介紹影片，操作簡單、效率高，但在視覺張力上，還不及專業級的動畫。在過去，例如**片頭動畫**、**廣告短片**等行銷宣傳素材，需要龐大人力花費漫長的時間來製作，而有了 AI，這些工作可以用更省力的方式完成。本章將介紹如何結合 AI 生成的影像、動畫與音樂，製作出兼具創意與效率的商業動畫。無論是用**震撼的片頭強化品牌形象**、以**短片廣告吸引目光**，還是用**動態電子報**提升行銷成效，AI 絕對是你的商業動畫製作最佳夥伴。

16-1 用 AI 設計企業識別片頭

使用 AI Veo、Canva

在品牌推廣的過程中，第一印象非常重要，因此能否製作出具視覺震撼的創意作品是一大關鍵。AI 技術不僅能提升影片的製作效率，還能將各種天馬行空的想像轉化為栩栩如生的畫面，牢牢抓住觀眾的目光。

本節將以企業 Logo 作為素材生成動畫，搭配第 14-3 節由 Suno 生成的背景音樂素材，製作出獨樹一格的影片片頭。一段吸睛的片頭，除了能提升影片整體質感，讓觀眾感受到企業的用心之外，更是品牌推廣中吸引觀眾繼續觀看的重要元素。

☑ 用 AI 讓 Logo「動」起來

在圖像生成技術愈發成熟的同時，Google 也推出了專為**文字轉影片**設計的生成模型——**Veo**。不過，目前此功能尚處於測試階段，僅開放給 Gemini Advanced 以上的付費用戶於 Gemini 對話介面中直接使用 (若有需要，可參考 4-2 節升級 Google AI Pro 帳戶取得 Gemini Advanced)。

但看到這裡，免費版的使用者先別急著課金！本節將介紹 Google 供使用者快速體驗 Gemini、Imagen、Veo 等生成式 AI 模型的平台——**Google AI Studio**。該平台支援「**文字轉影片**」與「**圖片轉影片**」等功能，其生成品質與流暢度也表現優異，且無論免費或付費用戶皆可使用。

> **TIP** Google AI Studio 的 Veo 目前可生成長度最多 8 秒、解析度為 720p 的影片，並會加上 SynthID 水印。免費用戶有每日生成次數與頻率的限制，若有大量使用的需求，建議升級至付費方案或透過 API 使用。此外，系統也會自動過濾暴力、色情、名人肖像等敏感內容。

啟用 Google AI Studio

請 Google 搜尋 Google AI Studio 並點擊官網進入，或直接輸入網址 **https://aistudio.google.com/**，即可看到如下圖的畫面：

點擊以使用 Google 帳戶登入

若為第一次使用，可能會看到以下畫面：

勾選表示同意 API 服務條款與 Google 隱私政策

若勾選表示願意收到模型更新或實用技巧教學等電子報

點擊 I accept

16-3

餵入圖像給 Veo 生成影片

1 成功進入 Google AI Studio 後，請先點選左側的 **Generate Media** 開啟媒體生成頁面：

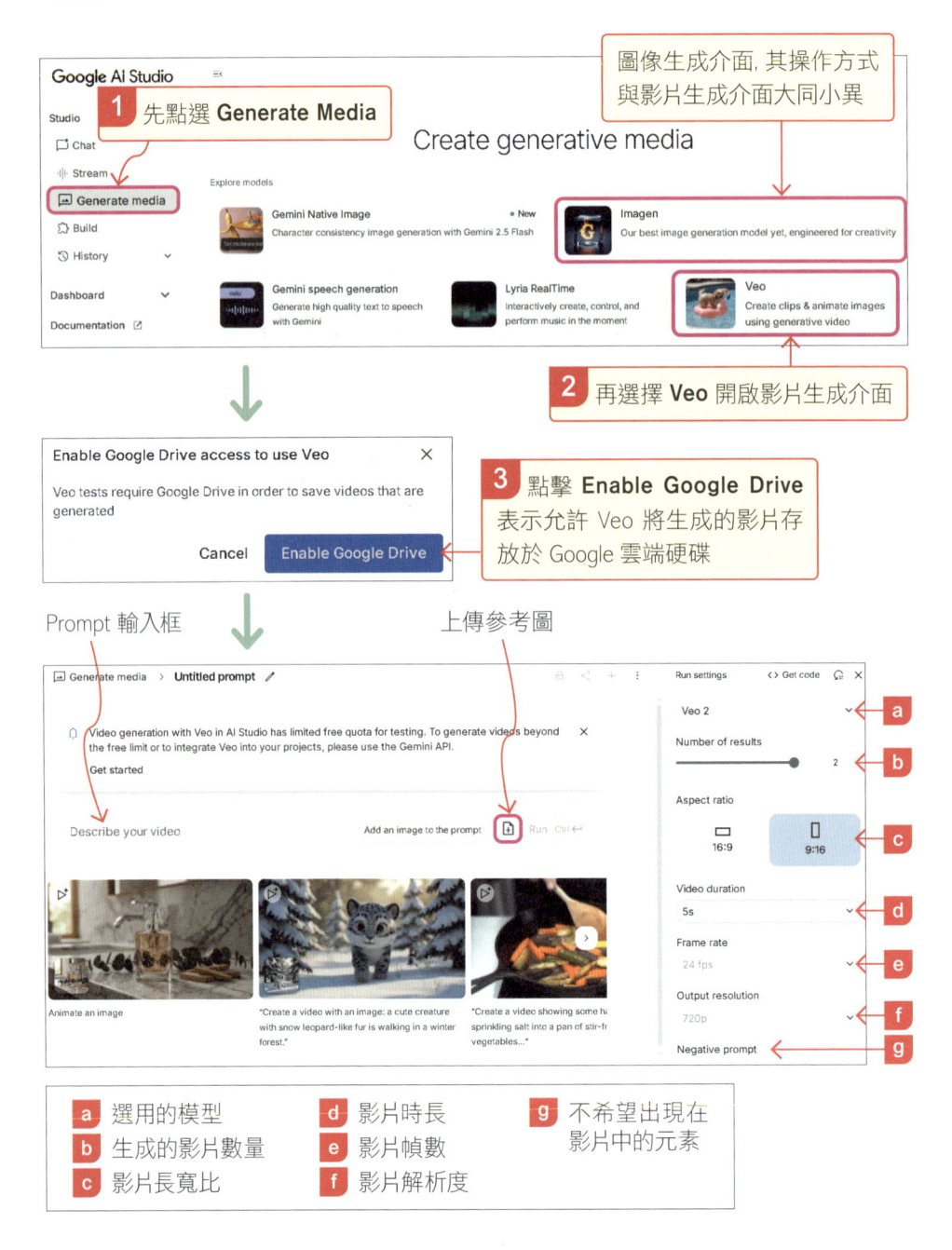

- 先點選 Generate Media
- 圖像生成介面，其操作方式與影片生成介面大同小異
- **2** 再選擇 **Veo** 開啟影片生成介面
- **3** 點擊 **Enable Google Drive** 表示允許 Veo 將生成的影片存放於 Google 雲端硬碟
- Prompt 輸入框
- 上傳參考圖

標記	說明
a	選用的模型
b	生成的影片數量
c	影片長寬比
d	影片時長
e	影片幀數
f	影片解析度
g	不希望出現在影片中的元素

2 請先點擊 Prompt 輸入框中的 **Add an image to the prompt** 鈕, 上傳您的企業 Logo 圖像, 並輸入相應的提示語, 再進行右側的影片參數設定, 即可按下 **Run** 開始生成影片：

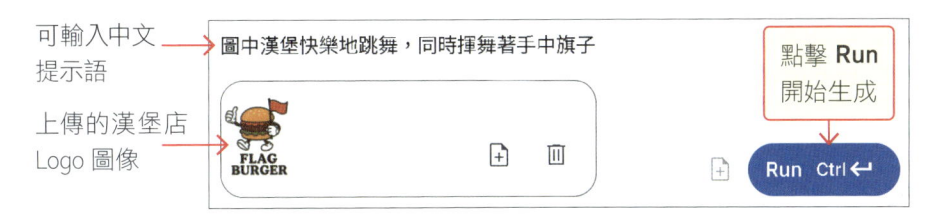

- 可輸入中文提示語 → 圖中漢堡快樂地跳舞, 同時揮舞著手中旗子
- 上傳的漢堡店 Logo 圖像
- 點擊 Run 開始生成

生成企業 Logo 去背圖像

本節延續第 14-3 節「新開幕漢堡店」的範例, 用 ChatGPT 為「FLAG BURGER」生成一張去背 Logo 圖像。使用的提示語如下：

> 幫我設計「FLAG BURGER」漢堡店的 Logo, 該店的主打品項是手打漢堡排, Logo 上的漢堡需長出手和腳。透明背景圖片, 長寬比 9:16。

其生成的圖像即為上圖中傳給 Veo 的影片生成參考圖。

3 稍待片刻, Veo 就會依照我們設定的數量、長寬比與秒數, 生成對應的影片：

- 會生成兩個版本給我們, 約各 5 秒, 等一下我們會拿這兩個兩段 Logo 短片來「加工」, 讓片頭讓完整
- 下載為 MP4 影片檔案
- Export to Drive (匯出到 Google 雲端硬碟)

16-5

> **TIP** 若系統目前已超出負荷，或您的生成頻率或次數已達當日上限，會顯示如下圖的錯誤訊息，需等待數小時甚至隔日才能再次生成：
>
> ⚠ Failed to generate video, quota exceeded: due to high demand, Veo is currently at capacity. Please try again in a few moments.　✕
>
> ⓘ Failed to check on video generation status multiple times. Please try again later.　✕

提醒讀者，對於滿意的影片，請儘快點擊 **Download** 鈕下載，或 **Export to Drive** 鈕儲存至 Google 雲端硬碟。根據 Google 官方文件說明，生成的影片只會在伺服器上保留 2 天，之後將自動刪除。

☑ 用 Canva 強化片頭的影音效果

越來越多人習慣使用 Canva 製作精美的簡報或影片，因其介面直覺、工具操作簡單，還提供了各式各樣的設計模板，從社群貼文到名片尺寸應有盡有，方便使用者直接套用。此外，Canva 擁有豐富的素材與動畫效果，讓使用者得以輕鬆創造出令人驚豔的作品。因此，底下將運用 Canva，讓我們剛才生成的片頭影片更加完整。

開啟 Canva

請 Google 搜尋 Canva 並點擊官網進入，或直接輸入網址 **https://www.canva.com/**，即可看到如下圖的畫面：

未註冊者可連結第三方帳戶並回答 7 個快速問題來免費註冊

已註冊者可使用 Google 或 Facebook 等帳戶登入

快速剪接 AI 短片

請點選介面左上角的 **建立 / 影片** 或下圖中的 **影片** 圖示,並選擇 **行動影片**,即可開始進行 AI 片頭的影音剪輯,本例將以剪接的方式,把 Veo 生成的兩支「漢堡跳舞」影片銜接成一段完整短片:

① 首先,將先前透過 Google AI Studio 生成的兩個 Logo 短片、第 14-3 節由 Suno 生成的背景音樂,以及其他所需素材上傳至 Canva:

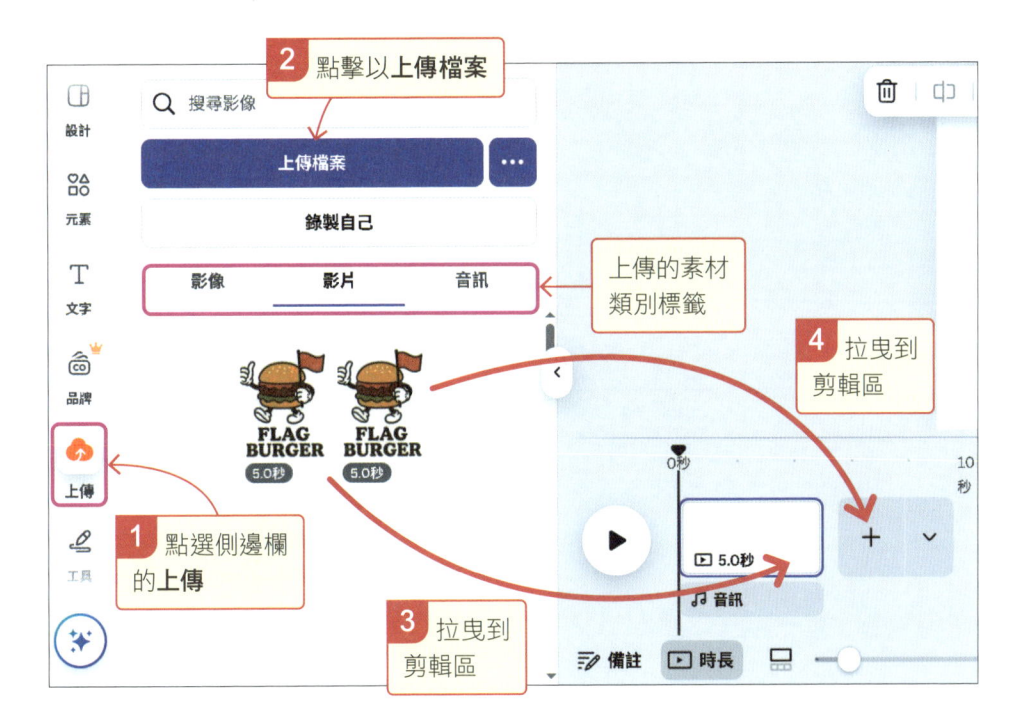

16-7

2 如上圖步驟 **3** ~ **4** 所示，將已上傳的第一支影片拖曳至右側的**空白頁面**上，並根據敘事合理性、視覺連貫性與觀看的流暢性，依序把其他影片素材拖曳到 **+ 新增頁面**處。

接著依自身需求，以拖曳頁面的方式調整影片順序，並進行裁剪或調整播放速度等基本影片編輯，如下圖所示：

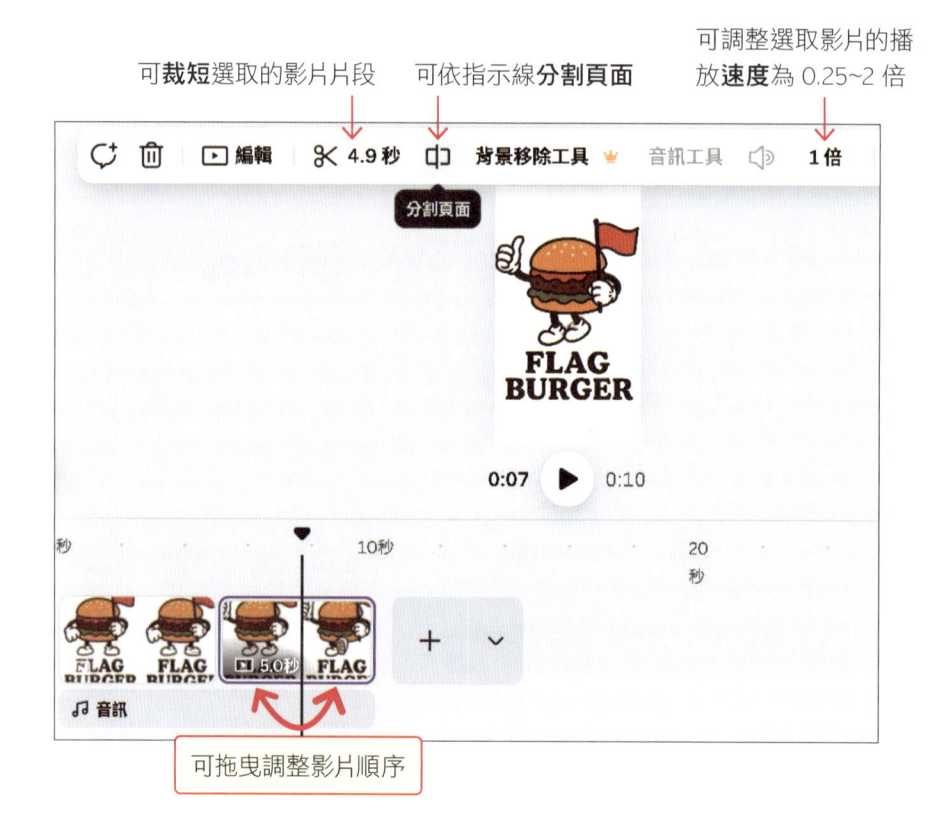

可**裁短**選取的影片片段　　可依指示線**分割頁面**　　可調整選取影片的播放**速度**為 0.25~2 倍

可拖曳調整影片順序

3 為了讓兩個頁面（即兩段 Logo 短片）之間的銜接更為流暢，我們繼續加入轉場動畫效果。請將滑鼠移至兩個頁面的交接處，點擊**新增轉場**：

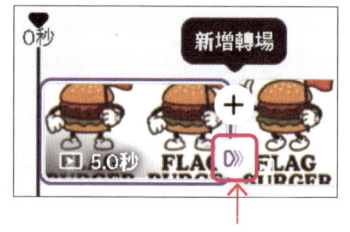

滑鼠移至兩頁面交接處，點擊**新增轉場**

16-8

對於轉場動畫的選擇，**比對並移動**和**溶解**效果通常可讓畫面過渡較為自然：

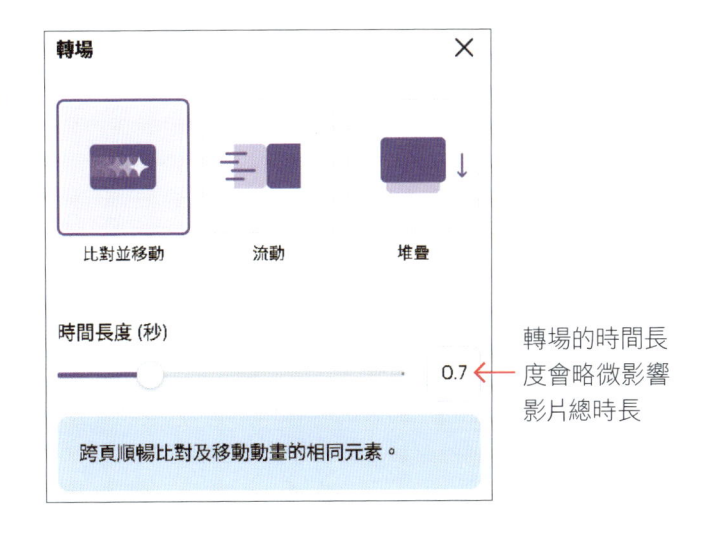

→ 轉場的時間長度會略微影響影片總時長

然後設定轉場的**時間長度**；若有需要也可往下捲動頁面，點擊**套用至所有頁面**。

為 AI 片頭加上背景音樂

由於 Canva 支援基本的音訊剪輯功能，無需依賴外部軟體，因此我們可直接為影片加上由 Suno 生成的完整音檔。

1 請切換至**上傳 / 音訊**標籤，並依以下步驟從影片開頭插入先前上傳的背景音樂：

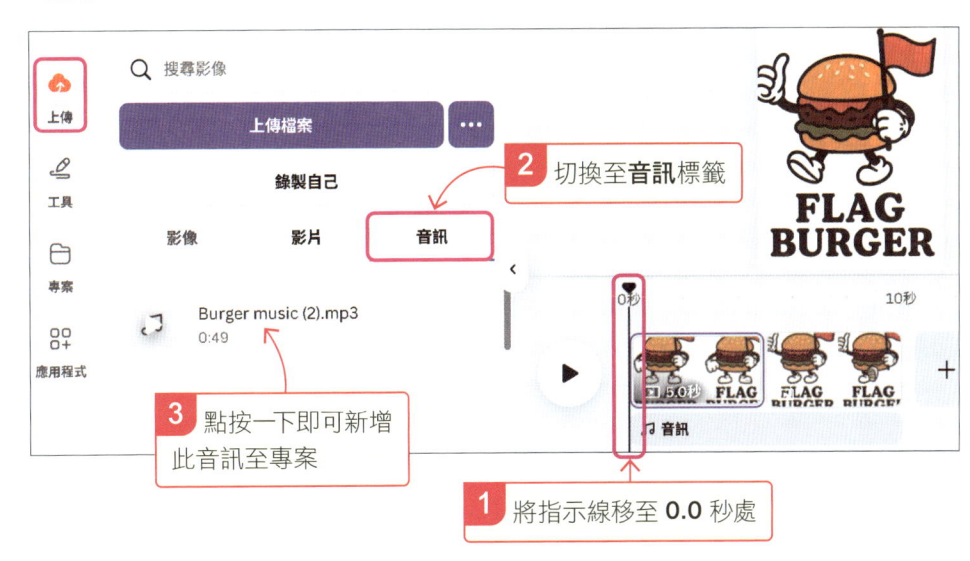

2 切換至**音訊**標籤

3 點按一下即可新增此音訊至專案

1 將指示線移至 **0.0** 秒處

16-9

2 不過 Canva 會自動將音訊長度對齊影片長度，因此請先點選**滑動**，並以滑鼠拖曳的方式來調整所需的音訊片段。接著點按音訊需裁切的位置，再點選**分割音訊**，即可將音訊一刀切成兩段：

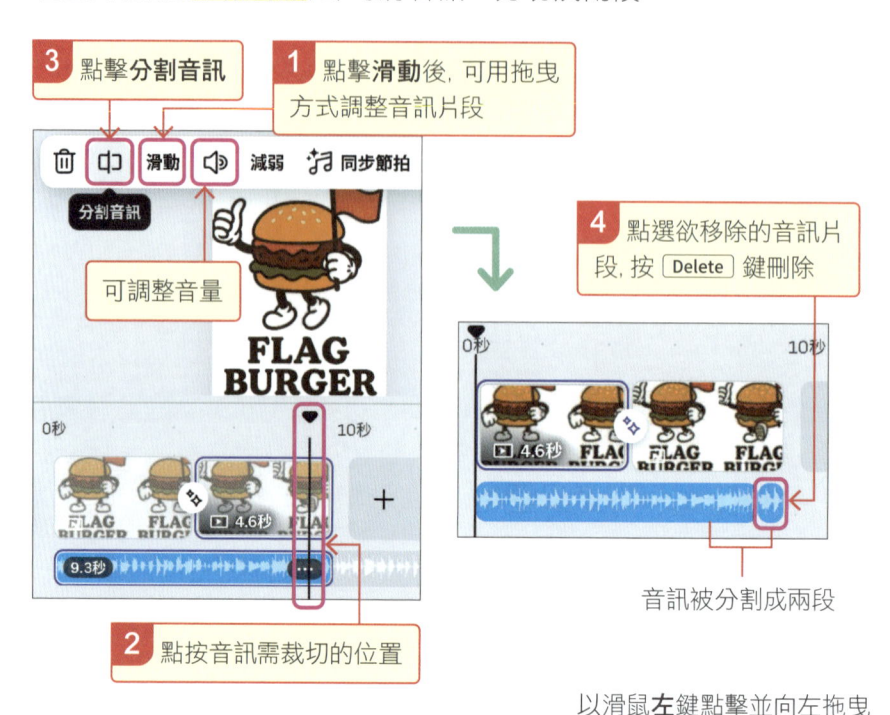

3 點擊**分割音訊**

1 點擊**滑動**後，可用拖曳方式調整音訊片段

可調整音量

4 點選欲移除的音訊片段，按 Delete 鍵刪除

音訊被分割成兩段

2 點按音訊需裁切的位置

以滑鼠**左**鍵點擊並向左拖曳

3 您也可以先將音訊分割成多個片段，再依需求刪去不需要的部分。最後，若影片長度超出音訊長度，請於最後一段影片結尾處按住滑鼠**左**鍵並向左拖曳，以刪除多餘的畫面：

影片超出音訊的部分

收工！輸出完成的 Logo 影片

Canva 採用自動儲存的機制，使用者每進行一次變更，系統就會即時保存，無需擔心忘記存檔而導致檔案遺失、需要重做的情況。因此，我們只需在影片完成時，依照以下步驟進行輸出：

1 點擊專案右上方的**分享**鈕

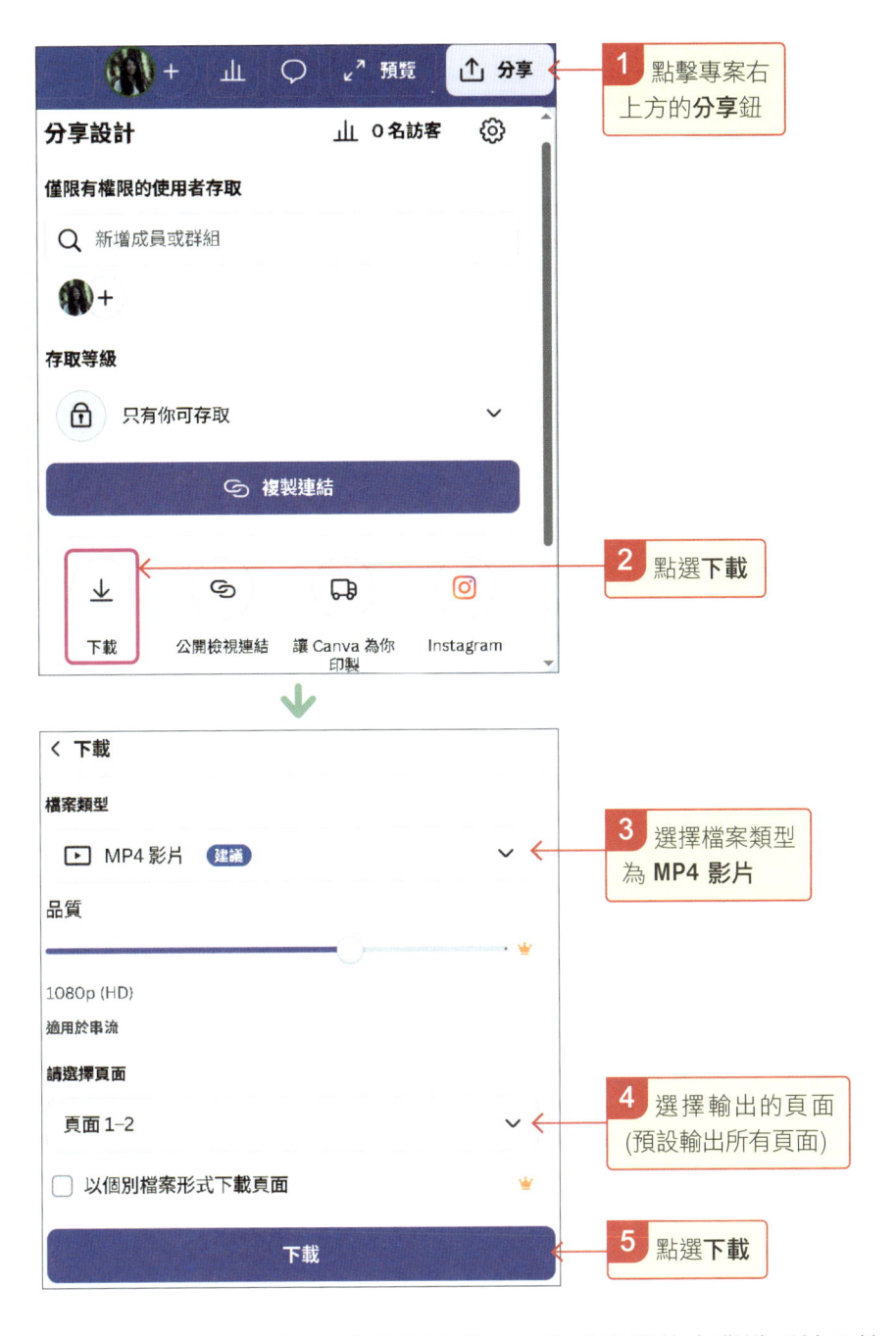

2 點選**下載**

3 選擇檔案類型為 **MP4 影片**

4 選擇輸出的頁面 (預設輸出所有頁面)

5 點選**下載**

　　下載完成後，一支結合 AI 動畫短片與 AI 背景音樂的企業識別片頭就大功告成！整個流程中，人為操作部分僅包含提示語的輸入及簡單的影音剪輯，其餘部分全由 AI 操刀，整個製作過程既快速又高效。

16-11

16-2 用 AI 做一支精彩的商業廣告

使用 AI ChatGPT、Sora、Canva

以廣告為目的所製作的商業影片，旨在於有限的時間內展現出產品的最大賣點，以吸引觀眾目光，進而促進產品銷售或強化品牌印象。這類影片通常會在電視、社交平台等媒體上播映，藉由視覺與聽覺的結合以達到宣傳效果，促使消費者進行購買。

接下來，我們會整合前一章由 AI 生成的音樂，並運用前一節的影音剪輯技巧，製作一支**具有品牌特色的商業廣告**。整個流程會先請 AI 聊天機器人**撰寫影片腳本**，再用赫赫有名的 Sora 根據腳本**生成動畫**，最後加入第 14-4 節製作的**洗腦廣告歌**，活用種種 AI 組合技製作出有趣的廣告影片。

> **TIP** Sora 目前可生成解析度最高達 1080p、時長最長為 20 秒的影片，並提供多種畫面比例與風格選項，且一次最多可生成 4 支基於相同提示語的影片。不過, Sora 的影片生成功能現階段僅開放給 ChatGPT Plus 以上的用戶，免費用戶暫時只能使用其圖片生成功能，若想體驗 Sora 的完整功能，需先課金升級至 Plus 以上的方案。如果不是 ChatGPT Plus 的付費用戶也別擔心, 也可改用上一節所介紹的 Google AI Studio 的 Veo 模型。

☑ 請 AI 撰寫影片腳本

拍電影要有好劇本，拍商業廣告影片同樣也需要適當的腳本。本節我們將以**一間新開幕、主打品項為手打漢堡排的漢堡店**為例，請 ChatGPT 聊天機器人撰寫約 10 秒的腳本，作為後續提供給 Sora 生成影片的畫面描述。首先進入 ChatGPT 的主頁面，並輸入以下提示語：

設計一個新開幕、主打品項為手打漢堡排的漢堡店 10 秒商業廣告腳本，約略分成三段畫面。

僅需畫面的提示語，不需設計對白，且我已備妥搭配的廣告歌曲。此提示語將用於 Sora 影片生成，**請依 Storyboard 的形式撰寫三個畫面的簡短中文提示語**。

影片內容希望呈現：窗邊木製桌上擺著一個漢堡，它先跳起來，再一層一層掉下並疊起，接著一名年輕女子伸手抓住跳躍中的漢堡，將漢堡放入口中，津津有味地吃著。

> **TIP** 如此設計上述提示語，是因為 Sora 有提供類似分鏡稿的 **Storyboard (故事板)** 功能，可指定每段畫面的時間、場景與動作效果。筆者目前使用的方案最多只能生成 10 秒的動畫，且經實測，餵給 Sora 過於複雜的提示語，它不見得能生成合理的影片，因此請 ChatGPT 生成簡潔有力的提示語即可。此外，由於這支影片將會搭配廣告歌曲，故不需設計人物對白。

廣告影片腳本 (三段畫面描述)

畫面一 (約 0~3 秒)：

木製窗邊桌上一顆完整的漢堡微微顫動，接著整顆漢堡往上跳起，陽光斜灑，背景模糊的早晨街景，慢動作特寫。

畫面二 (約 3~6 秒)：

空中定格，漢堡解體後每層配料依序緩緩下落：酥脆麵包、生菜、厚實漢堡排、起司、番茄、焦糖洋蔥、上蓋麵包，層層疊回桌上，慢動作、高質感美食特寫。

畫面三 (約 6~10 秒)：

年輕女子快速伸手抓住漢堡，咬下一口後露出驚喜又滿足的表情，陽光灑在她臉上，背景溫暖，慢動作、溫馨氣氛。

當你覺得生成的腳本已符合需求，就可以直接使用 Sora 的 **Storyboard (故事板)** 功能來產生動畫。如果不是 ChatGPT Plus 的付費用戶也別擔心，我們仍可將上述提示語依序輸入至 Google AI Studio 的 Veo 模型，請它根據描述生成動畫。若擔心三段影片之間的畫面無法良好地銜接，也能將**第一段影片的最後一幀截圖下來，作為第二段影片的參考圖**，Veo 就會使用此畫面進行後續影片的生成，如此就能製作出風格一致且過渡自然的 AI 動畫作品。

☑ 用 Sora 根據腳本生成動畫

Sora 的名稱來自「天空」的日文發音，象徵「無限的創造潛力」。這款萬眾矚目的影片生成工具由 OpenAI 於 2024 年底正式推出，允許使用者透過提示語、圖片或影片來生成影片內容。此外，自 2025 年 3 月底，Sora 也新增了圖片生成功能，其操作方式與影片生成相似。

我們將使用 Sora 強大的 **Storyboard (故事板)** 功能，來生成前一頁腳本所描述的 10 秒漢堡店廣告動畫。不同於前一節讓 Veo 根據參考圖生成影片，本節僅以 ChatGPT 提供的文字描述來讓 Sora 憑空生成每一幀畫面。

1 請開啟 ChatGPT 並點擊側邊欄的 **Sora**，即可直接連結至 Sora 的頁面：

再次提醒，只有 ChatGPT Plus 以上的用戶會看到此功能

← 點擊 **Sora**

個人化設定、影片生成教學

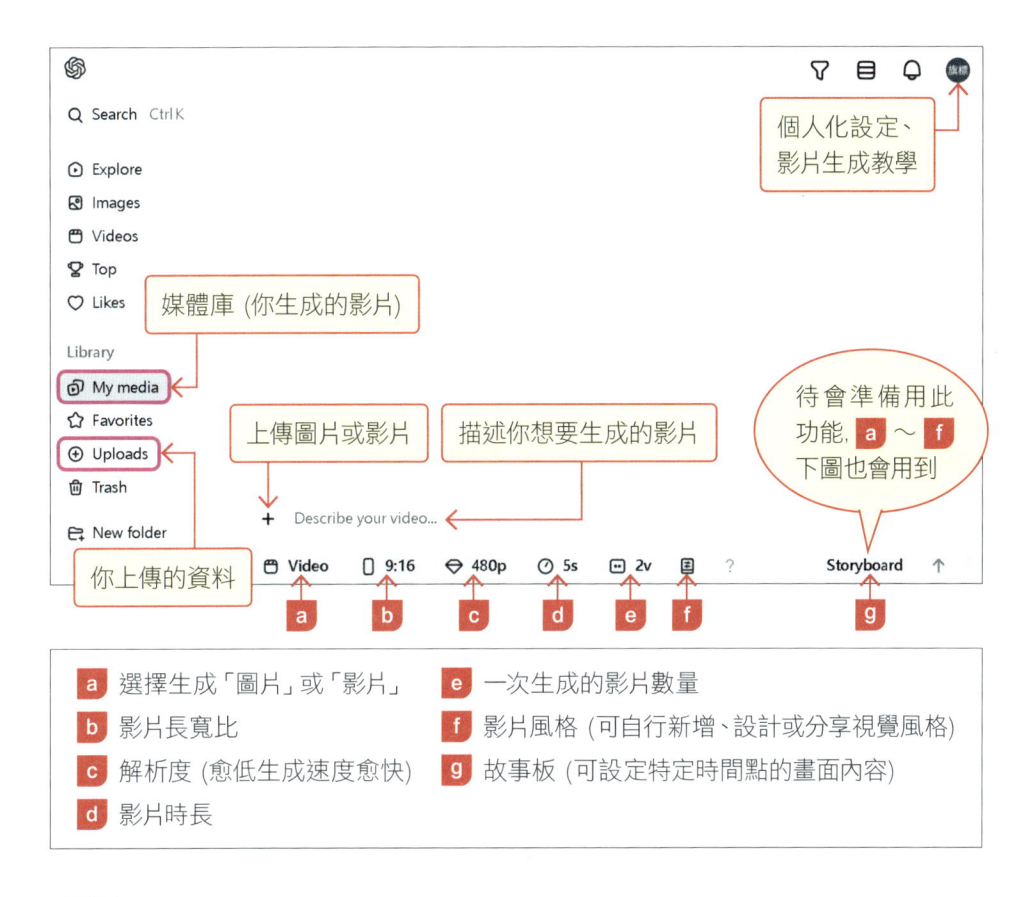

媒體庫 (你生成的影片)

上傳圖片或影片　　描述你想要生成的影片

待會準備用此功能，**a** ～ **f** 下圖也會用到

你上傳的資料

a Video	**b** 9:16	**c** 480p	**d** 5s	**e** 2v	**f**	**g** Storyboard

- **a** 選擇生成「圖片」或「影片」
- **b** 影片長寬比
- **c** 解析度 (愈低生成速度愈快)
- **d** 影片時長
- **e** 一次生成的影片數量
- **f** 影片風格 (可自行新增、設計或分享視覺風格)
- **g** 故事板 (可設定特定時間點的畫面內容)

2 請點擊上圖右下角的 **Storyboard**，並依照以下步驟使用 ChatGPT 提供的中文腳本來生成影片：

這是第一個畫面，我們準備以文字描述畫面 (也可直接上傳圖片或影片)

1 進行影片生成的基本設定，本例主要設了秒數 (從 5 秒到 10 秒)，以及直幅畫面

第 16 章　商業動畫 AI — 片頭動畫、商用廣告、酷炫電子報，用 AI 做超省力！

16-15

3 在各畫面的上方, 依序貼上 ChatGPT 提供的三個畫面提示語

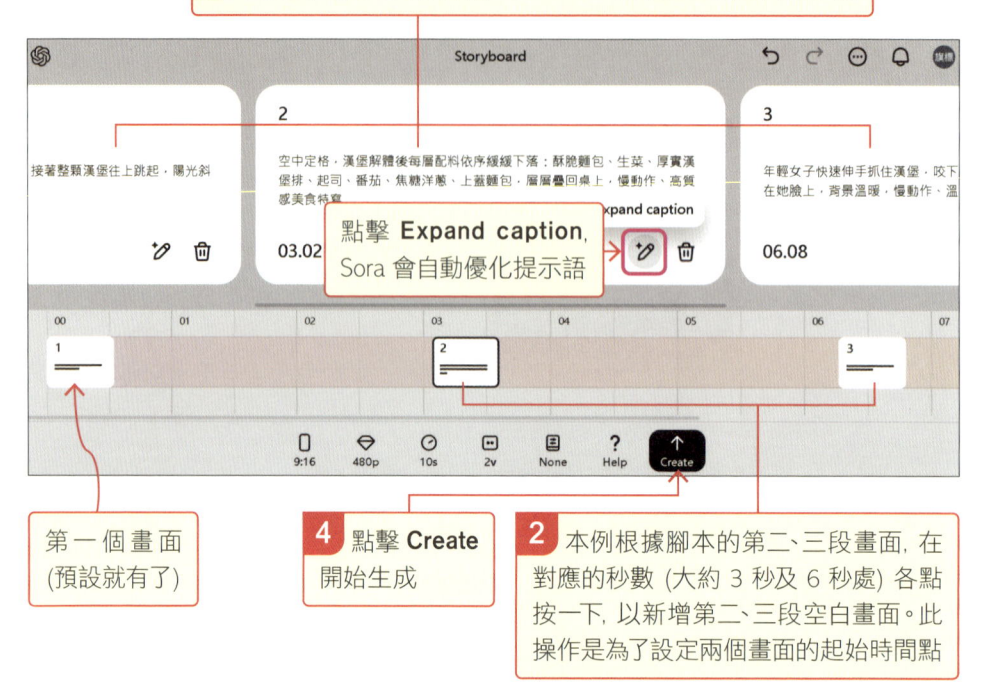

畫面1	畫面2	畫面3
接著整顆漢堡往上跳起,陽光斜	空中定格, 漢堡解體後每層配料依序緩緩下落:酥脆麵包、生菜、厚實漢堡排、起司、番茄、焦糖洋蔥、上蓋麵包,層層疊回桌上,慢動作、高質感美食特寫	年輕女子快速伸手抓住漢堡, 咬下在她臉上, 背景溫暖, 慢動作、溫

點擊 **Expand caption**, Sora 會自動優化提示語

第一個畫面 (預設就有了)

4 點擊 **Create** 開始生成

2 本例根據腳本的第二、三段畫面, 在對應的秒數 (大約 3 秒及 6 秒處) 各點按一下, 以新增第二、三段空白畫面。此操作是為了設定兩個畫面的起始時間點

3 稍待片刻, 即可看到 Sora 依照我們設定的長寬比、時長與數量所生成的影片:

▶ 可在主畫面左側的 **My media** 中查看已生成的影片

將游標移至影片上方, 影片會自動開始播放;點擊則可進入放大檢視模式, 畫面下方也會出現一些影片編輯選項:

▶ 16-16

分享　下載

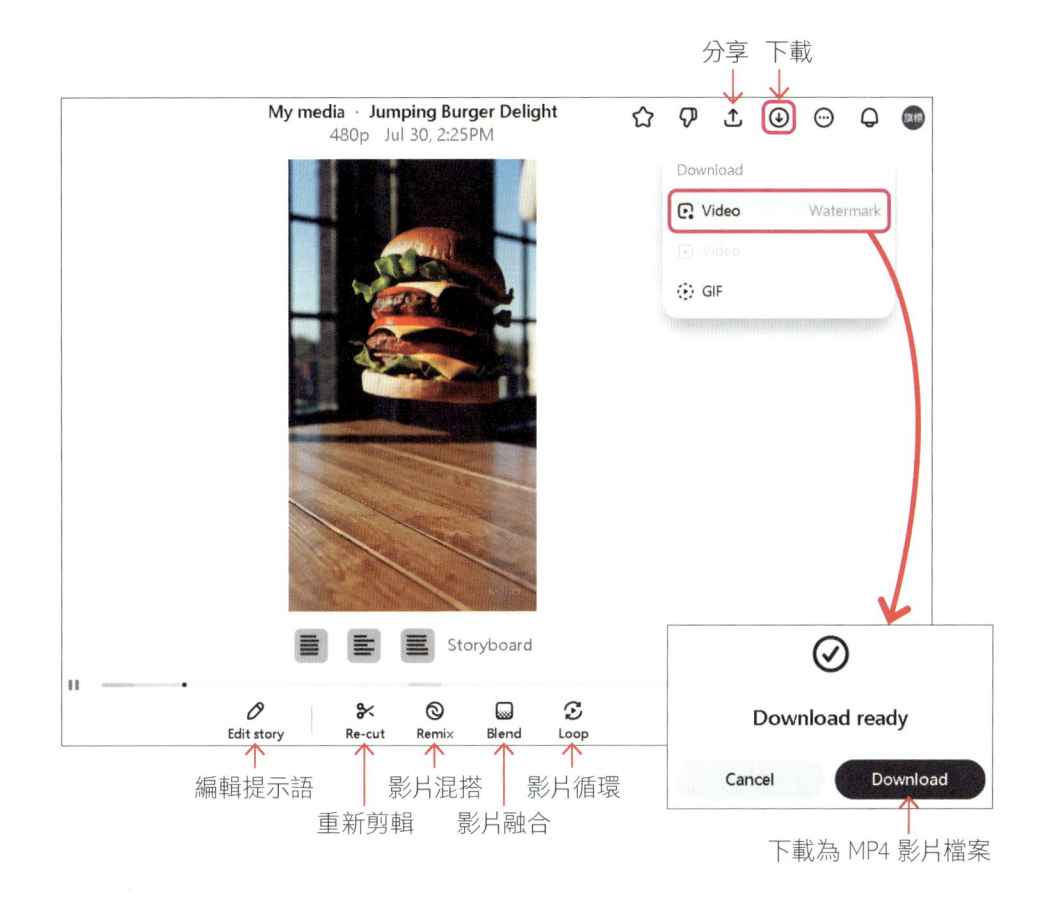

編輯提示語　影片混搭　影片循環
重新剪輯　影片融合
下載為 MP4 影片檔案

> **TIP** 由此可見，Storyboard 為影片生成提供了更多的靈活性，可避免單靠一組提示語生成影片時，畫面中段可能出現走鐘的狀況。而若想增強影片的可控性，可於 Storyboard 輸入畫面提示語處，直接上傳實際的圖片或影片，依此來生成影片。

☑ 用 Canva 合併廣告影片與洗腦歌

最後一步，我們可以如同前一節，使用 Canva 合併 Sora 生成的廣告影片與 Suno 生成的洗腦廣告歌。由於操作步驟與前面大致相同，筆者這裡便不再贅述：

16-17

可參考第 16-1 節中使用 Canva 進行影音剪輯的做法，將影片和音樂加入剪輯區後再調整編輯

若有添加一些簡單素材的需求，可點擊側邊欄的**元素**，看看 Canva 是否有提供合適的素材：

點選側邊欄的**元素**　　輸入所需素材關鍵字

點擊可直接加入至專案

付費用戶才能使用

游標移至此處並向左拖曳可調整該元素的出現時間點

16-18

而若有添加標題等文字的需求，可點擊側邊欄的 **文字**，除了基本的文字方塊外，Canva 還提供多種設計好的字體樣式讓我們直接套用：

點選側邊欄的 **文字**

點擊可直接加入至專案，並可於畫面中直接修改呈現的文字內容

剪輯完成後，一支從腳本設計到動畫與音樂，幾乎全程由 AI 協助製作的商業廣告影片就完成了！同樣地，可透過介面右上方的 <mark>分享</mark> 鈕，將影片輸出為 MP4 檔案。

16-3 製作酷炫的 AI 魔法電子報

使用 AI　ChatGPT、Veo、Canva

企業可以透過電子報主動分享最新消息、產品更新和限時優惠給客戶，目的是要刺激消費者的購買行為。此外，現今的電子報系統還能分析使用者的點擊率，幫助企業了解哪些內容較受歡迎，進而調整行銷策略，更精準地針對特定客群投放，提高整體行銷成效。

但如果電子報的內容總是一成不變，可能還是難逃客戶「看都不看就直接進垃圾桶」的命運。為此，本節將介紹如何運用 AI 將原本不會動的圖片轉換成動畫，並嵌入電子報中，讓平凡無奇的內容搖身一變為看起來有魔法效果的電子報，吸引力瞬間爆表！

✅ 用 AI 讓靜態圖片中的人物「動起來」

你或許也曾訂閱過一些**知名服飾品牌的電子報**，只為了搶先掌握新品上架的第一手消息。然而，這類電子報往往充斥著外型亮眼、身材姣好或健美的模特兒照片。若想讓自家品牌的電子報更具吸引力與競爭力，不妨試著嵌入「會動」的模特兒圖片，為電子報注入生命力，也更能提升消費者繼續閱讀的意願。

1 第一步，就是要讓靜態的 model 圖片「動起來」。請如同第 16-1 節操作方式，先開啟 Google AI Studio，點選左側的 **Generate Media**，再選擇 **Veo** 進入影片生成介面。

2 接著，點擊 Prompt 輸入框中的 **Add an image to the prompt** 鈕，上傳 model 圖像，並輸入相應的人物動作提示語，再進行右側的影片參數設定，即可按下 **Run** 開始生成服飾推廣影片（以上操作若不熟請參考第 16-1 節）：

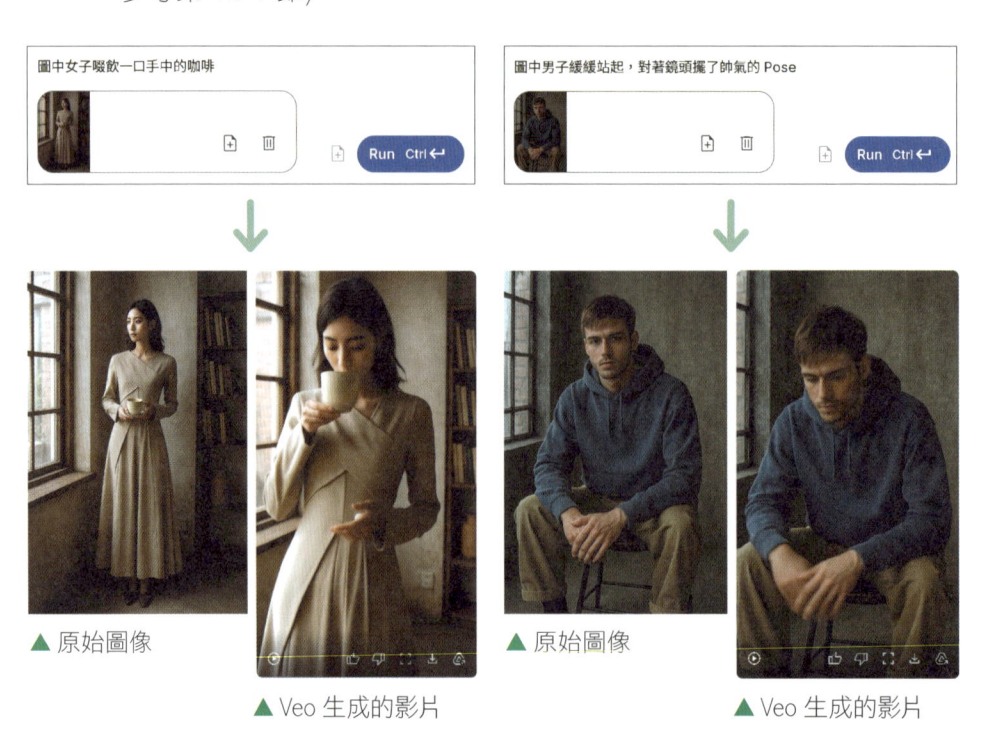

▲ 原始圖像

▲ Veo 生成的影片

▲ 原始圖像

▲ Veo 生成的影片

16-20

讓 ChatGPT 根據產品圖生圖

針對前一頁步驟 **2** 需要上傳的 model 圖像我們做個補充。現在 ChatGPT 的生圖功能相當強大，能夠根據我們上傳的服飾產品圖，生成 model 穿著該服飾的寫實情境圖像。例如，您可以將上衣、下身、鞋子、帽子等服裝與配件上傳給 ChatGPT，並搭配以下提示語請它生圖：

> 生圖：
> 一名黑長直髮的女性 model 站在工業風的室內拍攝場景，身穿我上傳的背心、短裙、長襪與鞋子，頭戴我上傳的老帽，站在窗邊，雙手抱著一隻鯊魚玩偶，表情有些無辜地看著鏡頭。長寬比 9:16。

需注意的是，ChatGPT 免費版用戶每日最多可上傳三個附件 (即三張圖片)。若您有多款服飾要上傳，可以考慮先將所有服飾素材合併至一張空白圖片中，再將其上傳給 ChatGPT 進行生圖。

由前一頁的「原始圖像 VS 影片生成結果」對照可見，Veo 能夠準確重現原圖的人物與場景，並成功產出一段長達 8 秒、且過程中未出現異常畫面的影片，顯示其在一致性、流暢性與畫面連貫性等方面皆表現優異。

若電子報中尚有其他區塊需要搭配動畫內容，也可以採用相同的方法繼續生成。當所有動畫素材都準備完成後，在正式進行本例的電子報設計之前，還有一項前置作業需要完成，那就是將 MP4 動畫轉成 GIF 圖片。

☑ 用 Canva 將 MP4 影片轉換成 GIF 動態圖片

由於部分電子報平台不支援影片嵌入，為此，我們要先使用 Canva 將 Veo 生成的所有 MP4 動畫轉為 **GIF 動態圖片**。不過需注意的是，即使平台支援嵌入 GIF，也可能會有秒數或是檔案大小的限制，因此建議先將我們的服飾推廣影片裁剪為較短的長度。

1 上述操作皆可於 Canva 快速完成。只需上傳欲轉檔的 MP4 動畫，進行簡單的影片裁剪後，再於下載時更改檔案類型，就能迅速產出 GIF 檔案：

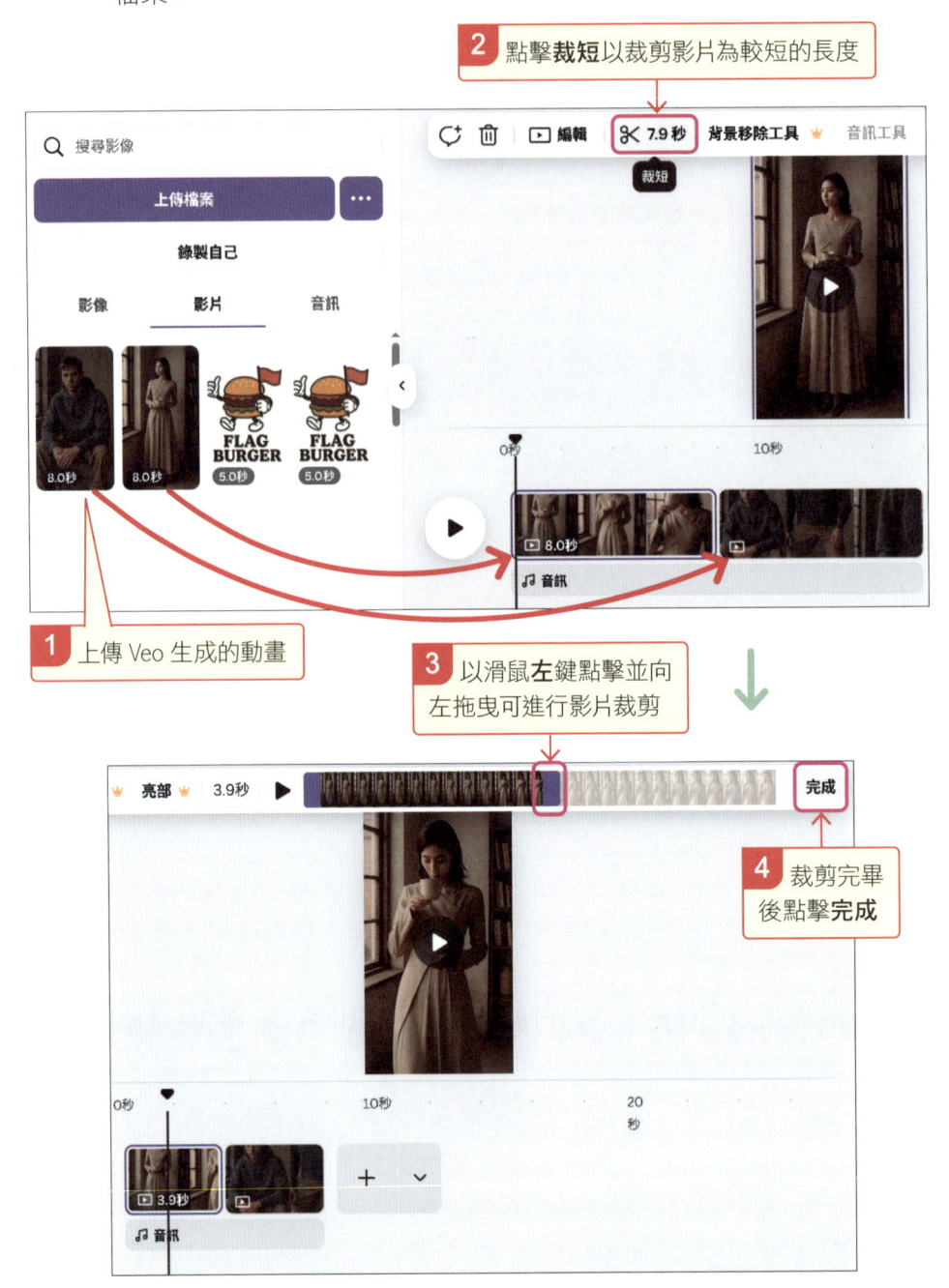

2 點擊**裁短**以裁剪影片為較短的長度

1 上傳 Veo 生成的動畫

3 以滑鼠**左**鍵點擊並向左拖曳可進行影片裁剪

4 裁剪完畢後點擊**完成**

2 裁短完成後, 即可點擊介面右上方的 <mark>分享</mark> 鈕, 依照以下步驟將所有動畫短片「個別」輸出成 GIF 動態圖片:

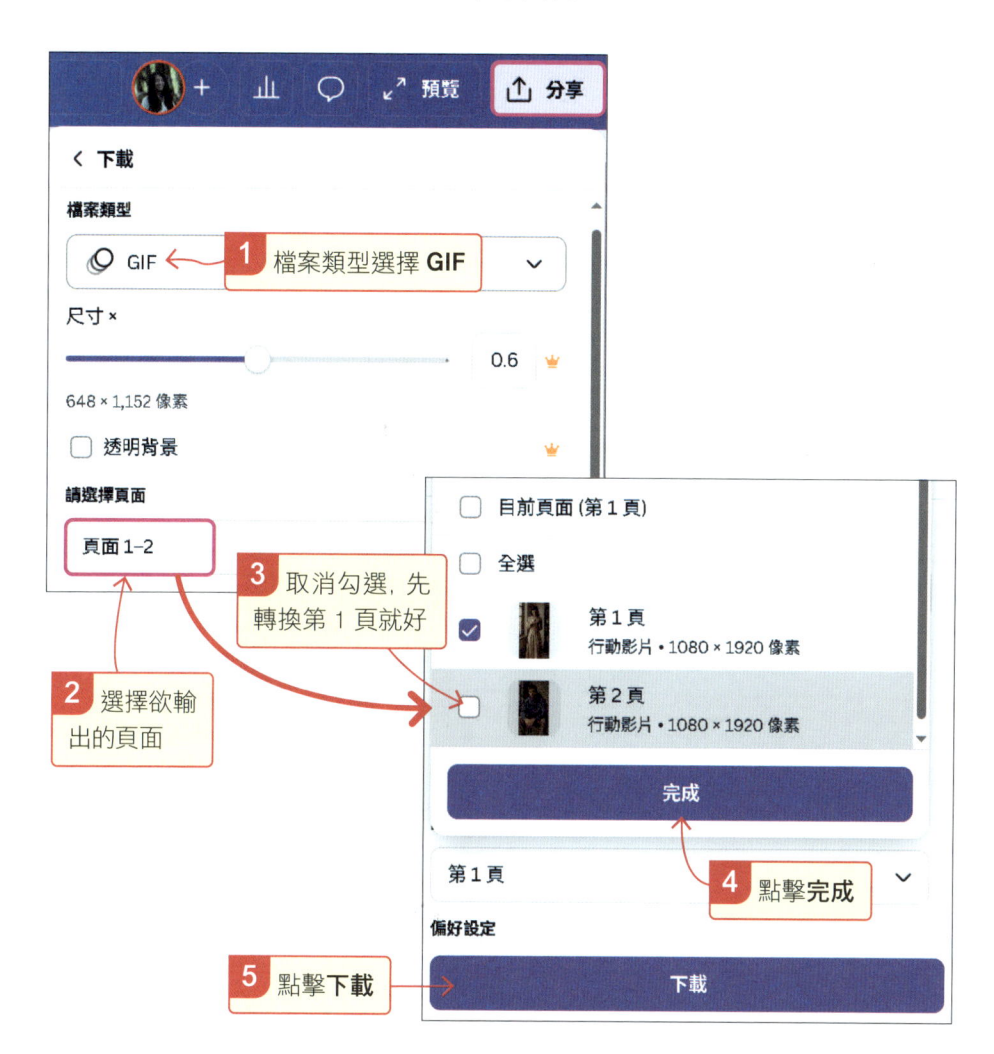

① 檔案類型選擇 **GIF**

② 選擇欲輸出的頁面

③ 取消勾選, 先轉換第 1 頁就好

④ 點擊**完成**

⑤ 點擊**下載**

3 接著再以同樣的方式將其餘頁面個別輸出為 GIF 檔案, 就能進入最後一步的電子報製作了。

> **TIP** 除了 Canva 之外, 前一章介紹的 FlexClip 也可輸出 GIF 檔案; 此外, 由 Sora 生成的影片也能直接輸出為 GIF 圖片。

☑ 完成電子報的製作

最後，我們只需選擇一個平台來進行電子報的設計與製作。此處選用的是提供大量模板且可免費試用的 beehiiv 平台 (https://www.beehiiv.com)。

1 進入 beehiiv 主頁面並選定模板後，就能以插入圖片的方式，將服飾展示動態 GIF 圖片嵌入電子報中：

可進行圖片的詳細設定

點擊以更換圖片

若對於電子報的文案沒有具體想法，也可將 model 圖片上傳給 ChatGPT，請它協助撰寫。上述文案即是使用以下提示語所生成的：

> 圖中女子身上穿的是我們公司 (服飾品牌) 的產品，另一張圖中男子身上穿的也是我們公司的服飾。請先分別介紹兩位 model 身上衣著的特色，再將這些介紹整理成此服飾品牌的新品電子報文案。除了兩件主打商品的文青風格介紹文案之外，還需撰寫電子報的標題與簡短開頭內文。

2 完成文字與圖片的排版後，即可發送電子報。收件人在開啟電子郵件時，就能看到圖片呈現出來的服飾穿著動態效果：

> 畫面中的這些 model 都是會動的喔！

> **TIP** 各家電子報平台對於圖片嵌入的規範與實際設定方式可能略有不同，若在操作上有疑問，可至該平台的幫助中心查詢有關圖片設定的相關說明。

第 16 章 商業動畫 AI—片頭動畫、商用廣告、酷炫電子報，用 AI 做超省力！

16-25

MEMO

A
APPENDIX

本書常用 AI 工具的取得說明

A-1	AI 聊天機器人快速上手
A-2	AI 加持的最強筆記工具 - NotebookLM 中文版
A-3	Chrome 外掛 AI 工具的安裝步驟
A-4	GPT 商店的使用介紹

本書大部分 AI 工具的取得方式會在內文提及時一併說明。本附錄主要是針對一些使用頻率較高的工具，包括 **AI 聊天機器人**、Google 的 **NotebookLM** AI 筆記工具、**以 Chrome 瀏覽器外掛方式運作的 AI 工具**…、以及 ChatGPT 的 **GPT 機器人**等，統一說明取得及使用簡介。

A-1　AI 聊天機器人快速上手

目前當紅的 AI 聊天機器人非常多種，其中最火熱的要算是 **ChatGPT** 了。ChatGPT 是由 OpenAI 開發的一款基於大型語言模型的人工智慧聊天機器人。自從其創立以來，不斷提升其對語言的理解能力和回應的準確度，掀起了一波 AI 浪潮。隨著強大的 ChatGPT 爆紅之後，各種以 AI 生成為核心的聊天機器人也不斷推陳出新，例如微軟的 **Copilot**、Google 的 **Gemini**、Anthropic 公司的 **Claude**、中國深度求索公司的 **DeepSeek**、xAI 的 **Grok**…等。

這些 AI 聊天機器人雖然各有特色，但用法都差不多，基本上就像文字傳訊聊天一樣，我們送出**提示語 (Prompt, 或稱提示詞)** 給 AI 問問題後，AI 能夠理解並生成接近人類水準的文本，無論是進行複雜對話、創意寫作、處理特定知識和文檔編輯等方面的表現都相當出色。如果您對 AI 聊天機器人的使用還不太熟悉，可以參考本節快速上手。

☑ 註冊各 AI 聊天機器人的帳號

在使用 AI 聊天機器人前，建議都**註冊一個帳號**來用，好處是可以保留跟 AI 對話的記錄，各 AI 聊天機器人的註冊及使用網址如右：

AI 聊天機器人	網址
ChatGPT (免註冊也可使用)	https://chatgpt.com/
Copilot	https://copilot.microsoft.com/
Gemini	https://gemini.google.com/?hl=zh-TW
Claude	https://claude.ai/
DeepSeek	https://chat.deepseek.com
Grok (免註冊也可使用)	https://grok.com/

▲ 大部分的註冊方式都支援 Google 帳號快速註冊連動，這部分依畫面指示操作即可

☑ AI 聊天機器人的使用示範

底下我們就以 **ChatGPT** 為例做簡單的操作說明。跟 AI 聊天機器人基本的溝通方式就是**問、再追問**，可以直接在下方的對話框輸入任何問題：

1 連到 ChatGPT 網站 (https://chatgpt.com/)

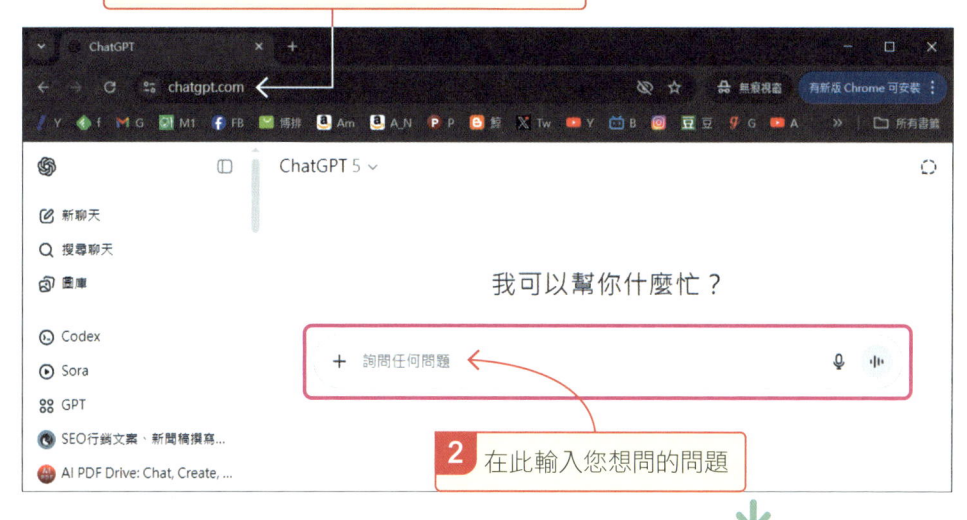

2 在此輸入您想問的問題

附錄 A　本書常用 AI 工具的取得說明

A-3

ChatGPT 5 ⌄　　　　　　　　　　　　　　　　　　↑ 分享　⋯

【本例的問題的是這個】

AI 有什麼好工具可以用

現在常見、實用的 AI 工具大致可以分成幾類，我幫你整理一下：

📚 文字與知識工作
- ChatGPT / Gemini / Claude：對話、問答、寫作、程式碼生成。
- NotebookLM：上傳文件或筆記後，AI 幫你整理重點、生成摘要。
- Perplexity：結合網路搜尋的 AI 助手，適合快速查詢資料。

🎨 圖像與設計
- Adobe Firefly：生成圖片、修圖、延伸畫布，支援商用。
- Canva AI：快速做簡報、海報，還能用 AI 幫你排版。
- Runway / Pika Labs：文字生成影片，適合短片創作。

【然後你就可以看到 ChatGPT 在畫面上快速回覆您的問題】

↓

【3　想知道什麼可以繼續追問】

Perplexity 再多介紹一點

好的，我幫你深入介紹 Perplexity，它其實常被稱為「AI 搜尋引擎」：

🔍 Perplexity 是什麼？
Perplexity 是一個 結合 AI 與網路搜尋 的工具。和傳統 Google 不同，它不是給你一堆連結，而是會幫你「找資料 → 讀資料 → 整理摘要」，並且附上來源。
👉 簡單說，它就像 AI 版的維基+Google。

📌 主要特色
1. 即時搜尋 + AI 摘要
   - 你輸入問題，它會到網路上爬最新資訊，再幫你整理出重點。

＋ 詢問任何問題　　　　　　　　　🎤 ⋯

ChatGPT 可能會出錯，請查核重要資訊。

【ChatGPT 會延續之前的內容，進一步解答你的問題】

▶ A-4

就這麼簡單！這樣**一問一答**、**再問再答**其實就可以解決很多問題,因為比 Google 搜尋明確多了 (可以追問這一點更是 Google 無法取代的)。此外, 雖然 ChatGPT、Grok 等聊天機器人可以免註冊使用, 但建議還是先註冊並登入帳號, 這樣你跟 AI 之間的對話內容才能保存下來, 也才能使用本書介紹的相關功能。

> **TIP** 提醒一下, 很多 AI 聊天機器人都有推出**付費升級帳號** (例如 ChatGPT 就有 ChatGPT Plus 帳號), 讓您可以使用能力更強的對話模型, 或者使用一些新功能。本書絕大部分的功能只要使用各家 AI 的**免費帳號**即可操作, 萬一非得付費才能用, 也會介紹您改用其他工具來替代, 因此付費相關做法就不多介紹了, 有需要可自行參考各 AI 聊天機器人官網的購買說明。

若是 **Copilot** 聊天機器人 (copilot.microsoft.com) 的話, 則推薦以微軟的 Edge 瀏覽器來操作, Ch03 有帶您體驗其方便之處

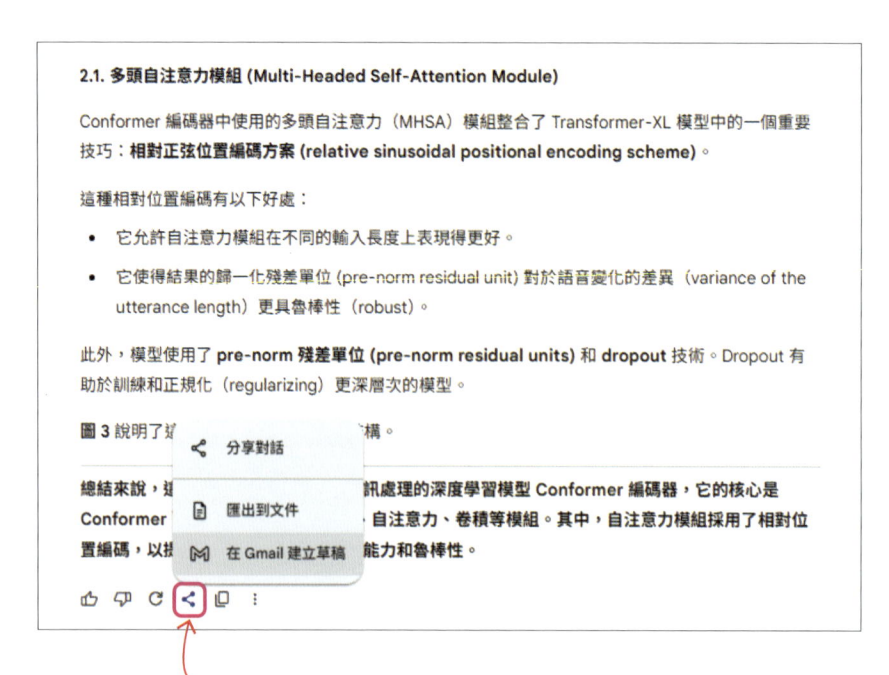

Gemini (gemini.google.com) 的特色是跟 Google 各項服務完美整合，例如回覆內容的最下面有相關與 Google 其他服務的互動功能

Claude (claude.ai) 聊天機器天在分析長篇論述則很有一套, 也支援多個檔案上傳比較, 可以上傳多個檔案請 Claude 列出相近或不同的論述

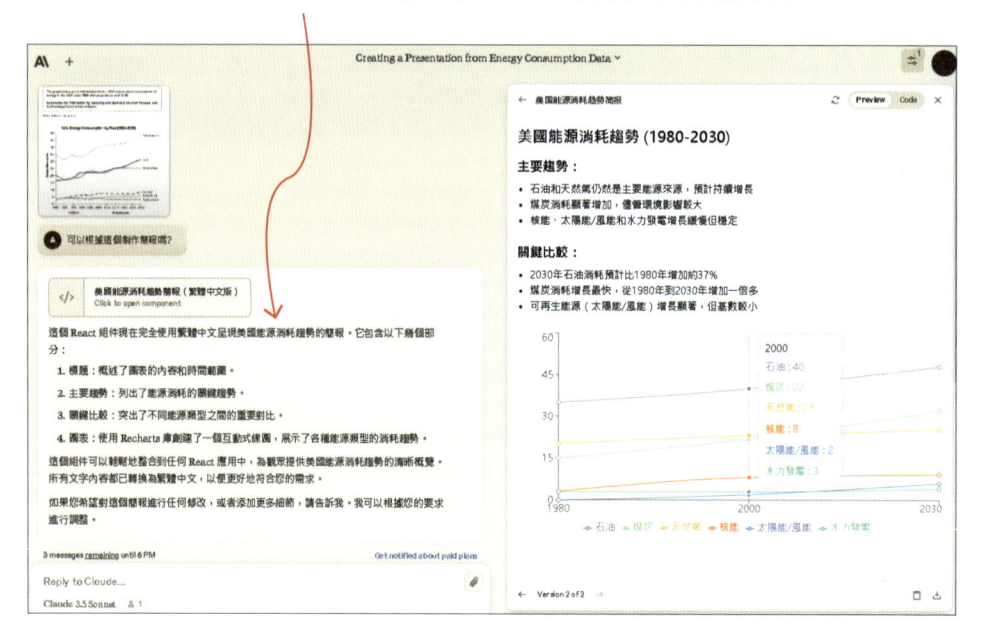

A-2 AI 加持的最強筆記工具 – NotebookLM 中文版

NotebookLM 是一款由 Google 實驗室開發的線上筆記工具，它以 Gemini 模型為核心，能夠協助彙總大量文件資料、網頁，包括：生成摘要、語音轉文字、回應你對文件的提問等，讓使用者快速掌握重點。而且此工具接受上傳的檔案類型非常豐富，從同為 Google 服務的 Google 文件、Google 簡報之外，常見的檔案格式，例如 PDF、TXT 純文字檔，甚至是網址和音訊檔案都可以餵入請它彙總。

> **TIP** 以上提到的功能通通免費喔！而付費版的 Gemini Advanced 帳戶同時會把 NotebookLM 升級到 Plus 帳戶，相較於免費版本，增加了 5 倍的使用額度、協作功能，並且可自定義回復風格和回復長度。適合大量使用或需要團隊共同探討筆記本內容的情境。

☑ 建立第一個 AI 筆記本

NotebookLM (https://notebooklm.google.com) 的登入方式與 Gemini 相同，只要用 Google 帳號就可以直接登入：

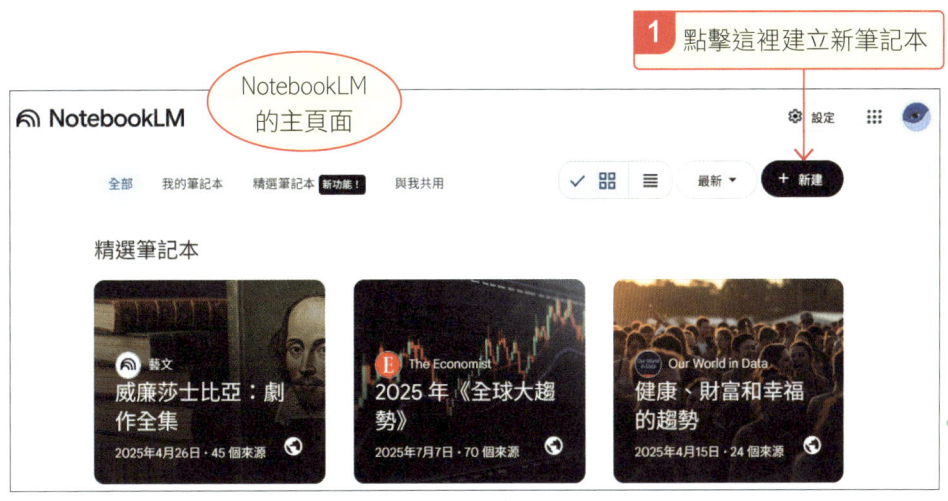

1 點擊這裡建立新筆記本

（NotebookLM 的主頁面）

2 點擊後就可以上傳檔案

```
NotebookLM                                          ✕
新增來源                                         🔍 探索來源
來源是你最重視的資訊，NotebookLM 會據此提供回覆。
例如：行銷企劃書、課程閱讀資料、研究筆記、會議轉錄稿、銷售文件等。

                            ⬆
                         上傳來源
                請將檔案拖曳到這裡，或是 選擇檔案 上傳

            支援的檔案類型：PDF, .txt, Markdown, 音訊 (例如 MP3)

△ Google 雲端硬碟          🔗 連結              📋 貼上文字
  📄 Google 文件  📄 Google 簡報    🌐 網站  ▶ YouTube    📋 複製的文字

📄 來源限制                                         0/50
```

可以直接從 Google 硬碟、網站讀入檔案

貼上某個網頁、或者 Youtube 的影片網址也行

點擊這裡則可以直接貼上純文字內容

免費版本最多只能在單一筆記本內上傳 50 個檔案 (註：有時候我們會需要上傳多個內容來比對、彙總，但目前這個畫面，就只能上傳單一個來源)

　　我們所匯入的任何資料，對 NotebookLM 來說都稱為一份 **來源** (來源資料的意思)，而 NotebookLM 整理來源資料的速度很快，幾乎是剛匯入完成後，幾秒鐘後就可以來到 NotebookLM 的主畫面，映入眼簾的區域還不少，請順著下圖中的編號一一熟悉：

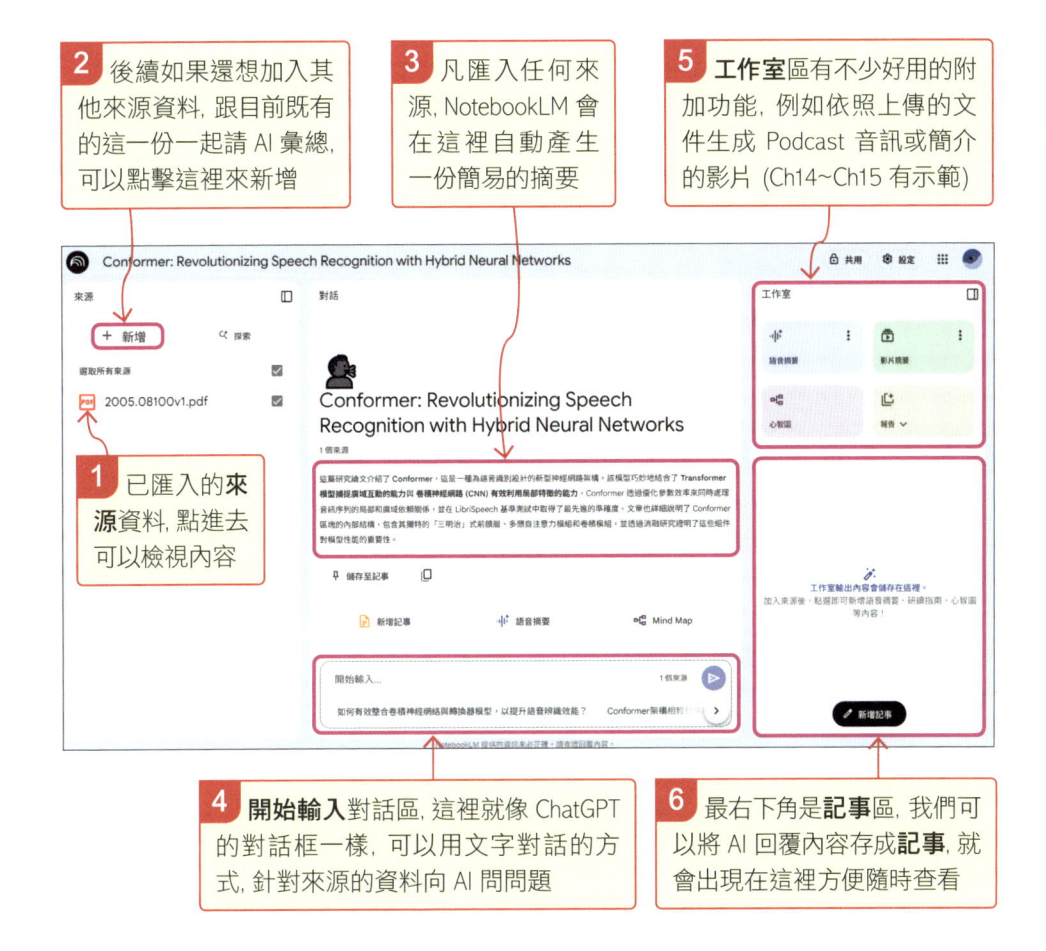

2 後續如果還想加入其他來源資料，跟目前既有的這一份一起請 AI 彙總，可以點擊這裡來新增

3 凡匯入任何來源，NotebookLM 會在這裡自動產生一份簡易的摘要

5 **工作室**區有不少好用的附加功能，例如依照上傳的文件生成 Podcast 音訊或簡介的影片 (Ch14~Ch15 有示範)

1 已匯入的**來源**資料，點進去可以檢視內容

4 **開始輸入**對話區，這裡就像 ChatGPT 的對話框一樣，可以用文字對話的方式，針對來源的資料向 AI 問問題

6 最右下角是**記事**區，我們可以將 AI 回覆內容存成**記事**，就會出現在這裡方便隨時查看

> **TIP** 有一點您一定要先知道！NotebookLM 與 ChatGPT 等 AI 聊天機器人不同，只要重新整理頁面，中間窗格中所有的對話記錄<mark>就會被清除</mark>。**如果想保留對話，就一定要將對話儲存成記事**，才能在記事區回顧內容 (後面會有示範)。

☑ NotebookLM AI 筆記本的基本功能

接下來我們簡單示範一下 NotebookLM 的使用方式。相較於 Gemini，NotebookLM 的介面稍微複雜了點，我們主要示範最基本的<mark>「開始輸入」**對話區**</mark>以及<mark>「記事」</mark>區，其餘功能相關章節遇到時再熟悉就好。

附錄 A 本書常用 AI 工具的取得說明

A-9

「開始輸入」對話區

由於 NotebookLM 有 Gemini 撐腰，因此跟使用 AI 聊天機器人一樣，可以在中間窗格最底下的「**開始輸入**」對話框中輸入提示語，NotebookLM 會針對使用者輸入的內容去搜尋來源資料的內容，而這也是 NotebookLM 的強項，因為回答的內容基本上都是根據我們所上傳的來源資料，而且 **NotebookLM 會在回覆中清楚標明引用的來源**，這樣就大大降低了 AI 虛構內容的疑慮。

> **TIP** 請注意，雖然有標示引用來源，減少 AI 幻覺的發生，但不代表 AI 的回覆 100% 正確，如何詢問與來源資料無關的問題時, AI 可能會為了要回答而虛構出一個答案, 因此使用者還是需要小心求證。

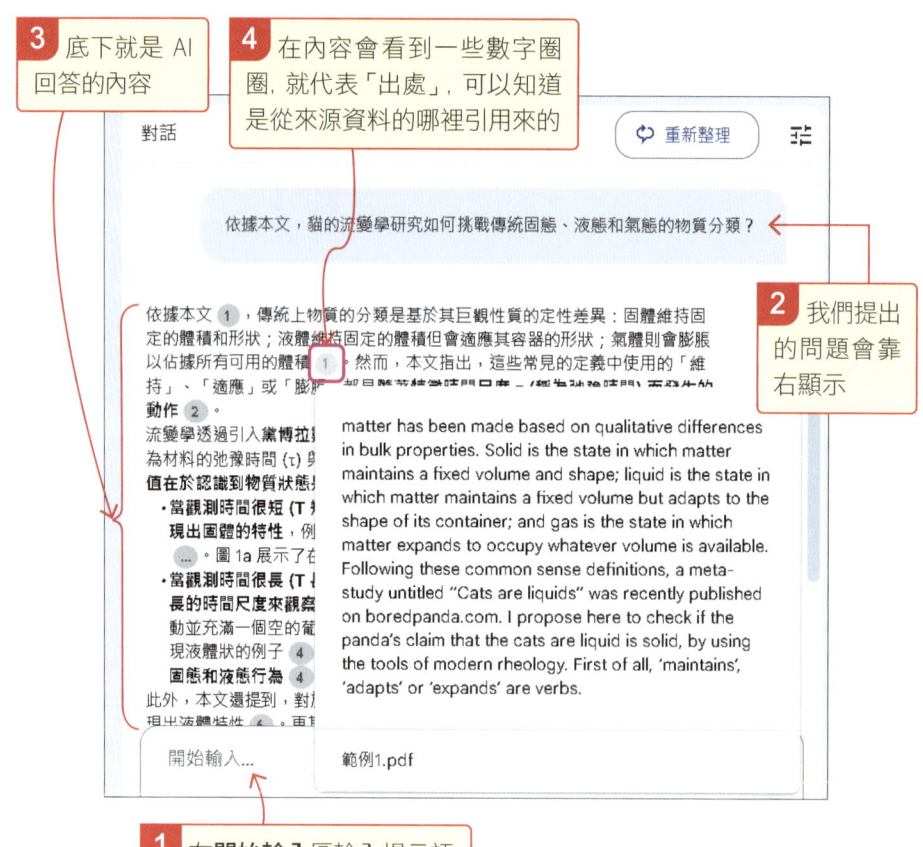

3 底下就是 AI 回答的內容

4 在內容會看到一些數字圈圈，就代表「出處」，可以知道是從來源資料的哪裡引用來的

2 我們提出的問題會靠右顯示

1 在**開始輸入**區輸入提示語

A-10

再強調一遍，NotebookLM 與 ChatGTP 等聊天機器人不同，只要重新整理頁面 (或者關閉網頁後重新打開筆記本)，上圖看到的那些跟 AI 的對話就會被清除。**如果要保留對話，就需要將對話儲存到「記事」區**，記事區的用法如底下的介紹。

「記事」區

記事功能是 NotebookLM 的一大特色，簡單說就是在使用這個 AI 筆記本過程中，把 AI 幫我們生成的內容存成一則則 Note。例如我們一再提醒要把 AI 的重要回覆存成記事，方便後續再閱讀 (**切記！**沒存成記事，對話記錄就會不見！)；甚至當我們使用 NotebookLM 提供的各種統整功能整理完資料後 (例如可以針對來源資料快速生成考試題目)，這些整理後的資料也會被存成一則記事。

4 **工作室**區所看到的就是官方提供的豐富統整功能 (如下說明)，可以幫我們快速產生不同類型的記事

2 這一區就是**記事**區，剛才存下來的記事就會放在這裡

1 在中間窗格，AI 回覆內容的下方，點擊這裡可以將 AI 回答的內容存成**記事**

3 若有一些自己想記的東西，也可以點擊這裡，新增空白的記事來撰寫

附錄 A 本書常用 AI 工具的取得說明

「工作室」區提供的統整功能

目前官方在**工作室 (Studio)** 區提供的統整功能包括有**語音摘要** (將於 Ch14 介紹)、**影片摘要** (將於 Ch15 介紹)、**心智圖**、**報告** (內含**簡介文件**、**研讀指南**、**常見問題**以及**時間軸**)…等。

在這些功能中，**報告**區的功能尤其不可錯過。如果我們在**來源**區匯入一份論文，點擊**簡介文件**功能後，AI 會條列式整理，輸出成適合的簡報內容。點擊**研讀指南**後，AI 會根據來源文件輸出成考試題目。**常見問題**顧名思義，會統整出在閱讀時會遇到的可能問題以及詳細解答。**時間軸**則會根據時間進行排序，例如該領域的重大突破時間。

讓我們點擊「**報告 / 研讀指南**」做一下示範：

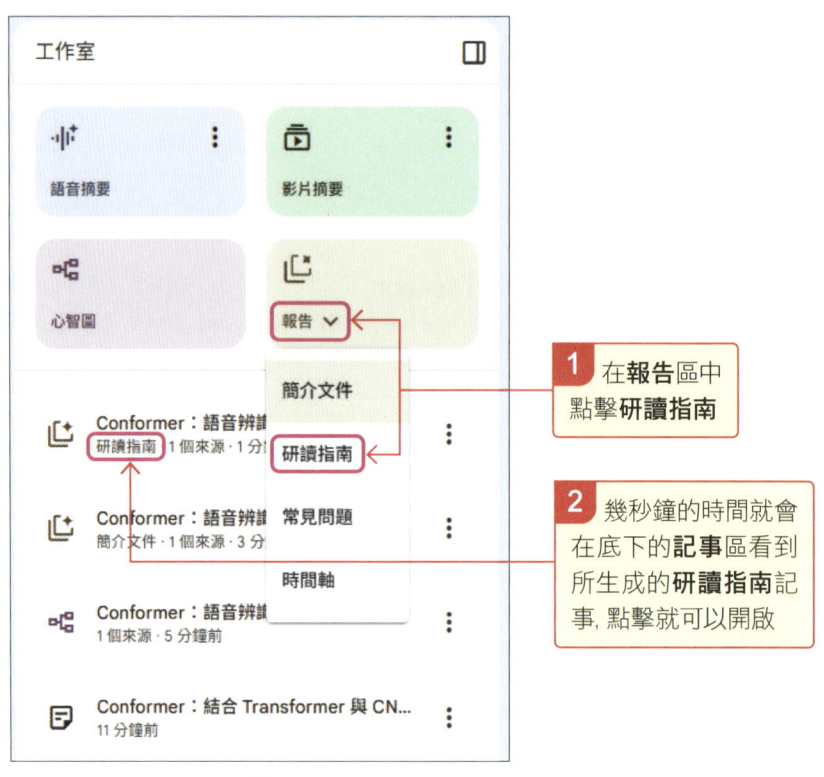

1 在**報告**區中點擊**研讀指南**

2 幾秒鐘的時間就會在底下的**記事**區看到所生成的**研讀指南**記事，點擊就可以開啟

```
工作室 > 記事                                          ↗

Conformer：語音辨識的卷積增強型 Transformer          🗑

(已儲存的回覆僅供檢視)

四、結論
Conformer 是一種結合了 CNNs 和 Transformer 組件的語音辨識架構，它在
LibriSpeech 數據集上表現出更高的準確性和更少的參數。研究證明了卷積模組的引入
對 Conformer 模型的性能至關重要，並實現了新的最先進性能。

測驗：十個簡答題
請用 2-3 句話回答以下問題。
  1. Conformer 模型旨在解決什麼主要問題？它結合了哪兩種神經網路的優點？
  2. 與傳統的循環神經網路（RNNs）相比，Transformer 模型在自動語音辨識
     （ASR）方面有哪些優勢？
  3. 卷積神經網路（CNNs）和 Transformer 各自在處理音訊序列方面有何局限性？
  4. Conformer 區塊的核心架構是怎樣的？它包含哪四個主要模組？
  5. Conformer 模型在多頭自注意力模組中採用了哪些關鍵技術來提升性能和泛化
     能力？
  6. 請描述 Conformer 卷積模組的具體構成和作用。
  7. 為什麼 Conformer 採用「Macaron-style」的前饋模組設計，而不是傳統
     Transformer 中的單一前饋層？
  8. 在消融研究中，哪項 Conformer 區塊的特性被認為是模型性能最重要的貢獻
     者？
  9. Conformer 模型在 LibriSpeech 基準測試中，與以往的 Transformer
     Transducer 和 ContextNet 相比，顯示出哪些關鍵優勢？
 10. Conformer 模型在哪些方面透過參數效率來實現更好的性能？

測驗答案鍵
  🔁 轉換成來源
```

3 研究指南的內容，非常適合測試自己是否真的了解文件內容

4 若需要，也可以點擊這裡將任一則記事**轉換成來源**，這一則記事就會出現在來源區做為來源資料，這樣就可以根據這一則記事向 AI 發問了

> **TIP** 需要注意的是，由 NotebookLM 一鍵生成的各種記事，是無法進行編輯的（目前只有由使用者新增的記事可以修改）。如果想對 AI 生成的記事進行編輯，筆者建議把記事內容複製下來，另外新開一個記事貼上。

A-3 Chrome 外掛 AI 工具的安裝步驟

本書所介紹的某些 AI 工具會以 **Chrome 瀏覽器外掛** 的形式來執行，請稍微熟悉如何開啟 **Chrome 線上商店** 來安裝各個 Chrome 外掛。

方法很簡單，直接連到 https://chromewebstore.google.com/ 就可以開啟 Chrome 線上商店。若您懶的輸入網址，也可以依照以下方式進入：

1 請開啟 Chrome 瀏覽器後，進入**管理擴充功能**：

2 進入 Chrome 應用程式商店：

點擊即可進入 Chrome 應用程式商店

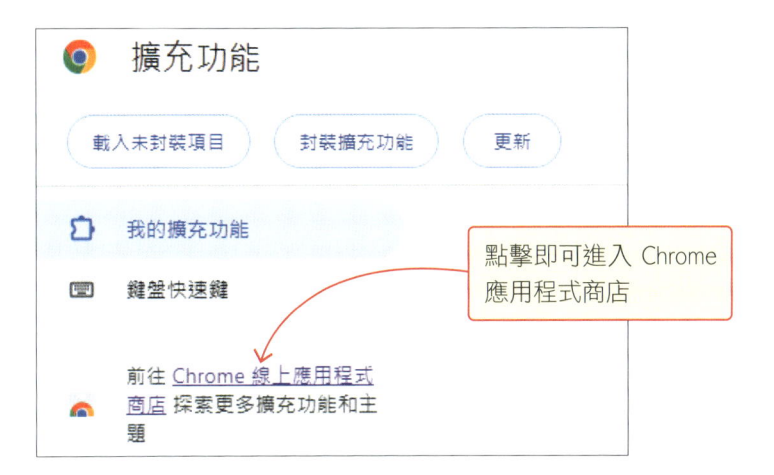

3 搜尋外掛名稱並安裝 (這裡以書中滿多地方會用到的 Monica AI 來示範)：

1. 輸入外掛的名稱來搜尋

2. 找到後直接點擊外掛名稱

3. 點擊這裡進行安裝

附錄 A　本書常用 AI 工具的取得說明

A-15

> 要新增「Monica: ChatGPT AI助手 | DeepSeek, GPT-4o, Claude 3.5, o1 及更多模型」嗎？
>
> 可用權限：
> 讀取及變更你在所有網站上的所有資料
>
> [新增擴充功能] [取消]

4 點選**新增擴充功能**就完成安裝了！

☑ 開啟 Chrome 外掛來使用

安裝好外掛後，它就會常駐在 Chrome 瀏覽器內，有的是顯示在上面的工具列，有的則是整合在瀏覽畫面。底下同樣以 <u>Monica AI</u> 為例稍微提一下如何使用。

<u>Monica AI</u> 就屬於整合在瀏覽畫面的那種，最明顯的身影是只要我們使用 Google 搜尋時，也可以一併查看 Monica AI 的回答，可以比純用 Google 搜尋得到更直接的回答。

1 工作上隨時會使用到 Google 搜尋，我們先試試進行一般的 Google 搜尋，看看有了 Monica 之後會有什麼變化：

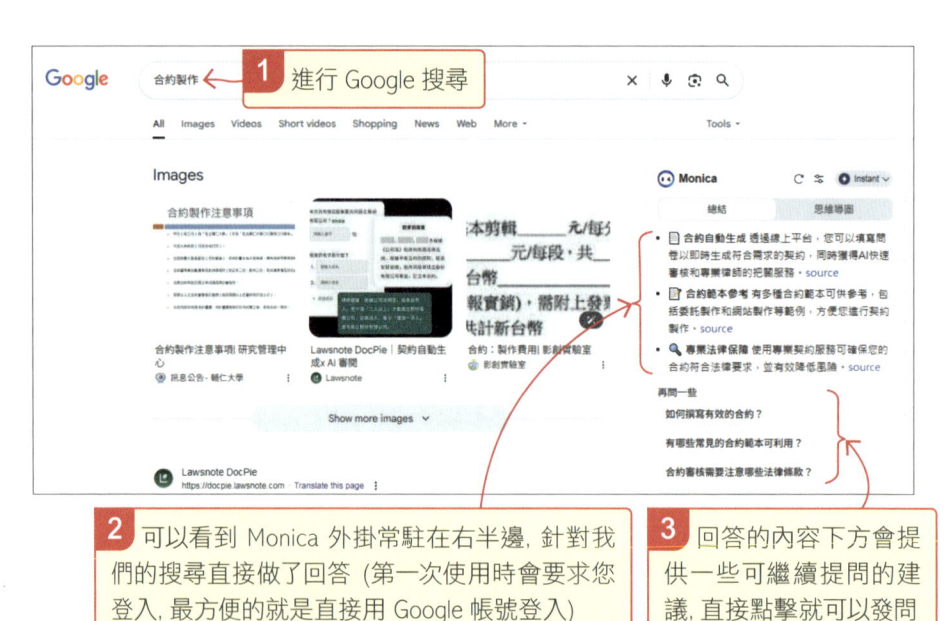

1 進行 Google 搜尋

2 可以看到 Monica 外掛常駐在右半邊，針對我們的搜尋直接做了回答 (第一次使用時會要求您登入，最方便的就是直接用 Google 帳號登入)

3 回答的內容下方會提供一些可繼續提問的建議，直接點擊就可以發問

A-16

2 滿多 Chrome 外掛也有提供**快捷鍵啟動**的設計。以 Monica AI 為例，按下鍵盤的 `Ctrl` + `M` 後，在 Chrome 瀏覽器的右半邊就會開啟 Monica 的**側邊欄**功能：

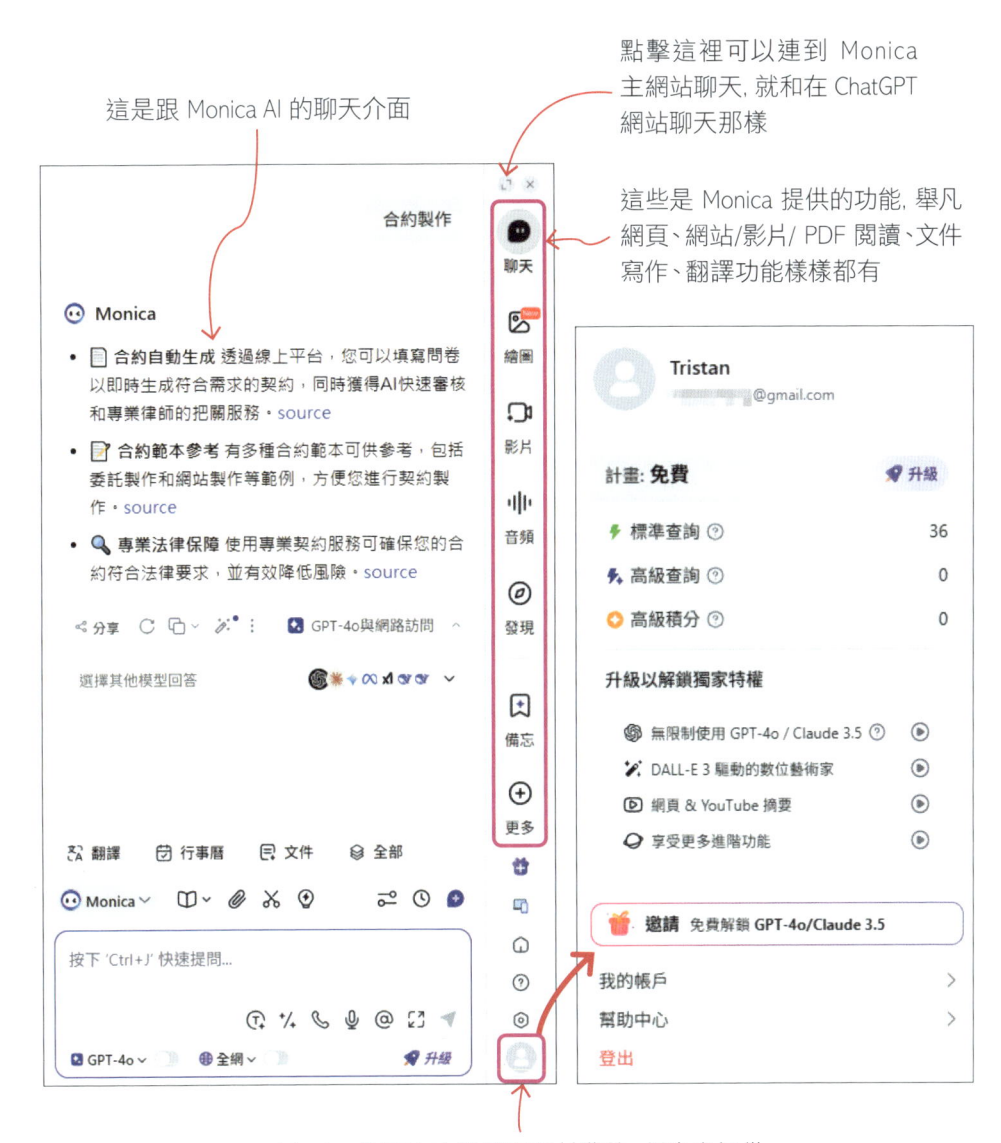

這是跟 Monica AI 的聊天介面

點擊這裡可以連到 Monica 主網站聊天，就和在 ChatGPT 網站聊天那樣

這些是 Monica 提供的功能，舉凡網頁、網站/影片/ PDF 閱讀、文件寫作、翻譯功能樣樣都有

Monica 內不少功能是需要付費的，但也會提供不少免費額度，只要點選最下面的個人圖示就可以查看 (本書用免費帳號來使用就綽綽有餘)

附錄 A 本書常用 AI 工具的取得說明

A-17

A-4 GPT 商店的使用介紹

GPT 商店 (GPT Store) 是由 OpenAI 推出的 **GPT 機器人**平台，專門提供多種 GPT 模型。不管您是 ChatGPT 免費版或 plus 付費版用戶，都可以在此分享和使用其他人所建立的模型。這個平台類似於蘋果 APP Store 或者 Google Play，還設有熱門下載排行榜，用戶可以根據自己的需求和類別來選擇不同的 GPT 模型。

到底什麼是 **GPT 機器人**呢？在跟 ChatGPT 溝通時，最好學一些**提示語 (prompt)** 的發問技巧，包括：角色扮演、指定輸出格式、先思考再回答…等，比較容易得到好的結果。GPT 則是各開發者們把這些技巧整合起來並事先設定好，打造出「針對特定目的」的智慧機器人。使用者可以把它當成某個領域的專家，用口語跟它溝通、問問題就可以，省去繁複提示工程的前置作業。我們帶您熟悉一下 GPT 商店的用法。

> **TIP** 目前 AI 聊天機器人的互動性愈來愈強，其實大多數情況不需要用到 GPT 機器人。本書會精挑一些「用 GPT 機器人 AI 解決比較快」的情況來做介紹。

☑ 開啟 GPT 頁面

以帳號登入 ChatGPT (http://chatgpt.com) 頁面後，可以在左側欄位看到 **GPT** 的選項，點擊後就可以開啟 GPT 商店的首頁：

進入 **GPT 商店**首頁後，出現在最上方的是 GPT 商店的本周精選，然後是熱門的 GPT 機器人，最後會展示由 OpenAI 建立好的 GPT 機器人，每個項目下面都有簡單的介紹，讓使用者大致知道其用途：

在商店中可以切換 GPT 機器人的分類

網頁往下滑，可以看到由開發者們研發出來的熱門 GPT 機器人：

如果不確定哪個 GPT 機器人好用，可以參考這裡的排名

☑ 搜尋想要的 GPT 機器人

底下我們就示範如何使用商店內現成的 GPT。如果您已經知道 GPT 的名稱,透過最上面的搜尋框來搜尋即可:

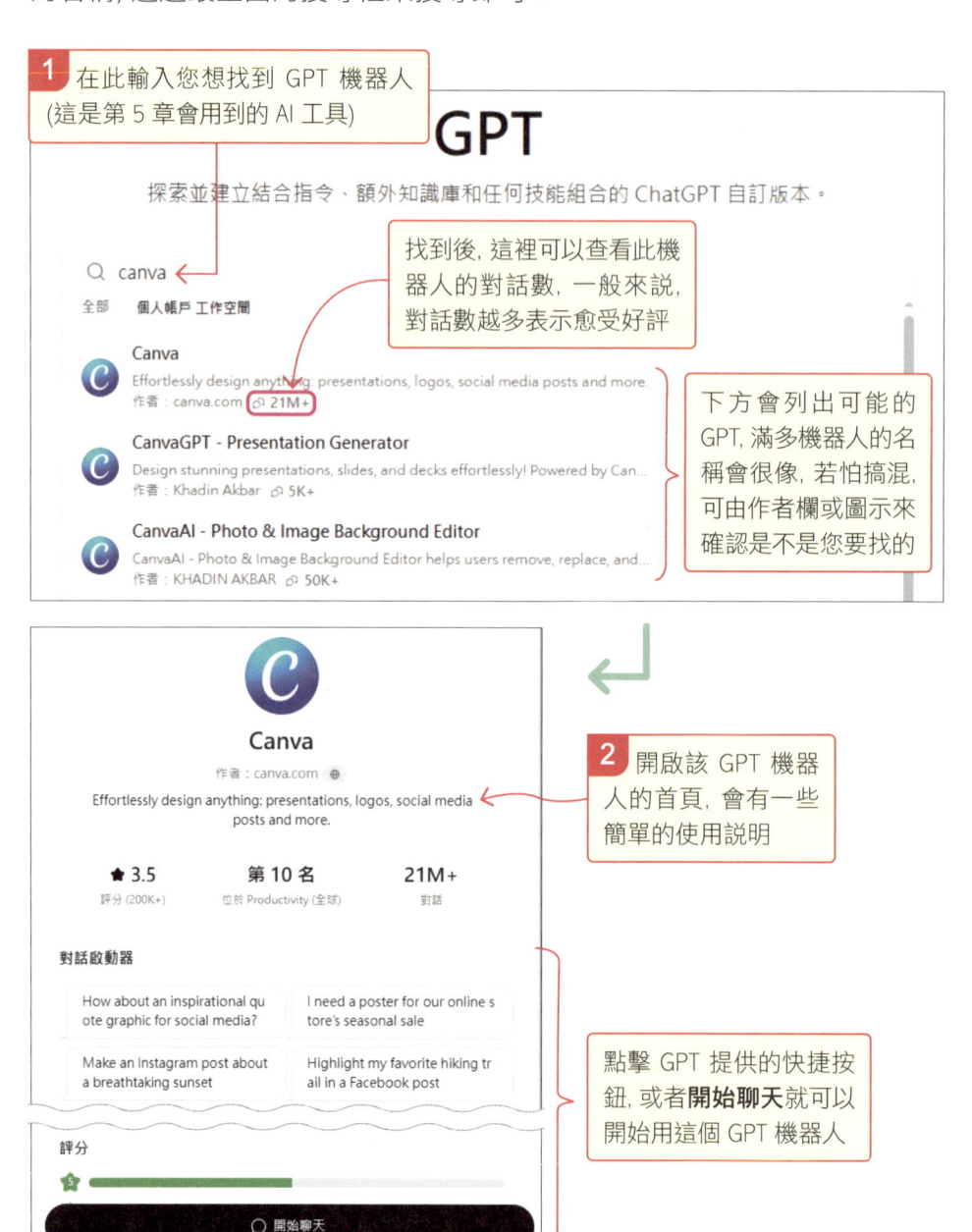

1 在此輸入您想找到 GPT 機器人 (這是第 5 章會用到的 AI 工具)

探索並建立結合指令、額外知識庫和任何技能組合的 ChatGPT 自訂版本。

找到後,這裡可以查看此機器人的對話數,一般來說,對話數越多表示愈受好評

canva

全部　個人帳戶　工作空間

Canva
Effortlessly design anything: presentations, logos, social media posts and more.
作者:canva.com　21M+

CanvaGPT - Presentation Generator
Design stunning presentations, slides, and decks effortlessly! Powered by Can...
作者:Khadin Akbar　5K+

CanvaAI - Photo & Image Background Editor
CanvaAI - Photo & Image Background Editor helps users remove, replace, and...
作者:KHADIN AKBAR　50K+

下方會列出可能的 GPT, 滿多機器人的名稱會很像, 若怕搞混, 可由作者欄或圖示來確認是不是您要找的

Canva
作者:canva.com
Effortlessly design anything: presentations, logos, social media posts and more.

★ 3.5　　第 10 名　　21M+
評分 (200K+)　位於 Productivity (全球)　對話

對話啟動器

| How about an inspirational quote graphic for social media? | I need a poster for our online store's seasonal sale |
| Make an Instagram post about a breathtaking sunset | Highlight my favorite hiking trail in a Facebook post |

評分

○ 開始聊天

2 開啟該 GPT 機器人的首頁, 會有一些簡單的使用說明

點擊 GPT 提供的快捷按鈕, 或者**開始聊天**就可以開始用這個 GPT 機器人

✅ GPT 機器人的使用介面說明

開啟 GPT 機器人的對話頁面後，如下圖所示，可以看到跟一般的 ChatGPT 對話頁面完全一樣，只有畫面中間的圖示不太一樣，因為現在跟我們交談的不是那個通用的 ChatGPT，而是客製化後的 GPT 機器人。

而畫面左上方也會顯示您目前在用哪個 GPT 機器人，點擊後的選單功能也略有不同：

✅ 以後如何快速開啟 GPT 機器人來使用

當您想使用某個 GPT 機器人時，如何快速從原本 ChatGPT 的聊天畫面切換到該 GPT 的聊天畫面呢？

首先，您近期使用的 GPT 機器人會顯示在左上方的**側邊欄**，方便您開啟使用：

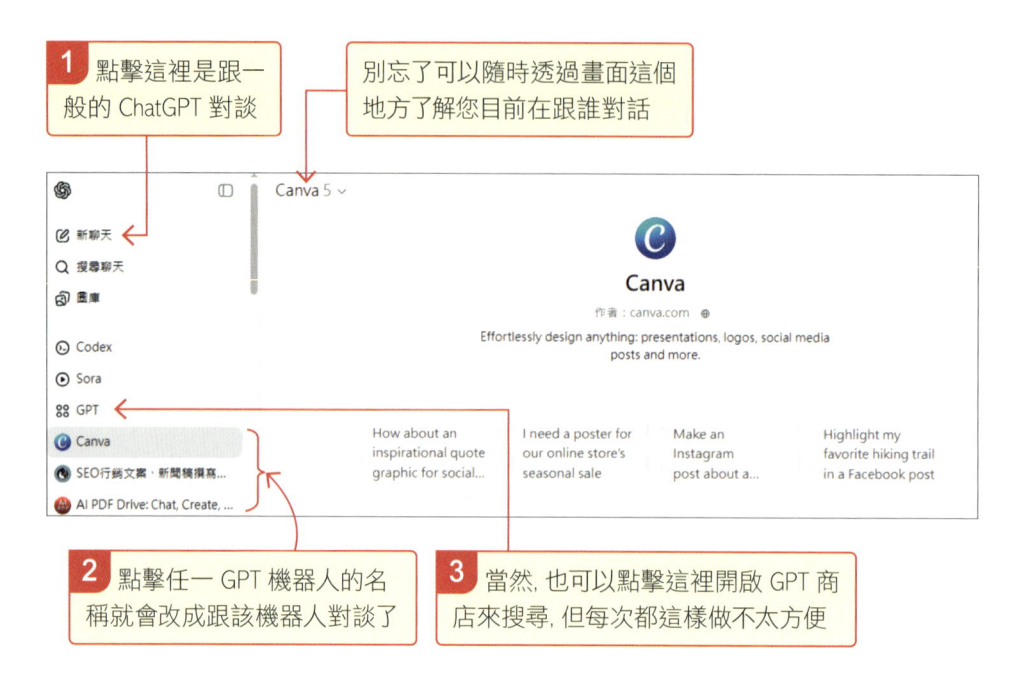

1 點擊這裡是跟一般的 ChatGPT 對談

別忘了可以隨時透過畫面這個地方了解您目前在跟誰對話

2 點擊任一 GPT 機器人的名稱就會改成跟該機器人對談了

3 當然, 也可以點擊這裡開啟 GPT 商店來搜尋, 但每次都這樣做不太方便

　　另一個快速使用 GPT 機器人的方式, 則是在跟 ChatGPT 的聊天畫面中輸入 @ 來快速指定。我們來示範一下, 只要是最近使用的、或者是現階段顯示在側邊欄的 GPT 機器人, 都可以利用 @ 來呼叫:

目前還是跟一般 ChatGPT 對談

1 輸入 @ 符號

2 接著就可以快速指定某個 GPT 機器人(如果沒有出現您最近使用的機器人, 可以試著重新整理網頁看看)

指定好後 GPT 機器人會顯示在這裡, 方便您識別

接著就可以跟這個 GPT 機器人聊天, 請它幫我們做事了

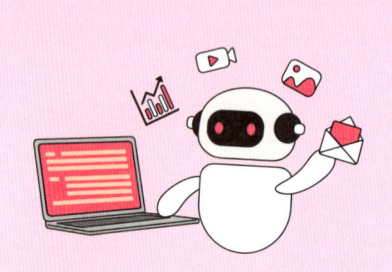